奥数题库 精选

数学解题策略
问题解答

（第二版）

朱华伟　钱展望　编著

科学出版社

北京

内 容 简 介

本书给出了作者编著的《数学解题策略》（第二版）中全部习题的详解，有的给出了多种解法．这些习题的解答几乎涵盖了数学竞赛中所有的解题策略．本书对部分习题还做了点评．这些习题的点评不拘形式，或是问题的引申和推广，或是类题、似题的分析比较，或是问题的多种解法，或是试题的来源、背景．点评的目的是使读者开阔眼界，加深对问题的理解，培养举一反三的能力．

此书可供高中数学资优生、准备参加高中数学竞赛的选手、中学数学教师、高等师范院校数学教育专业本科生、研究生及高师院校数学教师，数学爱好者及数学研究工作者参考．

图书在版编目（CIP）数据

数学解题策略问题解答／朱华伟，钱展望编著．—2版．—北京：科学出版社，2018.5
　（奥数题库精选）
ISBN 978-7-03-056431-3

Ⅰ.①数⋯　Ⅱ.①朱⋯②钱⋯　Ⅲ. 数学−竞赛题−题解　Ⅳ.①O1-44

中国版本图书馆 CIP 数据核字（2018）第 017423 号

责任编辑：李　敏／责任校对：彭　涛
责任印制：肖　兴／封面设计：黄华斌

科 学 出 版 社 出版
北京东黄城根北街 16 号
邮政编码：100717
http://www.sciencep.com

文林印务有限公司 印刷
科学出版社发行　各地新华书店经销
*
2011 年 5 月第 一 版　　开本：720×1000　1/16
2018 年 5 月第 二 版　　印张：21
2018 年 5 月第一次印刷　　字数：490 000
定价：99.00 元
（如有印装质量问题，我社负责调换）

主要作者简介

朱华伟，二级教授，特级教师，博士生导师

美国加利福尼亚州立大学洛杉矶分校高级访问学者. 湖北省十大杰出青年. 享受国务院政府特殊津贴专家.

兼任国际教育数学协会常务副理事长，国际数学竞赛学术委员会副主席，国际中小学生数学能力检测学术委员会副主席，中国教育数学学会常务副理事长兼秘书长，全国华罗庚金杯赛主试委员. 多次参与中国数学奥林匹克、全国高中数学联赛、女子数学奥林匹克、西部数学奥林匹克及青少年数学国际城市邀请赛的命题工作. 曾任国际数学奥林匹克中国队领队、主教练，率中国队获团体冠军.

在国内外学术期刊上发表论文 100 余篇，出版著作 100 余部.

张景中谈奥数

　　华伟教授认为，竞赛数学是教育数学的一部分．这个看法是言之成理的．数学要解题，要发现问题、创造方法．年复一年进行的数学竞赛活动，不断地为数学问题的宝库注入新鲜血液，常常把学术形态的数学成果转化为可能用于教学的形态．早期的国际数学奥林匹克试题，有不少进入了数学教材，成为例题和习题．竞赛数学与教育数学的关系，于此可见一斑．

　　写到这里，忍不住要为数学竞赛说几句话．有一阵子，媒体上面出现不少讨伐数学竞赛的声音，有的教育专家甚至认为数学竞赛之害甚于黄、赌、毒．我看了有关报道后第一个想法是，中国现在值得反对的事情不少，论轻重缓急还远远轮不到反对数学竞赛吧．再仔细读这些反对数学竞赛的意见，可以看出来，他们反对的实际上是某些为牟利而又误人子弟的数学竞赛培训．就数学竞赛本身而言，是面向青少年中很小一部分数学爱好者而组织的活动．这些热心参与数学竞赛的数学爱好者（还有不少数学爱好者参与其他活动，例如青少年创新发明活动、数学建模活动、近年来设立的丘成桐中学数学奖），估计不超过约两亿中小学生的百分之五．从一方面讲，数学竞赛培训活动过热产生的消极影响，和升学考试体制以及教育资源分配过分集中等多种因素有关，这笔账不能算在数学竞赛头上；从另一方面看，大学招生和数学竞赛挂钩，也正说明了数学竞赛活动的成功因而得到认可．对于青少年的课外兴趣活动，积极的对策不应当是限制堵塞，而是开源分流. 发展多种课外活动，让更多的青少年各得其所，把各种活动都办得像数学竞赛这样成功并且被认可，数学竞赛培训活动过热的问题自然就化解或缓解了.

摘自《走进教育数学》丛书总序

第二版前言

《数学解题策略》第一版至今已经 9 年了，应广大读者朋友们的鼓励和要求，笔者于 7 年前编著出版了该书的习题和解答。据近几年的反馈，能够得到不少读者的肯定和喜爱，心中万分感激。

随着"掌握数学就是意味着善于解题"、"数学真正的组成部分应该是问题和解，解题才是数学的心脏"这类名言的广泛流传，以及国内课堂素有重视解题训练的传统，加上学子们在题海中畅游的强烈愿望，我国的解题教学和实践规模空前。同时，随着数学竞赛在我国迅速普及和深入发展，数学竞赛相关的书籍越编越厚，习题越来越多。因此，笔者在几年前编著《数学解题策略》、《从数学竞赛到竞赛数学》及两书的配套习题解答《数学解题策略问题解答》、《竞赛数学问题解答》时，深感责任重大，投入了非常多的时间和精力。希望将一些数学竞赛爱好者从盲目的题海机械训练中解放出来。加强对学生学习兴趣、创新精神、应用意识和分析问题、解决问题能力的培养。

在编著本书时，笔者时刻提醒自己，作为《数学解题策略》第二版的习题解答，除了给出每一道精心挑选的习题详解之外，应注重以点评的方式，加强对竞赛数学思维特性的总结和提炼。譬如，注重对类题、似题的分析比较，对一题多解和多解归一的探究，对问题的来源和背景的挖掘，对问题的引申和推广的讨论等。以期努力揣测和还原命题者或解题者对问题火热的思考过程，从而加深读者对问题的理解，培养举一反三的能力。

该书出版以来，笔者非常注意在各级各类竞赛选手培训及教师同行交流中发现的新颖巧妙解法的收集和整理，借此第二版修订机会，笔者将其更新上去。

值得一提的是，笔者在《数学解题策略（第二版）》第 25 章中以 4 个案例的形式阐述了竞赛数学命题的一点心得体会，得到不少读者的喜爱和称赞，但不少读者反映，背景 3——Schur 不等式和背景 4——恒等式 $a^3+b^3+c^3-3abc=(a+b+c)(a^2+b^2+c^2-ab-bc-ca)$ 后面给出的习题颇有难度但没有给出解答。借此第二版修订机会，笔者将其完整的解答整理出来，并将其单独作为本书的第 25 章和第 26 章，以方便读者更好地研讨和交流。

最后，希望本书的修订能得到大家的鼓励和批评。

朱华伟

2018 年 1 月

第一版前言

　　本书是针对作者编著的《数学解题策略》所编写的一本习题指导书.《数学解题策略》的前24章介绍了24种数学解题策略,它们分别是观察、归纳与猜想,数学归纳法,枚举与筛选,整数的表示方法,逻辑类分法,从整体上看问题,化归,退中求进,类比与猜想,反证法,构造法,极端原理,局部调整法,夹逼,数形结合,复数与向量,变量代换法,奇偶分析,算两次,对应与配对、递推方法,抽屉原理,染色与赋值,不变量原理,这几乎涵盖了数学竞赛中所有的解题策略.《数学解题策略》的每一章后面都附有大量的习题,由于篇幅有限,我们没有在《数学解题策略》中给出相应习题的解答,而这些习题的详细解答构成了本书的主要内容.

　　在国内外各项数学竞赛中出现了很多题目,形容为题海并不为过.在题海中畅游是每位读者的愿望.但是,您如果接触过数学竞赛中的题目,就会发现实现这个愿望不是一件容易的事.这主要是因为数学竞赛中的题目与常规数学教材中的题目不同,常规题目一般有明显的知识背景和可套用的法则,而数学竞赛中的题目恰恰相反.解决数学竞赛中的问题不仅需要扎实的学科知识基础,更需要灵活的方法策略.

　　若想在题海中畅游,首先要保证不会迷失方向.为了使读者在比较短的时间内具备辨别方向的能力,作者从收集到的大量的题目中精选出具有代表性的题目(这些题目的主要来源是世界各地数学奥林匹克试题、世界各地为准备国际数学奥林匹克的训练题以及选拔考试试题、国际数学奥林匹克试题及备选题),然后按照上面提到的数学解题策略进行分类.读者通过这些题目的练习，可以更快地掌握数学竞赛中的各种解题策略（也就是解决问题的方向）．也许有时这些解题策略并不能让您得心应手，但是，即使简单几步的尝试，也还是可以打开您的思路．在解决数学问题甚至其他学科的问题时，这些解题策略给读者提供了各种可以尝试的途径．

由于这些题目代表了世界各地高层次数学竞赛的水平，所以读者通过学习和思考这些题目，可以迅速站到数学竞赛的前沿．如果您对上面提到的各种解题策略已经很熟悉，那么本书可以作为独立的竞赛数学习题集．如果您还不太熟悉这些解题策略，不妨结合《数学解题策略》这本书所讲的内容来细细品味这些题目所表达的思想内涵．

本书对部分习题还做了点评．这些习题的点评不拘形式，或是问题的引申和推广，或是类题、似题的分析比较，或是问题的多种解法，或是试题的来源、背景．问题的解答呈现给读者的往往是经过提炼的思维过程．从问题的解答中我们可以感受到数学方法的严谨与巧妙，还有解题高手独特的思维方式．而问题的点评在一定程度上还原了命题者或解题者对问题火热的思考过程，还可以使读者开阔眼界，加深对问题的理解，也可以培养读者举一反三的能力．

在本书的编写过程中，参阅了众多的文献资料，并得到郑焕、付云皓、邹宇、张传军、周弋林等同学的协助，得到科学出版社的大力扶持．在此一并表示感谢．对于本书存在的问题，热忱希望读者不吝赐教．

李华伟

2011 年 1 月

目　　录

第1章 观察、归纳与猜想

1.1 问 题

1.(1)图 1-1 的(a)(b)(c)(d)为四个平面图.数一数,每个平面图各有多少顶点?多少条边?它们分别围成了多少个区域?请将结果填入表 1-1(按填好的样子做).

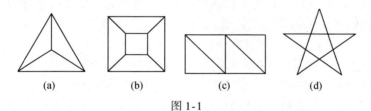

(a)　　　　(b)　　　　(c)　　　　(d)

图 1-1

表 1-1

图号	顶点数	边数	区域数
(a)	4	6	3
(b)			
(c)			
(d)			

(2)观察表 1-1,推断一个平面图的顶点数、边数、区域数之间有什么关系.

(3)现已知某个平面图有 999 个顶点,且围成了 999 个区域,试根据以上关系确定这个图有多少条边.

2. 角谷猜想.

任取一个大于 2 的自然数,反复进行下述两种运算:

(1)若是奇数,就将该数乘以 3 再加上 1;

(2)若是偶数,则将该数除以 2.

例如,对 3 反复进行这样的运算,有

$$3 \to 10 \to 5 \to 16 \to 8 \to 4 \to 2 \to 1,$$

对 4,5,6 反复进行上述运算,其最终结果也都是 1,再对 7 进行这样的运算,有

$$7 \to 22 \to 11 \to 34 \to 17 \to 52 \to 26 \to 13$$

$$\to 40 \to 20 \to 10 \to 5 \to 16 \to 8 \to 4 \to 2 \to 1.$$

运用归纳推理建立猜想(通常称为"角谷猜想"):_____.

3. 设 $f(x) = x^2 + x + 11$,取 $x = 1, 2, 3, \cdots, 9$,则

$$f(1) = 13, \quad f(2) = 17, \quad f(3) = 23,$$
$$f(4) = 31, \quad f(5) = 41, \quad f(6) = 53,$$
$$f(7) = 67, \quad f(8) = 83, \quad f(9) = 101.$$

可以看出,这些值都是素数. 从这些特殊情况是否可以归纳出:对一切正整数 x,$f(x) = x^2 + x + 11$ 的值都是素数.

4. 一个直角三角形的三边长都是正整数,这样的直角三角形称为整数勾股形,其三边的值叫做勾股弦三数组,下面给出一些勾股弦三数组(勾,股,弦):

$$(3, 4, 5), \quad (5, 12, 13), \quad (7, 24, 25), \quad (8, 15, 17),$$
$$(20, 21, 29), \quad (360, 319, 481), \quad (2400, 1679, 2929), \quad \cdots.$$

观察这些勾股弦三数组,请你归纳一个猜想,并加以证明.

5. 依次取三角形数的末位数字,排列起来可以构造一个无限小数

$$N = 0.1360518\cdots,$$

试证明 N 是有理数.

6. 整数 a, b, c 表示三角形三边的长,其中 $a \leqslant b \leqslant c$,试问当 $b = n$(n 是正整数)时,这样的三角形有几个?

7. 在平面上有 n 条直线,任何两条都不平行,并且任何三条都不交于同一点,这些直线能把平面分成几部分?

8. n 个平面,最多把空间分成几个部分?

9. 在平面上画 n 个三角形,问:

(1) 最多能将这个平面分成多少块?

(2) 最多能有多少个交点(包括这些三角形的顶点在内)?

10. 要用天平称出从 1 克,2 克,3 克,……,40 克这些不同的整数克质量,至少要用多少个砝码?这些砝码的质量分别是多少?

11. 一条直径将圆周分成两个半圆周,在每个分点标上素数 p;第二次将两个半圆周的每一个分成两个相等的 $\frac{1}{4}$ 圆周,在新产生的分点标上相邻两数和

的 $\frac{1}{2}$;第三次将四个 $\frac{1}{4}$ 圆周的每一个分成两个相等的 $\frac{1}{8}$ 圆周,在新产生的分点标上其相邻两数和的 $\frac{1}{3}$;第四次将八个 $\frac{1}{8}$ 圆周的每一个分成两个相等的 $\frac{1}{16}$ 圆周,在新产生的分点标上其相邻两数和的 $\frac{1}{4}$,如此进行了 n 次,最后,圆周上的所有数字之和为 17170,求 n 和 p 的值各为多少?

12. 计算: $C_n^0 - C_{n-1}^1 + C_{n-2}^2 - C_{n-3}^3 + \cdots$.

13. 正整数数列 $\{a_n\}$ 满足: $a_1 = 1$, $a_{n+1} = \begin{cases} a_n - n, & a_n > n, \\ a_n + n, & a_n \leqslant n. \end{cases}$

(1)求 a_{2008};

(2)求最小的正整数 n,使 $a_n = 2008$.

14. 证明:存在 8 个连续的正整数,它们中的任何一个都不能表示为
$$\left| 7x^2 + 9xy - 5y^2 \right|$$
的形式,其中 $x, y \in \mathbf{Z}$.

1.2 解 答

1. (1)填表如表 1-2 所示.

表 1-2

图号	顶点数	边数	区域数
(a)	4	6	3
(b)	8	12	5
(c)	6	9	4
(d)	10	15	6

(2)由表 1-2 可以看出,所给四个平面图的顶点数、边数及区域数之间有下述关系:

$$4 + 3 - 6 = 1, \quad 8 + 5 - 12 = 1,$$
$$6 + 4 - 9 = 1, \quad 10 + 6 - 15 = 1.$$

所以可以推断:任何平面图的顶点数、边数及区域数之间,都有下述关系:

$$\text{顶点数} + \text{区域数} - \text{边数} = 1.$$

(3)由上面所给的关系,可知所求平面图的边数.

$$边数 = 顶点数 + 区域数 - 1$$
$$= 999 + 999 - 1 = 1997.$$

点评 任何平面图的顶点数、区域数及边数都能满足我们所推断的关系．当然，平面图有许许多多，且千变万化，然而不管怎么变化，顶点数加区域数再减边数，最后的结果永远都等于 1，这是不变的．因此，

$$顶点数 + 区域数 - 边数$$

就称为平面图的不变量（有时也称为平面图的欧拉数——以数学家欧拉的名字命名）．

2. 从任意一个大于 2 的自然数出发，反复进行(1)、(2)两种运算，最后必定得到 1.

点评 这个猜想后来被人们多次检验，发现对 7000 亿以下的数都是正确的，究竟是否对大于 2 的一切自然数都正确，至今还不得而知．

3. 不能．事实上，当 $x = 10$ 时，$f(10) = 10^2 + 10 + 11 = 121$，这是个合数．

4. 观察上述勾股弦三数组，可以归纳得出如下猜想：整数勾股形中，勾、股中必有一个是 3 的倍数．

现证明如下：勾股弦三数组是不定方程 $x^2 + y^2 = z^2$ 的一组正整数解．

如果 x, y 中无 3 的倍数，则 $x = 3k \pm 1$ 型的数，$y = 3m \pm 1$ 型的数，它们的平方都是被 3 除余 1 的整数．由此可知 $x^2 + y^2$ 是被 3 除余 2 的整数．但被 3 除余 2 的数一定不是完全平方数，所以与等号右边的 z^2 相矛盾．因此 x, y 中至少有一个是 3 的倍数．猜想命题"整数勾股形中，勾、股中必有一个是 3 的倍数"被证明为真．

点评 进一步还可以得到如下的猜想：

"整数勾股形中，勾、股中必有一个是 4 的倍数"．

"整数勾股形中，勾、股、弦中必有一个是 5 的倍数"．

这两个猜想同样都是真命题，其证明留给同学们作为练习．

5. 所谓三角数是指如下类型的数：

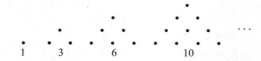

第 n 个三角数是 $1+2+3+\cdots+n = \dfrac{n(n+1)}{2}$，记作 a_n.

如果把 N 继续写下去,其规律性就可看得清楚些

$$N = 0.13605186556815063100136051\cdots$$

似乎有 a_{n+20} 的个位数字与 a_n 的个位数字相同,若能证明这点,则 N 为有理数. 注意到

$$\begin{aligned} a_{n+20} - a_n &= \frac{(n+20)(n+20+1)}{2} - \frac{n(n+1)}{2} \\ &= 10 \cdot (2n+21) \end{aligned}$$

是 10 的倍数,即得证.

点评　判定某个无限小数是有理数的关键是看它小数点后的数字是否循环,即是否构成周期数列.

6. 显然 a,b,c 都是正整数,三角形各边 a,b,c 必须满足 $a \leqslant b \leqslant c$ 且 $a + b > c$,先考查特例.

当 $n = 1$ 时,$b = 1 \Rightarrow a = 1, c = 1$,满足条件的三角形仅一个;

当 $n = 2$ 时,$b = 2 \Rightarrow a = 1, c = 2$,或 $a = 2, c = 2$ 或 3,满足条件的三角形有 $1 + 2 = 3$(个);

当 $n = 3$ 时,$b = 3$,如表 1-3 所示满足条件的三角形有 $1 + 2 + 3 = 6$(个).

表 1-3

a	b	c	三角形个数
1	3	3	1
2	3	3,4	2
3	3	3,4,5	3

归纳猜想　当 $b = n$ 时,满足题设条件的三角形共有

$$1 + 2 + \cdots + n = \frac{n(n+1)}{2}(个). \tag{1-1}$$

证明猜想　当 $b = n$ 时,a 有 n 个值,即 $1, 2, \cdots, n$,对于 a 的每一个值,如 $a = k (1 \leqslant k \leqslant n)$,因为 $b \leqslant c < a + b$,即 $n \leqslant c < n + k$,所以,c 的取值刚好有 k 个,即 $n, n+1, \cdots, n+k-1$,所以三角形总数如式(1-1)所示.

点评　此题在考查特殊情形的过程中,发现了三角形三边长 a, b, c 的取值规律,为问题的解答提供线索.

7. 设 n 条直线分平面为 S_n 部分,先实验观察特例有如表 1-4 所示的结果.

表 1-4

n	1	2	3	4	5	6	...
S_n	2	4	7	11	16	22	...

n 与 S_n 之间的关系不太明显,但 $S_n - S_{n-1}$ 有如表 1-5 所示的关系.

表 1-5

n	1	2	3	4	5	6	...
S_n	2	4	7	11	16	22	...
$S_n - S_n^{-1}$		2	3	4	5	6	...

观察表 1-5 发现,当 $n \geq 2$ 时,有

$$S_n - S_{n-1} = n.$$

因为在 $n-1$ 条直线后添加第 n 条直线被原 $n-1$ 条直线截得的 n 段中的任何一段都将它所在的原平面一分为二,相应地增加 n 部分,所以 $S_n = S_{n-1} + n$,即 $S_n - S_{n-1} = n$. 从而

$$S_2 - S_1 = 2, \quad S_3 - S_2 = 3, \quad S_4 - S_3 = 4, \cdots, \quad S_n - S_{n-1} = n.$$

将上面各式相加,得到

$$S_n - S_1 = 2 + 3 + \cdots + n,$$

$$S_n = S_1 + 2 + 3 + \cdots + n = 2 + 2 + 3 + \cdots + n$$

$$= 1 + (1 + 2 + \cdots + n) = 1 + \frac{1}{2}n(n + 1).$$

点评 S_n 也可由如下观察发现. 由表 1-4 知:

$$S_1 = 1 + 1, \quad S_2 = 1 + 1 + 2, \quad S_3 = 1 + 1 + 2 + 3,$$

$$S_4 = 1 + 1 + 2 + 3 + 4, \quad \cdots.$$

以此类推,便可猜想到

$$S_n = 1 + 1 + 2 + 3 + \cdots + n = 1 + \frac{1}{2}n(n + 1).$$

8.0 个平面时,空间是 1 个部分;

第 1 个平面将空间分成 1+1=2 个部分;

第 2 个平面与第 1 个平面有 1 条交线,这条交线将第 2 个平面分成两部分,每一部分都将空间的一个部分变成 2 个,空间被分成了 1+1+2 个部分;

第 3 个平面与前两个平面有 2 条交线,这 2 条交线将第 3 个平面分成了 4 个部分,每一部分都将空间的一个部分变成了 2 个,空间被分成了 1+1+2+4 个

部分；

……

第 n 个平面与前面 $n-1$ 个平面有 $n-1$ 条交线,根据题 7 的结论,它将第 n 个平面分成了

$$\frac{1}{2}(n-1)^2 + \frac{1}{2}(n-1) + 1 = \frac{1}{2}(n^2 - n + 2)$$

个部分,每个部分都将空间的一个部分变成了两个,故空间被分成了

$$1 + \left[1 + 2 + 4 + \cdots + \frac{1}{2}(n^2 - n + 2) \right]$$

$$= 1 + \frac{1}{2}(1^2 + 2^2 + \cdots + n^2) - \frac{1}{2}(1 + 2 + \cdots + n) + n$$

$$= 1 + \frac{1}{2} \cdot \frac{n(n+1)(2n+1)}{6} - \frac{1}{2} \cdot \frac{n(n+1)}{2} + n$$

$$= \frac{1}{6}n^3 + \frac{5}{6}n + 1$$

个部分.

9.（1）$n=1$ 时,2 块,依次划边时增加的块数为 0,0,1(图 1-2).

$n=2$ 时,8 块,依次划边时增加的块数为 1,2,3(图 1-3 ~ 图 1-5).

$n=3$ 时,20 块,依次划边时增加的块数为 3,4,5(图 1-6).

$n=4$ 时,38 块,依次划边时增加的块数为 5,6,7(图 1-7).

图 1-2

图 1-3

图 1-4

图 1-5

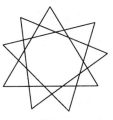

图 1-6

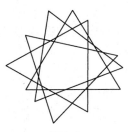

图 1-7

$n = k$ 时,依次划边时增加的块数为 $2k - 3, 2k - 2, 2k - 1$,此时得到的总块数为

$$1 + 1 + [3 + 5 + \cdots + (2k - 3)] + [2 + 4 + \cdots + (2k - 2)]$$
$$+ [1 + 3 + \cdots + (2k - 1)]$$
$$= k(k + 1) + 2(k - 1)^2.$$

所以 n 个三角形最多能将这个平面分成 $n(n + 1) + 2(n - 1)^2$ 块.

(2)画一个三角形时,可得三个顶点(图1-2).

画第二个三角形时,除新增加三个顶点外,三条边各增加两个交点,此时共有交点 12 个(图1-5).

画第三个三角形时,除新增加三个顶点外,三条边各增加 4 个交点,此时共有交点 27 个(图1-6).

画第 n 个三角形时,除新增加三个顶点外,三条边各增加 $2(n - 1)$ 个交点. 所以 n 个三角形画在一起的交点个数最多有

$$3n + 3[2 + 4 + \cdots + 2(n - 1)] = 3n^2(\text{个}).$$

10. 一般天平两边都可放砝码,我们从最简单的情形开始研究.

(1)称重1克,只能用一个1克的砝码,故1克的一个砝码是必需的.

(2)称重2克,有3种方案:

(i)增加一个1克的砝码;

(ii)用一个2克的砝码;

(iii)用一个3克的砝码,称重时,把一个1克的砝码放在称重盘内,把3克的砝码放在砝码盘内. 从数学角度看,就是利用 $3 - 1 = 2$.

(3)称重3克,用上面的(ii)(iii)两个方案,不用再增加砝码,因此方案(i)淘汰.

(4)称重4克,用上面的方案(iii),不用再增加砝码,因此方案(ii)也被淘汰. 总之,用1克、3克两个砝码就可以称出3+1克以内的任意整数克重.

(5)接着思索可以进行一次飞跃,称重5克时可以利用

$$9 - (3 + 1) = 5,$$

即用一个9克重的砝码放在砝码盘内,1克、3克两个砝码放在称重盘内. 这样,可以依次称到

$$1 + 3 + 9 = 13(\text{克})$$

以内的任意整数克重.

而要称14克时,按上述规律增加一个砝码,其质量为

$$14 + 13 = 27(\text{克}),$$

可以称到 $1+3+9+27=40$（克）以内的任意整数克重.

总之，砝码的质量为 $1,3,3^2,3^3$ 克时，所用砝码最少，称重最大，这也是本题的答案.

点评　这个结论显然可以推广，当天平两端都可放砝码时，使用 $1,3$，$3^2,\cdots,3^{n-1}$ 克砝码可以称出 $1,2,3,\cdots,\dfrac{1}{2}(3^n-1)$ 克的质量.

这是使用砝码最少、称重最大的砝码质量设计方案.

11. 第一次分割之后，圆周上有两个分点；第二次分割后，圆周上有 4 个分点；第三次分割后，圆周上有 8 个分点. 一般地，第 k 次分割后，圆周上有 2^k 个分点. 当我们作第 $k+1$ 次分割时，新的分点上写的数为相邻两数之和的 $\dfrac{1}{k+1}$.将这些新增加的数相加，就相当于原来每一个分点上的数都加了两次，再除以 $k+1$. 若用 S_k 记第 k 次分割之后各个分点上所写数字之和，便得出公式

$$S_{k+1} = S_k + \frac{2S_k}{k+1} = \frac{k+3}{k+1}S_k.$$

若令

$$a_k = \frac{S_k}{(k+1)(k+2)},$$

上式正表明

$$a_{k+1} = a_k.$$

由此推出

$$a_{k+1} = a_k = \cdots = a_1 = \frac{S_1}{6} = \frac{p}{3},$$

即

$$S_k = (k+1)(k+2)\frac{p}{3}, \quad k=1,2,3,\cdots.$$

如果有 n 使得 $S_n=17170$，此即

$$(n+2)(n+1)p = 2 \times 3 \times 5 \times 17 \times 101,$$

p 的可能值为 $2,3,5,17,101$.

若 $p=2$，则 $3\times5\times17\times101$ 不可能是两个连续自然数之积；

若 $p=3$，则 $2\times5\times17\times101$ 不可能是两个连续自然数之积；

若 $p=5$，则 $2\times3\times17\times101 = 102\times101$，所以，$n=100$；

若 $p=17$，则 $2\times3\times5\times101$ 不可能是两个连续自然数之积；

若 $p=101$，则 $2\times3\times5\times17$ 不可能是两个连续自然数之积.

综上所述,$p=5$,$n=100$.

12. 令 $S_n = C_n^0 - C_{n-1}^1 + C_{n-2}^2 - C_{n-3}^3 + \cdots$,首先,通过计算可得 $S_1 = 1$,$S_2 = 0$,$S_3 = -1$,$S_4 = -1$,$S_5 = 0$,$S_6 = 1$,$S_7 = 1$,$\cdots$,猜想 S_n 具有周期性.

又 $S_{n-1} = C_{n-1}^0 - C_{n-2}^1 + C_{n-3}^2 - C_{n-4}^3 + \cdots$,

$S_{n-2} = C_{n-2}^0 - C_{n-3}^1 + C_{n-4}^2 - C_{n-5}^3 + \cdots$.

注意到 $C_{m-1}^{k-1} + C_{m-1}^k = C_m^k$,$C_n^0 = C_{n-1}^0$,则

$$
\begin{aligned}
S_n - S_{n-1} + S_{n-2} &= C_n^0 - C_{n-1}^1 + C_{n-2}^2 - C_{n-3}^3 + \cdots \\
&\quad - (C_{n-1}^0 - C_{n-2}^1 + C_{n-3}^2 - C_{n-4}^3 + \cdots) \\
&\quad + (C_{n-2}^0 - C_{n-3}^1 + C_{n-4}^2 - C_{n-5}^3 + \cdots) \\
&= (C_n^0 - C_{n-1}^0) - (C_{n-1}^1 - C_{n-2}^1 - C_{n-2}^0) \\
&\quad + (C_{n-2}^2 - C_{n-3}^2 - C_{n-3}^1) \\
&\quad - (C_{n-3}^3 - C_{n-4}^3 - C_{n-4}^2) + \cdots.
\end{aligned}
$$

故 $S_n - S_{n-1} + S_{n-2} = 0$,从而 $S_{n-1} - S_{n-2} + S_{n-3} = 0$,两式相加得 $S_n = -S_{n-3}$,即 $S_n = S_{n-6}$,这就说明 S_n 以 6 为周期.

所以可得

$$S_{6n+1} = S_1 = 1, \quad S_{6n+2} = S_2 = 0, \quad S_{6n+3} = S_3 = -1,$$
$$S_{6n+4} = S_4 = -1, \quad S_{6n+5} = S_5 = 0, \quad S_{6n} = S_6 = 1.$$

13. 易得数列的初值如表 1-6 所示.

表 1-6

n	1	2	3	4	5	6	7	8	9	10	11	12	13	14
a_n	1	2	4	1	5	10	4	11	3	12	2	13	1	14

我们关注使 $a_{n_k} = 1$ 的下标 n_k：$n_1 = 1$,$n_2 = 4$,$n_3 = 13$,$\cdots$,它们满足如下递推关系：

$$n_{k+1} = 3n_k + 1, \quad k = 1, 2, 3. \tag{1-2}$$

对 k 归纳：$k = 1, 2$ 时已成立,设已有 $a_{n_k} = 1$,则由条件,

$a_{n_k+1} = n_k + 1$,$a_{n_k+2} = 2n_k + 2$,$a_{n_k+3} = n_k$,$a_{n_k+4} = 2n_k + 3$,$\cdots$.

归纳易得

$$a_{n_k+2m-1} = n_k + 2 - m, \quad m = 1, 2, \cdots, n_k + 1,$$
$$a_{n_k+2m} = 2n_k + 1 + m, \quad m = 1, 2, \cdots, n_k. \tag{1-3}$$

于是,当 $m = n_k + 1$ 时,$a_{3n_k+1} = n_k + 2 - (n_k + 1) = 1$.

因此 $n_{k+1}=3n_k+1(k=1,2,3,\cdots)$，即式(1-2)成立.

据式(1-2)，$2n_{k+1}+1=3(2n_k+1)$，记 $2n_k+1=x_k$，则 $x_{k+1}=3x_k$，$x_1=3$，所以 $x_k=3^k$，因此 $n_k=\dfrac{3^k-1}{2}$，$k=1,2,3,\cdots$，而 $n_7=\dfrac{3^7-1}{2}=1093$，$n_8=\dfrac{3^8-1}{2}=3280$，则 $n_7<2008<n_8$，因 $2008=n_7+2\cdot458-1$，故由式(1-3)得，$a_{2008}=n_7+2-458=637$. 又由式(1-3)得，当 $n\leqslant 3n_k=n_{k+1}-1$ 时，$a_n\leqslant 3n_k+1=n_{k+1}$.

因此，当 $n<n_7$ 时，$a_n\leqslant n_7=1093$；而当 $n_7\leqslant n<n_8$，要么有 $a_n\leqslant 1094$，要么有 $a_n\geqslant 2\cdot1094$，即 a_n 的值取不到2008，进而考虑 $n_8\leqslant n<n_9$ 情况，由 $n_8+2-m=2008$，得 $m=1274$，由式(1-3)得 $a_{5827}=a_{n_8+2m-1}=n_8+2-m=2008$，故满足 $a_n=2008$ 的最小的 n 为5827.

14. 设 $f(x,y)=7x^2+9xy-5y^2$，易知
$$f(1,0)=7,\quad |f(0,1)|=5,\quad f(1,1)=11,$$
$$|f(0,2)|=20,\quad f(2,0)=28,\quad \cdots.$$

由此猜测 $12,13,14,\cdots,19$ 这8个连续正整数不能表示成 $|f(x,y)|$ 的形式.

设 $f(x,y)=\pm k$，$k\in\{12,13,14,\cdots,19\}$，$x,y\in\mathbf{Z}$.

若 k 为偶数，由 $A=f(x,y)=7x^2+9xy-5y^2=\pm k$ 知 x,y 同为偶数（因为 x,y 同为奇，或一奇一偶，则 $f(x,y)=7x^2+9xy-5y^2$ 是奇数）.

不妨设 $x=2x_1,y=2y_1$，则 $4f(x_1,y_1)=\pm k$，因此 $k\ne14,k\ne18$.

当 $k=12$ 时，$f(x_1,y_1)=\pm3$.

当 $k=16$ 时，$f(x_1,y_1)=\pm4$，从而 x_1,y_1 同为偶数，令 $x_1=2x_2,y_1=2y_2$，则 $f(x_2,y_2)=\pm1$.

因此，下面只需证明 $f(x,y)=k$，$k\in\{1,3,13,15,17,19\}$ 无整数解即可. 而
$$f(x,y)=\pm k\Rightarrow 4\times7^2x^2+4\times63xy-4\times35y^2=\pm28k$$
$$\Rightarrow(14x+9y)^2-221y^2=\pm28k$$
$$\Rightarrow(14x+9y)^2-13\times17y^2=\pm28k. \qquad(1\text{-}4)$$

设 $t=(14x+9y)^2$，则 $t^2=13\times17y^2\pm28k$.

当 $k=1$ 时，$t^2\equiv\pm2\pmod{13}\Rightarrow t^{12}\equiv2^6\equiv-1\pmod{13}$，由费马定理知，此式不成立，所以 $k\ne1$.

同理可证，当 $k=3,13,15,17,19$ 时亦不成立（取模13或17即可）.

第 2 章　数学归纳法

2.1　问　　题

1. 设数列 $\{a_n\}$ 的前 n 项和为 S_n ，且方程 $x^2 - a_n x - a_n = 0$ 有一根为 $S_n - 1$ ，$n = 1,2,3,\cdots$.

（1）求 a_1, a_2 ；

（2）求数列 $\{a_n\}$ 的通项公式 .

2. 已知数列 $\{a_n\}$ 中 $a_1 = 2$ ，$a_{n+1} = (\sqrt{2} - 1)(a_n + 2)$ ，$n = 1,2,3,\cdots$.

（1）求 $\{a_n\}$ 的通项公式；

（2）若数列 $\{b_n\}$ 中，$b_1 = 2$ ，$b_{n+1} = \dfrac{3b_n + 4}{2b_n + 3}$ ，$n = 1,2,3,\cdots$.

证明：$\sqrt{2} < b_n \leqslant a_{4n-3}$ ，$n = 1,2,3,\cdots$.

3. 如果数 a 使得 $\cos a + \sin a$ 是有理数，证明对任意正整数 n ，$\cos^n a + \sin^n a$ 也是有理数 .

4. 设 k 是一个不小于 3 的正整数，θ 是一个实数 . 证明：如果 $\cos(k - 1)\theta$ 和 $\cos k\theta$ 都是有理数，那么存在正整数 $n > k$ ，使得 $\cos(n - 1)\theta$ 和 $\cos n\theta$ 都是有理数 .

5. 一个函数列定义如下：

$$f_0(x) = x, \quad f_{n+1}(x) = |\, f_n(x) - \sqrt{3}\,|, \quad n = 0,1,2,\cdots.$$

若称方程 $f_n(x) = 0$ 的解的最大者为最大解，试求其最大解 .

6. 设递增的正整数列 $f(n)(n \geqslant 1)$ 满足条件：

（1）$f(2) = 4$ ；

（2）对任意的正整数 m, n ，有 $f(mn) = f(m)f(n)$.

试证：$f(n) = n^2$.

7. 试证：对任意的 $n \in \mathbf{N}$ ，$n \geqslant 2$ ，都存在 n 个互不相等的正整数组成的集合 M ，使得对任意的 $a \in M$ 和 $b \in M$ ，$|a - b|$ 都可以整除 $a + b$.

8. 设 a,b 是不同时为零的整数,

$$x_1 = a, \quad x_2 = b, \quad x_n = x_{n-1} + x_{n-2}, \quad n \geqslant 3.$$

求证:存在唯一的整数 y,使得对一切正整数 n,$x_n x_{n+2} + (-1)^n y$,$x_n x_{n+4} + (-1)^n y$ 都是完全平方数.

9. 已知 $a_1 = 2, a_2 = 7$,对任意 $n>1$,设 a_{n+1} 是整数,且由 $-\dfrac{1}{2} < a_{n+1} - \dfrac{a_n^2}{a_{n-1}} \leqslant \dfrac{1}{2}$ 确定.试证明:对任意正整数 $n>1$,a_n 是奇数.

10. 证明:对任何正整数 n,存在一个各位数码都是奇数且能被 5^n 整除的 n 位数.

11. 圆周上有 2006 个点.别佳同学先用 17 种颜色给这些点染色,然后,考里亚同学以这 2006 个点中的某些点为端点作弦,使得每条弦的两个端点同色,且任意两条弦不相交(包括端点).考里亚要尽可能多地作出这样的弦,而别佳则尽力阻碍考里亚多作这样的弦.问考里亚至多能作多少条这样的弦?

12. 在桌上放着 365 张卡片,在它们的背面分别写着互不相同的数.瓦夏每付 1 卢布,可以任选 3 张卡片,要求贝佳将它们从左到右按照背面所写的数的递增顺序排列.试问,瓦夏能否付出 2000 卢布就一定能够达到如下目的:将所有 365 张卡片全部从左到右按照背面所写的数的递增顺序排列在桌面上?

13. O 是直线 g 上的一点,$\overrightarrow{OP_1}, \overrightarrow{OP_2}, \cdots, \overrightarrow{OP_n}$ 都是单位长度的向量,其中所有点 P_i 都在通过 g 的同一平面上,且在 g 的同侧.求证:若 n 为奇数,则有

$$|\overrightarrow{OP_1} + \overrightarrow{OP_2} + \cdots + \overrightarrow{OP_n}| \geqslant 1,$$

这里,$|\overrightarrow{OM}|$ 表示向量 $\overrightarrow{OM}$ 的长度.

14. 将 $3k(k$ 为正整数$)$ 个石子分成 5 堆.如果通过每次从其中 3 堆中各取走一个石子,而最后取完,则称这样的分法是"和谐的".试给出和谐分法的充分必要条件,并加以证明.

15. 设 $S = \{1, 2, \cdots, 1000000\}$,$A$ 为 S 的一个恰包含 101 个元素的子集.证明:在 S 中存在数 $t_1, t_2, \cdots, t_{100}$,使得集合

$$A_j = \{x + t_j | x \in A\}, \quad j = 1, 2, \cdots, 100$$

中的任意两个都不相交.

16. 某国有若干个城市和 k 个不同的航空公司.任意 2 个城市之间或者有 1 条属于某个航空公司的双向的直飞航线连接,或者没有航线相连.已知任意 2 条同一公司的航线都有公共的端点.证明:可以将所有城市分为 $k + 2$ 个组,

使得任意 2 个属于同一组的城市之间都没有航线连接.

17. 设 n 为任意给定的正整数,T 为平面上所有满足 $x+y<n$,x,y 为非负整数的点 (x,y) 所组成的集合,T 中每一点 (x,y) 均被染上红色或蓝色,满足:若 (x,y) 是红色,则 T 中所有满足 $x'\leqslant x$,$y'\leqslant y$ 的点 (x',y') 均为红色;如果 n 个蓝点的横坐标各不相同,则称这 n 个蓝点所组成的集合为一个 X 集;如果 n 个蓝点纵坐标各不相同,则称这 n 个蓝点所组成的集合为一个 Y 集.证明:X 集的个数和 Y 集的个数一样多.

18. 设 $a_0,a_1,a_2,\cdots$ 为任意无穷正实数数列,求证:不等式 $1+a_n>a_{n-1}\sqrt[n]{2}$ 对无穷多个正整数 n 成立.

19. 已知整数 a,b,c,d 和 $k=2(b^2+a^2d-abc)$,$y_0=a^2$,$y_1=b^2$.对于任意正整数 n,令 $y_{n+1}=(c^2-2d)y_n-d^2y_{n-1}+kd^n$.求证:上述所有 y_{n+1} 都是完全平方数.

20. 给定正整数 n,及实数 $x_1\leqslant x_2\leqslant\cdots\leqslant x_n$,$y_1\geqslant y_2\geqslant\cdots\geqslant y_n$,满足

$$\sum_{i=1}^n ix_i=\sum_{i=1}^n iy_i.$$

证明:对任意实数 α,有

$$\sum_{i=1}^n x_i[i\alpha]\geqslant\sum_{i=1}^n y_i[i\alpha].$$

这里,$[\beta]$ 表示不超过实数 β 的最大整数.

21. 设 $a_i,b_i\in\mathbf{R}^+$,求证:$\displaystyle\sum_{1\leqslant i,j\leqslant n}\min\{a_ia_j,b_ib_j\}\leqslant\sum_{1\leqslant i,j\leqslant n}\min\{a_ib_j,a_jb_i\}$.

22. 设 $a_1,a_2,\cdots,a_n$ 是整数,它们的最大公约数等于 1. 设 S 是具有下述性质的一个由整数组成的集合:

(1) $a_i\in S$,$i=1,2,\cdots,n$;

(2) $a_i-a_j\in S$,$1\leqslant i,j\leqslant n$($i,j$ 可以相同);

(3)对任意整数 $x,y\in S$,若 $x+y\in S$,则 $x-y\in S$.

证明:S 等于由所有整数组成的集合.

23. 开始时,甲乙两人各有一条长纸带. 在一条纸带上写有字母 A,在另一条纸带上写有字母 B. 每一分钟,两人之一(不一定按照顺序轮流)把对方纸带上的单词拷贝到自己纸带上的单词的左边或者右边. 证明:在任意长时间之后,都可以把甲的纸带上的单词分成两段,将它们各自在原位翻转后仍然得到原来的单词.

24. 考虑 k 个变量的非零多项式 $P(x_1,\cdots,x_k)$. 若所有满足 $x_1,\cdots,x_k\in$

$\{0,1,\cdots,n\}$ 且 $x_1+\cdots+x_k>0$，点 $(x_1,\cdots,x_k)$ 都是 $P(x_1,\cdots,x_k)$ 的零点，且 $P(0,0,\cdots,0)\neq 0$，求证：$\deg P\geqslant kn$.

2.2　解　答

1.（1）S_n-1 为方程的根，$n=1,2,3,\cdots$，代入方程可得
$$(S_n-1)^2-a_n(S_n-1)-a_n=0.$$
将 $n=1$ 和 $n=2$ 代入上式可得 $a_1=\dfrac{1}{2}$，$a_2=\dfrac{1}{6}$.

（2）求出 a_1,a_2,a_3,a_4 等，可猜想 $a_n=\dfrac{1}{n(n+1)}$，容易用数学归纳法进行证明.

2.（1）利用待定系数法，容易得到 $a_n=\sqrt{2}\left[(\sqrt{2}-1)^n+1\right]$，$n=1,2,3,\cdots$.

（2）当 $n=1$ 时，因 $\sqrt{2}<2$，$b_1=a_1=2$，所以 $\sqrt{2}<b_1\leqslant a_1$，结论成立.

假设当 $n=k$ 时，结论成立，即 $\sqrt{2}<b_k\leqslant a_{4k-3}$，也即 $0<b_k-\sqrt{2}\leqslant a_{4k-3}-\sqrt{2}$. 当 $n=k+1$ 时，
$$b_{k+1}-\sqrt{2}=\frac{3b_k+4}{2b_k+3}-\sqrt{2}=\frac{(3-2\sqrt{2})b_k+(4-3\sqrt{2})}{2b_k+3}$$
$$=\frac{(3-2\sqrt{2})(b_k-\sqrt{2})}{2b_k+3}>0.$$
又
$$\frac{1}{2b_k+3}<\frac{1}{2\sqrt{2}+3}=3-2\sqrt{2},$$
所以
$$b_{k+1}-\sqrt{2}=\frac{(3-2\sqrt{2})(b_k-\sqrt{2})}{2b_k+3}<(3-2\sqrt{2})^2(b_k-\sqrt{2})$$
$$\leqslant(\sqrt{2}-1)^4(a_{4k-3}-\sqrt{2})=a_{4k+1}-\sqrt{2}.$$
也就是说，当 $n=k+1$ 时，结论成立. 从而 $\sqrt{2}<b_n\leqslant a_{4n-3}$，$n=1,2,3,\cdots$.

3. 因为 $\cos a+\sin a$ 是有理数，则它的平方也是有理数，即 $1+2\cos a\sin a=(\cos a+\sin a)^2$ 是有理数，这表明 $\cos a$ 和 $\sin a$ 的和与积都是有理数. 由
$$\cos^n a+\sin^n a=(\cos a+\sin a)(\cos^{n-1}a+\sin^{n-1}a)$$
$$-\cos a\sin a(\cos^{n-2}a+\sin^{n-2}a),$$

所以利用数学归纳法可得 $\cos^n a + \sin^n a$ 也是有理数,问题得证.

点评 上述解答的关键是利用下面的递推关系:
$$u^{n+1} + v^{n+1} = (u+v)(u^n + v^n) - uv(u^{n-1} + v^{n-1}).$$

4. 首先证明如下结论:设 α 是一个实数,如果 $\cos\alpha$ 是有理数,那么对任意正整数 m,$\cos m\alpha$ 是有理数.

对 m 用数学归纳法求证.

由 $\cos\alpha$ 是有理数,得 $\cos 2\alpha = 2\cos^2\alpha - 1$ 也是有理数.

设对一切 $m \le l(l \ge 2)$,$\cos m\alpha$ 是有理数,则由
$$\cos(l+1)\alpha = 2\cos l\alpha \cdot \cos\alpha - \cos(l-1)\alpha$$
知 $\cos(l+1)\alpha$ 也是有理数,即当 $m = l+1$ 时命题也成立.

由上述结论,对 $\alpha = k\theta,(k-1)\theta$,分别令 $m = k, k+1$ 得到 $\cos k^2\theta, \cos(k^2-1)\theta$ 都是有理数,又 $k^2 > k$,从而命题得证.

5. $f_1(x) = \left| x - \sqrt{3} \right|$,

$$f_2(x) = \left\| x - \sqrt{3} \right| - \sqrt{3} \left| = \begin{cases} \left| x - 2\sqrt{3} \right|, & x \ge \sqrt{3}, \\ |x|, & x < \sqrt{3}. \end{cases} \right.$$

$$f_3(x) = \left| f_2(x) - \sqrt{3} \right| = \begin{cases} \left\| x - 2\sqrt{3} \right| - \sqrt{3} \right|, & x \ge \sqrt{3}, \\ \left\| x \right| - \sqrt{3} \right|, & x < \sqrt{3}. \end{cases}$$

据此可得

当 $x \ge 2\sqrt{3}$ 时,$f_3(x) = \left| x - 3\sqrt{3} \right|$;

当 $\sqrt{3} \le x < 2\sqrt{3}$ 时,$f_3(x) = \left| x - \sqrt{3} \right|$;

当 $0 \le x < \sqrt{3}$ 时,$f_3(x) = \sqrt{3} - x$;

当 $x < 0$ 时,$f_3(x) = \left| x + \sqrt{3} \right|$.

所以,$f_3(x) = 0$ 的解是 $3\sqrt{3}$,$\sqrt{3}$,$-\sqrt{3}$.

由此可知:

$f_1(x) = 0$ 的最大解是 $\sqrt{3}$;

$f_2(x) = 0$ 的最大解是 $2\sqrt{3}$;

$f_3(x) = 0$ 的最大解是 $3\sqrt{3}$;

……

于是猜想:$f_n(x) = 0$ 的最大解是 $n\sqrt{3}$.

只需证明命题 A:"若 $x \ge n\sqrt{3}$,则 $f_n(x) = x - n\sqrt{3}$"成立,而 $x < n\sqrt{3}$ 的情形

无需考虑.

用数学归纳法证明如下:

当 $n=1$ 时,若 $x \geqslant \sqrt{3}$,则 $f_1(x)=x-\sqrt{3}$,命题 A 成立;

假设当 $n=k$ 时,结论成立,即若 $x \geqslant k\sqrt{3}$,则 $f_k(x)=x-k\sqrt{3}$;则当 $n=k+1$ 时,若 $x \geqslant (k+1)\sqrt{3}$,必有 $x \geqslant k\sqrt{3}$,从而

$$f_{k+1}(x)=\left| f_k(x)-\sqrt{3} \right|=\left| (x-k\sqrt{3})-\sqrt{3} \right|$$
$$=\left| x-(k+1)\sqrt{3} \right|=x-(k+1)\sqrt{3}.$$

由数学归纳法知命题 A 成立.

综上所述, $f_n(x)=0$ 的最大解是 $n\sqrt{3}$.

6. 显然 $f(1)=1^2$,我们用数学归纳法证明,对 $n \geqslant 2$,有 $f(n)=n^2$. 条件(1)表明当 $n=2$ 时结论成立,假设对 $n \geqslant 3$,有 $f(n-1)=(n-1)^2$,下证 $f(n)=n^2$.

现在的困难在于 $f(n)$ 与 $f(n-1)$ 之间没有简单适用的递推关系,直接证明 $f(n)=n^2$ 并不容易,因此我们考虑分别证明较弱一点的结论: $f(n) \leqslant n^2$ 及 $f(n) \geqslant n^2$,由此导出结论.

现设 k (参数)为正整数并考虑 $f(n^k)$,由于 $n-1 \geqslant 2$,故有正整数 l 满足 $(n-1)^l < n^k < (n-1)^{l+1}$. 于是,由条件(2), $f(n)$ 的递增性及归纳假设得

$$f^k(n)=f(n^k) \leqslant f((n-1)^{l+1})=f^{l+1}(n-1)$$
$$=(n-1)^{2(l+1)}=(n-1)^{2l}(n-1)^2 < n^{2k}(n-1)^2.$$

从而

$$f(n) < n^2(n-1)^{\frac{2}{k}}. \tag{2-1}$$

在式(2-1)中,令参数 $k \to +\infty$ 得 $f(n) \leqslant n^2$.

完全相同地可以证明 $f(n) \geqslant n^2$,于是 $f(n)=n^2$.

点评 (1)若要回避使用极限的概念,可以利用下面的论证:假设 $f(n) > n^2$,即 $f(n) \geqslant n^2+1$,由式(2-1)得: $\left(1+\dfrac{1}{n^2}\right)^k < (n-1)^2$,但 $1+\dfrac{1}{n^2} > 1$,故当 k 充分大时上式不能成立,所以 $f(n) \leqslant n^2$. 同理, $f(n) \geqslant n^2$,于是 $f(n)=n^2$.

(2)此题稍加变化可以编拟出第一届日耳曼数学奥林匹克第三题:

设 $f:\mathbf{N} \to \mathbf{N}$ 是一个严格递增函数,且 $f(2)=a>2$,对任意的 $m,n \in \mathbf{N}$, $f(mn)=f(m)f(n)$,求 a 的最小值.

7. 当 $n=2$ 时,取 $M_2=\{1,2\}$,则 $|2-1| \mid (2+1)$,结论成立.

当 $n=3$ 时,取 $M_3=\{4,5,6\}$,则由 $|5-4|\mid(5+4)$,$|6-4|\mid(6+4)$,$|6-5|\mid(6+5)$,可知结论成立.

假设 $M_k=\{a_1,a_2,\cdots,a_k\}$,其中 $a_i\neq a_j$($i\neq j$),对于任意的 a_i,a_j($1\leqslant i,j\leqslant k$)都有 $|a_i-a_j|\mid(a_i+a_j)$.

因为 $a_i+a_j=(a_i-a_j)+2a_j$,所以 $|a_i-a_j|\mid(2a_j)$.

于是,对任意的 a_i 和 a_j,都有 $|a_i-a_j|\mid(2a_1a_2\cdots a_k)$.

令 $p=a_1a_2\cdots a_k$,$M_{k+1}=\{p+a_1,p+a_2,\cdots,p+a_k\}$,下面验证 M_{k+1} 符合要求.

(1)对于任意的 $p+a_j$ 和 $p+a_i$,
$$(p+a_i)+(p+a_j)=2p+(a_i+a_j),$$
$$(p+a_i)-(p+a_j)=a_i-a_j,$$
则由 $|a_i-a_j|\mid(2p)$,$|a_i-a_j|\mid(a_i+a_j)$,可得
$$|a_i-a_j|\mid((p+a_i)+(p+a_j)),$$
即 $|(p+a_i)-(p+a_j)|\mid((p+a_i)+(p+a_j))$.

(2)对于任意的 $p+a_i$ 与 p,
$$(p+a_i)-p=a_i,\quad (p+a_i)+p=2p+a_i,$$
则由 $a_i\mid(2p+a_i)$ 可得
$$|(p+a_i)-p|\mid(p+a_i)+p.$$

由(1),(2)说明:$n=k+1$ 时,结论也成立.

综上所述,结论成立.

点评 这里采用的是归纳构造法,即用归纳法递推地构造出符合要求的 n 个数.解答中的 p 也可选择为 $a_1,a_2,\cdots,a_k$,及所有形如 a_i-a_j 的数的最小公倍数.

8. 先取 n 的几个特殊值,看看表达式 x_nx_{n+2},x_nx_{n+4} 的取值具有什么规律,为简便起见,列表计算如表 2-1 所示.

表 2-1

n	1	2	3	4
x_n	a	b	$a+b$	$a+2b$
x_nx_{n+2}	a^2+ab	$ab+2b^2$	$2a^2+5ab+3b^2$	$3a^2+11ab+10b^2$
x_nx_{n+4}	$2a^2+3ab$	$3ab+5b^2$	$3a^2+13ab+8b^2$	$8a^2+29ab+26b^2$

通过对表 2-1 的分析发现,取 $y=a^2+ab-b^2$ 将使得结论对前几个 n 成立,且有

$$x_n x_{n+2} + (-1)^n y = x_{n+1}^2,$$
$$x_n x_{n+4} + (-1)^n y = x_{n+2}^2.$$

用数学归纳法不难证明上述结论对一切正整数 n 成立(证明过程略,请读者补出).

下证唯一性.

(1) 数列 $x_1, x_2, \cdots, x_n, \cdots$ 各项的符号,不可能都是交替变化的,即存在 k, 使 x_k 与 x_{k+1} 同号. 否则,所有的项 $x_k \neq 0$,且

$$|x_{n+1}| = |x_n + x_{n-1}| < \max\{|x_n|, |x_{n-1}|\}.$$

同理

$$|x_{n+2}| < \max\{|x_{n+1}|, |x_n|\} < \max\{|x_n|, |x_{n-1}|\},$$

这样, $M_n < \max\{|x_{2n-1}|, |x_{2n}|\}$,随着 n 的增大而减小,与所有的 $x_n \neq 0$ 矛盾.

(2) 若 x_k 与 x_{k+1} 同号,当 $n \geq k$ 时,所有的 x_n 皆同号,且 $|x_n|$ 无界地严格递增.

(3) 若有两个不同的常数 y_1, y_2,使得对一切 n, $x_n x_{n+2} + (-1)^n y_1$,与 $x_n x_{n+2} + (-1)^n y_2$ 都是完全平方数,分别记为 a_n^2, b_n^2 (a_n, b_n 均为非负整数), 则 $a_n \neq b_n$,且当 $n \geq k$ 时, a_n, b_n 均无界地严格递增,从而

$$|y_1 - y_2| = |(-1)^n(y_1 - y_2)| = |a_n^2 - b_n^2|$$
$$= |a_n - b_n||a_n + b_n| \geq |a_n + b_n|$$

将随 n 的增大而无界地增大,矛盾. 唯一性得证.

9. 算出前几项 $a_1 = 2, a_2 = 7, a_3 = 25, a_4 = 89, a_5 = 317, \cdots$.

猜想递推关系

$$a_n = 3a_{n-1} + 2a_{n-2}, \quad n \geq 3. \tag{2-2}$$

以下用数学归纳法证明:

当 $n = 3$ 时,式(2-2)显然成立;

假设 $n \geq 3$,对于 $3, 4, \cdots, n$,式(2-2)均成立,则

$$\frac{a_n^2}{a_{n-1}} - (3a_n + 2a_{n-1}) = \frac{1}{a_{n-1}}(a_n^2 - 3a_n a_{n-1} - 2a_{n-1}^2)$$

$$= \frac{1}{a_{n-1}}[a_n(3a_{n-1} + 2a_{n-2}) - 3a_n a_{n-1} - 2a_{n-1}^2]$$

$$= \frac{2a_n a_{n-2} - 2a_{n-1}^2}{a_{n-1}} = \frac{2a_{n-2}}{a_{n-1}} \cdot \frac{a_n a_{n-2} - a_{n-1}^2}{a_{n-2}}$$

$$= \frac{2a_{n-2}}{a_{n-1}}\left(a_n - \frac{a_{n-1}^2}{a_{n-2}}\right).$$

所以 $\left|\frac{a_n^2}{a_{n-1}} - (3a_n + 2a_{n-1})\right| = \left|\frac{2a_{n-2}}{a_{n-1}}\right|\left|a_n - \frac{a_{n-1}^2}{a_{n-2}}\right| < \left|\frac{2a_{n-2}}{3a_{n-2}}\right| \cdot \frac{1}{2} < \frac{1}{2},$

$|a_{n+1} - (3a_n + 2a_{n-1})| \leq \left|a_{n+1} - \frac{a_n^2}{a_{n-1}}\right| + \left|\frac{a_n^2}{a_{n-1}} - (3a_n + 2a_{n-1})\right| < \frac{1}{2} + \frac{1}{2} = 1.$

所以 $a_{n+1} = 3a_n + 2a_{n-1}$. 式(2-2)对于任意自然数 n 都成立.

由式(2-2)知 a_{n+1} 与 a_n 奇偶性相同,而 $a_2 = 7$ 为奇数,所以当 $n>1$ 时,a_n 是奇数.

10. 用数学归纳法证明. $n = 1$ 时,结论显然成立. 假设 $N = \overline{a_1 a_2 \cdots a_n}$ 能被 5^n 整除,且各位数字是奇数. 考虑下列数字:

$$N_1 = \overline{1a_1 a_2 \cdots a_n} = 1 \times 10^n + 5^n M = 5^n(1 \times 2^n + M),$$
$$N_3 = \overline{3a_1 a_2 \cdots a_n} = 3 \times 10^n + 5^n M = 5^n(3 \times 2^n + M),$$
$$N_5 = \overline{5a_1 a_2 \cdots a_n} = 5 \times 10^n + 5^n M = 5^n(5 \times 2^n + M),$$
$$N_7 = \overline{7a_1 a_2 \cdots a_n} = 7 \times 10^n + 5^n M = 5^n(7 \times 2^n + M),$$
$$N_9 = \overline{9a_1 a_2 \cdots a_n} = 9 \times 10^n + 5^n M = 5^n(9 \times 2^n + M).$$

$1 \times 2^n + M, 3 \times 2^n + M, 5 \times 2^n + M, 7 \times 2^n + M, 9 \times 2^n + M$ 除以 5 时所得余数各不相同,否则它们中的某两个的差是 5 的倍数,而这是不可能的. 因为 2^n 不能被 5 整除,而 $1, 3, 5, 7, 9$ 中任何两个之差也不是 5 的倍数. 这表明 N_1, N_3, N_5, N_7, N_9 中有一个是 $5^n \times 5 = 5^{n+1}$ 的倍数.

11. 答案:117.

注意到 $2006 = 17 \times 118$,故存在两种颜色,使得这两种颜色的点总共不少于 $2 \times 118 = 236$ 个.

下面对 k 归纳证明:对圆周上至多有两种颜色的 $2k - 1$ 个点,总可以找到 $k - 1$ 条互不相交的端点同色弦.

当 $k = 2$ 时,显然.

设 $k > 2$. 取两个同色点,使得以它们为端点的一条圆弧上没有其他的点. 连接它们得到一条端点同色弦,并对其他点用归纳假设即可证明.

现取至多两色的 235 个点,并对它们应用上面结论,考里亚总能找到 117 条端点同色弦.

下面给出更多的端点同色弦找不到的例子.

设在圆周上有 $17k$ 个点,依顺序记为 $1,2,\cdots,17k$. 假设别佳依次将它们按除以 17 所得余数分别染上 $0,1,2,\cdots,16$ 这 17 种颜色. 我们将用归纳法证明不能作出大于 $k-1$ 条不相交端点同色弦.

当 $k=1$ 时,结论显然. 设 $k>1$. 将圆周上 $17k$ 个点按上述原则染色. 设 AB 是一条最短端点同色弦,则在这条弦的一侧没有其他同色弦,而在另一侧有 $17l$ ($l<k$) 个点,由归纳假设,在这一侧至多有 $l-1$ 条端点同色弦. 这样,共有 $l-1+1<k$ 条端点同色弦.

12. 可以. 先证明一个引理.

引理　假设支付 x 卢布,瓦夏可把某 $N-1$ 张卡片按照所需的顺序摆放在桌子上,其中 $N\leqslant 3^k$. 那么,他至多再支付 k 卢布,就可把剩下的 1 张卡片放到正确的位置上,即一共只需支付不多于 $x+k$ 卢布.

引理的证明　用数学归纳法证明.

$k=1$ 的情形显然成立.

假设结论对一切 $N\leqslant 3^{k-1}$ 成立,我们证明结论对 $N\leqslant 3^k$ 也成立. 显然,瓦夏第一步应当确认第 N 张卡片与放在第 $\left[\dfrac{N}{3}\right]$ 个位置和第 $\left[\dfrac{2N}{3}\right]$ 个位置上的卡片 A 和 B 之间的位置关系. 由于卡片 A,B 将已经排列好的卡片分成了 3 段,所以,瓦夏利用 1 卢布来了解第 N 张卡片位于哪一段中.

又由于每一段中只有不多于 $3^{k-1}-1$ 张卡片,根据归纳假设,瓦夏为了能够进一步确认第 N 张卡片在它们中的位置,接下来至多再支付 $k-1$ 卢布.

引理证毕.

下面利用引理,只需证明瓦夏花费 2000 卢布就一定能够达到目的.

为了排列头 3 张卡片,他花去 1 卢布;

为了将第 $4\sim 9$ 张卡片插入其间(一共 6 张卡片),他在每一张卡片上的花费都不多于 2 卢布;

为了将第 $10\sim 27$ 张卡片插入其间,他在每一张卡片上的花费都不多于 3 卢布;

为了将第 $28\sim 81$ 张卡片插入其间,他在每一张卡片上的花费都不多于 4 卢布;

接下来,在第 $82\sim 243$ 张卡片中的每一张上的花费都不多于 5 卢布,在第 $244\sim 365$ 张卡片中的每一张上的花费都不多于 6 卢布. 这就是说,瓦夏一共只需花费

$$1+6\times 2+18\times 3+54\times 4+162\times 5+122\times 6=1825(卢布)<2000(卢布)$$

即可达到目的.

13. 易知,若向量 $\boldsymbol{u}$ 和 $\boldsymbol{w}$ 之间的夹角 $\leqslant \dfrac{\pi}{2}$,则 $|\boldsymbol{u} + \boldsymbol{w}| \geqslant \max \{|\boldsymbol{u}|, |\boldsymbol{w}|\}$.

因为 $n = 2k - 1$ 为奇数,下面对正整数 k 用数学归纳法. 不妨设 P_i 是使得它们沿中心 O 的半圆随着递增下标依次以逆时针方向的排列,用 $\boldsymbol{u}_i$ 表示 $\overrightarrow{OP_i}$,并用 $\boldsymbol{u}$ 表示 $\displaystyle\sum_{i=1}^{n} \boldsymbol{u}_i$.

当 $k = 1$ 时,$n = 1$,此时 $|\boldsymbol{u}| = |\boldsymbol{u}_1| = 1$,命题成立.

假设命题对小于 k 的正整数成立. 对于正整数 k,记 $\boldsymbol{v} = \displaystyle\sum_{i=2}^{2k} \boldsymbol{u}_i$,则由归纳假设,$|\boldsymbol{v}| \geqslant 1$,且 $\boldsymbol{v}$ 在 $\boldsymbol{u}_2$ 与 $\boldsymbol{u}_{2k}$ 之间,即在 $\angle P_{2k+1}OP_1$ 内. 设 $\boldsymbol{w} = \boldsymbol{u}_1 + \boldsymbol{u}_{2k+1}$,则 $\boldsymbol{u} = \boldsymbol{v} + \boldsymbol{w} = \displaystyle\sum_{i=1}^{2k+1} \boldsymbol{u}_i$,见图 2-1.

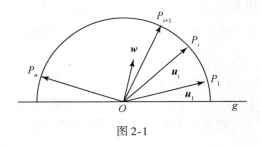

图 2-1

当 $\boldsymbol{w} = \boldsymbol{0}$ 时,有 $|\boldsymbol{u}| = |\boldsymbol{v}| \geqslant 1$;

当 $\boldsymbol{w} \neq \boldsymbol{0}$ 时,向量 $\boldsymbol{w}$ 平分角 $\angle P_1OP_{2k+1}$,因此 $\boldsymbol{w}$ 与 $\boldsymbol{u}_1$ 和 $\boldsymbol{u}_{2k+1}$ 的夹角小于 $\dfrac{\pi}{2}$,从而 $\boldsymbol{w}$ 与 $\boldsymbol{v}$ 的夹角小于 $\dfrac{\pi}{2}$,于是 $|\boldsymbol{u}| = |\boldsymbol{v} + \boldsymbol{w}| \geqslant |\boldsymbol{v}| \geqslant 1$,即命题对 k 也成立.

从而命题对一切正奇数 n 都成立.

14. 分法是"和谐的"充分必要条件是最多的一堆石子的个数不超过 k.

下面设 5 堆石子的个数分别为 a, b, c, d, e(其中 $a \geqslant b \geqslant c \geqslant d \geqslant e$).

"必要性"的证明:若分法是"和谐的",则把 a 所对应的石子取完至少要取 a 次,这 a 次每次都要取走 3 个石子. 如果 $a > k$,则 $3a > 3k$,即把 a 所对应的一堆取完时,需取走的石子多于 5 堆石子的总数. 矛盾. 因此最多一堆石子的个数不能超过 k.

"充分性"的证明:(数学归纳法)

（1）当 $k=1$ 时,满足" $a\leqslant k$ "的分法只能是 $1,1,1,0,0$. 显然这样的分法是和谐的.

（2）假设 $k\leqslant n$ 时,满足" $a\leqslant k$ "的分法是和谐的.

（3）当 $k=n+1$ 时,若 $a\leqslant n+1$,且分法 a,b,c,d,e 是不和谐的,则分法 $a-1,b-1,c-1,d,e$ 也是不和谐的. 由（2）及必要性的证明,可知

$$\max\{a-1,b-1,c-1,d,e\}>n.$$

因为 $a\geqslant b\geqslant c\geqslant d\geqslant e$,所以 $\max\{a-1,b-1,c-1,d,e\}=\max\{a-1,d\}>n$.

若 $a-1\geqslant d$,则有 $a-1>n$. 这与 $a\leqslant n+1$ 矛盾.

若 $a-1<d$,则有 $n<d\leqslant c\leqslant b\leqslant a\leqslant n+1$,从而有 $a=b=c=d=n+1$,于是有 $3(n+1)=a+b+c+d+e=4(n+1)+e$,这是不可能的. 矛盾.

因此当 $a\leqslant n+1$ 时,分法 a,b,c,d,e 是和谐的.

15. 考虑集合 $D=\{x-y\mid x,y\in A\}$,D 中至多有 $101\times100+1=10101$ 个元素. 易知两个集合 A_i 与 A_j 有非空的交集的充要条件为 $t_i-t_j\in D$. 于是,只要选取 S 中的 100 个元素,其差不属于 D.

归纳选取　首先任取一个元素 x,则 $x+D$ 中的元素不能再被选取. 假设已选取 k 个元素,$k\leqslant99$. 此时至多有 $10101k\leqslant999999$ 个元素不能选取. 因此,至少还有一个元素可以选取,则选取第 $k+1$ 个元素. 如此下去,直至选取出 100 个满足条件的元素.

16. 通过对 k 进行归纳来证明题目结论.

当 $k=0$ 时,结论显然成立,因为此时没有任何航空公司. 构筑一个图,其中的顶点为该国的城市,而边则为航线. 分别以 $E_1,E_2,\cdots,E_k$ 表示各个航空公司的航线所对应的边的集合. 易看出,对于每个 $i\in\{1,2,\cdots,k\}$,集合 E_i 或者为三角形,或者为"花"（即具有一个公共顶点的若干条边）. 如果存在一个集合 E_i 是以某个顶点 A 为公共顶点的"花",那么,就从图中去掉顶点 A 和所有由它所连出的边. 于是,在剩下的图中只有 $k-1$ 家航空公司的航线. 根据归纳假设,我们可以把所有的顶点分成 $k+1$ 组,使得任意 2 个属于同 1 组的顶点之间都没有边连接,再把顶点 A 作为第 $k+2$ 组即可. 下面再考虑所有的 $E_1,E_2,\cdots,E_k$ 都是三角形的情形. 此时图中恰好有 $3k$ 条边. 我们将图中的顶点分为尽可能少的组,使得任意 2 个属于同 1 组的顶点之间都没有边连接.

假设所分出的组为 $B_1,B_2,\cdots,B_n$,且 $n\geqslant k+3$. 注意到,此时在任何 2 个组 B_i 和 B_j 之间,都一定有某条边连接 B_i 和 B_j 中的某 2 个顶点,若不然,就可以把 2 个组并为 1 个组. 从而,该图中至少有 C_n^2 条边. 这样一来,就有

$$C_n^2 \geqslant \frac{(k+3)(k+2)}{2} > 3k,$$

矛盾. 所以题目的结论成立.

17. 设红点个数为 m, X 集合数目为 t, Y 集合数目为 s. 对 m, $0 \leqslant m \leqslant \frac{n(n+1)}{2}$, 进行归纳证明.

(1)当 $m = 0$ 时, 由乘法原理, $s = t = n!$, 命题成立.

(2)假设 $m = k \left[0 \leqslant k < \frac{n(n+1)}{2} \right]$ 时命题成立.

(3)对于 $m = k+1$, 设点 $P(x_0, y_0)$ 是使 $x_0 + y_0$ 最大的红点之一. 那么, 将 P 改为蓝点. 由于不存在其他红点 (x, y), $x \geqslant x_0$, $y \geqslant y_0$, 因此, 这仍然是一个满足条件的集合, 记为 T'. 对它类似地定义 t', s'.

对于 T', 设它在 $x = i (0 \leqslant i \leqslant n-1)$ 列上的蓝点有 a_i 个, 在 $y = j (0 \leqslant j \leqslant n-1)$ 行上的蓝点有 b_j 个. 那么, $t' = \prod\limits_{i=0}^{n-1} a_i$, $s' = \prod\limits_{i=0}^{n-1} b_i$. 由归纳假设, 有 $t' = s'$, 即

$$\prod_{i=0}^{n-1} a_i = \prod_{i=0}^{n-1} b_i.$$

对于改变前的集合 T, 有

$$t = \left(\prod_{\substack{i=0 \\ i \neq x_0}}^{n-1} a_i \right) (a_{x_0} - 1), \quad s = \left(\prod_{\substack{i=0 \\ i \neq y_0}}^{n-1} b_j \right) (b_{y_0} - 1).$$

在 $x = x_0$ 列上, 纵坐标大于等于 y_0 的 T 中的点有 $n - x_0 - y_0$ 个, 所以, $a_{x_0} = n - x_0 - y_0$.

同理, $b_{y_0} = n - x_0 - y_0$. 故 $a_{x_0} = b_{y_0}$. 于是

$$t = \left(\prod_{\substack{i=0 \\ i \neq x_0}}^{n-1} a_i \right) (a_{x_0} - 1) = \left(\prod_{\substack{i=0 \\ i \neq y_0}}^{n-1} b_j \right) (b_{y_0} - 1),$$

即 $t = s$. 故对 $m = k+1$ 时, 命题也成立.

因此, 对一切 $0 \leqslant m \leqslant \frac{n(n+1)}{2}$ 命题成立.

18. 假设不等式 $1 + a_n > a_{n-1} \sqrt[n]{2}$ 只对有限多个正整数成立. 设这些正整数中最大的一个为 M, 则对任意的正整数 $n > M$, 上述不等式均不成立, 即有 $1 + a_n \leqslant a_{n-1} \sqrt[n]{2}$, $n > M$, 也即

$$a_n \leqslant a_{n-1} \sqrt[n]{2} - 1, \quad n > M. \tag{2-3}$$

由伯努利不等式,有

$$\sqrt[n]{2} = (1 + 1)^{\frac{1}{n}} \leqslant 1 + \frac{1}{n} = \frac{n+1}{n}, \quad 正整数 n \geqslant 2. \tag{2-4}$$

结合式(2-3),式(2-4)可得

$$a_n \leqslant \frac{n+1}{n} a_{n-1} - 1, \quad n > M. \tag{2-5}$$

下面用数学归纳法证明:

$$a_{M+n} \leqslant (M + n + 1)\left(\frac{a_M}{M+1} - \frac{1}{M+2} - \cdots - \frac{1}{M+n+1}\right), \tag{2-6}$$

其中 n 是非负整数.

当 $n = 0$ 时,式(2-6)左边为 a_M ,右边也为 a_M ,故式(2-6)成立.

设当 $n = k(k \in \mathbf{N}^+ \cup \{0\})$ 时,式(2-6)成立,即有

$$a_{M+k} \leqslant (M + k + 1)\left(\frac{a_M}{M+1} - \frac{1}{M+2} - \cdots - \frac{1}{M+k+1}\right). \tag{2-7}$$

在式(2-5)中取 $n = M + k + 1$,并利用式(2-7),可得

$$
\begin{aligned}
a_{M+k+1} &\leqslant \frac{M+k+2}{M+k+1} a_{M+k} - 1 \\
&\leqslant \frac{M+k+2}{M+k+1}(M + k + 1)\left(\frac{a_M}{M+1} - \frac{1}{M+2} - \cdots - \frac{1}{M+k+1}\right) - 1 \\
&= (M + k + 2)\left(\frac{a_M}{M+1} - \frac{1}{M+2} - \cdots - \frac{1}{M+k+1}\right) - 1 \\
&= (M + k + 2)\left(\frac{a_M}{M+1} - \frac{1}{M+2} - \cdots - \frac{1}{M+k+2}\right).
\end{aligned}
$$

故式(2-6)在 $n = k + 1$ 时也成立. 故式(2-6)得证.

由于 $\lim\limits_{n \to \infty}\left(1 + \dfrac{1}{2} + \cdots + \dfrac{1}{n}\right) = +\infty$,所以

$$\lim\limits_{n \to \infty}\left[\left(1 + \frac{1}{2} + \cdots + \frac{1}{n}\right) - \left(1 + \frac{1}{2} + \cdots + \frac{1}{M+1}\right)\right] = +\infty,$$

即 $\lim\limits_{n \to \infty}\left(\dfrac{1}{M+2} + \dfrac{1}{M+3} + \cdots + \dfrac{1}{n}\right) = +\infty$.

从而存在正整数 n_0 ,满足

$$\frac{1}{M+2} + \frac{1}{M+3} + \cdots + \frac{1}{N_0} > \frac{a_M}{M+1}. \tag{2-8}$$

在式(2-6)中取 $n = N_0 - M - 1$,得

$$a_{N_0-1} \leqslant N_0\left(\frac{a_M}{M+1} - \frac{1}{M+2} - \cdots - \frac{1}{N_0}\right). \tag{2-9}$$

结合式(2-8),式(2-9)知 $a_{N_0-1} < 0$,这与 $a_{N_0-1} > 0$ 矛盾,故命题得证.

19. 定义数列 $x_n(n \geqslant 0)$ 如下:

$$x_0 = -a, \quad x_1 = b, \quad x_{n+2} = -cx_{n+1} - dx_n, \quad \forall\, n \geqslant 0. \tag{2-10}$$

由式(2-10)知,对任意非负整数 n,均有

$$
\begin{aligned}
& dx_{n+1}^2 + cx_{n+1}x_{n+2} + x_{n+2}^2 \\
&= dx_{n+1}^2 + cx_{n+1}(-cx_{n+1} - dx_n) + (-cx_{n+1} - dx_n)^2 \\
&= dx_{n+1}^2 - c^2x_{n+1}^2 - cdx_nx_{n+1} + c^2x_{n+1}^2 + 2cdx_nx_{n+1} + d^2x_n^2 \\
&= dx_{n+1}^2 + cdx_nx_{n+1} + d^2x_n^2 \\
&= d(dx_n^2 + cx_nx_{n+1} + x_{n+1}^2)
\end{aligned} \tag{2-11}
$$

反复利用式(2-11),得

$$
\begin{aligned}
dx_n^2 + cx_nx_{n+1} + x_{n+1}^2 &= d^n(dx_0^2 + cx_0x_1 + x_1^2) \\
&= d^n(da^2 - abc + b^2) = \frac{1}{2}kd^n.
\end{aligned} \tag{2-12}
$$

下面用归纳法证明,对任意非负整数 n,均有

$$y_n = x_n^2. \tag{2-13}$$

当 $n = 0$ 时,由于 $y_0 = a^2, x_0 = -a$,故式(2-13)成立.

当 $n = 1$ 时,由于 $y_1 = b^2, x_1 = b$,故式(2-13)成立.

设当 $n = m, m+1$(m 为非负整数)时,式(2-13)成立,即 $y_m = x_m^2, y_{m+1} = x_{m+1}^2$,则由 $\{y_n\}$ 的递推关系及式(2-10)可得

$$
\begin{aligned}
y_{m+2} - x_{m+2}^2 &= (c^2 - 2d)y_{m+1} - d^2y_m + kd^{m+1} - (-cx_{m+1} - dx_m)^2 \\
&= (c^2 - 2d)x_{m+1}^2 - d^2x_m^2 + kd^{m+1} \\
&\quad - (c^2x_{m+1}^2 + 2cdx_mx_{m+1} + d^2x_m^2) \quad (\text{利用归纳假设}) \\
&= -2dx_{m+1}^2 - 2d^2x_m^2 + kd^{m+1} - 2cdx_mx_{m+1} \\
&= kd^{m+1} - 2d(dx_m^2 + cx_mx_{m+1} + x_{m+1}^2) \\
&= kd^{m+1} - 2d \cdot \frac{1}{2}kd^m \quad [\text{利用式(2-12)}] \\
&= 0.
\end{aligned}
$$

所以 $y_{m+2} = x_{m+2}^2$.

所以,对任意非负整数 n,均有 $y_n = x_n{}^2$.

由 $\{x_n\}$ 的定义,易知 $\{x_n\}$ 为整数数列,从而,数列 $\{y_n\}$ 中的每一项均为完全平方数.

20. 先证明一个引理.

引理　对任意实数 x 和正整数 n,有
$$\sum_{i=1}^{n-1} [i\alpha] \leqslant \frac{n-1}{2} [n\alpha].$$

引理的证明　只需要将 $[i\alpha] + [(n-i)\alpha] \leqslant [n\alpha]$ 对 $i = 1, 2, \cdots, n-1$ 求和即得.

回到原题,我们采用归纳法对 n 进行归纳,当 $n = 1$ 时显然正确.

假设 $n = k$ 时原命题成立,考虑 $n = k+1$. 令 $a_i = x_i + \dfrac{2}{k} x_{k+1}$, $b_i = y_i + \dfrac{2}{k} y_{k+1}$,其中 $i = 1, 2, \cdots, k$. 显然有 $a_1 \leqslant a_2 \leqslant \cdots \leqslant a_k$, $b_1 \geqslant b_2 \geqslant \cdots \geqslant b_k$,并且通过计算得知 $\sum_{i=1}^{k} i a_i = \sum_{i=1}^{k} i b_i$,由归纳假设知 $\sum_{i=1}^{k} a_i [i\alpha] \geqslant \sum_{i=1}^{k} b_i [i\alpha]$. 又 $x_{k+1} \geqslant y_{k+1}$,否则若 $x_{k+1} < y_{k+1}$,则 $x_1 \leqslant x_2 \leqslant \cdots \leqslant x_{k+1} < y_{k+1} \leqslant \cdots \leqslant y_2 \leqslant y_1$,故 $\sum_{i=1}^{k+1} i x_i < \sum_{i=1}^{k+1} i y_i$,矛盾.

从而
$$\sum_{i=1}^{k+1} x_i [i\alpha] - \sum_{i=1}^{k} a_i [i\alpha] = x_{k+1} \left\{ [(k+1)\alpha] - \frac{2}{k} \sum_{i=1}^{k} [i\alpha] \right\}$$
$$\geqslant y_{k+1} \left\{ [(k+1)\alpha] - \frac{2}{k} \sum_{i=1}^{k} [i\alpha] \right\}$$
$$= \sum_{i=1}^{k+1} y_i [i\alpha] - \sum_{i=1}^{k} b_i [i\alpha],$$

由此可得 $\sum_{i=1}^{k+1} x_i [i\alpha] \geqslant \sum_{i=1}^{k+1} y_i [i\alpha]$. 由归纳法知原命题对任意正整数 n 均成立.

点评　取整和大小顺序是本题的关键. 经过一两次尝试后,我们选择了归纳法. 为了保证在归纳过程中两组数列自身的排序不变,我们需要把新加入的一个元素"平摊"到已有的元素中去.

21. 令 $L(a_1, b_1, a_2, b_2, \cdots, a_n, b_n) = \sum_{1 \leqslant i, j \leqslant n} (\min\{a_i b_j, b_i a_j\} - \min\{a_i a_j, b_i b_j\})$,只需证 $L(a_1, b_1, a_2, b_2, \cdots, a_n, b_n) \geqslant 0 (\forall a_1, b_1, \cdots, b_n > 0)$.

对 n 用归纳法:

当 $n=1$ 时显然成立.

假设 $n-1$ 时成立,考虑 n 的情形.

注意到

$$L(x,x,a_2,b_2,\cdots,a_n,b_n) = L(a_2,b_2,\cdots,a_n,b_n) \geqslant 0.$$

又当 $\dfrac{a_1}{b_1}=\dfrac{a_2}{b_2}$ 时,

$$L(a_1,b_1,a_2,b_2,\cdots,a_n,b_n) = L(a_1+a_2,b_1+b_2,a_3,b_3,\cdots,a_n,b_n) \geqslant 0;$$

当 $\dfrac{a_1}{b_1}=\dfrac{b_2}{a_2}$ 且 $a_1<b_2$ 时,

$$L(a_1,b_1,a_2,b_2,\cdots,a_n,b_n) = L(a_2-b_1,b_2-a_1,a_3,b_3,\cdots,a_n,b_n) \geqslant 0.$$

故在下面讨论时可设 $a_i \neq b_i(i=1,2,\cdots,n)$,且 $i\neq j$ 时, $\dfrac{a_i}{b_i} \neq \dfrac{a_j}{b_j}, \dfrac{a_i}{b_i} \neq \dfrac{b_j}{a_j}$.

令 $r_i = \max\left\{\dfrac{a_i}{b_i},\dfrac{b_i}{a_i}\right\}$,不妨设 $1<r_1<r_2<\cdots<r_n$ 且 $a_1<b_1$,考虑线性函数 $f(x)=L(a_1,x,a_2,b_2,\cdots,a_n,b_n)$,其中 $x \in [a_1,r_2 a_1]$.

$$f(x) = \min\{a_1 x,x a_1\} - \min\{a_1^2,x^2\} + L(a_2,b_2,\cdots,a_n,b_n)$$

$$+ 2\sum_{i=2}^{n}(\min\{a_1 b_j,x a_j\} - \min\{a_1 a_j,x b_j\})$$

$$= (x+a_1)\left(a_1 + 2\sum_{j=2}^{n} c_j\right) + L(a_2,b_2,\cdots,a_n,b_n),$$

其中 $c_j = \begin{cases} -b_j, & a_j > b_j, \\ a_j, & a_j < b_j. \end{cases}$

由于 $f(x)$ 是线性函数,故 $f(x) \geqslant \min\{f(a_1),f(r_2 a_1)\}$. 而

$$f(a_1) = L(a_2,b_2,\cdots,a_n,b_n) \geqslant 0,$$

$$f(r_2 a_1) = L(a_1,r_2 a_1,a_2,b_2,\cdots,a_n,b_n)$$

$$= \begin{cases} L(a_1+a_2,r_2 a_1+b_2,a_3,b_3,\cdots,a_n,b_n), & r_2 = \dfrac{b_2}{a_2}, \\ L(a_2-r_2 a_1,b_2-a_1,a_3,b_3,\cdots,a_n,b_n), & r_2 = \dfrac{a_2}{b_2} \end{cases}$$

$$\geqslant 0.$$

所以 $f(x) \geqslant 0$. 所以 $f(b_1) \geqslant 0$,即 $L(a_1,b_1,a_2,b_2,\cdots,a_n,b_n) \geqslant 0$,对 n 亦成立.

22. 将命题加强：我们证明对任意 $t \in \mathbf{Z}$，数 $(a_1, a_2, \cdots, a_n)t \in S$，这里 $(a_1, a_2, \cdots, a_n)$ 表示 $a_1, a_2, \cdots, a_n$ 的最大公约数，在 $n = 1$ 时，

$$(a_1) = a_1. \tag{2-14}$$

对 n 归纳予以处理．当 $n = 1$ 时，先证对任意 $t \in \mathbf{N}^+$，均有 $a_1 t \in S$．事实上，在条件(2)中令 $i = j = 1$，就有 $0 \in S$，结合 $a_1 \in S$ 及条件(3)可知 $-a_1 \in S$；现在设 $-a_1, 0, a_1, 2a_1, \cdots, (t-1)a_1$ 都属于 $S(t \in \mathbf{N}^+)$，则由 $(t-1)a_1 \in S$，$-a_1 \in S$ 及 $(t-2)a_1 \in S$，利用条件(3)可知 $(t-1)a_1 - (-a_1) = ta_1 \in S$．所以，对任意 $t \in \mathbf{N}^+$，数 $ta_1 \in S$．进一步，由 $0 \in S$，$ta_1 \in S$ 知 $0 - ta_1 \in S$，即 $-ta_1 \in S$．所以，对任意 $t \in \mathbf{Z}$，均有 $ta_1 \in S$，命题对 $n = 1$ 成立．当 $n = 2$ 时，由前已证：对任意 $x, y \in \mathbf{Z}$，均有 $xa_1 \in S$，$ya_2 \in S$.

下证：对任意 $k_1, k_2 \in \mathbf{Z}$，均有

$$k_1 a_1 + k_2 a_2 \in S. \tag{2-15}$$

为此对 $k = |k_1| + |k_2|$ 予以归纳．当 $k = 0$ 时，$k_1 = k_2 = 0$，命题(2-15)显然成立；当 $k = 1$ 时，由 $\pm a_1 \in S$，$\pm a_2 \in S$ 知命题(2-15)成立；当 $k = 2$ 时，由条件(2)知 $a_1 - a_2 \in S$，$a_2 - a_1 \in S$，结合 $a_1, -a_2 \in S$ 及条件(3)可知 $a_1 - (-a_2) = a_1 + a_2 \in S$，再由 $0, a_1 + a_2 \in S$ 知 $0 - (a_1 + a_2) = -a_1 - a_2 \in S$，结合 $-2a_1, -2a_2 \in S$ 可知命题(2-15)成立．现在设命题(2-15)对 $0, 1, 2, \cdots, k-1$ 都成立，考虑 $k(k \geqslant 3)$ 的情形．这时 $|k_1| + |k_2| \geqslant 3$，故 $|k_1|$ 与 $|k_2|$ 中必有一个不小于 2，不妨设 $|k_1| \geqslant 2$．若 $k_1 \geqslant 2$，由归纳假设知 $(k_1 - 1)a_1 + k_2 a_2 \in S$，$(k_1 - 2)a_1 + k_2 a_2 \in S$，结合 $-a_1 \in S$ 及条件(3)知 $(k_1 - 1)a_1 + k_2 a_2 - (-a_1) = k_1 a_1 + k_2 a_2 \in S$，若 $k_1 \leqslant -2$，由归纳假设知 $(k_1 + 1)a_1 + k_2 a_2 \in S$，$(k_1 + 2)a_1 + k_2 a_2 \in S$，结合 $a_1 \in S$ 及条件(3)知 $(k_1 + 1)a_1 + k_2 a_2 - a_1 = k_1 a_1 + k_2 a_2 \in S$．从而命题(2-15)对 k 成立．这表明命题(2-15)是正确的．

由命题(2-15)及贝祖定理知，对任意 $t \in \mathbf{Z}$，均有 $(a_1, a_2)t \in S$，即命题(2-14)对 $n = 2$ 成立．现在我们设命题(2-14)对 $1, 2, \cdots, n-1$ 都成立，考虑 $n(n \geqslant 3)$ 的情形．此时，记 $(a_1, a_2, \cdots, a_n) = d$，$(a_2, a_3, \cdots, a_n) = d_1$，$(a_1, a_3, \cdots, a_n) = d_2$，$(a_1, a_2, a_4, \cdots, a_n) = d_3$．由归纳假设可知，对任意 $t_1, t_2, t_3 \in \mathbf{Z}$，都有 $d_1 t_1 \in S$，$d_2 t_2 \in S$，$d_3 t_3 \in S$.

由 d 及 d_1, d_2, d_3 的定义知 $d = (d_1, d_2) = (d_1, d_3) = (d_2, d_3)$，设 $d_i = x_i d$，$i = 1, 2, 3$，则 x_1, x_2, x_3 两两互素，故 x_1, x_2, x_3 中必有一个为奇数，不妨设 x_3 为奇数．下证：对任意 $t \in \mathbf{Z}$，存在 $m_1, m_2, m_3 \in \mathbf{Z}$，使得

$$d_1 m_1 + d_2 m_2 = d_3 m_3 \text{ 且 } d_1 m_1 - d_2 m_2 = dt. \tag{2-16}$$

事实上,对任意 $t \in \mathbf{Z}$,由 $(x_1, x_2) = 1$,可知存在 $y \in \mathbf{Z}$,使得 $x_1 y \equiv t \pmod{x_2}$,于是,令 $l = 2x_1 y - t$,就有 $l + t \equiv 0 \pmod{2x_1}$,$l - t \equiv 0 \pmod{2x_2}$,而由 x_3 为奇数,及 x_1, x_2, x_3 两两互素,可知 $(x_3, 2x_1 x_2) = 1$,于是存在 $m_3 \in \mathbf{Z}$,使得 $m_3 x_3 \equiv l \pmod{2x_1 x_2}$. 因此,令

$$m_1 = \frac{m_3 x_3 + t}{2x_1}, \quad m_2 = \frac{m_3 x_3 - t}{2x_2},$$

则 $m_1, m_2 \in \mathbf{Z}$,且 m_1, m_2, m_3 满足式(2-16).

由归纳假设及式(2-16)中的结论,知 $d_1 m_1 \in S, d_2 m_2 \in S, d_1 m_1 + d_2 m_2 = d_3 m_3 \in S$,从而结合条件(3),知 $dt = d_1 m_1 - d_2 m_2 \in S$. 所以,命题(2-14)对 n 成立.

综上可知,对任意 $t \in \mathbf{Z}$,数 $(a_1, a_2, \cdots, a_n) t \in S$,这样,由题中给定条件 $(a_1, \cdots, a_n) = 1$,故每个整数 t 都属于 S. 命题获证.

23. 如果一个单词从左到右念跟从右到左念是一样的,则称其为"对称的". 下面用归纳法证明:经过 n 分钟后,每条长纸带上的单词都可以分为两个"对称的"单词. 于是,只要分别翻转这两个"对称的"单词,那么,所得到的单词就同原来的一样.

当 $n = 0, 1$ 时,结论显然成立. 设 $n > 1$,并假定结论在 $n - 1$ 时成立. 我们考查 n 的情况. 不失一般性,可设第一步是乙把 A 拷贝到自己单词的左边,即在第一步之后,两条纸带上分别写着 A 和 AB. 再叫来丙丁两人,交给他们分别写有字母 A 和 B 的两条纸带,让他们重复甲乙两人的操作(即如果甲拷贝乙的单词到自己单词的左边,丙就照样拷贝丁的单词). 这样的过程一直持续 $n - 1$ 分钟. 根据归纳假设,丙丁两人最终所得到的单词都可以分成两个"对称的"单词,而只要把他们单词中的字母 B 全部换成字母结合 AB,那么,就得到了甲乙两人纸带上的单词. 下证结论对 n 也成立.

首先证明一个引理.

引理 对于任何一个由字母 A 和 C 所构成的"对称的"单词,如果在其末尾添加一个字母 A,然后再把所有的字母 C 全都换成字母结合 AB,那么,所得到的单词仍然是"对称的".

引理的证明 假设原来的单词中一共有 k 个字母 C,而在第一个字母 C 的前面有 x_0 个字母 A,在第一个和第二个字母 C 之间有 x_1 个字母 A……在最后一个(即第 k 个)字母 C 的后面有 x_k 个字母 A,那么由对称性,有

$$x_i = x_{k-i}, \quad i = 0, 1, \cdots, k. \tag{2-17}$$

而在变化后的单词中,在第一个字母 B 之前有 $x_0 + 1$ 个字母 A,在第一个和第二个字母 B 之间有 $x_1 + 1$ 个字母 A……在最后一个(即第 k 个)字母 B 的后面有

$x_k + 1$ 个字母 A. 由此联系式(2-17)知引理成立.

假定丙的由字母 A 和 C 所构成的单词可以分成两个"对称的"单词 S 和 T, 而把其中的所有 C 都换成字母结合 AB 后所得的单词为 S′ 和 T′. 如果 T′ 非空, 那么 S′A 和 T′A 就都是"对称的"单词. 故知单词 T′ 以字母 A 开头. 我们写 T′A = AT″A, 则单词 T″ 也是"对称的". 于是, 甲的单词就可以分为 S′A 和 T″. 如果 T′ 是空的, 那么 S′ = AS″ 就是所需要的划分(S″是"对称的"单词). 对于乙的单词 同理可证.

24. 对 k 用归纳法:当 $k=0$ 时,由 $P \neq 0$ 知结论成立. 现假设结论对 $k-1$ 成 立,下证结论对 k 成立.

令 $y = x_k$,设 $R(x_1, \cdots, x_{k-1}, y)$ 是 P 被 $Q(y) = y(y-1) \cdots (y-n)$ 除的余式.

因为多项式 $Q(y)$ 以 $y = 0, 1, \cdots, n$ 为 $n+1$ 个零点,所以 $P(x_1, \cdots, x_{k-1}, y) = R(x_1, \cdots, x_{k-1}, y)$,对所有 $x_1, \cdots, x_{k-1}, y \in \{0, 1, \cdots, n\}$ 成立,因此 R 也满足引理 的条件,进一步有 $\deg_y R \leq n$. 又明显地 $\deg R \leq \deg P$,所以只要证明 $\deg R \geq nk$ 便可.

现在,将多项式 R 写成 y 的降幂形式:
$$R(x_1, \cdots, x_{k-1}, y) = R_n(x_1, \cdots, x_{k-1})y^n + R_{n-1}(x_1, \cdots, x_{k-1})y^{n-1} + \cdots$$
$$+ R_0(x_1, \cdots, x_{k-1}).$$

下面证明 $R_n(x_1, \cdots, x_{k-1})$ 满足归纳假设的条件. 事实上,考虑多项式 $T(y) = R(0, \cdots, 0, y)$,易见 $\deg T(y) \leq n$,这个多项式有 n 个根,$y = 1, \cdots, n$;另一方 面,由 $T(0) \neq 0$ 知 $T(y) \neq 0$. 因此 $\deg T = n$,且它的首项系数是 $R_n(0, \cdots, 0) \neq 0$(特别地,在 $k=1$ 的情况下,我们得到系数 R_n 是非零的). 类似地,取任意 $a_1, \cdots, a_{k-1} \in \{0, 1, \cdots, n\}$ 且 $a_1 + \cdots + a_{k-1} > 0$. 在多项式 $R(x_1, \cdots, x_{k-1}, y)$ 中 令 $x_i = a_i$,我们得到 y 的多项式 $R(a_1, \cdots, a_{k-1}, y)$ 以 $y = 0, \cdots, n$ 为根且 $\deg R \leq n$,因此它是一个零多项式. 所以 $R_i(a_1, \cdots, a_{k-1}) = 0, (i = 0, 1, \cdots, n)$,特别有 $R_n(a_1, \cdots, a_{k-1}) = 0$. 这样我们就证明了多项式 $R_n(x_1, \cdots, x_{k-1})$ 满足归纳假设的 条件,所以 $\deg R_n \geq (k-1)n$. 故 $\deg R \geq \deg R_n + n \geq kn$. 引理得证.

点评 由这个结论很容易证明 IMO2007(2007 年国际数学奥林匹克)的第 6 题:

设 n 是一个正整数,考虑 $S = \{(x, y, z) : x, y, z = 0, 1, 2, \cdots, n, x+y+z > 0\}$. 这样一个三维空间中具有 $(n+1)^3 - 1$ 个点的集合. 问最少要多少个平面,它 们的并集才能包含 S,但不含 $(0,0,0)$.

很容易发现 $3n$ 个平面能满足要求,如平面 $x = i, y = i$ 和 $z = i(i = 1, 2, \cdots, n)$,易见这 $3n$ 个平面的并集包含 S 使不含原点. 另一个例子是平面集

$$x + y + z = k, \quad k = 1, 2, \cdots, 3n.$$

我们证明 $3n$ 是最少可能数. 假设 N 个平面的并集包含 S 但不含原点, 设它们的方程是

$$a_i x + b_i y + c_i z + d_i = 0.$$

考虑多项式 $P(x, y, z) = \prod_{i=1}^{N} (a_i x + b_i y + c_i z + d_i)$, 它的阶为 N. 对任何 $(x_0, y_0, z_0) \in S$, 这个多项式有性质 $P(x_0, y_0, z_0) = 0$ 但 $P(0, 0, 0) \neq 0$. 因此由题 24 得到 $N = \deg P \geqslant 3n$. 故答案是 $3n$ 个平面.

第3章 枚举与筛选

3.1 问 题

1. 请用数码 1,2,3,4,5,6,7,8,9 各一次,组成 4 个平方数,使这 4 个平方数具有大于 1 的公约数. 写出你的答案,并简述理由.

2. 译解下列算式,其中不同的字母代表不同的数字.

$$
\begin{array}{r}
A H A H A \\
+\quad T E H E \\
\hline
T E H A W
\end{array}
$$

3. 不能写成两个奇合数之和的最大偶数是多少?

4. 能将 1,2,3,4,5,6,7,8,9 填在 3×3 的方格表中,使得横向与竖向任意相邻两数之和都是素数吗? 如果能,请给出一种填法;如果不能,请你说明理由.

5. 有 3 张扑克牌,牌面数字都在 10 以内. 把这 3 张牌洗好后,分别发给小明、小亮、小光 3 人. 每个人把自己牌的数字记下后,再重新洗牌、发牌、记数,这样反复几次后,3 人各自记录的数字的和顺次为 13,15,23. 问:这 3 张牌的数字分别是多少?

6. 一个两位数被 7 除余 1,如果交换它的十位数字与个位数字的位置,所得到的两位数被 7 除也余 1,那么这样的两位数有多少个? 都是几?

7. 把 1,2,3,4,5,6 分别填入图 3-1 所示的表格内,使得每行相邻的两个数左边的小于右边的,每列的两数上面的小于下面的. 问:有几种填法?

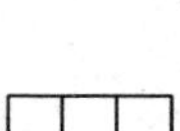

图 3-1

8. 今有 101 枚硬币,其中有 100 枚同样的真币和 1 枚伪币,伪币与真币的质量不同,现需弄清楚伪币比真币轻,还是比真币重,但只有一架没有砝码的天平. 试问,怎样利用这架天平称两次,来达到目的?

9. 将正整数 N 接写在任意一个自然数的右面(例如,将 2 接写在 35 的右面得 352),如果得到的新数都能被 N 整除,那么 N 称为魔术数. 问:小于 2000 的正整数中有多少个魔术数?

10. 求所有的正整数 m,n ,使得 $m^2 + 1$ 是一个素数,且

$$10(m^2 + 1) = n^2 + 1.$$

11. 试问: $\frac{1}{8}$ 能否表示为 3 个互异的正整数的倒数的和? $\frac{1}{8}$ 能否表示为 3 个互异的完全平方数的倒数的和? 如果能,请给出一个例子;如果不能,请说明理由.

12. 某个信封上的两个邮政编码 M 和 N 均由 $0,1,2,3,5,6$ 这 6 个数字组成. 现有 4 个编码如下:

A:320651,B:105263,C:612305,D:316250.

已知编码 A,B,C 各恰有两个数字的位置与 M 和 N 相同,D 恰有 3 个数字的位置与 M 和 N 相同. 试求 M 和 N .

13. 一个 n 位($n \geqslant 2$)正整数 N 中的相邻的 1 个,2 个, $\cdots$, $n-1$ 个数码组成的正整数叫做 N 的"片断数"(顺序不变,如 186 的"片断数"有 $1,8,6,18,86$ 这 5 个),分别求出满足下列条件的 n 位自然数.

(1)它是一个完全平方数,且它的"片断数"都是完全平方数;

(2)它是一个素数,且它的"片断数"都是素数.

14. 求所有的正整数 x,y ,使 $\dfrac{x^3 + y^3 - x^2 y^2}{(x + y)^2}$ 是一个非负整数.

15. 如果存在 $1,2,\cdots,n$ 的一个排列 $a_1,a_2,\cdots a_n$,使 $k + a_k (k = 1,2,\cdots,n)$ 都是完全平方数,则称 n 为"好数". 问在正整数集合中,哪些是"好数",哪些不是"好数",并说明理由.

16. 求所有的整数对 (a,b) ,其中 $a \geqslant 1,b \geqslant 1$,且满足:

$$a^{b^2} = b^a.$$

17. 设 a,b,c,d 为整数, $a>b>c>d>0$,且

$$ac + bd = (b + d + a - c)(b + d - a + c).$$

证明: $ab+cd$ 不是素数.

3.2 解　　答

1. 一位的平方数只有 $1,4,9$,但 $1,4,9$ 没有大于 1 的公约数,所以在组成的 4 个平方数中,一位的平方数至多有一个,且不能是 1.

两位的平方数中有 16,25,36,49,64,81. 只有 36 和 81 具有不同的 4 个数码且有大于 1 的公约数.

这样一来,所选的数要么是 1 个四位数,2 个两位数,1 个一位数;要么 2 个三位数,1 个两位数,1 个一位数.

对第一种情况,除两位平方数 36 与 81 和一位平方数 9 外,题目要求的四位的平方数只能是由数字 2,4,5,7 组成的. 因为 4725,7425,5724,7524 都不是平方数. 所以这样的平方数不存在.

对第二种情况,如果一位平方数是 4,则两位平方数可选 16,36,64,他们都有数码 6,但不同数码的偶三位平方数只有 196,256,324,576,784. 末位要么是 4 要么是 6,这显然不可能;如果一位平方数是 9,则两位平方数只能从 36 或 81 择取一个,所以只能是 9,81,324,576 这一组解答.

2. 在这个问题中,共有 5 个不同的字母,每个字母可以取 0,1,2,…,9 这十个数字,从算式中各数之间的关系,我们只能得到:

$$T = A + 1 \geqslant 2, \tag{3-1}$$
$$H + T \geqslant 9, \tag{3-2}$$
$$2H \text{ 的个位数字为 A 或 A} - 1. \tag{3-3}$$

从以上信息不足以确定有关的 5 个字母所代表的数,因此采用枚举法. 如首先考虑 A 的一切可能取的值:1,2,…,8,对于 A 的每一个值,再依次考虑 T,H,…字母的值……得到的答案是唯一的,即 47474+5272 = 52746.

3. 小于 38 的奇合数是 9,15,21,25,27,33.

38 不能表示成它们之中任二者之和,而大于 38 的偶数 A,皆可表示为二奇合数之和:

A 末位是 0,则 $A=15+5n$,

A 末位是 2,则 $A=27+5n$,

A 末位是 4,则 $A=9+5n$,

A 末位是 6,则 $A=21+5n$,

A 末位是 8,则 $A=33+5n$,

其中 n 为大于 1 的奇数. 因此,38 即为所求.

4. 不能.

奇数 1,3,5,7,9 中任两个之和都是大于 2 的偶数,因而是合数,所以在填入如图 3-2 所示的 3×3 的表格时它们中任两个横向、竖向都不能相邻. 如果满足题设条件的 3×3 表格的填法存在,那么奇数 1,3,5,7,9 只能填在表的四角和中心,而偶数 2,4,6,8 填在 ★ 处,于是中间所填的奇数要与 2,4,6,8 横向或竖向相邻,即中间所填的奇数与2,4,6,8之和都要是素数.

然而,这是不可能的.原因是

1+8=9是合数,

3+6=9是合数,

5+4=9是合数,

7+2=9是合数,

9+6=15是合数.

图3-2

所以在3×3表格中满足题设要求的填法是不存在的.

5. 13+15+23=51,51=3×17.

因为17>13,摸17次是不可能的,所以摸了3次,3张扑克牌数字之和是17,可能的情况有下面15种:

(1)1,6,10;(2)1,7,9;(3)1,8,8;

(4)2,5,10;(5)2,6,9;(6)2,7,8;

(7)3,4,10;(8)3,5,9;(9)3,6,8;

(10)3,7,7;(11)4,4,9;(12)4,5,8;

(13)4,6,7;(14)5,5,7;(15)5,6,6.

只有第(8)种情况可以满足题目要求,即

$$3 + 5 + 5 = 13, \quad 3 + 3 + 9 = 15, \quad 5 + 9 + 9 = 23.$$

这3张牌的数字分别是3,5,9.

6. 设所求的两位数为 $\overline{ab}(a \geqslant b)$. 根据题意有

$$\overline{ab} = 10a + b = 7n + 1 (n 为自然数),$$

$$\overline{ba} = 10b + a = 7m + 1 (m 为自然数).$$

两式相减,得 $9(a-b) = 7(n-m)$. 于是 $7 | 9(a-b)$. 因为 $(7,9)=1$,所以 $7 | a-b$,得到 $a-b=0$,或 $a-b=7$.

(1)当 $a-b=0$,即 $a=b$ 时,在两位数11,22,33,44,55,66,77,88,99中逐一检验,只有22,99符合被7除余1的条件.

(2)当 $a-b=7$,即 $a=b+7$ 时, $b=1$,或 $b=2$. 在81,92这两个数中,只有92符合被7除余1的条件.

因为 a,b 交换位置也是解,所以符合条件的两位数共有4个,它们是22,29,92,99.

点评 这里把题中限定的条件放宽,分成两类,枚举出每一类的两位数,逐一检验排除不符合条件的两位数,确定符合条件的两位数,从而找到问题的答案.

此题也可以枚举出被 7 除余 1 的所有两位数:

$$15,22,29,36,43,50,57,64,71,78,85,92,99,$$

再根据题意逐一筛选.

7. 如图 3-3 所示,由已知可得 a 最小,f 最大,即 $a=1$,$f=6$. 根据 b 与 d 的大小,可分两种情况讨论.

当 $b<d$ 时,有 $b=2$,$c=3$ 或 4 或 5,可得图 3-4 的 3 种填法.

当 $b>d$ 时,有 $b=3$,$d=2$,$c=4$ 或 5,可得图 3-5 的 2 种填法.

a	b	c
d	e	f

图 3-3

1	2	3
4	5	6

1	2	4
3	5	6

1	2	5
3	4	6

图 3-4

1	3	4
2	5	6

1	3	5
2	4	6

图 3-5

综上所述,一共有 5 种填法.

8. 在天平两端各放 50 枚硬币.

如果天平平衡,那么所剩 1 枚为伪币,于是取 1 枚伪币和 1 枚真币分放在天平两端,即可判明真币与伪币谁轻谁重.

如果天平不平衡,那么取下重端的 50 枚硬币,并将轻端的 50 枚硬币分放两端各 25 枚,若此时天平平衡,则说明伪币在取下的 50 枚硬币中,即伪币比真币重;若此时天平仍不平衡,则说明伪币在较轻的 50 枚硬币中,即伪币比真币轻.

点评 在上述解答过程中,我们面临着"平衡"或"不平衡"两种可能的状态,对这两种状态,逐一检验,即得到问题的结论.

9. 设 P 为任意一个正整数,将魔术数($N<2000$)接后得 $\overline{PN}$,下面对 N 为一位数、两位数、三位数、四位数分别讨论.

(1)当 N 为一位数时,$\overline{PN}=10P+N$,依题意 $N|\overline{PN}$,则 $N|10P$,由于需对任意数 P 成立,故 $N|10$,所以 $N=1,2,5$;

(2)当 N 为两位数时,$\overline{PN}=100P+N$,依题意 $N|\overline{PN}$,则 $N|100P$,故 $N|100$,所以 $N=10,20,25,50$;

(3)当 N 为三位数时,$\overline{PN}=1000P+N$,依题意 $N|\overline{PN}$,则 $N|1000P$,故 $N|1000$,所以 $N=100,125,200,250,500$;

(4)当 N 为四位数时,同理可得 $N=1000,1250,2000,2500,5000$. 符合条件的有 $1000,1250$.

综上所述,魔术数的个数为 14 个.

点评 (1)可以证明:k 位魔术数一定是 10^k 的约数,反之亦然.

(2)这里将问题分成几种情况去讨论,对每一种情况都增加了一个前提条件,从而降低了问题的难度,使问题容易解决.

10. 由已知条件知:
$$9(m^2 + 1) = (n - m)(n + m),$$
注意到 $m^2 + 1$ 是一个素数,且 $m^2 + 1 \equiv 1,2 \pmod 3$,故 $m^2 + 1$ 不是 3 的倍数,所以

$$\begin{cases} n - m = 1, \\ n + m = 9(m^2 + 1), \end{cases} \qquad \begin{cases} n - m = 3, \\ n + m = 3(m^2 + 1), \end{cases}$$

$$\begin{cases} n - m = 9, \\ n + m = m^2 + 1, \end{cases} \qquad \begin{cases} n - m = m^2 + 1, \\ n + m = 9. \end{cases}$$

(1)若 $\begin{cases} n - m = 1, \\ n + m = 9(m^2 + 1), \end{cases}$ 将两式相减,分别可得 $9m^2 + 8 = 2m$,不可能.

(2)若 $\begin{cases} n - m = 3, \\ n + m = 3(m^2 + 1), \end{cases}$ 将两式相减,分别可得 $3m^2 = 2m$,不可能.

(3)若 $\begin{cases} n - m = 9, \\ n + m = m^2 + 1, \end{cases}$ 将两式相减,分别可得 $m^2 - 8 = 2m$,故 $m = 4$.

(4)若 $\begin{cases} n - m = m^2 + 1, \\ n + m = 9, \end{cases}$ 将两式相减,分别可得 $m^2 - 8 = -2m$,故 $m = 2$.

当 $m = 2$ 或者 $m = 4$ 时, $m^2 + 1$ 分别是 5 和 17 均为素数,此时对应的 n 分别为 7 和 13.

所以,满足条件的 $(m,n) = (2,7)$ 或者 $(4,13)$.

11. (1)由于 $\frac{1}{2} + \frac{1}{3} + \frac{1}{6} = 1$,故有

$$\frac{1}{8} = \frac{1}{8} \times \left(\frac{1}{2} + \frac{1}{3} + \frac{1}{6} \right) = \frac{1}{16} + \frac{1}{24} + \frac{1}{48},$$

所以, $\frac{1}{8}$ 能表示为 3 个互异的正整数的倒数的和.

(2)不妨设 $a < b < c$,现在的问题就是寻找整数 a,b,c ,满足

$$\frac{1}{8} = \frac{1}{a^2} + \frac{1}{b^2} + \frac{1}{c^2}.$$

由 $a < b < c$,则有

$$\frac{1}{c^2} < \frac{1}{b^2} < \frac{1}{a^2} , \text{从而} \frac{1}{8} = \frac{1}{a^2} + \frac{1}{b^2} + \frac{1}{c^2} < \frac{3}{a^2},$$

所以 $a^2 < 24$. 又有 $\dfrac{1}{8} > \dfrac{1}{a^2}$,所以 $a^2 > 8$,故 $a^2 = 9$ 或 16.

若 $a^2 = 9$,则有 $\dfrac{1}{b^2} + \dfrac{1}{c^2} = \dfrac{1}{8} - \dfrac{1}{9} = \dfrac{1}{72}$,由于 $\dfrac{1}{72} > \dfrac{1}{b^2}$,并且 $\dfrac{2}{b^2} > \dfrac{1}{b^2} + \dfrac{1}{c^2} = \dfrac{1}{72}$,所以

$$b^2 > 72, \quad 72 < b^2 < 144.$$

故 $b^2 = 81$,100 或 121. 将 $b^2 = 81, 100, 121$ 分别代入 $c^2 = \dfrac{72b^2}{b^2 - 72}$,没有一个是完全平方数,说明当 $a^2 = 9$ 时,

$$\dfrac{1}{8} = \dfrac{1}{a^2} + \dfrac{1}{b^2} + \dfrac{1}{c^2}$$

无解.

若 $a^2 = 16$,则 $\dfrac{1}{b^2} + \dfrac{1}{c^2} = \dfrac{1}{8} - \dfrac{1}{16} = \dfrac{1}{16}$. 类似地,可得

$$16 < b^2 < 32, \quad 即 b^2 = 25,$$

此时,

$$c^2 = \dfrac{16b^2}{b^2 - 16} = \dfrac{16 \times 25}{9} \text{ 不是整数}.$$

综上所述,$\dfrac{1}{8}$ 不能表示为 3 个互异的完全平方数的倒数之和.

点评　$\dfrac{1}{8}$ 能表示为 3 个互异的正整数的倒数的和,但是表示方法不唯一.
例如,$\dfrac{1}{8} = \dfrac{1}{28} + \dfrac{1}{24} + \dfrac{1}{21}$,$\dfrac{1}{8} = \dfrac{1}{30} + \dfrac{1}{24} + \dfrac{1}{20}$,$\dfrac{1}{8} = \dfrac{1}{40} + \dfrac{1}{35} + \dfrac{1}{14}$ 等.

12. 由于四个编码 A,B,C,D 共涉及六个数字,而且 A,B,C 三个数码各有两个数字的位置与 M 和 N 相同,并且它们在每一位上的数字都互不相同,因此由抽屉原理可知,在 A,B,C 三个数码中,每一数位上必有一数字正确. 由此可见:在 D 中,6,0 两个数字的位置不对. 于是,在 D 中的 3,1,2,5 四个数字中只有一个不对.

(1)若 3 不对,则得 610253,610253;

(2)若 1 不对,则得 360251,301256;

(3)若 2 不对,则得 312056,310652;

(4)若 5 不对,则得 310265,315206.

经检验可知,这个信封上的两个邮政编码 M 和 N 或者同为 610253,或者同为 310265,或者一个为 610253,另一个为 310265.

13. (1)根据题意,N 的一位"片断数"可能取 0,1,4,9,但是在 N 中不出现 0,否则出现 10,40,90 不是完全平方数的两位"片断数". 在 N 中也不能出现 1,否则出现 14,19,41 或 91 等不是完全平方数的两位"片断数".

由 4,9 组成的正整数中 44,94,99 不是完全平方数,故 49 是唯一所求的数.

(2)根据题意,N 的一位"片断数"只可能取 2,3,5,7. 同样,可以分以下几种情况讨论.

在两位数中,易知 23,37,53,73 为所求.

在三位数中,若用 2,则 2 只能在百位数上,否则会出现两位的"片断数"不是素数,且不能再用 5,否则会出现 25,35,75 等两位"片断数"为合数,而 2,3,7 三位之和是 3 的倍数,故此时无所求的正整数,注意到 3,7,在十位、个位上不能连续出现,否则又会产生两位的"片断数"不是素数.

若用 5,则 5 只能在百位,同上类似讨论,又 5,3,7 之和是 3 的倍数,故此时无所求的正整数.

N 只能由 3,7 组成,但任何一个都不能连续使用,因为 737 是 11 的倍数,而检验可知 373 是所求的三位"片断数".

故所求的正整数共有 5 个,即 23,37,53,73,373.

14. 不妨设 $x \geqslant y$.

(1)当 $x = y$ 时,原式 $= \dfrac{2x - x^2}{4} \geqslant 0 \Rightarrow 0 \leqslant x \leqslant 2 \Rightarrow x = y = 2$;

(2)当 $x > y$ 时,由题意可得

$$\frac{x^2 - xy + y^2}{x + y} - \frac{x^2 y^2}{(x + y)^2} \in \mathbf{Z} \Rightarrow x + y - \frac{3xy}{x + y} - \frac{x^2 y^2}{(x + y)^2} \in \mathbf{Z}$$

$$\Rightarrow \frac{3xy}{x + y} + \frac{x^2 y^2}{(x + y)^2} \in \mathbf{Z}.$$

令 $\dfrac{xy}{x + y} = \dfrac{p}{q}$,

$$(p, q) = 1 \Rightarrow \frac{3p}{q} + \frac{p^2}{q^2} \in \mathbf{Z} \Rightarrow 3p + \frac{p^2}{q} \in \mathbf{Z} \Rightarrow q = 1 \Rightarrow y - \frac{xy}{x + y} \in \mathbf{Z}$$

$$\Rightarrow \frac{y^2}{x + y} \in \mathbf{Z} \Rightarrow y^2 \geqslant x + y.$$

又 $x^3 + y^3 \geqslant x^2 y^2 \Rightarrow y^3 \geqslant x^2 y^2 - x^3 = x^2(y^2 - x) \geqslant x^2 y > y^3$,自相矛盾.

综上所述,$x = y = 2$.

15. 正整数集中只有 $\{1,2,4,6,7,9,11\}$ 不是"好数".

利用《数学解题策略》P35 例 5 的方法,我们可通过构造说明 $\{3,5,8,10,13,15,17,19\}$ 均为"好数".

下面我们用数列 T_n 表示"好数 n"的一个满足要求的构造,这里我们用 T_n 表示一个数列,T_n+S_k 表示在有穷数列 T_n 的后面,将数列 S_k 的项按照原来的顺序逐一写出而得到的新数列.

取 $S_9:12,11,10,\cdots,4$,则 T_3+S_9 即是一个 T_{12};取 $S_4:14,13,12,11$,则 $T_{10}+S_4$ 即是一个 T_{14};同理可证,对于 $12\leqslant n\leqslant 24,n$ 均为"好数".

假设原命题对 $t\leqslant n-1$ 成立($n\geqslant 25$),则对于 $t=n$,存在正整数 k 满足 $k^2\leqslant n<(k+1)^2(k\geqslant 5)$,若 $(k+1)^2-n>12$,由 $2n\geqslant 2k^2=k^2+k^2>k^2+2k+1$,取 $S_{2n-(k+1)^2+1}=\{n,n-1,\cdots,(k+1)^2-n\}$,则 $T_{(k+1)^2-n-1}+S_{2n-(k+1)^2+1}$ 即是一个 T_n;若 $(k+1)^2-n\leqslant 12$,则可证得 $(k+2)^2-n>2(k+1)+1>12$,且 $2n\geqslant 2(k+1)^2-24=(k+1)^2+(k+1)^2-24\geqslant (k+1)^2+6(k+1)-24=(k+2)^2+4k-21$.

(1)当 $k\geqslant 6$ 时,$2n>(k+2)^2$,取 $S_{2n-(k+2)^2+1}=\{n,n-1,\cdots,(k+2)^2-n\}$,则 $T_{(k+2)^2-n-1}+S_{2n-(k+2)^2+1}$ 是一个 T_n;

(2)当 $k=5$ 时,$n\geqslant 25$,于是 $2n>(k+2)^2=49$,同(1)可构造 T_n.

综上知,正整数集中除了 $\{1,2,4,6,7,9,11\}$ 这些数外都是"好数".

16. 若 $a=1$,则 $b=1$. 反之亦然. 不妨设 $a>1$,$b>1$. 设 $(b^2,a)=k$,$b^2=ks$,$a=kt$,则 $(s,t)=1$,且

$$a^s=b^t,$$

于是 a 的素因子的最高幂次均为 t 的倍数. 设 $a=x^t(x\in\mathbf{N},x>1)$,则 $b=x^s$,$b^2=x^{2s}$.

若 $t\leqslant 2s$. 则

$$k=(b^2,a)=(x^{2s},x^t)=x^t.$$

于是 $t=1$,再由 $b^2=ks$ 及二项式定理知

$$s=x^{2s-1}\geqslant (1+1)^{2s-1}\geqslant 1+(2s-1)>s,矛盾.$$

若 $t>2s$,则

$$k=(b^2,a)=x^{2s},$$

于是 $s=1$,$t=x^{t-2}$. 于是 $t\neq 2$,即 $t\geqslant 3$.

当 $t=3$ 时,$x=3$,$a=27$,$b=3$;

当 $t=4$ 时,$x=2$,$a=16$,$b=2$;

当 $t\geqslant 5$ 时,$t=x^{t-2}\geqslant (1+1)^{t-2}\geqslant 1+t-2+\dfrac{(t-2)(t-3)}{2}>t$,矛盾.

综上所述,满足题设要求的整数对$(a,b) = (1,1),(27,3),(16,2)$.

17. 假设 $ab + cd$ 是一个素数. 注意到
$$ab + cd = (a + d)c + (b - c)a = m \cdot \gcd(a + d, b - c),$$
其中 m 为正整数,则 $m = 1$ 或者 $\gcd(a + d, b - c) = 1$.

(1)若 $m = 1$,则
$$\gcd(a + d, b - c) = ab + cd > ab + cd - (a - b + c + d)$$
$$= (a + d)(c - 1) + (b - c)(a + 1)$$
$$\geqslant \gcd(a + d, b - c),$$

矛盾.

(2)若 $\gcd(a + d, b - c) = 1$. 由 $ac + bd = (a + d)b - (b - c)a$ 及 $ac + bd = (b + d + a - c)(b + d - a + c)$,得到
$$(a + d)(a - c - d) = (b - c)(b + c + d).$$

于是存在正整数 k 使得
$$a - c - d = k(b - c),$$
$$b + c + d = k(a + d).$$

两式相加得到 $a + b = k(a + b - c + d)$,即 $k(c - d) = (k - 1)(a + b)$. 由于 $a > b > c > d$,且当 $k = 1$ 时 $c = d$,矛盾,所以对 $k \geqslant 2$ 有
$$2 \geqslant \frac{k}{k - 1} = \frac{a + b}{c - d} > 2,$$

矛盾!故 $ab + cd$ 不可能为素数.

点评 存在符合条件的四元数组 (a, b, c, d),如$(65, 50, 34, 11)$.

第4章 整数的表示方法

4.1 问 题

1. 玛丽发现将某个三位数自乘后,所得乘积的末三位数与原三位数相同.请问:满足上述性质的所有不同的三位数的和是多少?

2. 给定一个整数 n,设 d 是 n 的各位数之和,若 $\dfrac{n}{d}$ 是一个整数,则称 n 是"好的"数,且 $\dfrac{n}{d}$ 是 n 的指数. 例如,若 $n=12$,则 $d=3$, $\dfrac{n}{d}=4$,因而 12 是"好的"数,且有指数 4,求具有指数 13 的所有"好的"数.

3. 求证:存在无限多个正整数 n,使得 $(n+1)^2$ 的(十进制表示的)数字和比 n^2 的数字和大 1.

4. 对于正整数 a,用 s_a 表示其数字之和,请找出满足下列条件(A)的最小的正整数.

(A) s_a 与 s_{a+1} 都是 10 的倍数.

5. 设 $\alpha_1,\alpha_2,\cdots,\alpha_{2008}$ 为 2008 个整数,且 $1 \leqslant \alpha_i \leqslant 9$ ($i=1,2,\cdots,2008$). 如果存在某个 $k \in \{1,2,\cdots,2008\}$,使得 2008 位数 $\overline{\alpha_k\alpha_{k+1}\cdots\alpha_{2008}\alpha_1\cdots\alpha_{k-1}}$ 被 101 整除,试证明:对一切 $i \in \{1,2,\cdots,2008\}$,2008 位数 $\overline{\alpha_i\alpha_{i+1}\cdots\alpha_{2008}\alpha_1\cdots\alpha_{i-1}}$ 均能被 101 整除.

6. 魔术师和他的助手表演下面的节目:首先,助手要求观众在黑板上一个接一个地将 N 个数字写成一行,然后,助手把某两个相邻的数字盖住. 此后,魔术师登场,猜出被盖住的两个相邻的数字(包括顺序). 为了确保魔术师按照与助手的事先约定猜出结果,求 N 的最小值.

7. 求正整数 N,使得它能被 5 和 49 整除,并且包括 1 和 N 在内,它共有 10 个约数.

8. 求所有的正整数 n,使得 n 为合数,并且可以将 n 的所有大于 1 的正约数排成一圈,其中任意两个相邻的数不互素.

9. 一只兵在数轴上跳动,初始位置在 1,依下述规则进行每一次跳动:如果兵在位置 n 上,那么它可以跳到位置 $n+1$ 或 $n+2^{m_n-1}$,这里 m_n 是 n 的素因数分解式中 2 的幂次. 证明:如果 k 是不小于 2 的正整数,i 是非负整数,那么兵跳到位置 $2^i \cdot k$ 的最小次数大于兵跳到位置 2^i 的最少次数.

10. 47 个整数分别除以 3,余数都是 1;分别除以 47,所得的余数都不相同,求这 47 个整数的和的绝对值的最小值.(要求余数是小于 47 的非负整数,如-30 除以 47,余数为 17;-1 除以 47,余数为 46.)

11. 1999 人坐成一个圆圈,他们 1 至 11 循环报数,直到每人报两次时停止. 问:两次报数之和为 11 的有多少人?他们第一次报的数是多少?

12. 设 p 为大于 3 的素数,求证:存在若干个整数 $a_1, a_2, \cdots, a_t$ 满足条件

$$-\frac{p}{2} < a_1 < a_2 < \cdots < a_t < \frac{p}{2},$$

使得乘积

$$\frac{p-a_1}{|a_1|} \cdot \frac{p-a_2}{|a_2|} \cdot \cdots \cdot \frac{p-a_t}{|a_t|}$$

是 3 的某个正整数次幂.

13. 将 14 和 8 用三进制表示,并计算其和与积.

14. 递增数列 $1,3,4,9,10,12,13,\cdots$ 是由一些正整数组成,它们或是 3 的幂,或是若个不同的 3 的幂之和,求该数列的第 100 项.

15. 有一批规格相同的圆棒,每根划分长度相同的五节,每节用红、黄、蓝三种颜色来涂. 问:可以得到多少种颜色不同的圆棒?

16. 试问:可有多少种方式将数集

$$\{2^0, 2^1, 2^2, \cdots, 2^{2005}\}$$

分为两个不交的非空子集 A, B,使得方程 $x^2 - S(A)x + S(B) = 0$ 有整数根?其中 $S(M)$ 表示数集 M 中所有元素的和.

17. 一堆球,如果是偶数个,就取走一半,如果是奇数个,则添加一个球,然后取走一半,这个过程称为一次"均分". 若仅余一个球,则终止"均分". 当最初一堆球,700 多个,是奇数个,经 10 次"均分"和共添加了 8 个球后,仅余下一个球,请计算一下这堆球有多少个?

18. 考虑二进制的数字 $W = a_1 a_2 \cdots a_n$(即每个 a_i 是 0 或 1). 可以在其中插进 XXX、去掉 XXX 或在尾部加上 XXX(其中 X 是任何二进制的字). 我们的目标是经过一连串这样的变换,把 01 变成 10. 这是否可以做到?

19. 如果一个正整数 n 在三进制下表示的各数字之和可以被 3 整除,那么

我们称 n 为"好的"数,则前 2005 个"好的"正整数之和是多少?

20. 对于任何正整数 k,$f(k)$ 表示集合 $\{k+1,k+2,\cdots,2k\}$ 中所有在二进制表示中恰有 3 个 1 的元素的个数.

(1)求证:对每个正整数 m,至少存在一个正整数 k,使得 $f(k)=m$;

(2)确定所有正整数 m,对每个 m,恰有一个正整数 k,使得 $f(k)=m$.

21. 数列 $\{a_n\}$ 按如下方式构成:$a_1=p$,其中 p 是素数,且 p 恰有 300 位数字非 0. 而 a_{n+1} 是 $\dfrac{1}{a_n}$ 的十进制小数表达式中的一个循环节的 2 倍. 试求 a_{2003}.

4.2　解　　答

1. 设三位数为 $\overline{abc}$,则

$$\overline{abc}^2 = 1000k + \overline{abc},$$

即

$$\overline{abc}(\overline{abc}-1) = 2^3 \cdot 5^3 k,$$

而 $(\overline{abc},\overline{abc}-1)=1$,所以,$2^3 \mid \overline{abc}$,且 $5^3 \mid \overline{abc}-1$;或者 $2^3 \mid \overline{abc}-1$,且 $5^3 \mid \overline{abc}$.

(1)若 $2^3 \mid \overline{abc}$,且 $5^3 \mid \overline{abc}-1$,则

$$\overline{abc}-1 = 125,375,625 \text{ 或 } 875,$$

只有 $\overline{abc}=376$ 使得 $2^3 \mid \overline{abc}$,故此时 $\overline{abc}=376$ 满足题意.

(2)若 $2^3 \mid \overline{abc}-1$,且 $5^3 \mid \overline{abc}$,则

$$\overline{abc} = 125,375,625 \text{ 或 } 875,$$

只有 $\overline{abc}=625$ 使得 $2^3 \mid \overline{abc}-1$,故此时 $\overline{abc}=625$ 满足题意.

所以,所求的和为 376+625=1001.

2. 设 n 是一个 k 位指数为 13 的"好的"数,n 的各位数之和 d 满足 $d \leqslant 9k$,又 $n=13d$,则 $n \leqslant 117k$,但 $n \geqslant 10^{k-1}$,所以 $117k \geqslant 10^{k-1}$,此式当 $k=4$ 时不成立,且对于更大的 k 值更不会成立,因为 10^{k-1} 的增大速度比 $117k$ 更快,故 $k \leqslant 3$. 再由题目条件显然有 $k=3$.

设 $n=\overline{abc}$,其中百位数 a,可以是 0,则

$$100a + 10b + c = 13(a+b+c),$$

即 $87a = 3b + 12c$,$29a = b + 4c$.

因为 $b,c \leqslant 9$，所以 $b + 4c \leqslant 45, a < 2$．

另外，$n \neq 0$，所以 $b + 4c \neq 0, a \neq 0$，故 $a = 1$，从而 $b + 4c = 29$，所以 $5 \leqslant c \leqslant 7$．

若 $c = 7$，则 $b = 1$；

若 $c = 6$，则 $b = 5$；

若 $c = 5$，则 $b = 9$．

故具有指数 13 的所有"好的"数有 $117,156,195$．

3. 取 $n = 10^k + 8 (k \geqslant 2)$，则
$$n^2 = 10^{2k} + 16 \times 10^k + 64,$$
$$(n + 1)^2 = 10^{2k} + 18 \times 10^k + 81,$$
它们的数字和分别是 $1+1+6+6+4 = 18$ 和 $1+1+8+8+1 = 19$，满足题设要求．

4. 令 $a = b_0 + b_1 \times 10 + b_2 \times 10^2 + \cdots + b_{k-1} \times 10^{k-1} + b_k \times 10^k$，则 $s_a = b_0 + b_1 + b_2 + \cdots + b_{k-1} + b_k$ 是 10 的倍数．
$$a + 1 = 1 + b_0 + b_1 \times 10 + b_2 \times 10^2 + \cdots + b_{k-1} \times 10^{k-1} + b_k \times 10^k.$$

若 $b_0 \neq 9$，则 $s_{a+1} = s_a + 1$，显然不能满足条件，所以 $b_0 = 9$．

$s_a - s_{a+1}$ 应该是 10 的倍数，设 $b_0 = b_1 = b_2 = \cdots = b_{l-1} = 9$，则 $s_a = 9l + b_l + b_{l+1} + \cdots + b_k$，$s_{a+1} = 1 + b_l + b_{l+1} + \cdots + b_k$，$s_a - s_{a+1} = 9l - 1$，所以 l 的最小值是 9. 若 $k = 9$，则 $b_9 = 9, s_a = 90$，但 $s_{a+1} = 1$，所以 $k > 9$，当 $k = 10, b_9 + b_{10} = 9$，只有 $b_9 = 8, b_{10} = 1$，这时 a 最小，$a = 18999999999$．

5. 根据已知条件，不妨设 $k = 1$，即 2008 位数 $\overline{\alpha_1\alpha_2\cdots\alpha_{2008}}$ 被 101 整除，只要能证明 2008 位数 $\overline{\alpha_2\alpha_3\cdots\alpha_{2008}\alpha_1}$ 能被 101 整除．

事实上，
$$A = \overline{\alpha_1\alpha_2\cdots\alpha_{2008}} = 10^{2007}\alpha_1 + 10^{2006}\alpha_2 + \cdots + 10\alpha_{2007} + \alpha_{2008},$$
$$B = \overline{\alpha_2\alpha_3\cdots\alpha_{2008}\alpha_1} = 10^{2007}\alpha_2 + 10^{2006}\alpha_3 + \cdots + 10\alpha_{2008} + \alpha_1,$$
从而
$$10A - B = (10^{2008} - 1)\alpha_1 = [(10^4)^{502} - 1]\alpha_1$$
$$= [(9999 + 1)^{502} - 1]\alpha_1 = [9999N + 1 - 1]\alpha_1,$$
即
$$B = 10A - 9999N\alpha_1.$$

因为 $101 \mid A, 101 \mid 9999$，所以 $101 \mid B$．利用上述方法类推可以得到：对一切 $i \in \{1,2,\cdots,2008\}$，2008 位数 $\overline{\alpha_i\alpha_{i+1}\cdots\alpha_{2008}\alpha_1\cdots\alpha_{i-1}}$ 均能被 101 整除．

6. $N = 101$.

为方便起见,将按顺序排列的 m 个数字称为"m 位数". 假设对某个 N 值,魔术师可以猜出结果,于是,魔术师可以将任何一个盖住了相邻两位的几位数恢复为原来的 N 位数(将可以恢复成的 N 位数的数目记为 k_1). 这意味着,对于任何一个盖住了相邻两位的几位数,魔术师都可以把它对应为一个 N 位数(将这样的 N 位数的数目记为 k_2). 因而,$k_1 \geqslant k_2$. 易知 $k_1 = (N-1) \times 10^{N-2}$(所盖住的两位数有 $N-1$ 种选择位置的办法,在其余 $N-2$ 个数位上各有 10 种不同的放置数码的方法).

不难看出,$k_2 = 10^N$.

于是,由 $k_1 \geqslant k_2 \Rightarrow N - 1 \geqslant 100 \Rightarrow N \geqslant 101$.

下面说明:对于 $N = 101$,魔术师能猜出结果.

将 101 个数位自左至右编为 0 至 100 号. 设所有奇数位上的数码之和被 10 除的余数为 s,所有偶数位上的数码之和被 10 除的余数为 t. 记 $p = 10s + t$.

魔术师与助手约定,盖住第 p 位和第 $p+1$ 位上的数码. 于是,魔术师一看到所盖住的数码的位置,立即就知道 p 的值. 因而,就可以确定出 s, t. 由于第 p 位和第 $p+1$ 位,一个是偶数位置,一个是奇数位置,于是,只要知道了 s,那么,只要根据未盖住的奇数位置上的数码之和,就可以算出所盖住的奇数位置上的数码.

同理,魔术师也可以算出被盖住的偶数位置上的数码.

7. 把数 N 写成素因数乘积的形式
$$N = 2^{a_1} \times 3^{a_2} \times 5^{a_3} \times 7^{a_4} \times \cdots \times P_n^{a_n}$$

由于 N 能被 5 和 $7^2 = 49$ 整除,故 $a_3 \geqslant 1$, $a_4 \geqslant 2$,其余的指数 a_k 为自然数. 依题意,有
$$(a_1 + 1)(a_2 + 1) \cdots (a_n + 1) = 10.$$
由于 $a_3 + 1 \geqslant 2$, $a_4 + 1 \geqslant 3$,且 $10 = 2 \times 5$,故
$$a_1 + 1 = a_2 + 1 = a_5 + 1 = \cdots = a_n + 1 = 1,$$
即 $a_1 = a_2 = a_5 = \cdots = a_n = 0$,$N$ 只能有 2 个不同的素因数 5 和 7,因为 $a_4 + 1 \geqslant 3 > 2$,故由
$$(a_3 + 1)(a_4 + 1) = 10$$
知,$a_3 + 1 = 5$, $a_4 + 1 = 2$ 是不可能的. 因而 $a_3 + 1 = 2$, $a_4 + 1 = 5$,即 $N = 5^{2-1} \times 7^{5-1} = 5 \times 7^4 = 12005$.

8. 只要合数 n 不是两个不同素数的乘积,n 就符合要求.

当 $n = pq$，p，q 为不同素数时，n 的大于 1 的正约数只有 p，q 和 pq，任何排列中 p 与 q 都相邻，它们互素，故此时不存在符合要求的排列.

对其余的 n，分别就 n 的素因子个数分类予以讨论.

若 $n = p^{\alpha}$，p 为素数，$\alpha(\geqslant 2)$ 为正整数，则 n 的大于 1 的正约数为 $p, p^2, \cdots, p^{\alpha}$，任何排列都符合要求.

若 $n = p_1^{\alpha_1} \cdots p_k^{\alpha_k}$，$p_1 < p_2 < \cdots < p_k$ 为素数，$\alpha_1, \cdots, \alpha_k \in \mathbf{N}^+$.

这里 $k > 2$ 或者 $k = 2$ 而 $\max\{\alpha_1, \alpha_2\} > 1$. 记 $D_n = \{d \mid d \in \mathbf{N}^+, d \mid n, \text{且 } d > 1\}$，先将 $n, p_1 p_2, p_2 p_3, \cdots, p_{k-1} p_k$ 如图 4-1 排列.

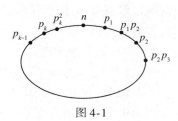

图 4-1

然后，将 D_n 中所有最小素因子为 p_1 的数随意放置在 n 与 $p_1 p_2$ 之间；将所有最小素因子为 p_2 的数随意放置在 $p_1 p_2$ 与 $p_2 p_3$ 之间；以此类推；最后将 $p_k, p_k^2, \cdots, p_k^{\alpha_k}$ 放在 $p_{k-1} p_k$ 与 n 之间. 这样，D_n 中的每个数都恰在该排列中出现一次，且任意相邻两个数不互素. 所以，n 符合要求.

9. 我们的想法是证明：对每一个从 1 跳到 $2^i \cdot k$ 的数列，都可构造出一个长度小于它的从 1 跳到 2^i 的数列. 从而得到原题的证明.

为此，设 $x_0 (= 1), x_1, \cdots, x_t (= 2^i \cdot k)$ 是一个兵从 1 跳到 $2^i \cdot k$ 的位置数列，记 $s_j = x_j - x_{j-1}$，则 s_j 是第 j 次跳动的长度，现在定义数列 $\{y_i\}$ 如下：

$$y_0 = 1,$$

$$y_j = \begin{cases} y_{j-1} + s_j, & y_{j-1} + s_j \leqslant 2^i, \\ y_{j-1}, & \text{其他情形}. \end{cases}$$

注意，第二种情况是指将跳动 s_j 从原来数列中的跳动去掉. 我们证明：

（∗）由数列 $\{y_j\}$ 中不同的数恰好可构成一个从 1 到 2^i 的跳动数列.

事实上，由 y_j 的定义可知，对 $0 \leqslant j \leqslant t$，都有 $y_j \leqslant 2^i$. 对固定的 j，设 r 是满足：$2^i - 2^{r+1} < y_j \leqslant 2^i - 2^r$ 的非负整数. 则在 y_j 之前被删去的每次跳动的长度都大于 2^r，这表明 $x_j \equiv y_j (\bmod 2^{r+1})$.

现在，如果 $y_{j-1} > y_j$，那么，若 $s_{j+1} = 1$，则依规则可作一次跳动从 y_j 跳到 y_{j+1}；若 $s_j + 1 = 2^{m+1}$，这里 m 为 x_j 的素因子分解式中 2 的幂次. 则由 $s_{j+1} + y_j \leqslant 2^i$，知 $2^m < s_{j+1} \leqslant 2^r$，结合 $y_j \equiv x_j (\bmod 2^{r+1})$ 知 y_j 的素因子分解式中 2 的幂次也为 m，因此，可作从 y_j 到 y_{j+1} 的跳动，所以，结论（∗）成立.

进一步，在前面讨论中，取 $j = t$ 同余式显示 $y_t \equiv x_t \equiv 0 (\bmod 2^{r+1})$，这与

$2^t - 2^{r+1} < y_t \leqslant 2^i - 2^r$ 是矛盾的,所以,$y_t = 2^i$. 从而(*)决定的数列以 2^i 为结束位置,最后,由于 $2^i < 2^i \cdot k$,因此至少从 $\{x_j\}$ 中去掉了一次跳动. 命题获证.

10. 根据题意,可以设这 47 个数为
$$47k_i + i, \quad i = 0,1,2,\cdots,46, k_i \text{ 为整数},$$
或者
$$3m_i + 1, \quad i = 1,2,\cdots,47, m_i \text{ 是整数}.$$
将这 47 个整数相加,则有
$$(47k_0 + 0) + (47k_1 + 1) + (47k_2 + 2) + \cdots + (47k_{46} + 46)$$
$$= 47 \times K + 47 \times 23$$
和
$$(3m_1 + 1) + (3m_2 + 1) + \cdots + (3m_{47} + 1) = 3 \times M + 47,$$
这里 $K = k_0 + k_1 + \cdots + k_{46}, M = m_1 + m_2 + \cdots + m_{47}$ 都是整数. 因此,
$$3M + 47 = 47K + 47 \times 23 \text{ 或 } 3M = 47(K + 22).$$
既然 3 和 47 互素,$M = 47M_1$. 所以,
$$|3M + 47| = |141M_1 + 47|,$$
并且总可以取到 $M_1 = 0$. 即意味着这 47 个整数的和的绝对值最小为 47.

11. 第一次报 i 的人,第二次报的数是 $i + 1999$ 除以 11 的余数. $1999 = 181 \times 11 + 8$,因此他报的数是 $8 + i$ 除以 11 的余数.

若 $i \leqslant 3$,他报的数是 $i + 8$,两次的和是 $2i + 8$,是偶数,不能是 11.

若 $i > 3$,令 $i = j + 3$,他第二次报的数是 j,两次和为 $11 = i + j = 2i - 3$,所以 $i = 7$.

第一次报 7 的有 $\left[\dfrac{1999}{11}\right] + 1 = 182$(人).

答:有 182 人两次报数之和为 11,他们第一次报 7.

12. 由带余除法定理可知,存在唯一的整数 q, r 使得
$$p = 3q + r, \quad \text{其中 } 0 < r < 3.$$
取 $b_0 = r$,那么
$$\frac{p - b_0}{|b_0|} = \frac{3^{c_0} \cdot b_1^*}{|b_0|}, \quad \text{其中 3 不整除 } b_1^*, 0 < b_1^* < p/2;$$
取 $b_1 = \pm b_1^*$ 满足条件 $b_1 \equiv p \pmod 3$. 那么
$$\frac{p - b_1}{|b_1|} = \frac{3^{c_1} \cdot b_2^*}{b_1^*}, \quad \text{其中 3 不整除 } b_2^*, 0 < b_2^* < p/2;$$

取 $b_2 = \pm b_2^*$ 满足条件 $b_2 \equiv p \pmod 3$,那么

$$\frac{p - b_2}{|b_2|} = \frac{3^{c_2} \cdot b_3^*}{b_2^*}, \quad \text{其中 } 3 \text{ 不整除 } b_3^*, 0 < b_3^* < p/2.$$

一直做下去,我们就得到了

$$b_0, b_1, b_2, \cdots, b_p.$$

这 $p+1$ 个整数均在 $(-p/2, p/2)$ 之间,显然有两个数相等. 不妨设 $b_i = b_j$, $i < j$,而且 $b_i, b_{i+1}, \cdots, b_{j-1}$ 互不相同. 那么

$$\frac{p - b_i}{|b_i|} \cdot \frac{p - b_{i+1}}{|b_{i+1}|} \cdot \cdots \cdot \frac{p - b_{j-1}}{|b_{j-1}|} = \frac{3^{c_i} \cdot b_{i+1}^*}{b_i^*} \cdot \frac{3^{c_{i+1}} \cdot b_{i+2}^*}{b_{i+1}^*} \cdot \cdots \cdot \frac{3^{c_{j-1}} \cdot b_j^*}{b_{j-1}^*}.$$

由于 $b_i = b_j$,从而 $b_i^* = b_j^*$. 因此上式变为

$$3^{c_i + c_{i+1} + \cdots + c_{j-1}} = 3^n, \quad n > 0.$$

让 $b_i, b_{i+1}, \cdots, b_{j-1}$ 按照从小到大的顺序排列,则原命题得证.

13. 三进制数 112 和 22 的加法算式为

$$\begin{array}{r} 112 \\ + 22 \\ \hline 211 \end{array}$$

即 $[112]_3 + [22]_3 = [211]_3 = 1 + 3 + 2 \cdot 9 = 22.$

而乘法算式则为

$$\begin{array}{r} 112 \\ \times \quad 22 \\ \hline 1001 \\ 1001 \quad \\ \hline 11011 \end{array}$$

即 $[112]_3 \times [22]_3 = [11011]_3 = 1 + 3 + 27 + 81 = 112.$

14. 将已知数列写成 3 的方幂形式:

$$\alpha_1 = 3^0, \quad a_2 = 3^1, \quad a_3 = 3^1 + 3^0, \quad \alpha_4 = 3^2,$$

$$a_5 = 3^2 + 3^0, \quad \alpha_6 = 3^2 + 3^1, \quad a_7 = 3^2 + 3^1 + 3^0, \cdots.$$

易发现其项数恰好是自然数列对应形式的二进制表示:

$$1 = 2^0, \quad 2 = 2^1, \quad 3 = 2^1 + 2^0, \quad 4 = 2^2, \quad 5 = 2^2 + 2^0,$$

$$6 = 2^2 + 2, \quad 7 = 2^2 + 2^1 + 2^0, \cdots.$$

由于 $100 = (1100100)_2 = 2^6 + 2^5 + 2^2$,所以原数列的第 100 项为 $3^6 + 3^5 + 3^2 = 981.$

15. 考虑用三进制来表示数. 在棒的每一节写进 0,1,2 中的一个数字,得到一个三进制的五位数,最大的三进位制的五位数是 22222,将它写成十进制的数是

$$2 \times 3^4 + 2 \times 3^3 + 2 \times 3^2 + 2 \times 3^1 + 2 = 242,$$

即有 242 个不同的数,加上 00000,共有 243 个不同的数.

由于棒的规格相同,均匀,又都是等分为五节. 因此,将一个涂过色的棒倒转 $180°$ 来看,它可能与另一棒的涂色完全一样,这两个棒只能是同一种着色. 这就是说一个数与它的反序数代表同一种涂法. 但是,有些数的反序数就是她自身,如 11111. 这样的数只要确定前三位,它就确定了. 因此,一共有 $3 \times 3 \times 3 = 27$ 个. 一个三进位制的数与它的反序数代表相同的涂法,其中有 27 个数的反序数是它本身,所以

$$27 + \frac{243 - 27}{2} = 135.$$

故可得到 135 种着色的不同的圆棒.

16. 1003 种. 设 $x_1 \leq x_2$ 是方程的根,则 $x_1 + x_2 = S(A)$,$x_1 x_2 = S(B)$,且 x_1,$x_2 \in \mathbf{Z}^+$. 所以,

$$(x_1 + 1)(x_2 + 1) = S(A) + S(B) + 1 = 1 + 2 + 4 + \cdots + 2^{2005} + 1 = 2^{2006},$$

即 $x_1 + 1 = 2^k$,$x_2 + 1 = 2^{2006-k}$,$k = 1, 2, \cdots, 1003$.

反之,当 $x_1 + 1 = 2^k$,$x_2 + 1 = 2^{2006-k}$ 时,它们是方程 $x^2 - px + q = 0$ 的根,其中 $p = 2^k + 2^{2006-k} - 2$,$q = 2^{2006} - 1 - p$,则数 p 有唯一的二进制表达式,在该表达式中,2 的最高方幂不超过 2005. 又由于 $p + q = 2^{2006} - 1$,所以,在 p 的二进制表达式中是 1 的地方,在 q 的二进制表达式中刚好是 0,反之亦然. 故对于每个 k($1 \leq k \leq 1003$)都存在唯一的分拆 (A, B),使得方程的根刚好为 x_1,x_2.

17. 用二进制数表示这堆球的个数,

$$M_2 = \overline{a_n \, a_{n-1} \cdots a_1 \, a_0} \text{ 时}, \quad a_n \neq 0, \text{这里 } a_i = 0 \text{ 或 } 1.$$

既然

$$2^{10} = 1024, \quad 2^8 + 2^7 + 2^6 + 2^5 + 2^4 + 2^3 + 2^2 + 2 + 1 < 700,$$

那么 M_2 只能是二进制的 10 位数. 并且,由于这堆球数是个奇数,所以,

$$M_2 = \overline{1 \, a_8 \cdots a_1 \, 1} \text{ 时}, \quad a_i = 0 \text{ 或 } 1(i = 1, 2, \cdots, 8).$$

现在确定一下 $a_1, a_2, \cdots, a_8$ 这 8 个数字的值. 如果 $a_1, a_2, \cdots, a_8$ 这 8 个数字中某个是 1. 例如,$a_k = 1$,M_2 可能的二进制的表示有两种:

$$M_2 = \begin{cases} \overline{1 \, a_8 \cdots a_{k+1} 10 a_{k-2} \cdots a_1 \, 1}, \\ \overline{1 \, a_8 \cdots a_{k+1} 11 a_{k-2} \cdots a_1 \, 1}, \end{cases} \quad a_i = 0 \text{ 或 } 1(i = 1, 2, \cdots, 8),$$

则第 $k - 1$ 次"均分"后,如果 $a_{k-1} = 0$,则这堆球余下的数量仍用二进制数表示

将是

$$M_{k-1} = \overline{1\,\overline{a_8}\cdots\overline{a_{k+1}}\,1\,1}.$$

如果 $a_{k-1} = 1$，则这堆球余下的数量仍用二进制数表示将是

$$M_{k-1} = \overline{1\,\overline{b_8}\cdots\overline{b_{k+1}}\,0\,0}.$$

无论是上面何种情况，施行第 k 次"均分"后，余下的球的数量都是偶数．这一点意味着如果 $a_1,a_2,\cdots,a_8$ 这 8 个数字中有一个数字是 1，则会少添加一个球．所以，既然一共添加了 8 个球，则 $a_1,a_2,\cdots,a_8$ 这 8 个数字中只能有一个数字是 1．

满足要求的 M_2，最大的是

$$M_2 = \overline{1\,1\,0\,0\,0\,0\,0\,0\,1} = 769,$$

次大的是

$$M_2 = \overline{1\,0\,1\,0\,0\,0\,0\,0\,1} = 641.$$

所以，这堆球的个数是 769．

18. 对 W 赋予数 $I(W) = a_1 + 2a_2 + 3a_3 + \cdots + na_n$．在任何位置去掉或插进任何字 XXX 会得到 $Z = b_1 b_2 \cdots b_m$，其中 $I(W) \equiv I(Z) \pmod 3$．因为 $I(01) = 2$，$I(10) = 1$，目的不能达到．

19. 首先考虑"好的"非负整数，考查如下两个引理：

引理 1　在 3 个连续非负整数 $3n,3n+1,3n+2$（n 是非负整数）中，有且仅有 1 个是"好的"数．

引理 1 的证明　在这 3 个非负整数的三进制表示中，$0,1,2$ 各在最后一位出现一次，其余各位数字相同，于是 3 个数各位数字之和是 3 个连续的正整数，其中有且仅有一个能被 3 整除（即"好的"数），引理 1 得证．

引理 2　在 9 个连续非负整数 $9n,9n+1,\cdots,9n+8$（n 是非负整数）中，有且仅有 3 个是"好的"数．把这 3 个"好的"非负整数化成三进制，$0,1,2$ 恰好在这 3 个三进制数的最后一位各出现一次．

引理 2 的证明　由引理 1 不难得知在 9 个连续非负整数 $9n,9n+1,\cdots,9n+8$（n 是非负整数）中，有且仅有 3 个是"好的"数．

另外，在这 3 个"好的"非负整数的三进制表示中，最高位到倒数第三位完全相同，倒数第二位分别取 $0,1,2$．若它使它们成为"好的"非负整数，则最后一位不相同，引理 2 得证．

将所有"好的"非负整数按从小到大的顺序排成一列，设第 2004 个"好的"非负整数为 m，根据引理 1，得

$$2003 \times 3 \leqslant m < 2004 \times 3,$$

即 $6009 \leqslant m < 6012$.

设前 m 个"好的"正整数之和为 S_m,由于前 2003 个"好的"正整数之和等于前 2004 个"好的"非负整数之和. 因此

$$S_{2003} = (0 + 1 + 2 + \cdots + 2003) \times 3 + 2004 = 6023022.$$

又因为 $(6013)_{10} = (22020201)_3$ 和 $(6015)_{10} = (22020210)_3$ 都是"好的"正整数. 因此前 2005 年"好的"正整数之和是

$$S_{2005} = S_{2003} + 6013 + 6015 = 6035050.$$

20. (1)称一个数是"好数",当且仅当它在二进制表示中恰含 3 个 1. 首先证明

$$f(k) \leqslant f(k + 1) \leqslant f(k) + 1. \tag{4-1}$$

依题设 $f(k)$ 表示 $\{k + 1, k + 2, \cdots, 2k\}$ 中的"好数"个数,$f(k + 1)$ 表示 $\{k + 2, k + 3, \cdots, 2k + 1, 2k + 2\} = \{k + 1, \cdots, 2k\} \cup \{2k + 1, 2k + 2\} \backslash \{k + 1\}$ 中的"好数"个数. 而 $2k+2$ 在二进制表示中恰为 $k+1$ 二进制表示的末位再添上个 0,因此,$2k+2$ 与 $k+1$ 或者同为"好数",或者同时不为"好数". 从而,$\{k + 2, k + 3, \cdots, 2k + 1, 2k + 2\}$ 中的"好数"个数等于 $\{k + 1, k + 2, \cdots, 2k\} \cup \{2k + 1\}$ 中的"好数"个数. 于是当 $2k+1$ 是"好数"时,$f(k + 1) = f(k) + 1$,当 $2k+1$ 不是"好数"时,$f(k + 1) = f(k)$,所以式(4-1)成立.

下面计算 $f(2^n + 2)(n \in \mathbf{N})$. $f(2^n + 2)$ 表示 $\{2^n + 3, 2^n + 4, \cdots, 2^{n+1} + 4\}$ 中的"好数"个数,易知在 $\{2^n + 3, \cdots, 2^{n+1} - 1\}$ 中有 C_n^2 个"好数"(因为 $\{2^n + 3, 2^n + 4, \cdots, 2^{n+1} - 1\}$ 中,每个数的二进制表示都是从右起第 $n+1$ 位的 1 开始,而在后 n 位中找两个位置放 1 共有 C_n^2 种方式),又 $2^{n+1}, 2^{n+1} + 1, 2^{n+1} + 2, 2^{n+1} + 4$ 显然都不是"好数",$2^{n+1}+3$ 是"好数",故 $f(2^n + 2) = \mathrm{C}_n^2 + 1$.

显然 $f(1) = 0$,而对任意 $m \in \mathbf{N}$,都存在 $n \in \mathbf{N}$,使得 $\mathrm{C}_n^2 + 1 \geqslant m$,从而 $f(1) < m \leqslant f(2^n + 2)$. 设 k 是使 $f(k) \geqslant m$ 成立的最小的正整数 k,则 $f(k - 1) \leqslant m - 1$,由式(4-1)得 $f(k) = m$,于是(1)得证.

(2)假设恰存在一个 k,使 $f(k) = m$,由(4-1)得 $f(k - 1) = m + 1$,$f(k + 1) = m + 1$. 而由式(4-1)的证明易见 $f(k) = f(k + 1) + 1$ 当且仅当 $2k-1$ 为"好数",$f(k + 1) = f(k) + 1$ 当且仅当 $2k+1$ 为"好数". 从而必有 $2k - 1, 2k + 1$ 均为"好数". 通过二进制的加减法知,k 必为 $2^n + 2$ 的形式,故

$$m = f(k) = f(2^n + 2) = \mathrm{C}_n^2 + 1.$$

易知,当 $n \geqslant 2$ 时,$m = \mathrm{C}_n^2 + 1$ 的确符合条件.

故要求的所有 m 的值为 $C_n^2 + 1(n \geqslant 2)$.

21. $a_{2003} = 10p$. 假设 $\dfrac{1}{n}$ 的十进制小数表达式中开始循环之前的部分 A 由 m 位数字构成,而(最小)循环节 B 由 k 位数字构成,由等比数列求和公式得

$$\frac{1}{n} = \frac{A}{10^m} + \frac{B}{10^m(10^k - 1)} = \frac{A(10^k - 1) + B}{10^m(10^k - 1)}.$$

于是,有 $n \mid 10^m(10^k - 1)$.

反之,如果 m 和 k 是使得关系 $n \mid 10^m(10^k - 1)$ 成立的最小正整数(即 m 是可以整除 n 的 2 和 5 的最大方幂的指数,而 k 是使得 $\dfrac{n}{(n, 10^m)} \mid (10^k - 1)$ 成立的最小的正整数),记

$$C = \frac{10^m(10^k - 1)}{n}, \quad A = \left[\frac{C}{10^k - 1}\right], \quad B = C - A(10^k - 1),$$

则有 $B < 10^k - 1, A < 10^m$,并且 $\dfrac{1}{n}$ 的十进制小数表达式中开始循环之前的部分就是 A(包括在其前面添加一些 0,使其达到 m 位数字),而(最小)循环节就是 B(类似地添加 0),此因 m 和 k 都是按照最小原则选取的.

由题意可知 $p \neq 2, p \neq 5$,并且在 p 的十进制表达式中不可能全是 1 和 0.因为如果全是 1 和 0,那么它的各位数字之和等于 300,从而不是素数.

下面证明:数列 $\{a_n\}$ 的周期为 2.我们熟知,真分数 $\dfrac{1}{p}$ 的循环节等于 $\dfrac{10^t - 1}{p}$,其中 t 是使得 $p \mid 10^t - 1$ 成立的最小正整数.因此,$a_2 = \dfrac{2(10^t - 1)}{p}$.

再证 $a_3 = 10p$.由于 a_2 能被 2 整除,不能被 2^2 和 5 整除,所以,真分数 $\dfrac{1}{a_2}$ 的循环节等于 $\dfrac{10^{u+1} - 10}{a_2}$,其中 u 是使得 $a_2 = \dfrac{2(10^t - 1)}{p} \mid (10^{u+1} - 10)$ 成立的最小正整数.在这里,有 $A = 0$(因为 a_2 能被 18 整除,所以 $a_2 > 10$,于是 $B = C$).这样一来,u 就是使得

$$(10^t - 1) \mid (10^u - 1)p \qquad (4\text{-}2)$$

成立的最小正整数.我们证明此时必有 $u = t$.

首先证明 $u \mid t$.若 $u \nmid t$,不妨设 $t = uq + r$,其中 $0 < r < u$.因为 $(10^u - 1)p$ 整除 $(10^{uq} - 1)p$,则由式(4-2)可得

$$(10^t - 1) \mid [(10^t - 1)p - (10^{uq} - 1)p],$$

即 $(10^t - 1) \mid 10^{uq}(10^r - 1)p$.

　　从而，$(10^t - 1) \mid (10^r - 1)p$. 而这是不可能的，因为 u 是使得式(4-2)成立的最小正整数. 所以 $t = ul$，并且 $(10^{ul} - 1) \mid (10^u - 1)p$. 由此得出 p 能被 $[10^{u(l-1)} + 10^{u(l-2)} + \cdots + 10^u + 1]$ 整除. 但 p 是素数，若 $l \neq 1$，则必有 $p = 10^{u(l-1)} + 10^{u(l-2)} + \cdots + 10^u + 1$. 然而，前面已经证明，$p$ 不可能具有这样的表达式，矛盾. 从而 $u = t$，这也就表明 $a_3 = \dfrac{2(10^{t+1} - 10)}{a_2} = 10p$. 最后只需指出，$\dfrac{1}{p}$ 与 $\dfrac{1}{10p}$ 的循环节相同，即可得出题中结论.

第5章 逻辑类分法

5.1 问 题

1. (1) 是否存在整数 a,b,c 满足方程
$$a^2 + b^2 - 8c = 9 ?$$
(2) 求证: 不存在整数 a,b,c 满足方程
$$a^2 + b^2 - 8c = 6 .$$

2. 求证: 对每个正整数 n, 5 个数 17^{n+i}, $i = 0,1,2,3,4$ 中至少有一个在十进制中首位数字是 1.

3. 设 n 为正整数, 如果存在一个完全平方数, 使得在十进制表示下此完全平方数的各数码之和为 n, 那么称 n 为好数 (如 13 是一个好数, 因为 $7^2 = 49$ 的数码和等于 13). 问: 在 $1,2,\cdots,2007$ 中有多少个好数?

4. 求所有的正整数 n, 使得存在非零整数 $x_1,x_2,\cdots,x_n,y$, 满足
$$\begin{cases} x_1 + \cdots + x_n = 0, \\ x_1^2 + \cdots + x_n^2 = ny^2. \end{cases}$$

5. 若一个素数的各位数码经任意排列后仍然是素数, 则称它是一个 "绝对素数". 例如, $2,3,5,7,11,13(31),17(71),37(73),79(97),113(131,311),199(919,991),337(373,733),\cdots$ 都是绝对素数. 求证: 绝对素数的各位数码不能同时出现数码 1, 3, 7 与 9.

6. 求出所有的奇数 n, 使 $(n-1)!$ 不被 n^2 整除.

7. 任何凸多边形 $A_1A_2\cdots A_n$. 求证: 必存在一个通过某相邻三顶点 A_i, A_{i+1}, A_{i+2} 的圆包含整个多边形 $A_1A_2\cdots A_n$.

8. 在不超过 2000 的正整数中, 任意选取 601 个数. 求证: 这 601 个数中一定存在两个数, 其差为 3 或 4 或 7.

9. 给定实数 a_1,a_2,b_1,b_2 及正数 p_1,p_2,q_1,q_2. 求证: 在 2×2 的数表

$$\begin{bmatrix} \dfrac{a_1 + b_1}{p_1 + q_1} & \dfrac{a_1 + b_2}{p_1 + q_2} \\[2ex] \dfrac{a_2 + b_1}{p_2 + q_1} & \dfrac{a_2 + b_2}{p_2 + q_2} \end{bmatrix}$$

中存在一个数,它不小于与其同行的数,又不大于与其同列的数.

10. 平面上已给 7 个点,用一些线段连接它们,使得

(1)每三点中至少有两点相连;

(2)线段条数最少.

问有多少条线段?并给出一个这样的图形.

11. 若对所有整数 x,$ax^2 + bx + c$ 都是完全四次方数,求证 $a = b = 0$.

12. 设 a,b,c 是正实数,且满足 $abc = 1$,证明:

$$\left(a - 1 + \frac{1}{b}\right)\left(b - 1 + \frac{1}{c}\right)\left(c - 1 + \frac{1}{a}\right) \leqslant 1. \tag{5-1}$$

13. 求证:对 $i = 1,2,3$,均有无穷多个正整数 n,使得 $n,n+2,n+28$ 中恰有 i 个可表示为 3 个正整数的立方和.

14. 对于任意正整数 n,记 n 的所有正约数组成的集合为 S_n. 证明:S_n 中至多有一半元素的个位数为 3.

15. 一位魔术师有一百张卡片,分别写有数字 1 到 100. 他把这一百张卡片放入 3 个盒子里,一个盒子是红色的,一个是白色的,一个是蓝色的. 每个盒子里至少都放入了一张卡片.

一位观众从 3 个盒子中挑出两个,再从这两个盒子里各选取一张卡片,然后宣布这两张卡片上的数字之和,知道这个和之后,魔术师便能够指出哪一个是没有从中选取卡片的盒子.

问共有多少种放卡片的方法,使得这个魔术总能够成功?(如果至少有一张卡片被放入不同颜色的盒子,则两种方法被认为是不同的.)

5.2　解　　答

1.(1)存在. 例如,$a = 4,b = c = 1$.

(2)假设整数 a,b,c 满足 $a^2 + b^2 = 8c + 6$,则 a,b 同奇偶.

若 a,b 都是偶数,则 $4 \mid (a^2 + b^2)$,而 4 不整除 $8c + 6$,矛盾;

若 a,b 都是奇数,不妨设 $a = 2k + 1$,则

$$a^2 - 1 = (2k + 1)^2 - 1 = 4k(k + 1).$$

从而 $8 \mid (a^2 - 1)$,同理 $8 \mid (b^2 - 1)$.

所以 $8c + 4 = (a^2 - 1) + (b^2 - 1)$ 能被 8 整除,这是不可能的.

综上所述,不存在满足要求的整数 a, b, c.

点评 任一整数可以表示为如下形式之一:
$$4n, 4n+1, 4n+2, 4n+3.$$
平方后被 8 除余 0,1 或 4. 所以 $a^2 + b^2 \neq 8c + 6$.

2. (1)若 17^{n+4} 的首位数字为 2,则 17^{n+3} 的首位数为 1;

(2)若 17^{n+4} 的首位数字为 3 或 4,则因 $17^2 = 289$,故 17^{n+2} 的首位数字为 1;

(3)若 17^{n+4} 的首位数字为 5,6,7,8,则因 $17^3 = 4913$,故 17^{n+1} 的首位数字为 1;

(4)若 17^{n+4} 的首位数字为 9,则因 $17^4 = 83521$,故 17^n 的首位数字为 1.

综上可知,所给的 5 个数中至少有一个数的首位数字为 1.

3. 首先,对 $x \equiv 0, \pm 1, \pm 2, \pm 3, \pm 4 \pmod 9$ 分别计算,可得 $x^2 \equiv 0, 1, 4, 0, 7 \pmod 9$,利用十进制下一个数与它的数码和模 9 同余,可知满足条件的 $n \equiv 0, 1, 4, 7 \pmod 9$,即 $n \equiv 0 \pmod 9$ 或 $n \equiv 1 \pmod 3$.

其次,注意到 $\underbrace{33\cdots3}_{m\uparrow}5^2 = \underbrace{11\cdots1}_{m\uparrow}\underbrace{22\cdots2}_{m+1\uparrow}5$,因此,若存在非负整数 m,使得 $n = 3m+7$,则 n 为"好数",又由 $1^2 = 1, 2^2 = 4$ 可知 $n = 1, 4$ 是"好数",因此,若 $n \equiv 1 \pmod 3$,则 n 为"好数". 最后,由
$$(10^m - 1)^2 = 10^{2m} - 2 \times 10^m + 1 = \underbrace{99\cdots9}_{m-1\uparrow 9}8\underbrace{00\cdots0}_{m-1\uparrow 0}1,$$

可知若 $n \equiv 0 \pmod 9$,则 n 是"好数".

综上可知,n 为好数的充要条件是 $n \equiv 0 \pmod 9$ 或 $n \equiv 1 \pmod 3$. 依此可求得 $1, 2, \cdots, 2007$ 中好数的个数为 $669 + 223 = 892$ 个.

4. 显然 $n \neq 1$.

当 $n = 2k$ 为偶数时,令 $x_{2i-1} = 1, x_{2i} = -1, i = 1, 2, \cdots, k, y = 1$,则满足条件.

当 $n = 3 + 2k (k \in \mathbf{N}^+)$ 时,令 $y = 2, x_1 = 4, x_2 = x_3 = x_4 = x_5 = -1$,
$$x_{2i} = 2, x_{2i+1} = -2, \quad i = 3, 4, \cdots, k+1,$$
则满足条件.

当 $n = 3$ 时,若存在非零整数 x_1, x_2, x_3,使得
$$\begin{cases} x_1 + x_2 + x_3 = 0, \\ x_1^2 + x_2^2 + x_3^2 = 3y^2, \end{cases}$$

则

$$2(x_1^2 + x_2^2 + x_1 x_2) = 3y^2,$$

不妨设 $(x_1,x_2)=1$，则 x_1,x_2 都是奇数或者一奇一偶，从而，$x_1^2 + x_2^2 + x_1 x_2$ 是奇数，另外，$2\mid y$，故 $3y^2 \equiv 0(\bmod 4)$，而 $2(x_1^2 + x_2^2 + x_1 x_2) \equiv 2(\bmod 4)$，矛盾.

5. 一个绝对素数如果同时含有数字 $1,3,7,9$，则这个素数的十进制表示中，不可能含有数字 $0,2,4,5,6,8$，否则，通过适当排列后，这个数能被 2 或者 5 整除.

设 N 是一个同时含有数字 $1,3,7,9$ 的绝对素数，因为 $K_0=7931$，$K_1=1793$，$K_2=9137$，$K_3=7913$，$K_4=7193$，$K_5=1973$，$K_6=7139$ 被 7 除所得的余数分别是 0，$1,2,3,4,5,6$，所以，如下 7 个正整数：

$$N_0 = \overline{c_1 \cdots c_{n-4} 7931} = L \cdot 10^4 + K_0,$$
$$N_1 = \overline{c_1 \cdots c_{n-4} 1793} = L \cdot 10^4 + K_1,$$
$$\vdots$$
$$N_6 = \overline{c_1 \cdots c_{n-4} 7139} = L \cdot 10^4 + K_6$$

中一定有一个能被 7 整除，这个数就不是素数，矛盾.

6. 设 n 为奇数，则有以下三种可能：

（1）$n=ab,1<a,b<n,a\neq b$；

（2）$n=p^2$，p 为奇素数；

（3）$n=p$，p 为奇素数.

对于（1），因 n 为奇数，故 $a\geq 3,b\geq 3$. 而

$$n-1=ab-1\geq 3a-1>2a,$$

故在 $(n-1)! = 1 \cdot 2 \cdot 3 \cdots (ab-1)$ 中有一个因式为 $2a$，同样也有一个因式是 $2b$，且 $2a\neq 2b$. 又 a,b 为奇数，故 $a\neq 2b,b\neq 2a$，因而可知，$a,b,2a,2b$ 互不相同，从而 $(n-1)!$ 被 $a^2 b^2 = n^2$ 整除；对于（2），若 $p\geq 5$，则 $p^2 - 4p - 1 = p(p-4) - 1 \geq 1 \times 5 - 1 > 0$，故 $p^2 - 1 > 4p > 3p > 2p > p$，从而 $(p^2-1)!$ 被 $p^4 = n^2$ 整除. 若 $p=3$，则 $(p^2-1)! = 1 \cdot 2 \cdot 3 \cdot 4 \cdot 5 \cdot 6 \cdot 7 \cdot 8$ 不被 $3^4 = (p^2)^2 = n^2$ 整除；对于（3），$(p-1)!$ 不被 $n=p$ 整除，故亦不被 n^2 整除.

综上所述，所求的 n 是：所有奇素数及 9.

7. 考查所有 $\triangle A_i A_j A_{i+1}$，其中 $A_i A_{i+1}$ 为凸多边形的一边，而 $\angle A_i A_j A_{i+1}<90°$. 这样的三角形必定存在（因为 $\angle A_i A_{i+2} A_{i+1}$，$\angle A_{i+1} A_i A_{i+2}$ 中至少有一个小于 $90°$），且只有有限多个，在这样的三角形中取外接圆半径最大的一个，不妨设之为 $\triangle A_1 A_j A_2$，C 为其外接圆，则

（1）C 包括凸多边形的所有顶点，若不然，设 A_k 在 C 外，则 $\angle A_1 A_k A_2 <$ $\angle A_1 A_j A_2$，由正弦定理，$\triangle A_1 A_k A_2$ 的外接圆半径大于 C 的半径，与 C 的取法矛盾.

（2）在 $\angle A_2 A_1 A_j$ 和 $\angle A_1 A_2 A_j$ 中，不妨设 $\angle A_2 A_1 A_j \leqslant \angle A_1 A_2 A_j$，则 $j = 3$. 若不然，则 A_3 在 A_2, A_j 之间且在 C 的内部或 C 上，若 A_3 在 C 上，结论显然. 若 A_3 在 C 的内部，则有

$$180° - \angle A_2 A_3 A_j < \angle A_2 A_1 A_j < 90°,$$
$$\sin \angle A_2 A_3 A_j < \sin \angle A_2 A_1 A_j.$$

由正弦定理，$\triangle A_2 A_3 A_j$ 的外接圆半径大于 $\triangle A_1 A_2 A_j$ 外接圆 C 的半径，且 $\angle A_2 A_j A_3 < 180° - \angle A_2 A_3 A_j \leqslant \angle A_2 A_1 A_j < 90°$，亦与 C 的取法矛盾.

综上所述，得所欲证.

8. 把不超过 2000 的自然数分成 200 组，连续十个自然数为一组，每组为 $10k+1 \sim 10k+10$，其中 $k = 0, 1, 2, \cdots, 199$.

因为 $\left[\dfrac{601}{200}\right] + 1 = 4$，所以由抽屉原理知，至少有一组数里至少要选取 4 个数. 不妨设是 $1, 2, \cdots, 10$ 这一组里应取 4 个数.

把 $1, 2, \cdots, 10$ 分成 4 个小组：

$$A_1 = \{1, 4, 8\}, \quad A_2 = \{2, 5, 9\}, \quad A_3 = \{3, 6, 10\}, \quad A_4 = \{7\}.$$

（1）当 A_1, A_2, A_3 这 3 个小组中，由一组至少选取 2 个数时，命题显然成立.

（2）与上述相反，当 A_1, A_2, A_3 这 3 个小组中每一组至多选取一个数时，由上面分析知，每一小组只能选取一个数，那么，A_4 中只能选取 7.

（i）若 A_3 中选取 3 或 10，则 $7-3=4$ 或 $10-7=3$，命题成立.

（ii）若 A_3 中选取 6.

（a）若在 A_2 中选取 2 或 9 时，有 $6-2=4$ 或 $9-6=3$ 成立.

（b）若在 A_2 中选取 5 时，那么，在 A_1 中选取 1 或 4 或 8 时，有 $5-1=4$ 或 $7-4=3$ 或 $8-5=3$.

命题成立.

9. 在这个 2×2 的表格中找出两个最大数.

（1）若它们在同一列，则其中较小的一个数为所求.

（2）若它们在同一行，则另一行的两个最小数中较大的一数为所求.

（3）设此两数位于一条对角线上，且严格大于表中的其余两数，我们证明这种情况实际不会发生.

事实上,不难证明,当 $p>0,q>0$ 时,分数 $\dfrac{c+d}{p+q}$ 总是介于分数 $\dfrac{c}{p},\dfrac{d}{q}$ 之间(其几何解释见图 5-1).

于是 $\dfrac{a_1+b_1+a_2+b_2}{p_1+q_1+p_2+q_2}$,既在 $\dfrac{a_1+b_1}{p_1+q_1},\dfrac{a_2+b_2}{p_2+q_2}$ 之间,又在 $\dfrac{a_1+b_2}{p_1+q_2},\dfrac{a_2+b_1}{p_2+q_1}$ 之间.由此可知,一条对角线上的两数不可能严格大于另一条对角线上的两个数,故数表中两个最大数不会取在同一条对角线上.

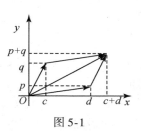

图 5-1

综上所述,命题得证.

10. 如图 5-2 所示的 7 点间连有 9 条线段,已可保证条件(1)被满足.

图 5-2

下面我们来证明任何 8 条连线都不能使(1)成立.8 条线段有 16 个端点,由第二抽屉原理知有一点 A,由它引出的线段至多两条.

(1)若 A 点至多有一条连线,则至少有 5 点不与 A 相连且这 5 点间至多有 8 条连线,总有 C,D 两点之间无连线,于是 A,C,D 三点间无连线.

(2)若从 A 恰引出两条线段 AB,AC,则考查其余 4 点 D,E,F,G 之间的连线情况.

(a)若有 6 条连线,则 B,C 之间以及 B,C 与后 4 点的任何一点间都没有连线,从而 B,C,D 之间无连线.

(b)若至多有 5 条连线,则其中必有两点之间无连线,设为 D 和 E,于是 A,D,E 之间无连线.

综上可见,任何 8 条连线都不能满足题目中的要求.所以,满足要求的连线法最少要 9 条线.

11. 假定 $a<0$,则 $ax^2+bx+c<0$ 的解集是实数集 $\mathbf{R}$ 或 $(-\infty,x_2)\cup(x_1+\infty)$,对第一种情况,任取整数 x,对第二种情况,在 $(x_1+\infty)$ 内取整数 x,则 $ax^2+bx+c<0$. 这与 ax^2+bx+c 是完全四次方数的假定矛盾.

若 $a>0$,则当 $x\geqslant-\dfrac{b}{2a}$ 时,$y=ax^2+bx+c$ 是增函数,由题设,对整数 x,$ax^2+bx+c=[n(x)]^4$,这里 $n(x)$ 是一个与 x 有关的非负整数.任取整数 $x_0\left(\geqslant-\dfrac{b}{2a}\right)$,并记 $n(x_0)=n_0$,由增函数的性质知,对任意自然数 k,

$$n(x_0 + k) > n(x_0 + k - 1) > \cdots > n(x_0 + 1) > n(x_0) = n_0,$$

故 $n(x_0 + k) \geqslant n_0 + k$. 于是

$$[a(x_0 + k)^2 + b(x_0 + k) + c] - (ax_0^2 + bx_0 + c)$$
$$= [n(x_0 + k)]^4 - n_0^4$$
$$\geqslant (n_0 + k)^4 - n_0^4$$
$$= 4n_0^3 k + 6n_0^2 k^2 + 4n_0 k^3 + k^4,$$

即

$$a(2x_0 k + k^2) + bk \geqslant 4n_0^3 k + 6n_0^2 k^2 + 4n_0 k^3 + k^4.$$

两边同除以 k^4, 得

$$\frac{a}{k}\left(\frac{2x_0}{k^2} + \frac{1}{k}\right) + \frac{b}{k^3} \geqslant \frac{4n_0^3}{k^3} + \frac{6n_0^2}{k^2} + \frac{4n_0}{k} + 1.$$

显然, 当 k 充分大时, 上面不等式不能成立. 因此, $a = 0$.

现在, 为了对一切整数 x, $bx + c \geqslant 0$, 只能 $b = 0$. 这是因为, 当 $b > 0$ 时, 取整数 $x < -\dfrac{c}{b}$, 就能使 $bx + c < 0$, 当 $b < 0$ 时, 取整数 $x > -\dfrac{c}{b}$, 就能使 $bx + c < 0$.

至此命题成立.

12. 将式(5-1):

$$\left(a - 1 + \frac{1}{b}\right)\left(b - 1 + \frac{1}{c}\right)\left(c - 1 + \frac{1}{a}\right) \leqslant 1$$

左边展开, 得

$$a + b + c + ab + bc + ca - b^2 c - c^2 a - a^2 b - 2,$$

故

式(5-1) $\Leftrightarrow 3 + a^2 b + b^2 c + c^2 a \geqslant a + b + c + ab + bc + ca$

$$\Leftrightarrow (1 - a)\left(1 - \frac{1}{c}\right) + (1 - c)\left(1 - \frac{1}{b}\right) + (1 - b)\left(1 - \frac{1}{a}\right) \geqslant 0.$$

$$(5\text{-}2)$$

式(5-2)关于 a, b, c 轮换对称, 可分两种情形:

(1) 若 a, b, c 中有两项不小于 1, 不妨设为 $a \geqslant 1, b \geqslant 1$, 则

式(5-2) $\Leftrightarrow (1 - c)\left(1 - \frac{1}{b}\right) + (a - 1)\left(\frac{1}{c} - 1\right) \geqslant (b - 1)\left(1 - \frac{1}{a}\right).$

$$(5\text{-}3)$$

注意到 $a + \dfrac{1}{a} \geqslant 2$, 即 $a - 1 \geqslant 1 - \dfrac{1}{a}$, $\dfrac{1}{c} - 1 = ab - 1 \geqslant b - 1$, $(1 - c)\left(1 - \dfrac{1}{b}\right) \geqslant 0$,

故式(5-3)成立.

(2)若 a,b,c 中仅有一项不小于 1,不妨设 $a \geqslant 1$,作代换: $a' = \dfrac{1}{a}$, $b' = \dfrac{1}{b}$, $c' = \dfrac{1}{c}$,则式(5-2)变为

$$\left(1 - \frac{1}{c'}\right)(1 - b') + \left(1 - \frac{1}{b'}\right)(1 - a') + \left(1 - \frac{1}{a'}\right)(1 - c') \geqslant 0, \qquad (5\text{-}4)$$

且 $a'b'c' = 1$, a',b',c' 中两项不小于 1,另一项也大于零,由(1)知式(5-4)成立.

综上所述,不等式(5-1)获证.

点评 依题设可令 $a = \dfrac{x}{y}$, $b = \dfrac{y}{z}$, $c = \dfrac{z}{x}$, x,y,z 为正实数,于是

$$式(5\text{-}1) \Leftrightarrow (x - y + z)(y - z + x)(z - x + y) \leqslant xyz. \qquad (5\text{-}5)$$

令 $u = x - y + z$, $v = y - z + x$, $w = z - x + y$,若 $uvw \leqslant 0$,则式(5-5)成立. 否则 $uvw > 0$. 此时 u,v,w 都是正数或一正两负.

若 u,v,w 一正两负. 不妨设 $u < 0, v < 0, w > 0$,则

$$u + v = (x - y + z) + (y - z + x) = 2x > 0,$$

矛盾. 这表明根据题设条件,有 $u > 0, v > 0, w > 0$. 于是

$$\sqrt{uv} = \sqrt{(x - y + z)(y - z + x)}$$
$$\leqslant \frac{1}{2}\left[(x - y + z) + (y - z + x)\right] = x,$$

同理 $\sqrt{vw} \leqslant y$, $\sqrt{wu} \leqslant z$,相乘即得式(5-5),命题获证.

13. 3 个整数的立方和被 9 除的余数不能为 4 或 5,这是因为整数可写为 $3k$ 或 $3k \pm 1$($k \in \mathbf{Z}$),而

$$(3k)^3 = 9 \times 3k^3,$$
$$(3k \pm 1)^3 = 9(3k^3 \pm 3k^2 + k) \pm 1.$$

对 $i = 1$,令 $n = 3(3m - 1)^3 - 2$($m \in \mathbf{Z}^+$),则 $n, n + 28$ 被 9 除的余数分别为 $4, 5$,故均不能表示为 3 个整数的立方和,而

$$n + 2 = (3m - 1)^3 + (3m - 1)^3 + (3m - 1)^3.$$

对 $i = 2$, $n = (3m - 1)^3 + 222$($m \in \mathbf{Z}^+$)被 9 除的余数为 5,故不能表示为 3 个整数的立方和,而

$$n + 2 = (3m - 1)^3 + 2^3 + 6^3,$$
$$n + 28 = (3m - 1)^3 + 5^3 + 5^3.$$

对 $i=3$，$n=216m^3(m \in \mathbf{Z}^+)$ 满足条件：
$$n=(3m)^3+(4m)^3+(5m)^3,$$
$$n+2=(6m)^3+1^3+1^3,$$
$$n+28=(6m)^3+1^3+3^3.$$

点评 这是 2006 年女子数学奥林匹克试题，所命原题要求证明结论对 $i=0,1,2,3$ 均成立．为降低试卷难度，去掉了 $i=0$ 的要求．以下是该情形的证明：

对 $n=9m+3$，$m \in \mathbf{Z}$，$n+2$，$n+28$ 被 9 除的余数分别为 5，4，不能表示为 3 个整数的立方和，若 $n=a^3+b^3+c^3$，$a,b,c \in \mathbf{Z}$，由前知 a,b,c 均为 $3k+1$ 型($k \in \mathbf{Z}$)的整数．

小于 $(3N)^3(N \in \mathbf{Z}^+)$ 的 $9m+3$ 型($k \in \mathbf{Z}$)的正整数共 $3N^3$ 个． (5-6)

小于 $3N$ 的 $3k+1$ 型($k \in \mathbf{Z}$)的正整数有 N 个，3 个这样的立方数之和的组合不超过 N^3 种，故式(5-6)中正整数至少有 $3N^3-N^3=2N^3$ 个不能表示为 3 个正整数的立方和．N 可取任意正整数，故 $i=0$ 情形得证．

14. 我们考虑如下三种情况：

(1)n 能被 5 整除，设 $d_1,d_2,\cdots,d_m$ 为 S_n 中所有个位数为 3 的元素，则 S_n 中还包括 $5d_1,5d_2,\cdots,5d_m$ 这 m 个个位数为 5 的元素，所以 S_n 中至多有一半元素的个位数为 3．

(2)n 不能被 5 整除，且 n 素因子的个位数均为 1 或 9，则 S_n 中所有的元素的个位数均为 1 或 9．结论成立．

(3)n 不能被 5 整除，且 n 有个位数为 3 或 7 素因子 p，令 $n=p^r q$，其中 q 和 r 都是正整数，p 和 q 互素．设 $S_q=\{a_1,a_2,\cdots,a_k\}$ 为 q 的所有正约数组成的集合，将 S_n 中的元素写成如下方阵：
$$a_1,a_1 p,a_1 p^2,\cdots,a_1 p^r,$$
$$a_2,a_2 p,a_2 p^2,\cdots,a_2 p^r,$$
$$\vdots$$
$$a_k,a_k p,a_k p^2,\cdots,a_k p^r.$$

对于 $d_i=a_i p^l$，选择 $a_i p^{l-1}$ 或 $a_i p^{l+1}$ 之一与之配对(所选之数必须在 S_n 中)．设 e_i 为所选之数，我们称 (d_i,e_i) 为一对朋友．如果 d_i 的个位数为 3，则由 p 的个位数是 3 或 7，知 e_i 的个位数不是 3．假设 d_i 和 d_j 的个位数都是 3，且有相同的朋友 $e=a_s p^t$，则 $\{d_i,d_j\}=\{a_s p^{t-1},a_s p^{t+1}\}$，因为 p 的个位数为 3 或 7，所以 p^2 的个位数是 9，而 n 不能被 5 整除，故 a_s 的个位数不为 0 和 5，所以 $a_s p^{t-1}$，$a_s p^{t-1} \cdot p^2 = a_s p^{t+1}$ 的个位数不同，这与 d_i 和 d_j 的个位数都是 3 矛盾，所以，每个个位数为 3 的

d_i 均有不同的朋友.

综上所述,S_n 中每个个位数为 3 的元素,均与一个 S_n 中个位数不为 3 的元素为朋友,而且两个个位数为 3 的不同元素的朋友也是不同的,所以,S_n 中至多有一半元素的个位数为 3.

15. 设红、白、蓝盒子中的数分别为 $a_1 < a_2 < \cdots < a_m, b_1 < b_2 < \cdots < b_n, c_1 < c_2 < \cdots < c_l$.

由于

$$a_1 + b_1 < a_1 + b_2 < \cdots < a_1 + b_n < a_2 + b_n < \cdots < a_m + b_n, \tag{5-7}$$

故红盒与白盒中的数至少可构成 $m+n-1$ 个不同的和. 同理,红盒与蓝盒、白盒与蓝盒的数分别至少可构成 $m+l-1, n+l-1$ 个不同的和. 依题设,上述三种和彼此不同,于是,至少有不同的和

$$(m+n-1) + (m+l-1) + (n+l-1)$$
$$= 2(m+n+l) - 3 = 2 \times 100 - 3 = 197(个).$$

另外,自 1 到 100 这 100 个数两两构成的和最大为 199,最小为 3,至多有 197 个不同的和.

由上述可知,从不同两盒中取出的两卡片上数之和恰好为 $3, 4, \cdots, 199$. 令
$$S_1 = \{x \mid x = a_i + b_j, 1 \leqslant i \leqslant m, 1 \leqslant j \leqslant n\},$$
$$S_2 = \{x \mid x = a_i + c_j, 1 \leqslant i \leqslant m, 1 \leqslant j \leqslant l\},$$
$$S_3 = \{x \mid x = b_i + c_j, 1 \leqslant i \leqslant n, 1 \leqslant j \leqslant l\},$$
则恰有 $|S_1| = m+n-1, |S_2| = m+l-1, |S_3| = n+l-1$,且 $S_1 \cup S_2 \cup S_3 = \{3, 4, \cdots, 199\}$,$S_1, S_2, S_3$ 两两交为空集.

若 $m>1, n>1$,由于

$$a_1 + b_1 < a_1 + b_2 < \cdots < a_1 + b_{n-1} < a_2 + b_{n-1}$$
$$< a_3 + b_{n-1} < \cdots < a_m + b_{n-1} < a_m + b_n \tag{5-8}$$

($n=2$ 时,去掉 $a_1 + b_2 < \cdots < a_1 + b_{n-1}$ 即可),注意到 $|S_1| = m+n-1$,故
$$a_1 + b_n = a_2 + b_{n-1}, \quad a_2 + b_n = a_3 + b_{n-1}, \cdots, a_{m-1} + b_n = a_m + b_{n-1}.$$
从而
$$a_2 - a_1 = a_3 - a_2 = \cdots = a_m - a_{m-1} = b_n - b_{n-1}.$$
同理
$$b_2 - b_1 = b_3 - b_2 = \cdots = b_n - b_{n-1} = a_m - a_{m-1}.$$
可知 $a_1, a_2, \cdots, a_m$ 与 $b_1, b_2, \cdots, b_n$ 为公差相同的等差数列.

因此,或者 $(m-1)(n-1) = 0$,或者 $a_1, a_2, \cdots, a_m$ 与 $b_1, b_2, \cdots, b_n$ 为公差相同

的两等差数列. 对于 $a_1, a_2, \cdots, a_m$ 与 $c_1, c_2, \cdots, c_l$ 以及 $b_1, b_2, \cdots, b_n$ 与 $c_1, c_2, \cdots, c_l$ 均有相同的结论.

若 m, n, l 中两个为 1, 不妨设 $m = n = 1$, 则 $c_1, c_2, \cdots, c_l$ 中没有两数之差为 $a_1 - b_1$, 否则, 设 $c_i - c_j = a_1 - b_1$, 那么 $c_i + b_1 = a_1 + c_j$, 矛盾. 又若 a_1, b_1 不为 100, 不妨设 $b_1 < a_1 < 100$ 时, 若 $a_1 - b_1 \neq 1, c_i = a_1 + 1$, 设 $c_i = a_1 + 1, c_j = b_1 + 1$, 则 $c_i - c_j = a_1 - b_1$; 若 $a_1 - b_1 = 1$, 当 $a_1 + 2, b_1 + 2$ 均不超过 100 时, 设 $c_i = a_1 + 2, c_j = b_1 + 2$, 又有 $c_i - c_j = a_1 - b_1$, 否则 $a_1 = 99, b_1 = 98$, 取 $c_i = 2, c_j = 1$, 仍有 $c_i - c_j = a_1 - b_1$. 以上均导致矛盾. 故 a_1, b_1 中有一为 100, 不妨设 $a_1 = 100$. 同理可证 $b_1 = 1$. 此时有 $P_3^3 = 6$ 种满足题设要求的情形.

若 m, n, l 中仅有一个为 1, 不妨设 $m = 1$, 则 $b_1, b_2, \cdots, b_n$ 与 $c_1, c_2, \cdots, c_l$ 为公差相同的等差数列, 设公差为 d, 则 a_1 必和 $b_1, b_2, \cdots, b_n$ 或 $c_1, c_2, \cdots, c_l$ 中某个相差为 d, 不妨设 a_1 与 $b_1, b_2, \cdots, b_n$ 中某个相差为 d, 又由 $c_1, c_2, \cdots, c_l$ 中有两数相差为 d, 从而 $S_2 \cap S_3$ 非空, 矛盾. 若 m, n, l 均不为 1, 则 $a_1, \cdots, a_m$ 和 $b_1, \cdots, b_n$ 以及 $c_1, \cdots, c_l$ 三数列均为公差相同的等差数列, 设其公差为 d, 不妨设 $a_1 = 1$. 若 $d_1 = 1$, 则 $a_2 = 2, 3 \in S_1 \cup S_2 \cup S_3$, 矛盾. $d = 2$, 则 $a_2 = 3, 4 \in S_1 \cup S_2 \cup S_3$, 矛盾. 若 $d \geqslant 4$, 则 m, n, l 均不超过 $\left\lceil \dfrac{100}{4} \right\rceil = 25$, 与 $m + n + l = 100$ 矛盾, 故只有 $d = 3$. 从而同一盒子中数被 3 除同余. 又只有 3 个盒子, 故 $1, 2, \cdots, 100$ 按 mod 3 的剩余类分别装入不同 3 个盒子, 不难知道这种装法满足要求. 当观众得到的和 mod 3 为 $0, 1, 2$ 的数的盒中没被取卡片, 这种情况下的放法为 6 种.

综上所述, 共有 $6 \times 2 = 12$ 种放卡片的方法.

第6章　从整体上看问题

6.1　问　　题

1. 从下面每组数中各取一个数,将它们相乘,那么所有这样的乘积的总和是(　　).

第一组:$-5,3\frac{1}{3},4.25,5.75$;

第二组:$-2\frac{1}{3},\frac{1}{15}$;

第三组:$2.25,\frac{5}{12},-4$.

2. 有两只桶和一只空杯子.甲桶装的是牛奶,乙桶装的是酒精(未满).现在从甲桶取一满杯牛奶倒入乙桶,然后从乙桶取一满杯混合液倒入甲桶,这时,是甲桶中的酒精多,还是乙桶中的牛奶多?为什么?

3. 有依次排列的 3 个数:3,9,8.对任相邻的两个数,都用右边的数减去左边的数,所得之差写在这两个数之间,可产生一个新数串:3,6,9,-1,8,这称为第一次操作;作第二次同样的操作后可产生一个新数串:3,3,6,3,9,-10,-1,9,8.继续依次操作下去,问:从数串 3,9,8 开始操作第一百次以后所产生的那个新数串的所有数之和是多少?

4. 已知 a,b,c 和 d 是实数,求证:$a-b^2,b-c^2,c-d^2$ 和 $d-a^2$ 不能都大于 $\frac{1}{4}$.

5. 已知 $x+y=\sqrt{4z-1},y+z=\sqrt{4x-1},z+x=\sqrt{4y-1}$,求 x,y,z.

6. 已知

$$a_1+2a_3\geqslant 3a_2,\quad a_2+2a_4\geqslant 3a_3,\quad a_3+2a_5\geqslant 3a_4,\quad\cdots,$$

$$a_8+2a_{10}\geqslant 3a_9,\quad a_9+2a_1\geqslant 3a_{10},\quad a_{10}+2a_2\geqslant 3a_1.$$

且 $a_1+a_2+a_3+a_4+a_5+a_6+a_7+a_8+a_9+a_{10}=100$.

求 $a_1, a_2, a_3, a_4, a_5, a_6, a_7, a_8, a_9, a_{10}$ 的值.

7. 在黑板上写上 $1, 2, 3, \cdots, 1998$. 按下列规定进行"操作":每次擦去其中的任意两个数 a 和 b,然后写上它们的差 $a-b$(其中 $a \geq b$),直到黑板上剩下一个数为止. 问:黑板上剩下的数是奇数还是偶数?为什么?

8. 在 6 张纸片的正面分别写上整数 $1, 2, 3, 4, 5, 6$,打乱次序后,将纸片翻过来,在它们的反面也随意分别写上 $1 \sim 6$ 这 6 个整数,然后计算每张纸片正面与反面所写数字之差的绝对值,得到 6 个数,请你证明:所得的 6 个数中至少有两个是相同的.

9. 给定 $n(n>2)$ 个向量. 若其中一个向量的长度不小于其余向量的和的长度,则称该向量是"长的". 如果这 n 个向量都是长的,求证:它们的和等于零.

10. 已知正四面体的棱长是 $\sqrt{2}$,四个顶点在同一球面上,求此球的表面积.

11. 设 $A+B+C=\pi$,试证:

(1) $\sin^2 B + \sin^2 C - 2\sin B \sin C \cos A = \sin^2 A$;

(2) $\cos^2 B + \cos^2 C + 2\cos B \cos C \cos A = \sin^2 A$.

12. 对于一切大于 1 的自然数 n,证明:

$$\left(1 + \frac{1}{3}\right)\left(1 + \frac{1}{5}\right) \cdots \left(1 + \frac{1}{2n-1}\right) > \frac{\sqrt{2n+1}}{2}.$$

13. 在 10×10 的方格表中写着自然数 $1 \sim 100$:第 1 行从左到右依次写着 $1 \sim 10$;第 2 行从左到右依次写着 $11 \sim 20$;如此下去. 安德烈试图把方格表全部分割成 1×2 的矩形,并计算每个矩形中两个数的乘积,再把所得的乘积相加. 他应当怎样分割,才能使所得和数尽可能的小?

14. 边长为 10 米的正六边形的每个顶点上各长着一棵树. 在这 6 棵树上各有 1 只黄雀. 如果某只黄雀从一棵树上飞到另一棵之上,那么必有另一只黄雀朝相反的方向飞到同样距离之外的树上. 试问,这些黄雀能否飞到同一棵树之上?

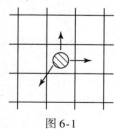

图 6-1

15. 棋子在正方形的方格纸上移动,每一步它可向上移入邻格,或向右移入邻格,或向左下方移入对顶的方格(图 6-1). 试问,它能否到遍每个方格刚好一次,并终止于出发处的右邻方格?

16. 在黑板上写有若干个 + 或 −. 可以擦去两个符号,并根据擦去的两个符号相同或不同而加上一个 + 号或 − 号. 求证:黑板上最后留下的一个符号与擦写的过程无关.

17. 把整数 $1,2,\cdots,2n$ 按任何次序放在标号为 $1,2,\cdots,2n$ 的 $2n$ 个位置上,又在每个数上加上它所在位置的标号. 证明总有两个数 $(\bmod\ 2n)$ 是同余的.

18. 在一个

(1) 正五边形;

(2) 正六边形中画出所有对角线.

开始时在每个顶点及每个对角线的交点处标上一个数 1. 每一步可以把一条边或对角线上的所有数改变符号,通过若干步后是否可以把所有标记的数都变成 -1?

19. 我们将若干个非负数 $x,y,z,\cdots$ 的最大值与最小值分别记为 $\max\{x,y,z,\cdots\}$ 和 $\min\{x,y,z,\cdots\}$. 若 $a+b+c+d+e+f+g=1$.

求 $\min\{\max\{a+b+c,b+c+d,c+d+e,d+e+f,e+f+g\}\}$.

20. 设 $1\leqslant r\leqslant n$ 是正整数, $x_{r+1},x_{r+2},\cdots,x_n$ 是给定的正整数,试确定 $x_1,x_2,\cdots,x_r$ 使得 $S=\sum\limits_{i\neq j}\dfrac{x_i}{x_j}$ 最小.

21. 若干个球被分为 n 堆,现将它们重新组合为 $n+k$ 堆, n,k 为给定的正整数,并且每堆球的个数至少为 1. 证明:存在 $k+1$ 个球,它们原来所在的堆中的球数大于现在所在的堆中的球数.

6.2　解　　答

1. 三组数中的每一个数需要与另外两组数的每一个数相乘,由乘法分配律,所有乘积的总和是:

$$\left(-5+3\frac{1}{3}+4.25+5.75\right)\times\left(-2\frac{1}{3}+\frac{1}{15}\right)\times\left(2.25+\frac{5}{12}-4\right)$$

$$=\frac{-60+40+51+69}{12}\times\frac{-35+1}{15}\times\frac{27+5-48}{12}$$

$$=\frac{25}{3}\times\left(\frac{-34}{15}\right)\times\left(\frac{-4}{3}\right)$$

$$=25\frac{5}{27}.$$

点评　多项式乘以多项式,是用一个多项式的每一项去乘另一个多项式的每一项,然后再合并同类项. 本题就是这种法则的逆用.

2. 一样多. 理由如下:

从整体看,甲、乙两桶所装的液体的体积没有发生变化. 甲桶里有多少酒精,就必然倒出了同样体积的牛奶入乙桶. 所以,甲桶中的酒精和乙桶中的牛奶一样多.

3. 为方便起见,我们设依次排列的 n 个数组成的数串为

$$a_1, \quad a_2, \quad a_3, \quad \cdots, \quad a_n.$$

依题设操作方法可得新增的数为

$$a_2 - a_1, \quad a_3 - a_2, \quad a_4 - a_3, \quad \cdots, \quad a_n - a_{n-1}.$$

所以新增数之和为

$$(a_2 - a_1) + (a_3 - a_2) + (a_4 - a_3) + \cdots + (a_n - a_{n-1}) = a_n - a_1. \quad (6\text{-}1)$$

原数串为 3 个数:3,9,8.

第 1 次操作后所得数串为:3,6,9,-1,8.

根据式(6-1)可知,新增 2 项之和为

$$6 + (-1) = 5 = 8 - 3.$$

第 2 次操作后所得数串为

$$3, 3, 6, 3, 9, -10, -1, 9, 8.$$

根据式(6-1)可知,新增 4 项之和为

$$3 + 3 + (-10) + 9 = 5 = 8 - 3.$$

按这个规律下去,第 100 次操作后所得新数串所有数的和为

$$(3 + 9 + 8) + 100 \times (8 - 3) = 520.$$

4. 假设不等式

$$a - b^2 > \frac{1}{4}, \quad b - c^2 > \frac{1}{4}, \quad c - d^2 > \frac{1}{4}, \quad d - a^2 > \frac{1}{4}$$

同时成立. 将这 4 个等式相加,得

$$a + b + c + d - (a^2 + b^2 + c^2 + d^2) > 1.$$

将不等式的左边移到右边,配方得

$$\left(\frac{1}{2} - a\right)^2 + \left(\frac{1}{2} - b\right)^2 + \left(\frac{1}{2} - c\right)^2 + \left(\frac{1}{2} - d\right)^2 < 0,$$

不成立.

5. 将 3 个等式相加,得

$$2x + 2y + 2z = \sqrt{4x - 1} + \sqrt{4y - 1} + \sqrt{4z - 1},$$

移项,得

$$2x + 2y + 2z - \sqrt{4x - 1} - \sqrt{4y - 1} - \sqrt{4z - 1} = 0, \quad\quad (6\text{-}2)$$

将式(6-2)两边同时除以 2,得

$$x + y + z - \sqrt{x - \frac{1}{4}} - \sqrt{y - \frac{1}{4}} - \sqrt{z - \frac{1}{4}} = 0 . \qquad (6\text{-}3)$$

因为

$$x - \frac{1}{4} - \sqrt{x - \frac{1}{4}} + \frac{1}{4} = \left(\sqrt{x - \frac{1}{4}} - \frac{1}{2} \right)^2 ,$$

所以式(6-3)可变形为

$$\left(\sqrt{x - \frac{1}{4}} - \frac{1}{2} \right)^2 + \left(\sqrt{y - \frac{1}{4}} - \frac{1}{2} \right)^2 + \left(\sqrt{z - \frac{1}{4}} - \frac{1}{2} \right)^2 = 0 .$$

又因为

$$\sqrt{x - \frac{1}{4}} - \frac{1}{2} = \sqrt{y - \frac{1}{4}} - \frac{1}{2} = \sqrt{z - \frac{1}{4}} - \frac{1}{2} = 0 ,$$

所以

$$x = y = z = \frac{1}{2} .$$

6. 将已知的 10 个式子整理得

$$\begin{cases} a_1 - 3a_2 + 2a_3 \geqslant 0, \\ a_2 - 3a_3 + 2a_4 \geqslant 0, \\ \quad\vdots \\ a_9 - 3a_{10} + 2a_1 \geqslant 0, \\ a_{10} - 3a_1 + 2a_2 \geqslant 0. \end{cases}$$

再将上述 10 个式子的左边相加,其和为 0. 因为这 10 个式子的左边都是非负数,所以这 10 个式子的左边都等于 0,即

$$\begin{cases} a_1 - 3a_2 + 2a_3 = 0, \\ a_2 - 3a_3 + 2a_4 = 0, \\ \quad\vdots \\ a_9 - 3a_{10} + 2a_1 = 0, \\ a_{10} - 3a_1 + 2a_2 = 0. \end{cases} \quad 于是 \begin{cases} a_1 - a_2 = 2(a_2 - a_3), \\ a_2 - a_3 = 2(a_3 - a_4), \\ \quad\vdots \\ a_9 - a_{10} = 2(a_{10} - a_1), \\ a_{10} - a_1 = 2(a_1 - a_2). \end{cases}$$

所以

$$a_1 - a_2 = 2(a_2 - a_3) = 2^2(a_3 - a_4) = \cdots = 2^9(a_{10} - a_1) = 2^{10}(a_1 - a_2),$$

于是

$$(2^{10}-1)(a_1-a_2)=0, \quad a_1=a_2.$$

同理可证:$a_1=a_2=a_3=a_4=\cdots=a_{10}$. 所以 $a_1=a_2=a_3=\cdots=a_{10}=10$.

7. 黑板上开始时所有数的和为 $S=1+2+3+\cdots+1998=1997001$,是一个奇数,而每一次"操作",将 $(a+b)$ 变成了 $(a-b)$,实际上减少了 $2b$,即减少了一个偶数. 因为从整体上看,总和减少了一个偶数,其奇偶性不变,由于开始时 S 奇数,因此终止时 S 仍是一个奇数. 所以最后黑板上剩下一个奇数.

8. 从反面入手,即设这 6 个数两两都不相等,利用 $|a_i-b_i|$ 与 a_i-b_i 的奇偶性相同. 引入字母进行推理证明.

设 6 张卡片正面写的数是 a_1,a_2,a_3,a_4,a_5,a_6,反面写的数是 b_1,b_2,b_3,b_4,b_5,b_6,则 6 张卡片正面写的数与反面写的数的差的绝对值分别为 $|a_1-b_1|$,$|a_2-b_2|$,$|a_3-b_3|$,$|a_4-b_4|$,$|a_5-b_5|$,$|a_6-b_6|$. 设这 6 个数两两不相等,则它们只能取 $0,1,2,3,4,5$ 这 6 个值. 于是

$$|a_1-b_1|+|a_2-b_2|+|a_3-b_3|+|a_4-b_4|+|a_5-b_5|+|a_6-b_6|$$
$$=0+1+2+3+4+5=15$$

是个奇数.

另外,$|a_i-b_i|$ 与 $a_i-b_i(i=1,2,3,4,5,6)$ 的奇偶性相同,所以

$$|a_1-b_1|+|a_2-b_2|+|a_3-b_3|+|a_4-b_4|+|a_5-b_5|+|a_6-b_6|$$

与

$$(a_1-b_1)+(a_2-b_2)+(a_3-b_3)+(a_4-b_4)+(a_5-b_5)+(a_6-b_6)$$
$$=(a_1+a_2+a_3+a_4+a_5+a_6)-(b_1+b_2+b_3+b_4+b_5+b_6)$$
$$=(1+2+3+4+5)-(1+2+3+4+5)$$
$$=0$$

的奇偶性相同,是个偶数,矛盾.

所以,$|a_1-b_1|$,$|a_2-b_2|$,$|a_3-b_3|$,$|a_4-b_4|$,$|a_5-b_5|$,$|a_6-b_6|$ 这 6 个数中至少有两个是相同的.

9. 将所给的 n 个向量分别记为 $a_1,a_2,\cdots,a_n$,并将它们的和记为 $\boldsymbol{\sigma}$.

由题意知,对每个 k,都有 $|a_k|\geq|\boldsymbol{\sigma}-a_k|$,即

$$a_k\cdot a_k\geq\boldsymbol{\sigma}\cdot\boldsymbol{\sigma}-2\boldsymbol{\sigma}\cdot a_k+a_k\cdot a_k.$$

将这些不等式对 k 自 1 到 n 求和,得到

$$0\geq n\boldsymbol{\sigma}\cdot\boldsymbol{\sigma}-2\boldsymbol{\sigma}\cdot(a_1+a_2+\cdots+a_n),$$

即 $0\geq(n-2)\boldsymbol{\sigma}\cdot\boldsymbol{\sigma}$. 这就表明 $\boldsymbol{\sigma}=\boldsymbol{0}$.

10. 若利用正四面体外接球的性质,构造直角三角形去求解,过程冗长,容易出错. 我们把正四面体补形成正方体,如图 6-2 所示,那么正方体的中心与正四面体外接球的球心共一点. 因为正四面体棱长为 $\sqrt{2}$,所以正方体棱长为 1,外接球半径为 $R = \dfrac{\sqrt{3}}{2}$,所以 $S_{球} = 3\pi$.

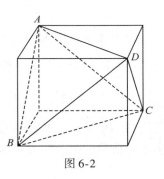

图 6-2

11. 设
$$X = \sin^2 B - \sin^2 A + \sin^2 C - 2\sin B\sin C\cos A ,$$
$$Y = \cos^2 B - \sin^2 A + \cos^2 C + 2\cos B\cos C\cos A ,$$
则

$$\begin{aligned}
X + Y &= 2 + 2\cos A(\cos B\cos C - \sin B\sin C) - 2\sin^2 A \\
&= 2 - 2\sin^2 A + 2\cos A\cos(B + C) \\
&= 2\cos^2 A + 2\cos A\cos(B + C) \\
&= 2\cos^2 A + 2\cos A\cos(\pi - A) \\
&= 2\cos^2 A - 2\cos^2 A = 0,
\end{aligned}$$

$$\begin{aligned}
X - Y &= -\cos 2B - \cos 2C - 2\cos A(\sin B\sin C + \cos B\cos C) \\
&= -2\cos(B + C)\cos(B - C) - 2\cos A\cos(B - C) \\
&= -2\cos(\pi - A)\cos(B - C) - 2\cos A\cos(B - C) \\
&= 2\cos A\cos(B - C) - 2\cos A\cos(B - C) \\
&= 0,
\end{aligned}$$

所以 $X = Y = 0$,即欲证的两等式成立.

12. 设 $A = \left(1 + \dfrac{1}{3}\right)\left(1 + \dfrac{1}{5}\right)\cdots\left(1 + \dfrac{1}{2n - 1}\right)$,则

$$A = \frac{4}{3} \cdot \frac{6}{5} \cdot \cdots \cdot \frac{2n}{2n - 1} > 0.$$

因为

$$\frac{2n}{2n - 1} > \frac{2n + 1}{2n}, \quad n = 2,3,\cdots,$$

所以

$$A > \frac{5}{4} \cdot \frac{7}{6} \cdots \frac{2n + 1}{2n} = \frac{2n + 1}{\dfrac{4}{3} \cdot \dfrac{6}{5} \cdot \cdots \cdot \dfrac{2n}{2n - 1} \cdot 3} = \frac{2n + 1}{3A},$$

于是

$$A^2 > \frac{2n+1}{3} > \frac{2n+1}{4}.$$

因为 $A > 0$,所以 $A > \frac{\sqrt{2n+1}}{2}$.

故对一切大于1的正整数 n,有

$$\left(1 + \frac{1}{3}\right)\left(1 + \frac{1}{5}\right)\cdots\left(1 + \frac{1}{2n-1}\right) > \frac{\sqrt{2n+1}}{2}.$$

13. 将 1×2 的矩形称为"多米诺",将所分出的多米诺编号. 设在第 i 号多米诺中所写的两个数为 a_i, b_i,则

$$a_i b_i = \frac{a_i^2 + b_i^2}{2} - \frac{(a_i - b_i)^2}{2}.$$

对每个多米诺都写出这样的表达式. 求和后得知,所要考查的 50 个乘积的和 S 为

$$S = \frac{a_1^2 + a_2^2 + \cdots + a_{50}^2 + b_1^2 + b_2^2 + \cdots + b_{50}^2}{2}$$
$$- \frac{(a_1 - b_1)^2 + (a_2 - b_2)^2 + \cdots + (a_{50} - b_{50})^2}{2}.$$

上式右端的第一个分式等于

$$\frac{1^2 + 2^2 + \cdots + 100^2}{2},$$

其值与分割方式无关. 而第二个分式的分子中的每一项,都或者为 1^2,或者为 10^2,这取决于多米诺是横向的还是纵向的.

因此,当所有的多米诺都为纵向时,其中每一项都是100,第二个分数达到最大,此时,S 为最小.

14. 将树依次编号为 $1,2,3,4,5,6$,而黄雀落在几号树上,它的号码就是几. 这样一来,黄雀的号数之和 $S = 1+2+\cdots+6 = 21$ 为奇数,它的奇偶性是不变量. 如果黄雀能飞到同一棵树之上,则 $S = 6A$ 为偶数矛盾.

15. 将棋子所在方格的行号与列号的和记作 S. 在每一步中,S 或者加1,或者减2. 这表明每走一步,S 模3的余数一定增加1. 由于一共为 $n^2 - 1$ 步,而终点处的 S 只比起点处的 S 大1,因此 $n^2 - 2$ 应当被 3 整除,但这是不可能的. 所以棋子不可能按要求走动.

16. 把+和−分别换成+1 和−1,作所有数的乘积 P,显然 P 是不变量.

17. 用反证法. 假定所有的余数 $0,1,\cdots,2n-1$ 都出现,所有整数和它们的

位置标号数的和是
$$S_1 = 2(1 + 2 + \cdots + 2n) = 2n(n + 1) \equiv 0(\mathrm{mod}\ 2n),$$
所有余数的和是
$$S_2 = 0 + 1 + \cdots + (2n - 1) = n(2n - 1) \equiv n(\mathrm{mod}\ 2n).$$
矛盾!

18.(1)不!五边形边界上的 -1 的个数的奇偶性不变.

(2)不!图 6-3 中涂黑色的九个数的乘积不变.

19. 设 $M = \max\{a+b+c, b+c+d, c+d+e, d+e+f, e+f+g\}$,因为 $a+b+c, c+d+e, e+f+g$ 都不大于 M,所以

$$M \geqslant \frac{1}{3}\left[(a+b+c)+(c+d+e)+(e+f+g)\right]$$

$$= \frac{1}{3}\left[(a+b+c+d+e+f+g)+(c+e)\right]$$

$$= \frac{1}{3}(1+c+e) \geqslant \frac{1}{3}.$$

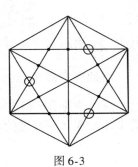

图 6-3

当 $a=d=g=\frac{1}{3}, b=c=e=f=0$ 时,上式等号成立,即

$$\min\{\max\{a+b+c, b+c+d, c+d+e, d+e+f, e+f+g\}\} = \frac{1}{3}.$$

20.
$$S = \sum_{i \neq j} \frac{x_i}{x_j} = (x_1 + \cdots + x_n)\left(\frac{1}{x_1} + \cdots + \frac{1}{x_n}\right) - n$$

$$= (x_1 + \cdots + x_r + x_{r+1} + \cdots + x_n)\left(\frac{1}{x_1} + \cdots + \frac{1}{x_r} + \frac{1}{x_{r+1}} + \cdots + \frac{1}{x_n}\right) - n.$$

令 $A = x_{r+1} + \cdots + x_n$, $B = \frac{1}{x_{r+1}} + \cdots + \frac{1}{x_n}$,则

$$S = (x_1 + \cdots + x_r + A)\left(\frac{1}{x_1} + \cdots + \frac{1}{x_r} + B\right) - n.$$

由柯西不等式得
$$S \geqslant (r + \sqrt{AB})^2 - n.$$

当 $\frac{\sqrt{x_1}}{\sqrt{\frac{1}{x_1}}} = \cdots = \frac{\sqrt{x_r}}{\sqrt{\frac{1}{x_r}}} = \frac{\sqrt{A}}{\sqrt{B}}$,即 $x_1 = x_2 = \cdots = x_r = \sqrt{\frac{A}{B}}$ 时,等号成立.

故当 $x_1 = x_2 = \cdots = x_r = \sqrt{\frac{A}{B}}$ 时,S 取得最小值 $(r + \sqrt{AB})^2 - n$.

21. 首先,我们给堆中的每个球赋予一个值. 重新组合前,若球 x 所在的堆中的球数为 a_x,则赋予球 x 一个值为 $\dfrac{1}{a_x}$;重新组合后,若球 x 所在的堆中的球数为 b_x,则赋予球 x 一个值为 $\dfrac{1}{b_x}$. 记 $d_x = \dfrac{1}{b_x} - \dfrac{1}{a_x}$,则 $d_x \leqslant 1 - \dfrac{1}{a_x} < 1$.

故

$$\sum_{x \in X} d_x = \sum_{x \in X} \frac{1}{b_x} - \sum_{x \in X} \frac{1}{a_x} = (n+k) - n = k,$$

其中 $\displaystyle\sum_{x \in X}$ 表示对全体球集合 X 中的所有球 x 的值求和.

由抽屉原理知,至少存在 $k+1$ 个 x,使 $d_x > 0$,即 $\dfrac{1}{b_x} - \dfrac{1}{a_x} > 0$.

故至少存在 $k+1$ 个球,对于每一个球 x,有 $a_x > b_x$,即球 x 原来所在堆的球数大于球 x 现在所在堆的球数. 命题获证.

第7章 化　　归

7.1　问　　题

1. 数列 $\{a_n\}$ 是单调递增数列 $a_0,a_1,a_2,\cdots$，且 $a_n = 2^{n-1} - 3a_{n-1}(n \geq 1)$，求通项 a_n.

2. 证明：

（1）多项式 $f(x)$ 为偶函数的充分必要条件是 $f(x)$ 中不含 x 的奇次项；

（2）$g(x) = (1-x+x^2-x^3+\cdots-x^{99}+x^{100})(1+x+\cdots+x^{99}+x^{100})$ 去括号，合并同类项后，无 x 的奇次项.

3. 设 $P(y) = Ay^2 + By + C$ 是 y 的二次三项式，a,b 是多项式 $P(y)-y$ 的根. 求证：a,b 也是四次多项式 $P(P(y))-y$ 的根，并解方程

$$(y^2 - 3y + 2)^2 - 3(y^2 - 3y + 2) + 2 - y = 0.$$

4. 设 $a,b,c \in \mathbf{R}^+$，求证：

$$\frac{ab}{a+b+2c} + \frac{bc}{b+c+2a} + \frac{ca}{c+a+2b} \leq \frac{1}{4}(a+b+c).$$

5. 设 $0<\alpha,\beta,\gamma<\dfrac{\pi}{2}$，且 $\sin^3\alpha + \sin^3\beta + \sin^3\gamma = 1$，求证：

$$\tan^2\alpha + \tan^2\beta + \tan^2\gamma \geq \frac{3\sqrt{3}}{2}.$$

6. 设实数 a,b,c 满足 $a+b+c = 3$. 求证：

$$\frac{1}{5a^2-4a+11} + \frac{1}{5b^2-4b+11} + \frac{1}{5c^2-4c+11} \leq \frac{1}{4}.$$

7. 已知定义在实数集 $\mathbf{R}$ 上的单调函数 $f(x)$ 满足：对任意 $x,y \in \mathbf{R}$，有

$$f(x+y) = f(x) + f(y),$$

且 $f(3)>0$.

（1）求证：$f(x)$ 为奇函数；

（2）若对任意实数 x，有

$$f(k \cdot 3^x) + f(3^x - 9^x - 2) < 0$$

恒成立,求实数 k 的取值范围.

8. 设函数 $f(x)$ 定义在 **R** 上,当 $x > 0$ 时,$f(x) > 1$,且对任意 $m, n \in \mathbf{R}$,有

$$f(m + n) = f(m) \cdot f(n).$$

当 $m \neq n$ 时,$f(m) \neq f(n)$.

(1)证明 $f(0) = 1$;

(2)证明 $f(x)$ 为 **R** 上的增函数;

(3)设 $A = \{(x, y) \mid f(x^2) f(y^2) < f(1)\}$,

$\quad\quad B = \{(x, y) \mid f(ax + by + c) = 1, a, b, c \in \mathbf{R}, a \neq 0\}$,

若 $A \cap B = \varnothing$,求 a, b, c 满足的条件.

9. (1)若 k 阶常系数线性递归数列 $\{a_n\}$ 有 k 个互不相同的特征根 x_1, $x_2, \cdots, x_k$,且存在 $T_j \in \mathbf{N} (j = 1, 2, \cdots, k)$,使 $x_j^{T_j} = 1$. 证明:$\{a_n\}$ 是纯周期数列.

(2)设 m 是给定的正整数,数列 $\{y_n\}$ 满足

$$y_n + y_{n+2m} = 2y_{n+m} \cos \frac{2\pi}{7}, \quad n \in \mathbf{N}.$$

求证:$7m$ 是数列 $\{y_n\}$ 的周期.

10. (1)证明:如果 d 不是整系数多项式 $f(x)$ 的常数项的一个约数,m 是任意整数,那么 $d - m$ 不能整除 $f(m)$ 时,d 不是多项式 $f(x)$ 的根.

(2)试求多项式 $f(x) = x^3 + 20x^2 + 164x + 400$ 的有理根.

11. s 是 $\{1, 2, \cdots, 1989\}$ 的一个子集,而且 s 中任意两个数之差不能是 4 或 7,那么 s 中最多可以有多少个元素?

12. (1)证明:对任一正整数 a,a^{4n+k} 与 a^k 的个位数相同($n, k \in \mathbf{N}^+$);

(2)求 $2^{1997} + 3^{1997} + 7^{1997} + 9^{1997}$ 的个位数字.

13. 在 $1, 2, 3, \cdots, 1995$ 这 1995 个数中找出所有满足下面条件的数 a 来:1995 + a 能整除 1995 × a.

14. (1)求所有满足 $P(x^2) = P^2(x)$ 的多项式;

(2)求所有满足

$$P(x^2 - 2x) = [P(x - 2)]^2,$$

且 $\deg(P(x)) \geq 1$ 的多项式 $P(x)$.

15. 设 n 为正整数,实数 $x_1, x_2, \cdots, x_n$ 满足 $x_1 \leq x_2 \leq \cdots \leq x_n$.

(1)证明:

$$\left[\sum_{i=1}^{n}\sum_{j=1}^{n}|x_i-x_j|\right]^2 \leqslant \frac{2(n^2-1)}{3}\sum_{i=1}^{n}\sum_{j=1}^{n}(x_i-x_j)^2.$$

(2)证明:上式等号成立的充分必要条件是 $x_1, x_2, \cdots, x_n$ 为等差数列.

16. 设 $n \in \mathbf{N}$,

$$f_n(x) = \frac{x^{n+1}-x^{-n-1}}{x-x^{-1}}$$

($x \neq 0$, ± 1),令 $y = x + \dfrac{1}{x}$. 求证:

(1) $f_{n+1}(x) = yf_n(x) - f_{n-1}(x)$ ($n > 1$).

(2)

$$f_n(x) = \begin{cases} y^n - C_{n-1}^1 y^{n-2} + \cdots + (-1)^i C_{n-i}^i y^{n-2i} + \cdots \\ \quad + (-1)^{\frac{n}{2}}, \quad i = 1, 2, \cdots, \frac{n}{2}, n \text{ 为偶数}, \\ y^n - C_{n-1}^1 y^{n-2} + \cdots + (-1)^i C_{n-i}^i y^{n-2i} + \cdots \\ \quad + (-1)^{\frac{n-1}{2}} C_{\frac{n+1}{2}}^{\frac{n-1}{2}} y, \quad i = 1, 2, \cdots, \frac{n-1}{2}, n \text{ 为奇数}. \end{cases}$$

17. 设对所有 $i = 1, 2, \cdots, r, P_i(x)$ 是非零多项式,$\deg(P_i(x)) = n_i$,

$$n_1 + n_2 + \cdots + n_r < \frac{1}{2}r(r-1).$$

求证:存在不全为零的数 $a_1, a_2, \cdots, a_r$,使

$$a_1 P_1(x) + a_2 P_2(x) + \cdots + a_r P_r(x) = 0.$$

18. 定义在自然数集 $\mathbf{N}$ 上的函数 f 满足:

(i) $f(0) = 1$;

(ii) 对每一个 $n \in \mathbf{N}$,$f(2n) = 2f(n) - 1$,$f(2n+1) = 2f(n) + 1$.

求(1)$f(1)$,$f(2)$,$f(3)$,$f(4)$,$f(5)$,$f(6)$,$f(7)$,$f(8)$;

(2)$f(n)$ 的表达式.

19. 设函数 $f(x)$ 对 $(0,1)$ 中任意有理数 p,q 有

$$f\left(\frac{p+q}{2}\right) \leqslant \frac{1}{2}f(p) + \frac{1}{2}f(q).$$

求证:对所有有理数 $\lambda, x_1, x_2 \in (0,1)$,有

$$f(\lambda x_1 + (1-\lambda)x_2) \leqslant \lambda f(x_1) + (1-\lambda)f(x_2).$$

20. 四面体 $SABC$ 的面 ABC 的内切圆 I 分别切棱 AB, BC, CA 于点 D, E, F. 在棱 SA, SB, SC 上分别取点 A', B', C',使得 $AA' = AD, BB' = BE, CC' = CF$. 令 S' 表示四面体的外接球面上点 S 的对径点. 已知 SI 是四面体的高. 证明:点 S' 到点

A', B', C' 的距离都相等.

21. 在一个光滑的桌面上,放有半径分别为 1, 2, 4 的 3 个木球,每个木球均与桌面相切,并且与其余两个木球外切,另外在桌面上还有 1 个半径小于 1 的小木球,并且与 3 个木球都相切. 求这个小木球的半径.

7.2 解　答

1. 这是数列的常用类型: $a_n = pa_{n-1} + f(n)$,可化归为等比数列进行求解.
由条件易知

$$a_n - \frac{1}{5} \cdot 2^n = -3\left(a_{n-1} - \frac{1}{5} \cdot 2^{n-1}\right),$$

故 $a_n - \frac{1}{5} \cdot 2^n = (-3)^n\left(a_0 - \frac{1}{5}\right)$,即 $a_n = \frac{1}{5} \cdot 2^n + (-3)^n\left(a_0 - \frac{1}{5}\right)$.

因为 $\{a_n\}$ 单增,则 $a_{n+1} > a_n$ 对一切的正整数 n 恒成立,即

$$\frac{1}{5} \cdot 2^{n+1} + (-3)^{n+1}\left(a_0 - \frac{1}{5}\right) > \frac{1}{5} \cdot 2^n + (-3)^n\left(a_0 - \frac{1}{5}\right)$$

$$\Leftrightarrow \frac{1}{5} \cdot 2^n > 4\left(a_0 - \frac{1}{5}\right)(-3)^n$$

$$\Leftrightarrow \frac{1}{5} > 4\left(a_0 - \frac{1}{5}\right)\left(\frac{-3}{2}\right)^n.$$

因为 $\left|\left(-\frac{3}{2}\right)^n\right| \to +\infty \ (n \to +\infty)$,故 $a_0 = \frac{1}{5}$,所以, $a_n = \frac{1}{5} \cdot 2^n$.

2. (1)充分性十分显然. 下面考虑必要性. 设

$$f(x) = a_0 + a_1 x + a_2 x^2 + \cdots + a_n x^n \tag{7-1}$$

为偶函数,于是

$$f(-x) = f(x).$$

因

$$f(-x) = a_0 - a_1 x + a_2 x^2 + \cdots + (-1)^n a_n x^n, \tag{7-2}$$

故将(7-1),(7-2)相加并除以2,得

$$f(x) = a_0 + a_2 x^2 + a_4 x^4 + \cdots.$$

不含奇次项.

(2)只要能断定 $g(x)$ 为偶函数,利用(1)命题即可得证. 这一点不难做到,事实上,

$$g(-x) = (1 + x + x^2 + \cdots + x^{99} + x^{100}) \cdot (1 - x + x^2 - \cdots - x^{99} + x^{100}) = g(x).$$

3. 依据题设条件, 令

$$P(y) - y = A(y-a)(y-b),$$

即

$$P(y) = y + A(y-a)(y-b).$$

于是

$$
\begin{aligned}
P(P(y)) - y &= P(y) + A[P(y) - a][P(y) - b] - y \\
&= A(y-a)(y-b) + A[y + A(y-a)(y-b) - a] \\
&\quad \cdot [y + A(y-a)(y-b) - b] \\
&= A(y-a)(y-b)\{[1 + A(y-b)][1 + A(y-a)] + 1\}.
\end{aligned}
$$

$$(7\text{-}3)$$

说明 a, b 是多项式 $P(P(y)) - y$ 的根.

当 $P(y) = y^2 - 3y + 2$ 时, $P(P(y)) - y = 0$ 即为所给方程, 且

$$P(y) - y = y^2 - 4y + 2$$

的两根 $2+\sqrt{2}, 2-\sqrt{2}$ 是所求的两根, 此外由式(7-3)可知, 所求方程的另两根由

$$1 + [1 + A(y-a)][1 + A(y-b)] = 0 \qquad (7\text{-}4)$$

决定. 这里 $A = 1, a, b$ 分别为 $2+\sqrt{2}, 2-\sqrt{2}$.

式(7-4)化简得 $y^2 - 2y = 0$. 它的两根是 $0, 2$.

所以, 所求方程的 4 个根是 $2+\sqrt{2}, 2-\sqrt{2}, 0, 2$.

4. 因为

$$\frac{ab}{a+b+2c} = \frac{ab}{(a+c)+(b+c)} \leqslant \frac{ab}{4}\left(\frac{1}{a+c} + \frac{1}{b+c}\right).$$

同理

$$\frac{bc}{b+c+2a} \leqslant \frac{bc}{4}\left(\frac{1}{a+b} + \frac{1}{a+c}\right),$$

$$\frac{ac}{c+a+2b} \leqslant \frac{ca}{4}\left(\frac{1}{a+b} + \frac{1}{b+c}\right),$$

所以

$$
\begin{aligned}
\frac{ab}{a+b+2c} + \frac{bc}{b+c+2a} + \frac{ca}{c+a+2b} &\leqslant \frac{1}{4}\left(\frac{bc+ca}{a+b} + \frac{ab+ca}{b+c} + \frac{ab+bc}{c+a}\right) \\
&= \frac{1}{4}(a+b+c).
\end{aligned}
$$

5. 令 $a = \sin\alpha, b = \sin\beta, c = \sin\gamma$, 则 $a, b, c \in (0,1)$ 且 $a^3 + b^3 + c^3 = 1$,

$$a - a^3 = \frac{1}{\sqrt{2}} \sqrt{2a^2(1-a^2)^2} \leqslant \frac{1}{\sqrt{2}} \sqrt{\left(\frac{2a^2+1-a^2+1-a^2}{3}\right)^3} = \frac{2}{3\sqrt{3}}.$$

同理

$$b - b^3 \leqslant \frac{2}{3\sqrt{3}}, \quad c - c^3 \leqslant \frac{2}{3\sqrt{3}},$$

因此

$$\frac{a^2}{1-a^2} + \frac{b^2}{1-b^2} + \frac{c^2}{1-c^2} = \frac{a^3}{a-a^3} + \frac{b^3}{b-b^3} + \frac{c^3}{c-c^3}$$

$$\geqslant \frac{3\sqrt{3}}{2}(a^3+b^3+c^3) = \frac{3\sqrt{3}}{2}.$$

注意到

$$\tan^2\alpha = \frac{\sin^2\alpha}{1-\sin^2\alpha} = \frac{a^2}{1-a^2}, \quad \tan^2\beta = \frac{\sin^2\beta}{1-\sin^2\beta} = \frac{b^2}{1-b^2},$$

$$\tan^2\gamma = \frac{\sin^2\gamma}{1-\sin^2\gamma} = \frac{c^2}{1-c^2},$$

所以

$$\tan^2\alpha + \tan^2\beta + \tan^2\gamma \geqslant \frac{3\sqrt{3}}{2}.$$

点评 易知上述不等式等号不能成立.

6. 若 a,b,c 都小于 $\frac{9}{5}$，则可以证明

$$\frac{1}{5a^2-4a+11} \leqslant \frac{1}{24}(3-a). \tag{7-5}$$

事实上,

$$(7\text{-}5) \Leftrightarrow (3-a)(5a^2-4a+11) \geqslant 24$$

$$\Leftrightarrow 5a^3 - 19a^2 + 23a - 9 \leqslant 0$$

$$\Leftrightarrow (a-1)^2(5a-9) \leqslant 0$$

$$\Leftrightarrow a \leqslant \frac{9}{5}.$$

同理,对 b,c 也有类似的不等式,相加便得

$$\frac{1}{5a^2-4a+11} + \frac{1}{5b^2-4b+11} + \frac{1}{5c^2-4c+11}$$

$$\leqslant \frac{1}{24}(3-a) + \frac{1}{24}(3-b) + \frac{1}{24}(3-c) = \frac{1}{4}.$$

若 a,b,c 中有一个不小于 $\frac{9}{5}$,不妨设 $a \geqslant \frac{9}{5}$,则

$$5a^2 - 4a + 11 = 5a\left(a - \frac{4}{5}\right) + 11$$

$$\geqslant 5 \cdot \frac{9}{5} \cdot \left(\frac{9}{5} - \frac{4}{5}\right) + 11 = 20,$$

故

$$\frac{1}{5a^2 - 4a + 11} \leqslant \frac{1}{20}.$$

由于 $5b^2 - 4b + 11 \geqslant 5\left(\frac{2}{5}\right)^2 - 4 \cdot \left(\frac{2}{5}\right) + 11 = 11 - \frac{4}{5} > 10$,所以

$\frac{1}{5b^2 - 4b + 11} < \frac{1}{10}$,同理,$\frac{1}{5c^2 - 4c + 11} < \frac{1}{10}$,所以

$$\frac{1}{5a^2 - 4a + 11} + \frac{1}{5b^2 - 4b + 11} + \frac{1}{5c^2 - 4c + 11} < \frac{1}{20} + \frac{1}{10} + \frac{1}{10} = \frac{1}{4}.$$

因此,总有 $\frac{1}{5a^2 - 4a + 11} + \frac{1}{5b^2 - 4b + 11} + \frac{1}{5c^2 - 4c + 11} \leqslant \frac{1}{4}$,当且仅当

$a = b = c = 1$ 时等号成立.

7. (1) 令 $x = y = 0$,由题设得

$$f(0) = f(0) + f(0),$$

故 $f(0) = 0$.

再令 $y = -x$,由题设得

$$f(0) = f(x) + f(-x),$$

即

$$f(-x) = -f(x), \quad x \in \mathbf{R}.$$

说明 $f(x)$ 为奇函数.

(2) 因函数 $f(x)$ 在 $\mathbf{R}$ 上单调,$f(3) > 0 = f(0)$,故函数 $f(x)$ 在 $\mathbf{R}$ 上单调递增.

题设不等式可变为

$$f(k \cdot 3^x + 3^x - 9^x - 2) < 0 = f(0).$$

从而

$$k \cdot 3^x + 3^x - 9^x - 2 < 0,$$

即

$$3^{2x} - (k + 1)3^x + 2 > 0. \tag{7-6}$$

式(7-6)对一切 $x \in \mathbf{R}$ 均成立,即

$$f(t) = t^2 - (k+1)t + 2$$

对一切 $t \in (0, \infty)$ 恒成立. 由二次函数性质知必须且只需

$$\Delta = (k+1)^2 - 8 < 0$$

或

$$\begin{cases} \Delta = (k+1)^2 - 8 \geqslant 0, \\ k+1 \leqslant 0. \end{cases}$$

解之, 得 $-2\sqrt{2} - 1 < k < 2\sqrt{2} - 1$, 或 $k \leqslant -2\sqrt{2} - 1$. 所求 k 的取值范围为 $(-\infty, 2\sqrt{2} - 1)$.

8. (1) 令 $m = 1, n = 0$, 根据题设可得

$$f(1) = f(1) \cdot f(0).$$

因 $f(1) > 1$, 故 $f(0) = 1$.

(2) 设 $x_1 < x_2$, 则 $x_2 - x_1 > 0$, 故 $f(x_2 - x_1) > 1$. 因 $f(x_1)f(-x_1) = f(0) = 1$, 故对 $x_1 < 0$, 仍有 $f(x_1) > 0$. 于是, 有

$$f(x_2) = f(x_1) \cdot f(x_2 - x_1) > f(x_1),$$

所以 $f(x)$ 为 $\mathbf{R}$ 上的增函数.

(3) 因 $f(x^2 + y^2) = f(x^2) \cdot f(y^2) < f(1)$, 故

$$x^2 + y^2 < 1. \tag{7-7}$$

由

$$f(ax + by + c) = 1,$$

可得

$$ax + by + c = 0. \tag{7-8}$$

由式(7-7), 式(7-8)可得

$$(a^2 + b^2)x^2 + 2acx + c^2 - b^2 < 0.$$

因 $A \cap B = \varnothing$, 故上式的判别式

$$\Delta = (2ac)^2 - 4(a^2 + b^2)(c^2 - b^2) \leqslant 0.$$

化简得 $a^2 + b^2 \leqslant c^2$, 即为所求.

9. (1) 设 $\{a_n\}$ 的通项公式为

$$a_n = \sum_{i=1}^{k} c_i x_i^n.$$

取 T 为 $T_1, T_2, \cdots, T_k$ 的最小公倍数. 易知, 对一切 $n \in \mathbf{N}^+$, 有 $a_{n+T} = a_n$.

(2) $\{y_n\}$ 的特征方程为

$$t^{2m} - 2t^m \cos \frac{2\pi}{7} + 1 = 0,$$

即

$$\left(t^m - \cos\frac{2\pi}{7}\right)^2 = -\sin^2\frac{2\pi}{7},$$

$$t^m = \cos\frac{2\pi}{7} \pm \mathrm{isin}\frac{2\pi}{7}.$$

解得

$$t_k = \cos\frac{\frac{2\pi}{7} + 2k\pi}{m} \pm \mathrm{isin}\frac{\frac{2\pi}{7} + 2k\pi}{m}, \quad k = 0, 1, \cdots, m-1.$$

由于这 $2m$ 个特征根互不相同,且 $t_k^{7m} = 1$,故由通项公式可知 $y_{n+7m} = y_n$ ($n \in \mathbf{N}$). 命题获证.

10.(1)假定 d 是整系数多项式 $f(x)$ 的根,那么

$$f(x) = (x - d)g(x),$$

这里 $g(x)$ 也是一个整系数多项式,因此

$$f(m) = (m - d)g(m).$$

可见 $(d - m) | f(m)$,导致矛盾.

(2)多项式 $f(x)$ 有有理根只能是整数根. 显然它没有正根. 令 $y = -x$,代入 $f(x)$ 得

$$g(y) = -(y^3 - 20y^2 + 164y - 400)$$

$$= -\left[y^2(y - 20) + 164(y - \frac{100}{41})\right].$$

当 $y \geqslant 20$ 时,$g(y) < 0$,所以 $g(y)$ 的有理根只可能是 $1, 2, 4, 5, 8, 10, 16$.

因为 $g(1) = -255$,所以 1 不是 $g(y)$ 的根. 再取 $m = 1$,此时 $5 - 1 = 4$,$8 - 1 = 7$,$10 - 1 = 9$ 都不能整除 $g(1)$,根据上述(1)知,$5, 8, 10$ 都不是 $g(y)$ 的根. 又取 $m = 2$,$g(2) = -144$,$16 - 2 = 14$ 不能整除 $g(2)$,知 2 不是 $g(y)$ 的根,16 也不是 $g(y)$ 的根.

因 $g(4) = 0$,故 4 是 $g(y) = 0$ 的唯一整数根. 从而 $f(x)$ 的有理根是 -4.

11. 将 $1, 5, 9, 2, 6, 10, 3, 7, 11, 4, 8$ 顺次放在圆周上. 如果从中选出 6 个数,那么必有两个在圆周上相邻,即它们的差为 4 或 7,所以从 $1, 2, 3, \cdots, 11$ 中最多能选出 5 个数,每两个的差不为 4 或 7. 这 5 个数可以是 $1, 3, 4, 6, 9$.

同理,在每 11 个连续自然数中最多能选出 5 个数,每两个数的差不为 4 或 7. $\{1, 2, \cdots, 1989\}$ 可分拆为 181 个子集 $\{11j + 1, 11j + 2, \cdots, 11j + 11\}$($j = 0, 1, \cdots, 179$)及 $\{1981, 1982, \cdots, 1989\}$,所以 $|s| \leqslant 5 \times 181 = 905$.

另外，$11j+1,11j+3,11j+4,11j+6,11j+9(j=0,1,\cdots,180)$ 这 905 个数中，每两个数的差不为 4 或 7(若其中有 $(11j+b)-(11j+a)=4$ 或 7，则 $b-a=7$ 或 $4,i,j\in\{0,1,\cdots,180\}$)，因此 s 最多可以有 905 个元素.

12.(1)需证明 $a^{4n+k}-a^k\equiv0(\bmod 10)$. 由于
$$a^{4n+k}-a^k=a^k(a^{4n}-1)\equiv0(\bmod a(a^4-1)),$$
只需证明
$$a(a^4-1)\equiv0(\bmod 10).$$
因
$$a(a^4-1)=(a-2)(a-1)a(a+1)(a+2)+5(a-1)a(a+1).$$
故命题成立.

(2)由(1)可得
$$2^{1997}+3^{1997}+7^{1997}+9^{1997}\equiv2+3+7+9\equiv1(\bmod 10),$$
即 $2^{1997}+3^{1997}+7^{1997}+9^{1997}$ 的个位数是 1.

13. 要求 $\dfrac{1995\times a}{1995+a}$ 是正整数，所以 $1995-\dfrac{1995\times a}{1995+a}=\dfrac{1995\times1995}{1995+a}$ 也是正整数.

即 $1995+a$ 是 1995×1995 的约数. 因为 $1995\times1995=3^2\times5^2\times7^2\times19^2$，它在 1995 与 2×1995 之间(不包括 1995)的约数有 $3^2\times19^2=3249,7\times19^2=2527$，$3\times7^2\times19^2=2793,5^2\times7\times19=3325,3^2\times5\times7^2=2205$ 和 $3\times5^2\times7^2=3675$.

于是 a 的值有 6 个:$3249-1995=1254,2527-1995=532,2793-1995=798$，$3325-1995=1330,2205-1995=210$ 和 $3675-1995=1680$.

点评 要求 a，使 $\dfrac{1995\times a}{1995+a}$ 是正整数,将 $\dfrac{1995\times a}{1995+a}$ 的讨论转化为当 a 取何值时 $\dfrac{1995\times1995}{1995+a}$ 是整数,就可用素因数分解的方法.

14.(1)如果 $P(x)$ 为常数 a,那么
$$a=P(x^2)=[P(x)]^2=a^2,$$
推得 $a=0$ 或 $a=1$.

假设 $\deg(P(x))=n\geqslant1$,记
$$P(x)=a_nx^n+a_{n-1}x^{n-1}+\cdots+a_1x+a_0,\quad a_n\neq0.$$
首先比较
$$P(x^2)=a_nx^{2n}+\cdots$$

与

$$[P(x)]^2 = (a_n x^n + \cdots)^2 = a_n^2 x^{2n} + \cdots$$

的首项系数,得 $a_n = a_n^2$,所以 $a_n = 1$.

其次,设

$$g(x) = a_{n-1} x^{n-1} + \cdots + a_1 x + a_0.$$

假若 $g(x) \neq 0$,设 $\deg(g(x)) = k(\geqslant 0)$,即

$$g(x) = a_k x^k + a_{k-1} x^{k-1} + \cdots + a_1 x + a_0, \quad a_k \neq 0.$$

再考查

$$P(x^2) = x^{2n} + a_k x^{2k} + \cdots,$$

$$[P(x)]^2 = x^{2n} + 2x^n(a_k x^k + \cdots) + (a_k x^k + \cdots)^2$$
$$= x^{2x} + 2a_k x^{n+k} + \cdots.$$

根据多项式相等的条件,有 $a_k = 0$. 导致矛盾. 故 $g(x) = 0$,从而 $P(x) = x^n$.

综上所述,所求多项式有 3 个:

$$P(x) = 0, \quad P(x) = 1 \quad 或 P(x) = x^n (n \geqslant 1).$$

(2)令 $y = x - 1$, $Q(y) = P(y-1)$,代入题设等式得

$$Q(y^2) = Q^2(y), \quad y \in \mathbf{R}.$$

由(1)知 $Q(y) = y^n$ 即 $P(y-1) = y^n$,故 $P(x) = (x+1)^n (n \in \mathbf{N})$.

15.(1)由于将 x_i 作变换(都减去某一定值)不等式两边不变,不失一般性,设 $\sum\limits_{i=1}^{n} x_i = 0$,则

$$\sum_{i,j=1}^{n} |x_i - x_j| = 2 \sum_{1 \leqslant i < j} (x_i - x_j) = 2 \sum_{i=1}^{n} (2i - n - 1) x_i.$$

由柯西不等式

$$\left[\sum_{i,j=1}^{n} |x_i - x_j| \right]^2 \leqslant 4 \sum_{i=1}^{n} (2i - n - 1)^2 \sum_{i=1}^{n} x_i^2 = 4 \frac{n(n+1)(n-1)}{3} \sum_{i=1}^{n} x_i^2.$$

另外,

$$\sum_{i,j=1}^{n} (x_i - x_j)^2 = n \sum_{i=1}^{n} x_i^2 - 2 \sum_{i=1}^{n} x_i \sum_{j=1}^{n} x_j + n \sum_{j=1}^{n} x_j^2 = 2n \sum_{i=1}^{n} x_i^2.$$

所以,

$$\left[\sum_{i=1}^{n} \sum_{j=1}^{n} |x_i - x_j| \right]^2 \leqslant \frac{2(n^2-1)}{3} \sum_{i=1}^{n} \sum_{j=1}^{n} (x_i - x_j)^2.$$

(2)若等号成立,则存在某个 k , $x_i = k(2i - n - 1)$, $i = 1, 2, \cdots, n$. 从而, $\{x_i\}$ 为等差数列.

16.（1）由

$$yf_n(x) - f_{n-1}(x) = \frac{\left(x + \dfrac{1}{x}\right)(x^{n+1} - x^{-n-1}) - (x^n - x^{-n})}{x - x^{-1}}$$

$$= \frac{x^{n+2} + x^n - x^{-n} - x^{-n-2} - x^n + x^{-n}}{x - x^{-1}}$$

$$= \frac{x^{n+2} - x^{-n-2}}{x - x^{-1}} = f_{n+1}(x)$$

得

$$f_{n+1}(x) = yf_n(x) - f_{n-1}(x). \tag{7-9}$$

（2）依题设

$$f_1(x) = x + \frac{1}{x} = y,$$

$$f_2(x) = x^2 + 1 + \frac{1}{x^2} = \left(x + \frac{1}{x}\right)^2 - 1 = y^2 - 1.$$

因此,命题对于 $n=1,2$ 时成立.

设命题对 $n \leqslant m(m \geqslant 2, m$ 为自然数) 已成立,今证对于 $n=m+1$ 也成立. 分两种情况：

（i）当 $m+1$ 为奇数时,由归纳假设知,对 $n=m$ 及 $n=m-1$ 有

$$f_m(x) = y^m - C_{m-1}^1 y^{m-2} + C_{m-2}^2 y^{m-4} + \cdots + (-1)^i C_{m-i}^i y^{m-2i}$$

$$+ \cdots + (-1)^{\frac{m}{2}} C_{m-\frac{m}{2}}^{\frac{m}{2}} y^{m-2 \cdot \frac{m}{2}}, \tag{7-10}$$

$$f_{m-1}(x) = y^{m-1} - C_{m-2}^1 y^{m-3} + \cdots + (-1)^{i-1} C_{m-i}^{i-1} y^{m+1-2i}$$

$$+ \cdots + (-1)^{\frac{m}{2}-1} C_{\frac{m}{2}}^{\frac{m}{2}-1} y. \tag{7-11}$$

由式(7-10),式(7-11)得

$$yf_m(x) - f_{m-1}(x) = y^{m+1} - \cdots + (-1)^i (C_{m-i}^i + C_{m-i}^{i-1}) y^{m+1-2i}$$

$$+ \cdots + (-1)^{\frac{m}{2}} (C_{m-\frac{m}{2}}^{\frac{m}{2}} + C_{m-\frac{m}{2}}^{\frac{m}{2}-1}) y.$$

因 $C_{m-i}^i + C_{m-i}^{i-1} = C_{m-i+1}^i$, 故

$$yf_m(x) - f_{m-1}(x) = y^{m+1} - C_{m-1+1}^1 y^{m-1} + \cdots + (-1) C_{m-i+1}^i y^{m+1-2i} + \cdots + (-1)^{\frac{m}{2}} C_{(\frac{m}{2})+1}^{\frac{m}{2}} y.$$

根据式(7-9),命题对 $n=m+1$（$m+1$ 为奇数）成立.

（ii）当 $m+1$ 为偶数时,由归纳假设知,对 $n=m$ 及 $n=m-1$,有

$$f_m(x) = y^m - C_{m-1}^1 y^{m-2} + \cdots + (-1)^i C_{m-i}^i y^{m-2i} + \cdots + (-1)^{\frac{m-1}{2}} C_{\frac{m+1}{2}}^{\frac{m-1}{2}} y^{m+1-2 \cdot \frac{m}{2}}.$$

$$\tag{7-12}$$

$$f_{m-1}(x) = y^{m-1} - C_{m-2}^1 y^{m-3} + \cdots + (-1)^{i-1} C_{m-i}^{i-1} y^{m+1-2i} + \cdots + (-1)^{\frac{m-1}{2}} C_{\frac{m-1}{2}}^{\frac{m-1}{2}} y^{m+1-2 \cdot \frac{m+1}{2}}.$$

$$(7\text{-}13)$$

利用式(7-12),式(7-13),如同上述 $m+1$ 为奇数时一样进行合并,并注意到最后的常数为

$$-(-1)^{\frac{m-1}{2}} C_{\frac{m-1}{2}}^{\frac{m-1}{2}} = (-1)^{\frac{m+1}{2}} C_{\frac{m+1}{2}}^{\frac{m+1}{2}} = (-1)^{\frac{m+1}{2}}.$$

于是得到

$$yf_m(x) - f_{m-1}(x) = y^{m+1} - C_m^1 y^{m-1} + \cdots + (-1)^{\frac{m+1}{2}}.$$

根据(1)的结论,故命题对 $n=m+1$($m+1$ 为偶数)成立. 综合上述,可知对一切自然数 n,命题成立.

17. 首先注意到若有某个 $P_i(x)$ 是零多项式,即 $P_i(x) = 0$,则取 $a_i = 1$, $a_j = 0 (j \neq i)$,结论成立.

不难证明,在题设条件下, $n_1, n_2, \cdots, n_r$ 中必有两个数相同.

事实上,若各 n_i 均不相等,不妨设

$$0 \leqslant n_1 < n_2 < \cdots < n_r,$$

则 $n_i \geqslant i-1$,从而

$$n_1 + n_2 + \cdots + n_r \geqslant \frac{1}{2} r(r-1).$$

与题设矛盾. 于是,存在 $i \neq j$,使 $n_i = n_j$. 不妨设为 $n_1 = n_2$,若 $P_1(x)$, $P_2(x)$ 的最高次项系数分别为 $a, b (a \neq 0, b \neq 0)$,令

$$g(x) = P_1(x) - \frac{a}{b} P_2(x),$$

则 $\deg(g(x)) < \deg(P_1(x)) = n_1$. 这样,问题就转化为证明存在不全为零的数 $\beta_1, \beta_2, \cdots, \beta_r$,使

$$\beta_1 g(x) + \beta_2 P_2(x) + \cdots + \beta_r P_r(x) = 0.$$

事实上,由上式得到

$$\beta_1 P_1(x) + \left(\beta_2 - \frac{a}{b} \beta_1 \right) P_2(x) + \cdots + \beta_r P_r(x) = 0.$$

又由 $\beta_1, \beta_2, \cdots, \beta_r$ 不全为零,易知 $\beta_1, \beta_2 - \frac{b}{a} \beta_1, \cdots, \beta_r$ 不全为零,并且对新得的这一组多项式 $g(x), P_2(x), \cdots, P_r(x)$,有

$$\deg(g) + n_2 + \cdots + n_r < n_1 + n_2 + \cdots + n_r < \frac{1}{2} r(r-1).$$

继续上述步骤,由于每进行一次这种步骤,就会有一个多项式被一个次数至少低一次的多项式所代替. 于是,必然在进行若干次上述步骤后,在得到的一组多项式中有零多项式. 再根据开始时证明的结论即知命题成立.

18. (1)$f(1)=1$;$f(2)=2\cdot1-1=1$;$f(3)=2f(1)+1=3$;$f(4)=2f(2)-1=1$;$f(5)=2f(2)+1=3$;$f(6)=2f(3)-1=5$;$f(7)=2f(3)+1=7$;$f(8)=2f(4)-1=1$.

(2)猜想:$2^k\leqslant n<2^{k+1}$时,

$$f(n)=2(n-2^k)+1. \tag{7-14}$$

证明如下:

(i)$n=1$时,式(7-14)显然成立.

(ii)假设$n<m$时,式(7-14)成立,对于m分两种情况讨论:

(a)m为偶数. 令$m=2t$,设$2^k\leqslant t<2^{k+1}$,则$2^{k+1}\leqslant m<2^{k+2}$. 依归纳假设,有

$$f(t)=2(t-2^k)+1,$$

故

$$f(m)=f(2t)=2f(t)-1=4(t-2^k)+1=2(m-2^{k+1})+1.$$

(b)m为奇数. 令$m=2t+1$,设$2^k\leqslant t<2^{k+1}$,则$2^{k+1}+1\leqslant m<2^{k+2}+1$,注意到$m$为奇数,故

$$2^{k+1}\leqslant m<2^{k+2}.$$

根据归纳假设,

$$f(m)=f(2t+1)=2f(t)+1=2(m-2^{k+1})+1.$$

综上所述,对一切自然数n,式(7-14)成立.

由式(7-14)可改写得

$$f(n)=2(n-2^{[\log_2 n]})+1$$

19. 首先证明一个引理:

引理 对任意$n\geqslant2,n\in\mathbf{N}$以及$(0,1)$中的任意有理数$a_1,a_2,\cdots,a_n$有

$$f\left(\frac{a_1+a_2+\cdots+a_n}{n}\right)\leqslant\frac{1}{n}[f(a_1)+f(a_2)+\cdots+f(a_n)]$$

成立.

引理的证明 当$n=2$时,由已知可得引理成立.

设引理对$n=2^{k-1}(k\geqslant2,k\in\mathbf{N})$成立,则对于$n=2^k$.

$$f\left(\frac{a_1+a_2+\cdots+a_{2^k}}{2^k}\right)=f\left(\frac{\dfrac{a_1+\cdots+a_{2^{k-1}}}{2^{k-1}}+\dfrac{a_{2^{k-1}+1}+\cdots+a_{2^k}}{2^{k-1}}}{2}\right)$$

$$\leqslant \frac{1}{2}\left[f\left(\frac{a_1 + a_2 + \cdots + a_{2^{k-1}}}{2^{k-1}}\right) + f\left(\frac{a_{2^{k-1}+1} + \cdots + a_{2^k}}{2^{k-1}}\right)\right]. \quad (7\text{-}15)$$

由归纳假设

$$f\left(\frac{a_1 + a_2 + \cdots + a_{2^{k-1}}}{2^{k-1}}\right) \leqslant \frac{1}{2^{k-1}}[f(a_1) + \cdots + f(a_{2^{k-1}})],$$

$$f\left(\frac{a_{2^{k-1}+1} + \cdots + a_{2^k}}{2^{k-1}}\right) \leqslant \frac{1}{2^{k-1}}[f(a_{2^{k-1}+1}) + \cdots + f(a_{2^k})],$$

代入式 (7-15) 即得

$$f\left(\frac{a_1 + \cdots + a_{2^k}}{2^k}\right) \leqslant \frac{1}{2^k}[f(a_1) + f(a_2) + \cdots + f(a_{2^k})],$$

故引理对 $n = 2^k$ 成立.

由归纳法,引理对一切 $n = 2^k (k \in \mathbf{N})$ 成立.

再次运用归纳法,假设 $n = k + 1$ 时引理成立,$k \geqslant 2, k \in \mathbf{N}$.

则对 $n = k$,设 $a_1, a_2, \cdots, a_k$ 为 $(0,1)$ 中的任意 k 个有理数.

令 $a_{k+1} = \dfrac{1}{k}(a_1 + a_2 + \cdots + a_k)$,所以 $a_{k+1} \in \mathbf{Q}$,且 $0 < a_{k+1} < \dfrac{1}{k} \cdot k = 1$.

由归纳假设

$$f\left(\frac{a_1 + a_2 + \cdots + a_{k+1}}{k + 1}\right) \leqslant \frac{1}{k + 1}[f(a_1) + f(a_2) + \cdots + f(a_k) + f(a_{k+1})].$$

把 $a_{k+1} = \dfrac{1}{k}(a_1 + a_2 + \cdots + a_k)$ 代入可得

$$f\left(\frac{a_1 + a_2 + \cdots + a_k}{k}\right) \leqslant \frac{1}{k + 1}[f(a_1) + f(a_2) + \cdots + f(a_k)]$$
$$+ \frac{1}{k + 1}f\left(\frac{a_1 + a_2 + \cdots + a_k}{k}\right),$$

即

$$f\left(\frac{a_1 + a_2 + \cdots + a_k}{k}\right) \leqslant \frac{1}{k}[f(a_1) + f(a_2) + \cdots + f(a_k)].$$

故引理对 $n = k$ 成立.

所以引理对一切 $n = 2^k (k \in \mathbf{N})$ 成立,又引理对 $k + 1$ 成立 $\Rightarrow$ 引理对 $k(k \geqslant 2, k \in \mathbf{N})$ 成立. 所以引理对一切 $n \geqslant 2, n \in \mathbf{N}$ 成立. 故引理成立.

下证原题.

对所有有理数 $\lambda, x_1, x_2 \in (0,1), \lambda, x_1, x_2 \in \mathbf{Q}$.

设 $\lambda = \dfrac{m}{n}, m, n \in \mathbf{N}, 0 < m < n$.

由于引理对 n 成立. 令

$$a_1 = a_2 = \cdots = a_m = x_1, \quad a_{m+1} = a_{m+2} = \cdots = a_n = x_2.$$

由引理可得

$$f\left(\frac{mx_1 + (n - m)x_2}{n}\right) \leqslant \frac{1}{n}\left[mf(x_1) + (n - m)f(x_2)\right],$$

即

$$f\left(\frac{mx_1}{n} + \left(1 - \frac{m}{n}\right)x_2\right) \leqslant \frac{m}{n}f(x_1) + \left(1 - \frac{m}{n}\right)f(x_2),$$

即

$$f(\lambda x_1 + (1 - \lambda)x_2) \leqslant \lambda f(x_1) + (1 - \lambda)f(x_2).$$

证毕.

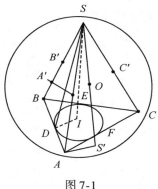

图 7-1

20. 如图 7-1 所示, 由三垂线定理, 知 SD 是 $\triangle SAB$ 的高. 因为 SS' 是过点 S, S', A 的圆的直径, 故 $\angle SAS' = 90°$. 分别用 R, r 表示四面体外接球、$\triangle ABC$ 内切圆的半径, 则有

$$\begin{aligned} S'A'^2 &= S'A^2 + AA'^2 = (SS'^2 - SA^2) + AD^2 \\ &= SS'^2 - (SA^2 - AD^2) \\ &= SS'^2 - SD^2 = SS'^2 - (SI^2 + ID^2) \\ &= (2R)^2 - SI^2 - r^2. \end{aligned}$$

同理, $S'A' = S'B' = S'C' = \sqrt{(2R)^2 - SI^2 - r^2}$.

21. 如果此题按照通常的办法, 用抽取球心为顶点构造的点线立体图, 通过尝试不便于问题的解决. 因为此 4 个球的球心不在同一个平面内, 也找不到一个合适的截面来抽取所有信息. 但是我们可以找到一个合适投影面, 来化简问题.

图 7-2 是由 4 个球的球心在桌面上的投影构成的平面图, 点 A, B, C, D 分别是半径为 1, 2, 4 的 3 个木球和待求半径的小木球的球心在桌面上的投影, 或者看作这几个球与桌面的切点. 可以求出 $AB = 2\sqrt{2}$, $BC = 4\sqrt{2}$, $AC = 4$. 设小木球的半径为 r, 那么 $AD = 2\sqrt{r}$, $BD = 2\sqrt{2r}$, $CD = 4\sqrt{r}$. 设 $\angle ADB = \alpha$,

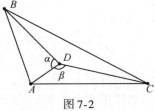

图 7-2

$\angle ADC = \beta$，那么 $\angle BDC = 2\pi - (\alpha + \beta)$.

由余弦定理，$AB^2 = AD^2 + DB^2 - 2AD \cdot DB \cdot \cos\alpha$，把上面所求所设数据代入此式得

$$8 = 4r + 8r - 2 \times 2\sqrt{r} \times 2\sqrt{2r} \times \cos\alpha,$$

求得 $\cos\alpha = \dfrac{3r - 2}{2\sqrt{2}r}$．同理求得 $\cos\beta = \dfrac{3r - 4}{2\sqrt{2}r}$，$\cos[2\pi - (\alpha + \beta)] = \dfrac{5r - 4}{4r}$．由

$$\cos(\alpha + \beta) = \cos\alpha\cos\beta - \sin\alpha\sin\beta$$

$$= \cos\alpha\cos\beta - \sqrt{(1 - \cos^2\alpha)(1 - \cos^2\beta)},$$

把已知数据代入上式

$$\frac{5r - 4}{4r} = \frac{3r - 2}{2\sqrt{2}r} \times \frac{3r - 4}{2\sqrt{2}r} - \sqrt{\left[1 - \left(\frac{3r - 2}{2\sqrt{2}r}\right)^2\right]\left[1 - \left(\frac{3r - 4}{2\sqrt{2}r}\right)^2\right]},$$

整理得 $7r^2 - 28r + 16 = 0$，因为 $0 < r < 1$，那么解得 $r = 2 - \dfrac{2}{7}\sqrt{21}$.

第8章 退中求进

8.1 问　题

1. 观察下列无穷数列: $12+34,56+78,910+1112,1314+1516,1718+1920,\cdots$. 问:在这个数列中有多少项能被 4 整除?

2. 把 1 到 $n(n>1)$ 这 n 个正整数排成一行,使得任何相邻两数之和为完全平方数. 问: n 的最小值是多少?

3. 证明:具有形式

$$N = \underbrace{11\cdots1}_{n-1\uparrow}\ \underbrace{22\cdots2}_{n\uparrow}5$$

的数是完全平方数.

4. 将 1 分、2 分、5 分和 1 角的硬币投入 19 个盒子中,使每个盒子里都有硬币,且任何两个盒子里的硬币的钱数都不相同,问:至少需要投入多少枚硬币?这时,所有的盒子里的硬币的总钱数至少是多少?

5. 把平行四边形内部一点与 4 个顶点连起来就得到 4 个三角形,求出所有这样的点,使它所决定的 4 个三角形的面积可以排成等比数列.

6. 平面上,正 $\triangle ABC$ 与正 $\triangle PQR$ 的面积都为 1. $\triangle PQR$ 的中心 M 在 $\triangle ABC$ 的边界上,如果这两个三角形重叠部分的面积为 S,求 S 的最小值.

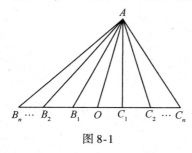

图 8-1

7. 在四边形 $ABCD$ 中,从顶点 A 和 C 作对角线 BD 的垂线;从顶点 B 和 D 作对角线 AC 的垂线, M,N,P,Q 分别为垂足. 求证:四边形 $ABCD$ 和四边形 $MNPQ$ 相似.

8. 试求 n 个互不相同的正整数,使它们的倒数和为 $\dfrac{1}{n!}$.

9. 如图 8-1 所示,设 AO 为 $\triangle AB_iC_i$ 的角平分线,且所有的点 B_i,C_j 共线 $(i=1,2,\cdots,n)$,则

$$\frac{OB_1 \cdot B_1B_2 \cdot B_2B_3 \cdot \cdots \cdot B_{n-1}B_n \cdot B_nO}{OC_1 \cdot C_1C_2 \cdot C_2C_3 \cdot \cdots \cdot C_{n-1}C_n \cdot C_nO} = \left(\frac{AB_1 \cdot AB_2 \cdot \cdots \cdot AB_n}{AC_1 \cdot AC_2 \cdot \cdots \cdot AC_n}\right)^2.$$

10. 已知半径为 1 的球体两个边界点可以用长度小于 2 的一条位于球体内部的曲线连接. 证明:这条曲线一定位于所给的球的某个半球之内.

11. 证明:对于任何正整数 n 和 k,数 $2n^{3k}+4n^k+10$ 都不能表示成若干个连续正整数之积.

12. 在一次象棋比赛中有 n 个选手参加,每个人要与其他所有参加者比赛一局,每人每天最多比赛一局. 问进行完全部比赛最少要用多少天?

13. 在一个球面内有一定点 P,球面上有 A,B,C 三动点,$\angle BPA = \angle CPA = \angle CPB = 90°$. 以 PA,PB,PC 为棱,构成平行六面体,Q 是六面体上与 P 斜对的一个顶点. 当 A,B,C 在球面上移动时,求 Q 点的轨迹.

14. 试证:任何真分数 $\dfrac{m}{n}$(m,n 为互素的正整数,$n > m$)总可以表示成互不相同的正整数的倒数之和.

15. 如图 8-2 所示,设 $\triangle PQR$ 与 $\triangle P'Q'R'$ 是两个全等的正三角形. 六边形 $ABCDEF$ 的边长分别记作:$AB = a_1$,$BC = b_1$,$CD = a_2$,$DE = b_2$,$EF = a_3$,$FA = b_3$. 求证:$a_1^2+a_2^2+a_3^2=b_1^2+b_2^2+b_3^2$.

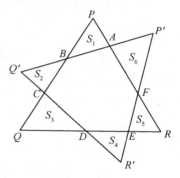

图 8-2

16. 试求具有下述性质的最小自然数 n,使得将集合 $\{1,2,\cdots,n\}$ 任意分成两个不相交子集时,必可从其中之一选出三个两两不同的数,其中两数之积等于第三数.

8.2　解　　答

1. 这个数列的任何一项都不能被 4 整除. 因为 12+34 和 56+78 显然是无法被 4 整除的,而从第三项 910+1112 开始,每一项的第二个加数都是 4 的倍数(它们的末两位数始终是 4 的倍数),而第一个加数永远不是 4 的倍数,所以它们的和也就不能被 4 整除了.

2. 因为 $n > 1$,所以包含 2,而与 2 之和为完全平方数的最小正整数为 7,用 $2 + 7 = 9$ 表示(后同),所以 $n \geq 7$.

若 $n=7$ 时,可得 3 个不相邻的数段,$(1,3,6),(2,7),(4,5)$. 增加 8 只能使第一段变为 $(8,1,3,6)$,增加 9 使第二段变为 $(2,7,9)$. 所以 $n \geqslant 10$.

因为 $8+1=9,9+7=16,10+6=16$,所以 $8,9,10$ 都必须在数组的结尾. 又 $8+17=25,9+16=25,10+15=25$,故 $n \geqslant 15$.

当 $n=15$ 时,可以把这 15 个数排列成:$8,1,15,10,6,3,13,12,4,5,11,14,2,7,9$.

所以,最小的正整数 n 是 15.

3. 考查最简单情形:

$n=1,N=25=5^2$;

$n=2,N=1225=35^2$;

$n=3,N=11225=335^2$;

$n=4,N=11122225=3335^2$.

至此,猜想

$$N=\underset{n-1\text{个}3}{\underline{33\cdots35}}^2=\left(\frac{10^n+5}{3}\right)^2.$$

事实上,有

$$N=\underset{n-1\text{个}1}{\underline{11\cdots1}}\,\underset{n\text{个}2}{\underline{22\cdots2}}5$$

$$=10^{2n-1}+10^{2n-2}+\cdots+10^{n+1}+2\cdot10^n+2\cdot10^{n-1}+\cdots+2\cdot10+5$$

$$=10^n(10^{n-1}+10^{n-2}+\cdots+10)+2(10^n+10^{n-1}+\cdots+10)+5$$

$$=10^n\cdot\frac{10}{9}(10^{n-1}-1)+2\cdot\frac{10}{9}(10^n-1)+5$$

$$=\frac{1}{9}(10^{2n}+10^{n+1}+25)=\left(\frac{10^n+5}{3}\right)^2.$$

由于 10^n+5 的各位数字之和为 6,故 $3\mid10^n+5$,N 为一完全平方数.

4. 按照盒子中硬币的数目从小到大排序,从小到大选出 19 个钱数不同,且总硬币数最小的盒子,这 19 个盒子内硬币数目的和就是所需要的最少的硬币的数量.

先考虑只有 1 枚硬币的盒子:共有 4 个盒子,其硬币总钱数分别是 1 分、2分、5 分和 10 分;

然后考虑投有 2 枚硬币的盒子,共有 10 种不同的总的钱数(表8-1).

表 8-1

总钱数	2 分	3 分	6 分	11 分	4 分	7 分	12 分	10 分	15 分	20 分
1 分	2 枚	1 枚	1 枚	1 枚						
2 分		1 枚			2 枚	1 枚	1 枚			
5 分			1 枚			1 枚		2 枚	1 枚	
1 角				1 枚			1 枚		1 枚	2 枚

应当去掉总钱数重复的 2 分和 10 分两种, 仅余 8 种不同的总的钱数;

现在, 共有 12 个盒子, 分别投有 1 枚或 2 枚硬币, 它们总的钱数分别是 1 分、2 分、3 分、4 分、5 分、6 分、7 分、10 分、11 分、12 分、15 分和 20 分;

在其余的 19−4−8=7 个盒子中, 只需要投入 3 个硬币就可以, 列为表 8-2.

表 8-2

总钱数	8 分	9 分	13 分	14 分	16 分	17 分	18 分	19 分	21 分
1 分	1 枚		1 枚		1 枚		1 枚		1 枚
2 分	1 枚	2 枚	1 枚	2 枚		1 枚	1 枚	2 枚	
5 分	1 枚	1 枚			1 枚	1 枚	1 枚	1 枚	
1 角			1 枚	1 枚	1 枚	1 枚	1 枚	1 枚	2 枚
硬币数合计	3 枚	3 枚	3 枚	3 枚	3 枚	3 枚	4 枚	4 枚	3 枚

表中除 18 分和 19 分外, 其他的钱数都可以用 3 个硬币组合得到, 共有 7 种.

所以最少投入硬币的个数是: $1 \times 4 + 2 \times 8 + 3 \times 7 = 41$ (个); 总钱数至少是 $1 + 2 + \cdots + 21 - 18 - 19 = 194$ (分).

5. 首先取公比 $r=1$. 即找一点把平行四边形分成四个等积的三角形. 这只要对角线的交点 O 就可以了 [图 8-3(a)].

如图 8-3(b) 所示, 在平行四边形内另取一点 O', 设点 O' 分平行四边形的 4 个三角形的面积为: a, ar, ar^2, ar^3, 因

$$S_{\triangle AO'B} + S_{\triangle CO'D} = S_{\triangle DO'B} + S_{\triangle BO'C},$$

故下面的 3 个等式必有一个成立:

$$a + ar = ar^2 + ar^3,$$
$$a + ar^2 = ar + ar^3,$$
$$a + ar^3 = ar^2 + ar.$$

上述 3 种情况均可得 $r=1$，故答案是唯一的，即平行四边形的对角线交点 O.

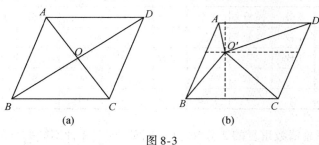

图 8-3

6. 在正 $\triangle PQR$ 的 3 个顶点处截去 3 个全等的边长为 $\triangle PQR$ 边长的 $\frac{1}{3}$ 的正三角形，得到一个面积为 $\frac{2}{3}$ 的正六边形，则 M 是这个正六边形的中心.

若点 M 与 $\triangle ABC$ 的一个顶点重合，如图 8-4 所示，易知正六边形和 $\triangle ABC$ 的重叠部分面积是 $\frac{1}{9}$. 在图 8-5 中，把 $\triangle ABC$ 绕着点 M 顺时针旋转，则始边所扫过的三角形和终边所扫过的三角形全等，所以两个三角形的公共部分面积是不变的.

若点 M 在 $\triangle ABC$ 的边上，不妨设在 BC 上，且靠近点 C，如图 8-6 所示. 过点 M 作 AC 的平行线 MN，交边 AB 于点 N，则 $\triangle BMN$ 是正三角形. 因为 $MN=BM>CM$，BM 和 MN 都与正六边形相交，所以 $\triangle BMN$ 与正六边形的公共部分面积为 $\frac{1}{9}$.

当把正六边形恢复成原来的正三角形时，公共部分面积不会减小，所以两个三角形公共部分面积的最小值为 $\frac{1}{9}$，如图 8-7 所示.

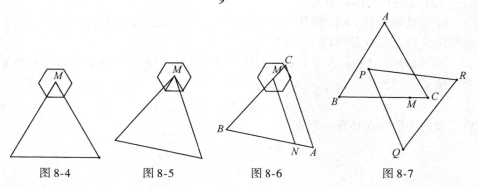

图 8-4　　　图 8-5　　　图 8-6　　　图 8-7

7. 如图8-8所示，AQ，BM，CN，DP 四条直线都通过 O 点. 如果我们能证明四边形 $ABCD$ 与四边形 $MNPQ$ 位似，则本题结论成立.

将四边形 $MNPQ$ 就 $\angle MOQ$ 的平分线反转过来，则 M 落在 OA 上，Q 落在 OB 上，P 落在 OC 上，N 落在 OD 上.

因 A，Q，M，B 共圆，故 $OQ \cdot OA = OM \cdot OB$，即 $\dfrac{OQ}{OB} = \dfrac{OM}{OA}$. 同理，$\dfrac{OP}{OC} = \dfrac{ON}{OD}$，又 A，M，N，D 共圆，故 $ON \cdot OA = OM \cdot OD$，即 $\dfrac{OM}{OA} = \dfrac{ON}{OD}$. 从而 $\dfrac{OM}{OA} = \dfrac{OQ}{OB} = OP/OC = \dfrac{ON}{OD}$. 因

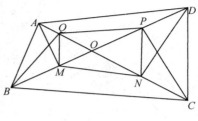

图 8-8

此，四边形 $MNPQ$ 反转后与四边形 $ABCD$ 为位似形，因而相似.

8. 设 $\dfrac{1}{x_1} + \dfrac{1}{x_2} + \cdots + \dfrac{1}{x_n} = \dfrac{1}{n!}$ 满足题设条件，记左边各分数的公分母为 A，且 $\dfrac{1}{x_j} = \dfrac{a_i}{A}$. 于是

$$\frac{1}{x_1} + \frac{1}{x_2} + \cdots + \frac{1}{x_n} = \frac{a_1}{A} + \frac{a_2}{A} + \cdots + \frac{a_n}{A}$$
$$= \frac{a_1 + a_2 + \cdots + a_n}{A} = \frac{1}{n!},$$

得 $A = (a_1 + a_2 + \cdots + a_n) n!$.

先取 $a_1 = 1$，$a_2 = 2$，$\cdots$，$a_n = n$ 于是

$$a_1 + a_2 + \cdots + a_n = \frac{1}{2} n(n+1),$$

即应取 $A = \dfrac{1}{2} n(n+1) n! = \dfrac{1}{2} n(n+1)!$. 那么 $x_i = \dfrac{A}{i} = \dfrac{n(n+1)!}{2i}$（$i = 1, 2, \cdots, n$）.

显然 x_i（$i = 1, 2, \cdots, n$）是互不相同的正整数，且满足

$$\frac{1}{x_1} + \frac{1}{x_2} + \cdots + \frac{1}{x_n} = \frac{1}{n!}.$$

9. 当 $n = 1$ 时，$\dfrac{OB_1}{OC_1} = \dfrac{AB_1}{AC_1}$，显然有 $\dfrac{OB_1 \cdot B_1 O}{OC_1 \cdot C_1 O} = \left(\dfrac{AB_1}{AC_1}\right)^2$，命题的结论成立.

当 $n = 2$ 时，延长 AB_1，AC_1 交 $\triangle AB_2C_2$ 外接圆于 E，F（图8-9），连接 $B_2 E$，$C_2 F$，则 $\triangle B_1 B_2 E \backsim \triangle B_1 A C_2$，所以 $\dfrac{B_2 E}{B_2 B_1} = \dfrac{AC_2}{AB_1}$. 且 $\triangle C_2 C_1 F \backsim \triangle AC_1 B_2$，所以 $\dfrac{C_2 F}{C_2 C_1} =$

$\dfrac{AB_2}{AC_1}$. 故

$$\frac{B_2B_1}{C_2C_1}=\frac{AB_1\cdot AB_2}{AC_1\cdot AC_2}\cdot\frac{B_2E}{C_2F}.$$

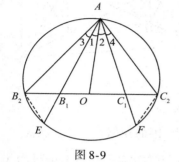

图 8-9

又因 $\angle B_2AO=\angle C_2AO$，$\angle 1=\angle 2$，$\angle 3=\angle 4$，所以 $B_2E=C_2F$，即得

$$\frac{B_1B_2}{C_1C_2}=\frac{AB_1\cdot AB_2}{AC_1\cdot AC_2}.$$

又 $\dfrac{OB_1}{OC_1}=\dfrac{AB_1}{AC_1}$，$\dfrac{OB_2}{OC_2}=\dfrac{AB_2}{AC_2}$，所以

$$\frac{OB_1\cdot B_1B_2\cdot B_2O}{OC_1\cdot C_1C_2\cdot C_2O}=\left(\frac{AB_1\cdot AB_2}{AC_1\cdot AC_2}\right)^2.$$

故当 $n=2$ 时，命题也成立．显然类似地可证明

$$\frac{B_iB_{i+1}}{C_iC_{i+1}}=\frac{AB_i\cdot AB_{i+1}}{AC_i\cdot AC_{i+1}},\quad i=1,2,3,\cdots,n-1.$$

并且 $n=1$ 的情形也适用于 $\dfrac{OB_1}{OC_1}=\dfrac{AB_1}{AC_1}$，$\dfrac{B_nO}{C_nO}=\dfrac{AB_n}{AC_n}$，所以

$$\frac{OB_1}{OC_1}\left(\prod_{i=1}^{n-1}\frac{B_iB_{i+1}}{C_iC_{i+1}}\right)\frac{B_nO}{C_nO}=\frac{AB_1}{AC_1}\left(\prod_{i=1}^{n-1}\frac{AB_i\cdot AB_{i+1}}{AC_i\cdot AC_{i+1}}\right)\frac{AB_n}{AC_n},$$

即

$$\frac{OB_1\cdot B_1B_2\cdot\cdots\cdot B_{n-1}B_n\cdot B_nO}{OC_1\cdot C_1C_2\cdot\cdots\cdot C_{n-1}B_n\cdot C_nO}=\left(\frac{AB_1\cdot AB_2\cdot\cdots\cdot AB_n}{AB_1\cdot AB_2\cdot\cdots\cdot AB_n}\right)^2.$$

10. 可先退到平面，考虑问题："在一个半径为 1 圆内，圆上两点 A 和 B 可用一条长度小于 2 的位于圆内的曲线连接，则这条曲线必整个位于某半圆内．"再考虑它的反面："若连接半径为 1 的圆上两点 A 和 B 的内弧与圆的任一直径都有交点，则这条弧的长度必不小于 2．"这是很容易证明的．

如图 8-10(a) 所示，设 BA' 为一直径，取垂直 AA' 的直径 XY，由题设曲线 AB 与 XY 有交点 C，于是有

曲线 $AB=$ 曲线 $AC+$ 曲线 $CB\geqslant AC+BC$

$$=A'C+BC\geqslant A'B=2.$$

回到空间，只要圆换作球，把直线 XY 换成垂直平分 AA' 的平面 π，可得同样的结果．

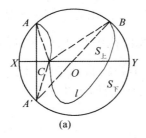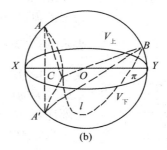

图 8-10

11. $f(1,1)=2 \cdot 1^3+4 \cdot 1^1+10=16=3 \cdot 5+1$,

$f(2,1)=2 \cdot 2^3+4 \cdot 2^1+10=34=3 \cdot 11+1$,

$f(3,1)=2 \cdot 2^3+4 \cdot 3^1+10=76=3 \cdot 25+1$,

$\vdots$

由此猜想 $f(n,k)=2n^{3k}+4n^k+10$ 对任意的自然数 n 和 k 都等于 $3t+1$,因而不包含因数 3,那么 $f(n,k)$ 就决不能表示成 3 个和 3 个以上的连续自然数之积. 如能进一步证明 $3t+1 \neq m(m+1)$,则 $f(n,k)$ 也不能表示成两个连续的自然数之积,问题即告解决.

$$2n^{3k}+4n^k=3n^{3k}+3n^k-n^{3k}+n^k$$
$$=3(n^{3k}+n^k)-n^k(n^k-1)(n^k+1),$$

故 $3 \mid 2n^{3k}+4n^k$,$f(n,k) \equiv 1(\bmod 3)$.

又当 $m=3p$ 时,$m(m+1)=3q$;

当 $m=3p+1$ 时,$m(m+1)=(3p+1)(3p+2)=3q+2$;

当 $m=3p+2$ 时,$m(m+1)=(3p+2)(3p+3)=3q$. 故命题成立.

12. 记 n 个选手参加比赛赛完需要的最少天数为 $f(n)$,考虑比赛的安排,易知,$f(2)=1$,$f(3)=3$,$f(4)=3$,$f(5)=5$,$\cdots$,于是猜想:

$$f(n)=\begin{cases} n, & n \text{ 为奇数}, \\ n-1, & n \text{ 为偶数}. \end{cases} \tag{8-1}$$

考虑到比赛总局数为 C_n^2,每天最多能进行 $\left[\dfrac{n}{2}\right]$ 场比赛,因此

$$f(n) \geqslant \frac{C_n^2}{\left[\dfrac{n}{2}\right]}=\frac{n(n-1)}{2\left[\dfrac{n}{2}\right]}=\begin{cases} n-1, & n \text{ 为偶数}, \\ n, & n \text{ 为奇数}. \end{cases}$$

考虑 n 为偶数的情形. 如图 8-11 所示,用 $A_1, A_2, \cdots, A_{n-1}$ 表示一个正 $n-1$ 边形的顶点,用 A_n 表示它的中心. 第一天比赛用实线表示,第二天把这些线段绕中心 A_n 顺时针旋转 $\dfrac{2\pi}{n-1}$ 弧度(点 $A_1, A_2, \cdots, A_{n-1}$ 不动),得到虚线图形,它们就表示第二天的比赛安排. 以后如此继续旋转,$n-1$ 天可以全部比赛.

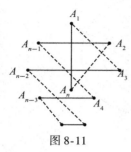

图 8-11

当 n 为奇数时,可添上一名"假定选手",即成为偶数 $n+1$ 名,最少可以用 n 天比赛完. 在实际比赛中只要让与"假定选手"比赛的人轮空就行了. 于是式(8-1)得证.

13. 把问题退到平面,考虑与之相应的下列问题:

设 P 为定圆 O 内的一个定点,A,B 为圆上两动点,$\angle APB = 90°$,以 PA, PB 为边作平行四边形,Q 为 P 相对的顶点. 当 A,B 在圆上移动时,求 Q 点的轨迹.

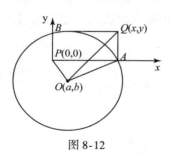

图 8-12

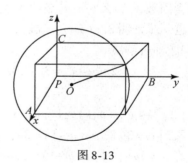

图 8-13

如图 8-12 所示,取 P 为原点,PA, PB 所在的直线为坐标轴. 设 O 的坐标为 (a,b),则圆的方程为

$$(x-a)^2 + (y-b)^2 = r^2.$$

分别令 $x=0, y=0$ 即可求得 PA, PB 与圆的交点 A,B 的坐标分别为

$A\left(a + \sqrt{r^2 - b^2}, 0\right)$,$B\left(0, \sqrt{r^2 - a^2} + b\right)$,从而 Q 的坐标为 $\left(a + \sqrt{r^2 - b^2}, b + \sqrt{r^2 - a^2}\right)$,有

$$\begin{aligned}
|OQ|^2 &= \left(a + \sqrt{r^2 - b^2} - a\right)^2 + \left(b + \sqrt{r^2 - a^2} - b\right)^2 \\
&= 2r^2 - (a^2 + b^2) = R^2 \quad (R\ \text{为定值}). \tag{8-2}
\end{aligned}$$

在式(8-2)中,r 为定圆的半径,为定值;$a^2+b^2=|OP|^2$ 也为定值,故 R^2 为定值,所以 Q 的轨迹为以 O 为圆心,R 为半径的圆周.

把上面的方法推广到空间. 以 P 为原点,PA,PB,PC 所在的直线为坐标轴建立空间直角坐标系,如图 8-13 所示. 球心 O 的坐标为 (a,b,c) 则球的方程为 $(x-a)^2+(y-b)^2+(z-c)^2=r^2$,分别令 $y=z=0,x=z=0;x=y=0$,得 A,B,C 三点的坐标分别为

$$A\left(a+\sqrt{r^2-a^2-c^2},0,0\right),$$
$$B\left(0,b+\sqrt{r^2-b^2-c^2},0\right),$$
$$C\left(0,0,c+\sqrt{r^2-a^2-b^2}\right),$$

从而 Q 点坐标为 $\left(a+\sqrt{r^2-b^2-c^2},b+\sqrt{r^2-a^2-c^2},c+\sqrt{r^2-a^2-b^2}\right)$.

$$|OQ|^2=3r^2-2(a^2+b^2+c^2)=R^2 \quad (R \text{ 为定值}).$$

故 Q 的轨迹为以 O 为球心,R 为半径的球面.

14. 当 $m=1$ 时,$\dfrac{1}{n}=\dfrac{1}{2n}+\dfrac{1}{3n}+\dfrac{1}{6n}$. $2n,3n,6n$ 显然为不同的自然数,命题成立.

假定当 $m<k$,命题成立,即对任一自然数 $n\geqslant k$,可把 $\dfrac{m}{n}$ 写成

$$\frac{m}{n}=\frac{1}{t_1}+\frac{1}{t_2}+\cdots+\frac{1}{t_i},$$

其中 $t_1,t_2,\cdots,t_i$ 是两两不相同的自然数.

当 $m=k$ 时,令 $n=mp-q,0<q<m=k$,则

$$\frac{m}{n}=\frac{m}{mp-q}=\frac{(mp-q)+q}{p(mp-q)}=\frac{1}{p}+\frac{q}{np}.$$

根据归纳假设有

$$\frac{m}{n}=\frac{1}{p}+\frac{q}{np}=\frac{1}{p}+\frac{1}{t_1}+\frac{1}{t_2}+\cdots+\frac{1}{t_i},$$

其中 $t_1,t_2,\cdots,t_i$ 是互不相同的自然数.

因为 $1<m<n$,由 $\dfrac{q}{np}=\dfrac{1}{t_1}+\dfrac{1}{t_2}+\cdots+\dfrac{1}{t_i}$ 知,$\dfrac{1}{t_i}<\dfrac{q}{np}<\dfrac{m}{np}<\dfrac{n}{np}=\dfrac{1}{p}$. 所以 $p<t_i$. 从而 $p,t_1,\cdots,t_i$ 均为不同的自然数. 故 $m=k$ 时,命题成立.

综上所述,命题成立.

15. 不妨先考虑特殊状态,当 $\triangle PQR$ 与 $\triangle P'Q'R'$ 的对应边互相平行的时候,如图 8-14,这时 $\triangle PAB$,$\triangle Q'BC$,$\triangle QCD$,$\triangle R'DE$,$\triangle REF$,$\triangle P'FA$ 都是正三角

形，它们的面积分别为：$\frac{\sqrt{3}}{4}a_1^2, \frac{\sqrt{3}}{4}b_1^2, \frac{\sqrt{3}}{4}a_2^2, \frac{\sqrt{3}}{4}b_2^2, \frac{\sqrt{3}}{4}a_3^2, \frac{\sqrt{3}}{4}b_3^2$. 要证的等式化为

$$S_1+S_3+S_5=S_2+S_4+S_6. \tag{8-3}$$

由于 $\triangle PQR \cong \triangle P'Q'R'$，式(8-3)显然成立.

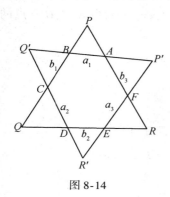

图 8-14

如果用 h_1 表示 $\triangle APB$ 的边 $AB(=a_1)$ 上的高，h_1' 表示 $\triangle Q'BC$ 的边 $BC(=b_1)$ 上的高；同理，由式(8-3)有

$$a_1h_1+a_2h_2+a_3h_3=b_1h_1'+b_2h_2'+b_3h_3'. \tag{8-4}$$

注意到所考虑的 6 个三角形都有一个角为 $60°$，和一个对顶角相等，因而它们彼此相似. 所以

$$\frac{h_1}{a_1}=\frac{h_2}{a_2}=\frac{h_3}{a_3}=\frac{h_1'}{b_1}=\frac{h_2'}{b_2}=\frac{h_3'}{b_3}=k,$$

即 $h_1=ka_1, h_2=ka_2, h_3=ka_3, h_1'=kb_1, h_2'=kb_2, h_3'=kb_3$. 将其代入式(8-4)，并约去 k，即得要证明的结论.

16. 按从大到小分组

$A:1,2,3,4,5,7,9,11,13,48,60,72,80,84,90$；

$B:6,8,10,12,14,\cdots,47,49,\cdots,59,61,\cdots,71,73,\cdots,79,81,82,83,85,\cdots,89,91,\cdots,95$.

容易看出，无论 96 属于 A 还是 B，都将出现 3 个数，其中两数之积等于第三数（$2 \cdot 48 = 96, 8 \cdot 12 = 96$）.

下面用反证法来证明 $n=96$ 满足要求. 由于 $2 \cdot 6 = 12$，故 $2,6,12$ 不能全在一个集合中，不妨设 $2 \in A$.

（1）若 $6 \in A, 12 \in B$，则 $6 \div 2 = 3 \in B, 12 \div 3 = 4 \in A, 2 \cdot 4 = 8 \in B$. 至此，若 $24 \in A$，则 A 中有 $4 \cdot 6 = 24$，若 $24 \in B$，则 B 中有 $3 \cdot 8 = 24$.

（2）若 $12 \in A, 6 \in B$，则 $2 \cdot 12 = 24 \in B, 24 \div 6 = 4 \in A, 4 \cdot 12 = 48 \in B$. 至此，若 $8 \in A$，则 A 中有 $2 \cdot 4 = 8$，若 $8 \in B$，则 B 中有 $6 \cdot 8 = 48$.

（3）若 $6 \in B, 12 \in B$，则 $6 \cdot 12 = 72 \in A, 72 \div 2 = 36 \in B, 36 \div 12 = 3 \in A, 72 \div 3 = 24 \in B, 24 \div 6 = 4 \in A, 2 \cdot 4 = 8 \in B, 8 \cdot 12 = 96 \in A$. 至此，若 $48 \in A$，则 A 中有 $2 \cdot 48 = 96$，若 $48 \in B$，则 B 中有 $6 \cdot 8 = 48$.

综上所述，所求的最小值为 96.

第 9 章　类比与猜想

9.1　问　　题

1. 计算：

(1) $\dfrac{1}{1\cdot 2}+\dfrac{1}{2\cdot 3}+\dfrac{1}{3\cdot 4}+\cdots+\dfrac{1}{n\cdot(n+1)}$；

(2) $\dfrac{1}{2\cdot 5}+\dfrac{1}{5\cdot 8}+\cdots+\dfrac{1}{(3n-1)\cdot(3n+2)}$；

(3) $\dfrac{1}{1\cdot 2\cdot 3}+\dfrac{1}{2\cdot 3\cdot 4}+\cdots+\dfrac{1}{n\cdot(n+1)(n+2)}$．

2. 设 $a+b+c=abc$．求证：

$(1-a^2)(1-b^2)c+(1-b^2)(1-c^2)a+(1-c^2)(1-a^2)b=4abc$．

3. (1) 已知 $a>b\geqslant 0$，求方程 $ab+a+b=6$ 的整数解．

(2) 已知 $a>b>c>0$，求方程 $abc+ab+bc+ca+a+b+c=1989$ 的整数解．

4. 若 $m^2=m+1,n^2=n+1$，且 $m\neq n$，求 m^5+n^5 的值．

5. 解方程组 $\begin{cases} xy+yz+zx=1, \\ yz+zt+ty=1, \\ zt+tx+xz=1, \\ tx+xy+yt=1. \end{cases}$

6. 试把一个凸 n 边形 $A_1A_2\cdots A_n(n\geqslant 4)$ 变成一等积三角形．

7. 试用 3 条分别平行于已知三角形 3 条边的直线把已知三角形分割成 7 片，使其中 4 片为全等的三角形，3 片为五边形，并求每片三角形的面积占原三角形面积的几分之几？

8. 设 $p,q,a_i,b_i(i=1,2,\cdots,n)$ 都是非零实数，且

$a_1{}^4+a_2{}^4+\cdots+a_n{}^4=p^4$，

$a_1{}^3b_1+a_2{}^3b_2+\cdots+a_n{}^3b_n=p^3q$，

$$a_1{}^2 b_1{}^2 + a_2{}^2 b_2{}^2 + \cdots + a_n{}^2 b_n{}^2 = p^2 q^2,$$

$$a_1 b_1{}^3 + a_2 b_2{}^3 + \cdots + a_n b_n{}^3 = p q^3,$$

$$b_1{}^4 + b_2{}^4 + \cdots + b_n{}^4 = q^4.$$

求证：$\dfrac{a_1}{b_1} = \dfrac{a_2}{b_2} = \cdots = \dfrac{a_n}{b_n} = \dfrac{p}{q}$.

9. 二次方程 $ax^2 + bx + c = 0$ 的两个根为 x_1, x_2，令 $S_n = x_1{}^n + x_2{}^n$. 求证：

$$S_n = -\frac{b S_{n-1} + c S_{n-2}}{a}, \quad n = 3, 4, \cdots.$$

10. 已知 $x, y \in \mathbf{R}$，且满足 $(x-3)^2 + (y-3)^2 = 6$，求 $\dfrac{y}{x}$ 的最大值或最小值.

11. 已知 A, B, C, D 为圆内接正七边形 $ABCDEFG$ 顺序相邻的 4 个顶点. 求证：$\dfrac{1}{AB} = \dfrac{1}{AC} + \dfrac{1}{AD}$.

12. 求方程组

$$\begin{cases} 5\left(x + \dfrac{1}{x}\right) = 12\left(y + \dfrac{1}{y}\right) = 13\left(z + \dfrac{1}{z}\right), & (9\text{-}1) \\[2mm] xy + yz + zx = 1 & (9\text{-}2) \end{cases}$$

的所有实数解.

13. 已知 $x, y, z \in (0, 1)$，求所有满足 $x^2 + y^2 + z^2 + 2xyz = 1$ 的 x, y, z.

14. 设 a, b, c 为已知正实数，求所有正实数 x, y, z，满足

$$x + y + z = a + b + c,$$

$$4xyz - (a^2 x + b^2 y + c^2 z) = abc.$$

15. 设 $s, t, u, v \in \left(0, \dfrac{\pi}{2}\right)$，且 $s + t + u + v = \pi$. 证明：

$$\frac{\sqrt{2}\sin s - 1}{\cos s} + \frac{\sqrt{2}\sin t - 1}{\cos t} + \frac{\sqrt{2}\sin u - 1}{\cos u} + \frac{\sqrt{2}\sin v - 1}{\cos v} \geqslant 0.$$

9.2 解 答

1. (1) $\dfrac{n}{n+1}$. 提示：$\dfrac{1}{k(k+1)} = \dfrac{1}{k} - \dfrac{1}{k+1}$.

(2) $\dfrac{n}{2(3n+2)}$. 提示：$\dfrac{1}{(3k-1)(3k+2)} = \dfrac{1}{3}\left(\dfrac{1}{3k-1} - \dfrac{1}{3k+2}\right)$.

(3) $\dfrac{n(n+3)}{4(n+1)(n+2)}$. 提示:$\dfrac{1}{k(k+1)(k+2)} = \dfrac{1}{2}\left[\dfrac{1}{k(k+1)} - \dfrac{1}{(k+1)(k+2)}\right]$.

2. 本题要证明的等式左端是三项求和,三项是字母轮换关系,只要计算出第一项,第二、第三项由第一项轮换字母即可得出.

第一项是

$(1 - a^2)(1 - b^2)c = c - a^2 c - b^2 c + a^2 b^2 c = a + b + 2c - a^2 c - b^2 c + a^2 b + ab^2$.

第二、三项分别是

$$(1 - b^2)(1 - c^2)a = b + c + 2a - b^2 a - c^2 a + b^2 c + bc^2 ,$$
$$(1 - c^2)(1 - a^2)b = c + a + 2b - c^2 b - a^2 b + c^2 a + ca^2 .$$

三式相加即得证.

3. (1)将 $ab + a + b = 6$ 两边各加1,则有 $(a+1)(b+1) = 7 = 7 \times 1$,只有 $a + 1 = 7$ 且 $b + 1 = 1$,即 $a = 6, b = 0$.

(2)类比(1)的解法,将方程两边加1,得

$(a + 1)(b + 1)(c + 1) = 1990 = 2 \times 5 \times 199$, $a = 198, b = 4, c = 1$.

4. 将已知条件与 $x^2 - x - 1 = 0$ 相比较可知,m, n 是这个方程的两个相异实根. 由韦达定理,得 $m + n = 1, mn = -1$,于是

$$m^2 + n^2 = (m+n)^2 - 2mn = 3, \quad m^3 + n^3 = (m+n)(m^2 + n^2) - mn(m+n) = 4.$$

类比上述过程,可将待求式化为次数较低的已知值的代数式来表示:

$$m^4 + n^4 = (m^2 + n^2)^2 - 2m^2 n^2 = 7,$$
$$m^5 + n^5 = (m^2 + n^2)(m^3 + n^3) - m^2 n^2(m + n) = 11.$$

5. 通过减元类比,探索方程组

$$\begin{cases} xy + yz = 1, \\ xy + xz = 1, \\ xz + yz = 1 \end{cases}$$

的解. 两两相减,得

$$\begin{cases} z(x - y) = 0, \\ x(y - z) = 0, \\ y(x - z) = 0. \end{cases}$$

若 $x = 0$,则 $yz = 0$,与 $yz = 1$ 矛盾,故 $x \neq 0$. 同理 $y \neq 0, z \neq 0$. 从而 $x = y = z = \pm\dfrac{\sqrt{2}}{2}$.

类比上述过程可将原方程组化为 3 个方程:$\begin{cases} (x - t)(y + z) = 0, \\ (y - x)(z + t) = 0, \\ (z - y)(t + x) = 0. \end{cases}$ 推得原

方程的两组解：$x = y = z = \pm \dfrac{\sqrt{3}}{3}$.

6. 先考虑 $n = 4$，即凸四边形的情形. 如图 9-1 所示，利用同底等高的三角形的面积相等，只需作 $A_4B \parallel A_1A_3$ 交 A_2A_3 的延长线于 B 点，则

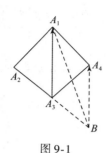

$$S_{\triangle A_1A_3B} = S_{\triangle A_1A_3A_4}.$$

故

$$S_{\triangle A_1A_2B} = S_{\triangle A_1A_3B} + S_{\triangle A_1A_2A_3} = S_{\triangle A_1A_3A_4} + S_{\triangle A_1A_2A_3} = S_{\triangle A_1A_2A_3A_4}.$$

当 n 比较大时，可以用此方法逐渐减少边数，如图 9-2 所示.

图 9-1

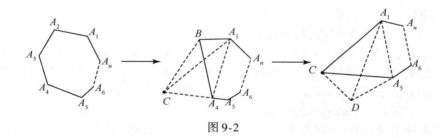

图 9-2

这样每经过一次变化，多边形的顶点数就减少了 1. 故经过 $n-3$ 次变化后，就作出了所求的三角形.

7. 如图 9-3 考虑特殊三角形——等边三角形的情况. 设 $AB = BC = CA = 1$，每个小三角形的边长为 k，则 $AD = DG = 3k$. 同理，$BH = 3k$，故 $1 = 3k + 3k - k$，解得 $k = \dfrac{1}{5}$，故此时每个小三角形面积占原三角形面积的 $\dfrac{1}{25}$. 回到任意三角形的情况，我们可以设小三角形与大三角形的相似比为 k，从而用同样的方法证明 $k = \dfrac{1}{5}$.

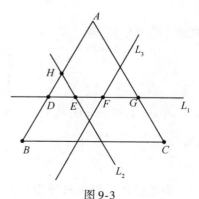

8. 先考虑 $n = 2$ 的情形，已知等式中的最高次数也不是 4 而是 2，原题变为特殊问题：

图 9-3

设 a_1,a_2,b_1,b_2,p,q 都是非零实数,且

$$a_1{}^2 + a_2{}^2 = p^2, \tag{9-3}$$

$$a_1 b_1 + a_2 b_2 = pq, \tag{9-4}$$

$$b_1{}^2 + b_2{}^2 = q^2. \tag{9-5}$$

求证: $\dfrac{a_1}{b_1} = \dfrac{a_2}{b_2} = \dfrac{p}{q}$.

式(9-3)×q^2+式(9-4)×$(-2pq)$+式(9-5)×p^2 得

$$(a_1 q - b_1 p)^2 + (a_2 q - b_2 p)^2 = 0.$$

从而 $a_1 q - b_1 p = a_2 q - b_2 p = 0$, 即 $\dfrac{a_1}{b_1} = \dfrac{a_2}{b_2} = \dfrac{p}{q}$.

仿照上述证明过程推广到一般情形:

将 5 个已知等式两边分别乘以 q^4, $-4pq^3$, $6p^2q^2$, $-4p^3q$, p^4 后, 再相加, 即得

$$(a_1 q - b_1 p)^4 + (a_2 q - b_2 p)^4 + \cdots + (a_n q - b_n p)^4 = 0.$$

故 $a_1 q - b_1 p = a_2 q - b_2 p = \cdots = a_n q - b_n p = 0$, 即 $\dfrac{a_1}{b_1} = \dfrac{a_2}{b_2} = \cdots = \dfrac{a_n}{b_n} = \dfrac{p}{q}$.

9. 先考虑特殊情形: $n = 3$ 时, 探求 S_3 与 S_1, S_2 的关系.

因为 $x_1 + x_2 = -\dfrac{b}{a}, x_1 \cdot x_2 = \dfrac{c}{a}$,

$$S_1 = x_1 + x_2, \quad S_2 = x_1{}^2 + x_2{}^2,$$

所以

$$S_3 = x_1{}^3 + x_2{}^3 = (x_1{}^2 + x_2{}^2)(x_1 + x_2) - x_1 x_2 (x_1 + x_2)$$

$$= S_2\left(-\dfrac{b}{a}\right) - \dfrac{c}{a} S_1 = -\dfrac{bS_2 + cS_1}{a}.$$

类比 $n = 3$ 的证明可推广为一般情形, 于是可得到如下证明:

$$S_n = (x_1{}^{n-1} + x_2{}^{n-1})(x_1 + x_2) - x_1 x_2 (x_1{}^{n-2} + x_2{}^{n-2})$$

$$= S_{n-1}\left(-\dfrac{b}{a}\right) - \dfrac{c}{a} S_{n-2} = -\dfrac{bS_{n-1} + cS_{n-2}}{a}.$$

10. 已知条件 $(x-3)^2 + (y-3)^2 = 6$ 表示圆心在 $(3,3)$ 半径为 $\sqrt{6}$ 的圆, $\dfrac{y}{x}$ 是过原点与动点 $A(x,y)$ 的直线的斜率, 显然当直线与圆相切时, 斜率 k_{OA} 取最值. 由点 $(3,3)$ 到直线 $y = kx$ 的距离公式, 得

$$\dfrac{|3 - 3k|}{\sqrt{1 + k^2}} = \sqrt{6}, \text{即 } k^2 - 6k + 1 = 0,$$

解之,得 $k = 3 \pm 2\sqrt{2}$.

所以 $\dfrac{y}{x}$ 的最大值为 $3 + 2\sqrt{2}$,最小值为 $3 - 2\sqrt{2}$.

点评 求 $\dfrac{y}{x}$ 的最值,可看作是满足约束条件的点(区域内或曲线上)与原点连线的斜率的最值.

11. 要证的等式去分母化简之后成为

$$AC \cdot AD = AB \cdot AD + AB \cdot AC.$$

从形式上看,这个等式有点类似于托勒密定理的结论. 连接 AF, CF,在四边形 $ABCF$ 中,根据托勒密定理有 $AC \cdot BF = AB \cdot CF + BC \cdot AF$.

将 $AD = CF, AB = BC, BF = AD, AF = AC$ 代入上式即得证.

12. 式(9-1)可化为

$$\frac{x}{5(1 + x^2)} = \frac{y}{12(1 + y^2)} = \frac{z}{13(1 + z^2)}. \tag{9-6}$$

显然 x, y, z 同号. 首先求正数解. 存在 $\alpha, \beta, \gamma \in (0, \pi)$,使得 $x = \tan\dfrac{\alpha}{2}$,$y = \tan\dfrac{\beta}{2}$,$z = \tan\dfrac{\gamma}{2}$,则

$$\sin\alpha = \frac{2x}{1 + x^2}, \quad \sin\beta = \frac{2y}{1 + y^2}, \quad \sin\gamma = \frac{2z}{1 + z^2}.$$

式(9-6)即

$$\frac{\sin\alpha}{5} = \frac{\sin\beta}{12} = \frac{\sin\gamma}{13}. \tag{9-7}$$

式(9-2)可化为

$$\frac{1}{z} = \frac{x + y}{1 - xy},$$

即

$$\cot\frac{\gamma}{2} = \tan\frac{\alpha + \beta}{2}.$$

注意 $z \neq 0$,$xy \neq 1$,因为 $\alpha, \beta, \gamma \in (0, \pi)$,所以

$$\frac{\alpha + \beta}{2} = \frac{\pi}{2} - \frac{\gamma}{2},$$

即

$$\alpha + \beta + \gamma = \pi.$$

从而 α, β, γ 是某个 $\triangle ABC$ 的 3 个内角.

由式(9-7)和正弦定理知，α，β，γ 所对的边 a，b，c 的比是 5：12：13，所以，$\sin\alpha = \dfrac{5}{13}$，$\sin\beta = \dfrac{12}{13}$，$\sin\gamma = 1$. 从而

$$x = \tan\frac{\alpha}{2} = \frac{1}{5} \text{ 或 } 5, \quad y = \tan\frac{\beta}{2} = \frac{2}{3} \text{ 或 } \frac{3}{2}, \quad z = \tan\frac{\gamma}{2} = 1.$$

将 $z = 1$ 代入式(9-2)，易知 x 和 y 均小于 1. 所以 $\left(\dfrac{1}{5}, \dfrac{2}{3}, 1\right)$ 是唯一正数解.

故原方程组有两组解：$\left(\dfrac{1}{5}, \dfrac{2}{3}, 1\right)$ 和 $\left(-\dfrac{1}{5}, -\dfrac{2}{3}, -1\right)$.

13. 满足等式的 x, y, z 为锐角三角形 3 个内角的余弦值.

设 A, B, C 为一个锐角三角形的 3 个内角，那么有

$$\cos^2 A + \cos^2 B + \cos^2 C + 2\cos A\cos B\cos C = 1.$$

这里因为 $A + B + C = 180°$，所以

$$\cos A = -\cos(B + C) = \sin B\sin C - \cos B\cos C.$$

故

$$\cos^2 A + \cos^2 B + \cos^2 C + 2\cos A\cos B\cos C$$
$$= (\cos A + \cos B\cos C)^2 + 1 - (1 - \cos^2 B)(1 - \cos^2 C)$$
$$= (\sin B\sin C)^2 + 1 - \sin^2 B\sin^2 C = 1.$$

下面证明这是唯一的解.

从已知中，可以推出 $x^2 + y^2 < 1$，所以，关于 z 的方程

$$z^2 + 2xyz - 1 + x^2 + y^2 = 0$$

有唯一正根，如果设 $x = \cos A, y = \cos B, A, B \in \left(0, \dfrac{\pi}{2}\right)$，这时，$z$ 只能是 $\cos C$，其中 $A + B + C = 180°$.

14. 第二个式子可以化为 $\dfrac{a^2}{yz} + \dfrac{b^2}{zx} + \dfrac{c^2}{xy} + \dfrac{abc}{xyz} = 4.$

设 $x_1 = \dfrac{a}{\sqrt{yz}}, y_1 = \dfrac{b}{\sqrt{zx}}, z_1 = \dfrac{c}{\sqrt{xy}}$. 那么 $x_1^2 + y_1^2 + z_1^2 + x_1 y_1 z_1 = 4$，其中，$0 < x_1 < 2, 0 < y_1 < 2, 0 < z_1 < 2$.

根据问题 13，我们可以设 $x_1 = 2\cos A, y_1 = 2\cos B, z_1 = 2\cos C$. A, B, C 为锐角三角形的 3 个角.

由此可知，$a = 2\sqrt{yz}\cos A, b = 2\sqrt{zx}\cos B, c = 2\sqrt{xy}\cos C$.

将其代入第一个式子，可得

$$x + y + z - 2\sqrt{yz}\cos A - 2\sqrt{zx}\cos B - 2\sqrt{xy}\cos C = 0.$$

所以

$$x + y + z - 2\sqrt{yz}\cos A - 2\sqrt{zx}\cos B - 2\sqrt{xy}\cos C$$
$$= x + y + z - 2\sqrt{yz}\cos A - 2\sqrt{zx}\cos B - 2\sqrt{xy}(\cos A\cos B - \sin A\sin B)$$
$$= x(\sin^2 B + \cos^2 B) + y(\sin^2 A + \cos^2 A) + z - 2\sqrt{yz}\cos A - 2\sqrt{zx}\cos B$$
$$\quad + 2\sqrt{xy}\cos A\cos B - 2\sqrt{xy}\sin A\sin B$$
$$= (\sqrt{x}\sin B - \sqrt{y}\sin A)^2 + (\sqrt{x}\cos B + \sqrt{y}\cos A - \sqrt{z})^2.$$

因为这两个平方的和必定为 0,所以

$$\sqrt{x}\sin B - \sqrt{y}\sin A = 0,$$
$$\sqrt{x}\cos B + \sqrt{y}\cos A - \sqrt{z} = 0.$$

所以

$$\sqrt{z} = \sqrt{x}\cdot\frac{b}{2\sqrt{zx}} + \sqrt{y}\cdot\frac{a}{2\sqrt{yz}} = \frac{b + a}{2\sqrt{z}},$$

所以 $z = \dfrac{a+b}{2}$,根据对称,可知,$y = \dfrac{c+a}{2}, x = \dfrac{b+c}{2}$.

15. 设 $a = \tan s, b = \tan t, c = \tan u, d = \tan v$,则 a,b,c,d 为正实数. 因为 $s + t + u + v = \pi$,由此可得 $\tan(s+t) + \tan(u+v) = 0$. 利用和差公式,也就是

$$\frac{a+b}{1-ab} + \frac{c+d}{1-cd} = 0.$$

用 $(1-ab)(1-cd)$ 乘以该等式的两边得到

$$(a+b)(1-cd) + (c+d)(1-ab) = 0$$

或

$$a + b + c + d = abc + bcd + cda + dab.$$

所以,我们得到

$$(a+b)(a+c)(a+d) = a^2(a+b+c+d) + abc + bcd + cda + dab$$
$$= (a^2+1)(a+b+c+d),$$

或

$$\frac{a^2+1}{a+b} = \frac{(a+c)(a+d)}{a+b+c+d}.$$

和它的类比情形. 从而

$$\frac{a^2+1}{a+b} + \frac{b^2+1}{b+c} + \frac{c^2+1}{c+d} + \frac{d^2+1}{d+a}$$

$$= \frac{(a+c)(a+d)+(b+d)(b+a)+(c+a)(c+b)+(d+b)(d+c)}{a+b+c+d}$$

$$= \frac{a^2+b^2+c^2+d^2+2(ab+ac+ad+bc+bd+cd)}{a+b+c+d}$$

$$= a+b+c+d.$$

利用柯西–施瓦茨不等式,有

$$2(a+b+c+d)^2$$

$$= 2(a+b+c+d)\left(\frac{a^2+1}{a+b}+\frac{b^2+1}{b+c}+\frac{c^2+1}{c+d}+\frac{d^2+1}{d+a}\right)$$

$$= \left[(a+b)+(b+c)+(c+d)+(d+a)\right]\left(\frac{a^2+1}{a+b}+\frac{b^2+1}{b+c}+\frac{c^2+1}{c+d}+\frac{d^2+1}{d+a}\right)$$

$$\geqslant (\sqrt{a^2+1}+\sqrt{b^2+1}+\sqrt{c^2+1}+\sqrt{d^2+1})^2$$

或

$$\sqrt{a^2+1}+\sqrt{b^2+1}+\sqrt{c^2+1}+\sqrt{d^2+1} \leqslant \sqrt{2}(a+b+c+d).$$

最后一个不等式等价于

$$\frac{1}{\cos s}+\frac{1}{\cos t}+\frac{1}{\cos u}+\frac{1}{\cos v} \leqslant \sqrt{2}\left(\frac{\sin s}{\cos s}+\frac{\sin t}{\cos t}+\frac{\sin u}{\cos u}+\frac{\sin v}{\cos v}\right),$$

由此可得原不等式成立.

第 10 章 反 证 法

10.1 问　　题

1. 已知 19 个在 1 与 90 之间的、互不相等的整数,证明:在它们两两的差中,至少有 3 个相等.

2. 非负有理数列 a_1, a_2, a_3, $\cdots$ 满足:对任意正整数 m,n,都有 $a_m + a_n = a_{mn}$. 证明:该数列中有相同的数.

3. 能否在一张无限大的方格纸的每一个方格中都填入一个正整数,使得对任何正整数 m,$n>100$,纸上的任何 $m \times n$ 方格表中所填的数的和都可以被 $m+n$ 整除?

4. 阿列克将正整数 1 至 22^2 分别写在 22×22 方格表的各个方格中(每格写有一个整数). 试问:阿列克能否选择 2 个具有公共边或公共顶点的方格,使得写在它们之中的数的和是 4 的倍数?

5. 设 $f(x)$,$g(x)$ 都是首项系数为 1 的二次三项式. 如果方程
$$f(g(x)) = 0 \text{ 与 } g(f(x)) = 0$$
都没有实数根,求证:方程 $f(f(x)) = 0$ 与 $g(g(x)) = 0$ 中至少有一个没有实数根.

6. 试证:任何一个多面体,不可能有 7 条棱.

7. 设 p_1,p_2 为素数. 证明:关于 x,y 的方程 $\sqrt{x} + \sqrt{y} = \sqrt{p_1 p_2}$ $(p_1 \neq p_2)$ 无正整数解.

8. 设 a_n 为正数列,满足条件
$$(a_{k+1} + k)a_k = 1, \quad k = 1, 2, \cdots.$$
求证:对一切 $k \in \mathbf{N}^+$,a_k 为无理数.

9. 设集合 $M = \{x_1, x_2, \cdots, x_{30}\}$ 由 30 个互不相同的正数组成,A_n $(1 \le n \le 30)$ 是 M 中所有的 n 个不同元素之积的和数. 证明:若 $A_{15} > A_{10}$,则 $A_1 > 1$.

10. 已知 10 个互不相同的非零数,它们之中任意两个数的和或积是有理

数. 证明:每个数的平方都是有理数.

11. 已知 25×25 的正方形,它由 625 个单位小方格组成. 在每个小方格中任意填入 +1 或 −1. 记第 i 行 25 个数之积为 a_i,第 j 列 25 个数之积为 b_j,证明:无论 +1 和 −1 怎么样填,都有 $a_1+a_2+\cdots+a_{25}+b_1+b_2+\cdots+b_{25} \neq 0$.

12. 设 $p_0,p_1,p_2,\cdots,p_{1995}=p_0$ 为 xy 平面上不同的点,且具有以下性质:

(1)p_i 的坐标均为整数,其中 $i=1,2,\cdots,1995$.

(2)在线段 p_ip_{i+1} 上没有其他坐标为整数的点,$i=0,1,2,\cdots,1994$.

求证:对某个 $i,0 \leq i \leq 1994$,在线段 p_ip_{i+1} 上有一点 $Q(q_x,q_y)$,使得 $2q_x,2q_y$ 均为奇数.

13. 如图 10-1 所示,圆 O_1、圆 O_2 外切于点 C,且分别内切圆 O 于点 A,B. 圆 O 在 A,B 点的切线相交于 P,求证:圆 O_1、圆 O_2 的内公切线也过点 P.

14. 如果平面上的一有界图形 F 可被一半径等于 R 的圆形所覆盖,但不能被任一半径小于 R 的圆所覆盖. 证明:用半径等于 R 的圆覆盖 F 时,圆心所放的位置是唯一的.

15. 图 10-2 是一个七角星,它总共有 14 个交点,请将数 $1,2,\cdots,14$ 分别填入每个交点处(每点处填写一个数),使得每条线上所填的四数之和都相等.

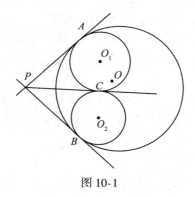

图 10-1

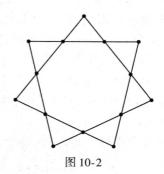

图 10-2

16. 若 $x_2-x_1=\dfrac{1}{n}(n \in \mathbf{N}^+)$,则在数轴上位于 x_1 和 x_2 之间(不包括 x_1 和 x_2)形如 $\dfrac{p}{q}(1 \leq q \leq n)$ 的既约分数最多只有 $\dfrac{n+1}{2}$ 个.

17. 当给定 15 个实数构成的序列:

$$a_1,a_2,\cdots,a_{15}, \tag{10-1}$$

则可写出第二个序列 $b_1,b_2,\cdots,b_{15}$,这里 $b_i(i=1,2,\cdots,15)$ 等于序列(10-1)中比

a_i 小的数的个数(例如已知 5 个数构成的序列为 $-1,0,5,-\sqrt{2},2$,则相应的第 2 个序列为 $1,2,4,0,3$),问:是否有 a_i 序列使得 b_i 的序列为

$$1,0,3,6,9,4,7,2,5,8,8,5,10,13,13. \qquad (10\text{-}2)$$

18. $x_1,x_2,\cdots,x_6$ 是一实数列,已知 $|x_i|\leqslant 5,i=1,2,\cdots,6$,且 $x_1+\cdots+x_6=0$,求证:其中必有连续 3 项,其和的绝对值不大于 5.

19. 设 m 和 n 是正整数. $a_1,a_2,\cdots,a_m$ 是集合 $\{1,2,\cdots,n\}$ 的不同的元素. 每当 $a_i+a_j\leqslant n,1\leqslant i\leqslant j\leqslant m$,就有某个 $k,1\leqslant k\leqslant m$,使得 $a_i+a_j=a_k$. 求证:

$$\frac{a_1+a_2+\cdots+a_m}{m}\geqslant\frac{n+1}{2}.$$

20. 某国有 1001 个城市,每 2 个城市之间都有单向行车的道路相连. 每个城市都恰好有 500 条出城的道路和 500 条入城的道路. 由该国划出一个地区,它拥有 668 个城市. 证明:由该地区的每个城市都可以到达该地区的其他任何一个城市,而无须越出地区边界.

21. 设 $f(x)=x^2+x+p,p\in\mathbf{N}$,求证:如果 $f(0),f(1),f(2),\cdots,f\left(\left[\dfrac{p}{3}\right]\right)$ 是素数,那么数 $f(0),f(1),\cdots,f(p-2)$ 都是素数.

22. 设有 $2n\times 2n$ 的正方形方格棋盘,在其中任意的 $3n$ 个方格中各放一枚棋子. 求证:可以选出 n 行和 n 列,使 $3n$ 枚棋子都在这 n 行和 n 列中.

23. 设 $n=1000!$,能否把 1 到 n 的正整数摆在一个圆周上,使得我们沿着顺时针方向移动时,每一个数都能按如下的法则由前一个数得到:或者把它加上 17,或者加上 28,如果必要的话,它可以减去 n?

24. 设 $P(x)$ 为 $n(n>1)$ 次整系数多项式,k 是一个正整数. 考虑多项式 $Q(x)=P(P(\cdots P(P(x))\cdots))$,其中 P 出现 k 次. 证明:最多存在 n 个整数 t,使得 $Q(t)=t$.

25. n 个正数 $t_1,t_2,\cdots,t_n(n\geqslant 3)$ 满足

$$n^2+1>(t_1+t_2+\cdots+t_n)\left(\frac{1}{t_1}+\frac{1}{t_2}+\cdots+\frac{1}{t_n}\right).$$

求证:对一切 $i,j,k(1\leqslant i<j<k\leqslant n)$,$t_i,t_j,t_k$ 是三角形的三边长.

26. 设 $x_1,x_2,\cdots,x_n$ 是实数,并满足:

$$|x_1+x_2+\cdots+x_n|=1,$$

且 $|x_i|\leqslant\dfrac{n+1}{2}(i=1,2,\cdots,n)$. 证明:存在 $x_1,x_2,\cdots,x_n$ 的一个排列 $y_1,y_2,\cdots,y_n$ 满足

$$|y_1+2y_2+\cdots+ny_n|\leqslant\frac{n+1}{2}.$$

10.2 解 答

1. 设这 19 个数为 $1 \leqslant a_1 < a_2 < \cdots < a_{19} \leqslant 90$, 最大值 a_{19} 与最小值 a_1 的差还有一种算法:

$$a_{19} - a_1 = (a_{19} - a_{18}) + (a_{18} - a_{17}) + \cdots + (a_2 - a_1).$$

上式左边 $\leqslant 90 - 1 = 89$. 如果两两的差至多有两个相等, 那么上式右边(18 个差的和) $\geqslant 2 \times (1 + 2 + \cdots + 9) = (1 + 9) \times 9 = 90$, 矛盾!

2. 假设不然, 令 $m = n = 1$, 得 $a_1 + a_1 = a_1$. 故 $a_1 = 0$. 从而, 数列中其余的项都非 0. 令 $a_2 = \dfrac{p}{q}$, $a_3 = \dfrac{r}{s}$. 由题中条件可知 $a_{m^k} = k a_m$, 因此,

$$a_{2^{qr}} = qr \cdot \frac{p}{q} = pr = ps \cdot \frac{r}{s} = a_{3^{ps}}.$$

但 $2^{qr} \neq 3^{ps}$, 导致矛盾.

3. 不可能. 对于任意一个 200×200 的方格表 A, 假设它位于某个 $200t \times 200t$ 方格表 B 的角上, 其中 t 是某个不能整除方格表 A 中所有数之和的正整数. 将图形 B/A 划分为一系列尺寸为 $200 \times 200(t-1)$ 的矩形, 根据题意, 每一个这种矩形中的数的和都可以被 t 整除, 且方格表 B 中的数的和也可以被 t 整除. 则方格表 A 中的数的和可以被 t 整除, 由此导致矛盾.

4. 可以. 假设阿列克不能选出所需的方格. 现将每个数都换成其被 4 除的余数, 于是, 方格表中就有 0, 1, 2, 3 各 121 个. 将方格表划分为 121 个 2×2 的正方形. 由于阿列克不能选出所需的方格, 所以, 在每个 2×2 正方形中都至多有 1 个 0, 也至多有 1 个 2. 又 0 和 2 的个数与这种正方形的个数相同, 所以, 在每个这种正方形中都刚好有 1 个 0 和 1 个 2. 然而, 在假设之下, 每个 2×2 正方形中剩下的两个方格中或者都只能放 1, 或者都只能放 3, 且分别都只能放入偶数个 1 和 3, 这与它们各有 121 个的事实矛盾.

5. 假设方程 $f(x) = 0$ 与 $g(x) = 0$ 中的某一个没有实根[如 $f(x) = 0$ 没有实根], 则对任何实数 x, 都有 $f(x) > 0$. 因此, 对任何实数 x, 都有 $f(f(x)) > 0$. 此时, 命题已经成立.

下设两个方程都有实根. 不失一般性, 可设 $f(x)$ 的最小值不超过 $g(x)$ 的最小值.

由关于多项式 $g(f(x))$ 的条件知, $f(x)$ 的最小值大于 $g(x)$ 的所有实根[若不然, 如果 $g(a) = 0$, 则存在 x_1, 使得 $f(x_1) \leqslant a$, 可找到 x_2, 使得 $f(x_2) = a$, 从而,

有 $g(f(x_2))=0$，矛盾]．这样一来，$g(x)$ 的最小值就大于 $g(x)$ 的所有实根，因而，$g(g(x))=0$ 没有实数根．

6. 假定一个多面体有 7 条棱，则它的每个面只能是三角形．这是因为，若有一个面的边数大于等于 4，则剩下至多 3 条棱，就无法和不少于 4 个的顶点相连了．

现设假定的多面体的面数为 m，因为每个面都是三角形，故它的棱数为 $\dfrac{3m}{2}$．

于是有 $\dfrac{3m}{2}=7$，即 $3m=14$．但显然，上述等式对所有正整数 m 不可能成立．所以任何一个多面体不可能有 7 条棱．

7. 假定有正整数 x,y，使 $\sqrt{x}+\sqrt{y}=\sqrt{p_1 p_2}$ 成立，则两边平方，得
$$x+y+2\sqrt{xy}=p_1 p_2.$$
所以 $\sqrt{xy}$ 为有理数，但正整数的算术平方根或是正整数，或是无理数，故 $\sqrt{xy}$ 为正整数．

另外，在 $\sqrt{x}+\sqrt{y}=\sqrt{p_1 p_2}$ 两边同乘以 $\sqrt{x}$，得
$$x+\sqrt{xy}=\sqrt{p_1 p_2 x},$$
故 $\sqrt{p_1 p_2 x}$ 为正整数．因为 p_1,p_2 为不同素数，所以 $x=p_1 p_2 t^2$，$t\in\mathbf{N}^+$．同理，$y=p_1 p_2 s^2$，$s\in\mathbf{N}^+$．于是，$\sqrt{x}+\sqrt{y}=\sqrt{p_1 p_2}$ 变为 $\sqrt{p_1 p_2}(t+s)=\sqrt{p_1 p_2}$，可得 $t+s=1$，这与 $t+s\geqslant 2$ 矛盾．因此，$\sqrt{x}+\sqrt{y}=\sqrt{p_1 p_2}$ 无正整数解．

8. 假定结论的反面成立，即有某个 $a_k=\dfrac{p}{q}$（p,q 是互素自然数）．由题设及反设，得 $a_{k+1}=\dfrac{q-kp}{p}$，即 a_{k+1} 也是有理数，以 s_k 表示 a_k 的分子和分母的和，则 $s_k=p+q$，$s_{k+1}=q-(k-1)p$．

因 $k\geqslant 1$，故 $s_k>s_{k+1}$，从而 $s_k>s_{k+1}>s_{k+2}>\cdots$，由于 $s_k,s_{k+1},s_{k+2},\cdots$ 是整数，故必存在 $s_{k+l}<0$，这表明 a_{k+l} 的分子和分母之和为负整数，所以 $a_{k+l}<0$，这与题设相矛盾，从而结论成立．

9. 只需证明：若 $A_1\leqslant 1$，则对一切 $1\leqslant n\leqslant 29$，都有 $A_{n+1}<A_n$．

由于 $A_1\leqslant 1$，所以，$A_n\geqslant A_1 A_n$．

计算可知 $A_1 A_n=A_{n+1}+S_n$，其中 S_n 是依次将 A_n 中的一个因数 x_i 平方所得到的和数，故知 $S_n>0$．由此即得所证．

10. 如果各个数都是有理数，命题自然成立．

现设 10 个数中包含有无理数 a，于是，其他各数都具有形式 $p-a$ 或 $\dfrac{p}{a}$，其中

p 为有理数.

下面证明,形如 $p-a$ 的数不会多于 2 个.

事实上,如果有 3 个不同的数都具有这种形式,不妨设 $b_1 = p_1 - a$,$b_2 = p_2 - a$,$b_3 = p_3 - a$. 那么,易见 $b_1 + b_2 = p_1 + p_2 - 2a$ 不是有理数. 因而,$b_1 b_2 = p_1 p_2 - a(p_1 + p_2) + a^2$ 就应当是有理数.

同理,$b_2 b_3$,$b_1 b_3$ 也是有理数.

这也就是说,下面 3 个数:

$$A_3 = a^2 - a(p_1 + p_2),$$
$$A_2 = a^2 - a(p_1 + p_3),$$
$$A_1 = a^2 - a(p_2 + p_3)$$

都是有理数,从而 $A_3 - A_2 = a(p_3 - p_2)$ 是有理数. 而这只有当 $p_3 = p_2$ 时才有可能. 所以 $b_2 = b_3$,矛盾.

由上可知,形如 $\dfrac{p}{a}$ 的数多于 2 个. 设 $c_1 = \dfrac{p_1}{a}$,$c_2 = \dfrac{p_2}{a}$,$c_3 = \dfrac{p_3}{a}$ 是 3 个这样的数.

显然,仅当 $p_1 + p_2 = 0$ 时,$c_1 + c_2 = \dfrac{p_1 + p_2}{a}$ 才可能为有理数,而 $p_1 \neq p_3$,所以,$c_3 + c_2 = \dfrac{p_3 + p_2}{a}$ 为无理数. 从而,$c_3 c_2 = \dfrac{p_3 p_2}{a^2}$ 为有理数,由此即得 a^2 为有理数.

11. 假定有一种填法使 $a_1 + a_2 + \cdots + a_{25} + b_1 + b_2 + \cdots + b_{25} = 0$. 注意到 a_i,b_j 都是若干个 ± 1 的积,因而 a_i 和 b_j 应是 $+1$ 或 -1. 记 $a_1, \cdots, a_{25}$ 中有 l 个 -1,$b_1, b_2, \cdots, b_{25}$ 中有 m 个 -1,那么 $l + m = 25$.

另外,$a_1 a_2 \cdots a_{25}$ 与 $b_1 b_2 \cdots b_{25}$ 都是填入的 625 个 ± 1 的积,因此 $a_1 a_2 \cdots a_{25} = b_1 b_2 \cdots b_{25}$,即 $(-1)^l = (-1)^m$. 于是

$$(-1)^{l+m} = (-1)^{2m} = 1,$$

这与 $l + m = 25$ 矛盾. 因此,无论怎样填,都有 $a_1 + a_2 + \cdots + a_{25} + b_1 + b_2 + \cdots + b_{25} \neq 0$.

12. 假设对任一 $i \in [0, 1994]$,$i \in \mathbf{Z}$,线段 $p_i p_{i+1}$ 上不存在点 $Q(q_x, q_y)$,使得 $2q_x$,$2q_y$ 均为奇数,由题设和假设知,p_i 与 p_{i+1} 点的纵、横坐标的奇偶性不能全相同,也不能全都不同,只能恰好有一个不同 [例如 p_i 为(偶,偶),则 p_{i+1} 为(偶,奇)或(奇,偶)],不妨设 p_0 在原点,即 p_0 为(偶,偶),则经过 $p_0 \to p_1 \to p_2 \to \cdots \to p_{1994} \to p_0$ 这 1995 次(奇数)后,p_0 的坐标不可能又为(偶,偶),导致与假定的 p_0(偶,偶)矛盾.

13. 假定圆 O_1、圆 O_2 的内公共切线不过点 P,由对称性,不妨设内公共切线

交 PA 于 M,交 BP 的延长线于 N(图 10-3).

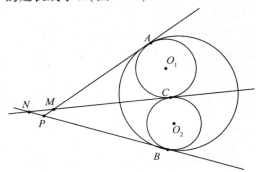

图 10-3

显然,PA,PB 也分别是圆 O_1、圆 O_2 的切线,于是由切线长定理得

$$NM + MC = NC = NB = NP + PB$$
$$= NP + PA = NP + PM + MC,$$

故 $NM = NP + PM$.

这与三角形两边之和大于第三边的结果矛盾.因此,圆 O_1、圆 O_2 的内公共切线必过点 P.

14. 假设两个不同的位置的点 O_1 和 O_2 都可以作为覆盖圆的圆心,即半径为 R 的 $\odot O_1$ 和 $\odot O_2$ 均覆盖图形 F,那么 F 必包含于 $\odot O_1$ 和 $\odot O_2$ 的公共部分中.今以这两圆的公共弦为直径作 $\odot O_3$,设圆心 O_1 和圆心 O_2 到 O_3 的距离均为 h,则 $R>h$,$R+h>R-h>0$,$R^2-h^2=(R+h)(R-h)>(R-h)^2$,从而 $\sqrt{R^2-h^2}>R-h$.显然 $\odot O_3$ 可以覆盖图形 F,因 $\odot O_3$ 半径长为 $\sqrt{R^2-h^2}$ 小于 R,与题设条件相矛盾.故命题结论成立.

15. 因为每点恰有两条线经过,所以对于每个正确的填法,若每条直线的四个数之和为 s,则

$$7s = 2(1 + 2 + \cdots + 14) = 210,$$

所以 $s=30$.且 14 与 1,2 之一必共线,13 与 1,2,3 之一必共线.

事实上,若 14 与 1,2 都不共线,设 14 所在的一条直线其余 3 数分别为 a_1,a_2,a_3,14 所在的另一条直线其余 3 数分别为 a_4,a_5,a_6,则

$$60 = (14 + a_1 + a_2 + a_3) + (14 + a_4 + a_5 + a_6)$$
$$\geqslant 28 + 3 + 4 + \cdots + 8 = 61,$$

矛盾.

若 13 与 1,2,3 都不共线,设 13 所在的一条直线其余 3 数为 b_1,b_2,b_3,13 所在的另一条直线其余三数为 b_4,b_5,b_6,则

$$b_1 + b_2 + \cdots + b_6 \geqslant 4 + 5 + 6 + 7 + 8 + 9 = 39,$$

于是

$$60 = (13 + b_1 + b_2 + b_3) + (13 + b_4 + b_5 + b_6) \geqslant 26 + 39 = 65,$$

矛盾.

基于这种情况,我们可考虑一类特殊填法,即 14 所在的一条直线填有 1,另一条直线填有 2;13 所在的一条直线填有 1,另一条直线填有 2;以及 13 所在的一条直线填有 1,另一条直线填有 3 的情形,得到如图 10-4 所示的填法(下方三个填法分别与其上方填法互补,即两图对应位置所填两数之和为 15).

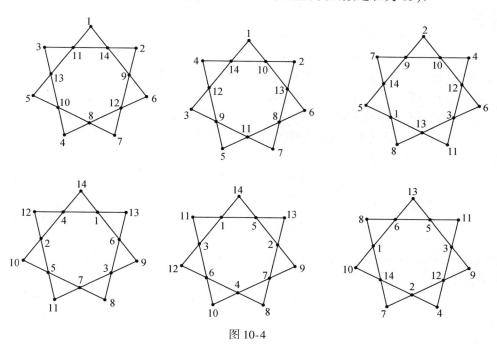

图 10-4

16. 假设有 m 个 $\left(m > \dfrac{n+1}{2}\right)$ 既约分数,这些既约分数为 $\dfrac{p_i}{q_i}(i=1,2,\cdots,m)$,$\dfrac{p_i}{q_i} \in (x_1,x_2)$. 不妨设 $q_i = 2^{k_i} r_i$,其中 r_i 为不大于 n 的奇数,k_i 为非负整数.

由于 $m > \dfrac{n+1}{2}$,根据抽屉原理 $r_1,r_2,\cdots,r_m$ 中必有两数相同,不妨设 $r_1 = r_2 = r$,

$k_1 \geqslant k_2$，则

$$x_2 - x_1 > \left| \frac{p_1}{q_1} - \frac{p_2}{q_2} \right| = \left| \frac{p_1}{2^{k_1}r} - \frac{p_2}{2^{k_2}r} \right|$$

$$= \left| \frac{p_1 - 2^{k_1 - k_2}p_2}{2^{k_1}r} \right| \geqslant \frac{1}{2^{k_1}r} > \frac{1}{n},$$

这与 $x_2 - x_1 = \dfrac{1}{n}$ 相矛盾，故命题结论成立.

17. 首先，由题设可知，若 $a_i = a_j$，则 $b_i = b_j$；若 $a_i > a_j$，则 $b_i \geqslant b_j + 1 > b_j$. 因此反过来，由 $b_i > b_j$ (或 $b_i = b_j$) 可推出 $a_i > a_j$ (或 $a_i = a_j$).

现在假定存在 a_i 的序列，使 b_i 的序列是(10-2)，那么按 b_i 的大小关系可以推得

$$a_2 < a_1 < a_8 < a_3 < a_6 < a_9 = a_{12} < a_4 < a_7 < a_{10}$$

$$= a_{11} < a_5 < a_{13} < a_{14} = a_{15}.$$

我们再从 a_i 的大小关系即可重新写出 b_i 的序列：$b_1 = 1, b_2 = 0, b_3 = 3, b_4 = 7$，由此可见，现在写出的 $b_4 = 7$ 与原来已知的 $b_4 = 6$ 是矛盾的.

因此，使 b_i 序列为式(10-2)的序列 a_i 是不存在的.

18. 设不存在连续三项，其和的绝对值不大于 5. 换言之，任意连续 3 项之和的绝对值大于 5，即

$$|x_1 + x_2 + x_3| > 5, \tag{10-3}$$

$$|x_2 + x_3 + x_4| > 5, \tag{10-4}$$

$$|x_3 + x_4 + x_5| > 5, \tag{10-5}$$

$$|x_4 + x_5 + x_6| > 5. \tag{10-6}$$

因为 $x_1 + x_2 + \cdots + x_6 = 0$，$x_1 + x_2 + x_3 = -(x_4 + x_5 + x_6)$，所以由式(10-3)，式(10-6)，不妨设

$$x_1 + x_2 + x_3 > 5, \tag{10-7}$$

$$x_4 + x_5 + x_6 < -5. \tag{10-8}$$

由式(10-4)知

$$x_2 + x_3 + x_4 > 5, \tag{10-9}$$

或

$$x_2 + x_3 + x_4 < -5. \tag{10-10}$$

若式(10-10)成立，则式(10-7)-式(10-10)得 $x_1 - x_4 > 10$. 另外，由题设 $|x_1 - x_4| \leqslant |x_1| + |x_4| \leqslant 5 + 5 = 10$，矛盾.

由式(10-5)知

$$x_3 + x_4 + x_5 > 5,\qquad\qquad(10\text{-}11)$$

或

$$x_2 + x_3 + x_4 < -5.\qquad\qquad(10\text{-}12)$$

若式(10-11)成立,则式(10-11)-式(10-8)得 $x_3-x_6>10$,同样矛盾.

若式(10-9),式(10-12)同时成立,则式(10-9)-式(10-12)得 $x_2-x_5>10$,同样矛盾.

综上所述,必存在连续三项,其和的绝对值不大于5.

19. 不妨设 $a_1>a_2>\cdots>a_m$, $A=\{a_1,a_2,\cdots,a_m\}$. 于是对任意 $1\leqslant i\leqslant m$, 都有

$$a_i + a_{m-i+1} \geqslant n + 1.$$

事实上,若对某个 $i,1\leqslant i\leqslant m$ 有

$$a_i + a_{m-i+1} \leqslant n,$$

则

$$a_i < a_i + a_m < a_i + a_{m-1} < \cdots < a_i + a_{m+1-i} \leqslant n.$$

依题设知, $a_i+a_m, a_i+a_{m-1},\cdots,a_i+a_{m+1-i}$ 这 i 个数全属于集 A,它们都大于 a_i,而集 A 中仅有 $a_1,a_2,\cdots,a_{i-1}$ 这 $i-1$ 个元素大于 a_i,导致矛盾. 所以

$$2(a_1 + a_2 + \cdots + a_m) = (a_1 + a_m) + (a_2 + a_{m-1})$$
$$+ \cdots + (a_m + a_1) \geqslant m(n + 1),$$

即

$$\frac{a_1+a_2+\cdots+a_m}{m}\geqslant\frac{n+1}{2}.$$

20. 假设题目的结论不成立,例如,由该地区的城市 X 不能通过区内的道路到达它的另一个城市 Y. 将由城市 X 可以沿着区内道路到达的该区的所有城市的集合记作 A(其中包括城市 X 本身);而把该区其余所有城市的集合记作 B(显然有 $Y\in B\neq\varnothing$). 易知,连接这两个集合中的城市的所有道路都是由 B 中的城市驶往 A 中的城市的.

分别记 A,B 中的城市数目为 a,b,则 $a+b=668$. 不妨设 A 中的城市不少于 B 中的城市,于是, $a\geqslant334\geqslant b$. 由于每2个城市之间都有单向行车的道路相连,所以, B 中存在1个城市 Z,由它出发至少有 $\frac{1}{2}(b-1)$ 条道路通往 B 中的其他城市,且由它出发有 a 条道路通往 A 中的城市. 于是,城市 Z 的出城道路就不少于

$$a+\frac{1}{2}(b-1) = \frac{a+(a+b)-1}{2} = \frac{a+667}{2}>500.\ \text{导致矛盾.}$$

21. 若 $0\leqslant x\leqslant p-2$,则

$$p \leqslant x^2 + x + p \leqslant (p-2)^2 + (p-2) + p = (p-1)^2 + 1.$$

设 x_0 是使 $f(x) = x^2 + x + p$ 为合数的最小的 x 值,且 $0 \leqslant x_0 \leqslant p-2$,于是 $x_0^2 + x_0 + p \leqslant (p-1)^2 + 1$,从而 $x_0^2 + x_0 + p$ 最小素数因子 $d_0 \leqslant p-1$. 设 $x_0^2 + x_0 + p = d_0 m (m \in \mathbf{Z})$.

(1)如果 $x_0 \geqslant d_0$,令 $x' = x_0 - d_0$,于是

$$
\begin{aligned}
x'^2 + x' + p &= (x_0 - d_0)^2 + (x_0 - d_0) + p \\
&= x_0^2 + x_0 + p - d_0(2x_0 - d_0 + 1) \\
&= d_0(m - 2x_0 + d_0 - 1),
\end{aligned}
$$

由于 $x'^2 + x' + p \geqslant p, d_0 \leqslant p-1$,所以 $m - 2x_0 + d_0 - 1 > 1$,从而 $x'^2 + x' + p$ 是合数,且 $0 \leqslant x' = x_0 - d < x_0$,此与 x_0 的定义相矛盾.

(2)如果 $x_0 < d_0$,令 $x' = d_0 - 1 - x_0$,于是

$$
\begin{aligned}
x'^2 + x' + p &= x_0^2 - 2(d_0 - 1)x_0 + (d_0 - 1)^2 + d_0 - 1 - x_0 + p \\
&= x_0^2 + x_0 + p - d_0(2x_0 - d_0 + 1) \\
&= d_0(m - 2x_0 + d_0 - 1).
\end{aligned}
$$

同(1),$x'^2 + x' + p$ 是合数,由 x_0 定义知 $x' \geqslant x_0$ 即 $d_0 - 1 - x_0 \geqslant x_0$,从而 $d_0 \geqslant 2x_0 + 1$,又有 $d_0 \leqslant \sqrt{x_0^2 + x_0 + p}$,故

$$
2x_0 + 1 \leqslant \sqrt{x_0^2 + x_0 + p},
$$

解之,得 $\dfrac{-3 - \sqrt{12p-3}}{6} \leqslant x_0 \leqslant \dfrac{-3 + \sqrt{12p-3}}{6}$.

因 $\dfrac{-3 + \sqrt{12p-3}}{6} = -\dfrac{1}{2} + \sqrt{\dfrac{p}{3} - \dfrac{1}{n}} < \sqrt{\dfrac{p}{3}}$,故 $x_0 < \sqrt{\dfrac{p}{3}}$,此与题设矛盾.

综上所述,命题结论成立.

22. 设各行的棋子数分别为 $p_i(i = 1, 2, \cdots, 2n)$. 不妨设 $p_1 \geqslant p_2 \geqslant \cdots \geqslant p_{2n}$,依题设,有

$$
p_1 + p_2 + \cdots + p_n + p_{n+1} + \cdots + p_{2n} = 3n. \tag{10-13}
$$

现选取含棋数为 $p_1, p_2, \cdots, p_n$ 的这 n 行,则

$$
p_1 + p_2 + \cdots + p_n \geqslant 2n.
$$

否则,若

$$
p_1 + p_2 + \cdots + p_n \leqslant 2n - 1, \tag{10-14}
$$

则 $p_1, p_2, \cdots, p_n$ 中至少有一个不大于1.

由式(10-13),式(10-14)得

$$
p_{n+1} + \cdots + p_{2n} \geqslant n + 1,
$$

从而, $p_{n+1}, \cdots, p_{2n}$ 中至少有一个大于 1, 导致矛盾. 再选出 n 列使其包含其余的棋子(不多于 n 枚), 这样选取的 n 行和 n 列包含了全部 $3n$ 枚棋子.

23. 不能. 假设存在合乎要求的摆法.

将 a 按题述"运算"变为 b, 简记为: $a \rightarrow b$, 题中运算是指取模 n 的最小正剩余.

若 $k \rightarrow k+28$, 则不可能有: $k+11 \rightarrow (k+11)+17$, 否则圆周出现重复的数, 故必有: $k+11 \rightarrow (k+11)+28$, 进而 $k+11i \rightarrow (k+11i)+28$, $\forall i \in \mathbf{N}$.

若 $l \rightarrow l+17$, 类上知必有 $l-11i \rightarrow (l-11i)+17$, $\forall i \in \mathbf{N}$.

这表明: 当 $a \equiv b \pmod{11}$ 时, 对 a, b 作的是同一种运算.

由于在任何 12 个相连放在圆周上的数中, 必有两个数模 11 同余, 设 $a \equiv b \pmod{11}$, 从 a 到 b 作了 s 次运算 $(1 \leqslant s \leqslant 11)$, 由前所述易知所作运算以 s 为周期, 取一个周期, 将所有 s 个加数相加的和记为 m, 则 $17s \leqslant m \leqslant 28s < 100$. 故 $m \mid n$, 则经 $s \dfrac{n}{m}$ 次运算后, 所得数与开始时的数相同, 但 $s \dfrac{n}{m} < n$, 矛盾!

24. 首先, 如果 Q 的每个整数不动点也是 P 的不动点, 那么, 结论成立.

对任意整数 x_0, 满足 $Q(x_0) = x_0$, 但 $P(x_0) \neq x_0$. 我们定义 $x_{i+1} = P(x_i)$, $i = 0, 1, 2, \cdots$, 则显然, 对不同的 u, v, 有 $u-v \mid P(u) - P(v)$, 从而, 对于下面(非零)差式, 前一项能整除后一项,

$$x_0 - x_1, \quad x_1 - x_2, \cdots, \quad x_{k-1} - x_k, \quad x_k - x_{k+1}.$$

由于 $x_k - x_{k+1} = x_0 - x_1$, 所以所有的差式的绝对值相等. 考虑

$$x_m = \min \{x_1, \cdots, x_k\},$$

则 $x_{m-1} - x_m = -(x_m - x_{m+1})$.

于是, $x_{m-1} = x_{m+1} (\neq x_m)$, 推出相继的差有相反的符号, 我们得到 $x_0, x_1, \cdots$ 取两个不同的值, 换句话说, Q 的整数不动点为多项式 $P(P(x))$ 的不动点, 我们将证明这样的不动点最多有 n 个.

假设 a 为满足性质的一个不动点, 设 $b = P(a) \neq a$ (我们已经假定这样的 a 存在), 那么 $a = P(b)$. 取 $P(P(x))$ 的任意整数不动点 α, 令 $p(\alpha) = \beta$, 则 $\alpha = P(\beta)$, α 和 β 可以相同 (即 α 可以是 P 的不动点), 但 α, β 与 a, b 互不相同. 对四对数 $(\alpha, a), (\beta, b), (\alpha, b), (\beta, a)$ 应用前面的性质, 得到 $\alpha - a$ 与 $\beta - b$ 相互整除, $\alpha - b$ 与 $\beta - a$ 相互整除, 从而,

$$\alpha - b = \pm(\beta - a), \quad \alpha - a = \pm(\beta - b).$$

如果在两式中取加号, 则 $\alpha - b = \beta - a$ 与 $\alpha - a = \beta - b$, 得到 $a - b = b - a$, 与 $a \neq b$ 矛盾. 那么至少有一个等式取负号, 得到 $\alpha + \beta = a + b$, 即 $a + b - \alpha - P(\alpha) = 0$.

用 C 表示 $a+b$ 的集合,我们已经证明 Q 的每个不等于 a 和 b 的整数不动点,都是多项式 $F(x)=C-x-P(x)$ 的根,对于 a 和 b 同样成立. 由于多项式 $F(x)$ 与 $P(x)$ 有相同的次,即为 n 次多项式,从而至多有 n 个不同的整数根. 证毕.

25. 题给条件等价于

$$\sum_{1 \leq i \leq j \leq n}^{n} \left(\frac{t_i}{t_j} + \frac{t_j}{t_i} \right) < 2C_n^2 + 1.$$

假设有互不相同的 i,j,k 使 $t_k \geq t_i + t_j$. 记

$$\frac{t_i}{t_k} = a, \quad \frac{t_j}{t_k} = b, \quad 0 \leq b \leq 1 - a < 1.$$

由于函数 $y = x + 1/x$ 在 $x \in (0,1)$ 时递减(证明略). 故

$$a + \frac{1}{a} + b + \frac{1}{b} \geq a + \frac{1}{a} + 1 - a + \frac{1}{1-a}$$

$$= 1 + \frac{1}{a(1-a)} \geq 5,$$

$$a(1-a) \leq \frac{1}{4}.$$

因此,C_n^2 项之和 $\sum \left(\frac{t_i}{t_j} + \frac{t_j}{t_i} \right)$ 中有两项之和大于等于 5,其他每项都大于等于 2,故总和大于等于 $2C_n^2 + 1$,矛盾.

因此,当 i,j,k 互不相同时,t_i, t_j, t_k 是三角形的三边长.

26. 对 $x_1, x_2, \cdots, x_n$ 的排列 $y_1, y_2, \cdots, y_n$,记

$$f(y_1, y_2, \cdots, y_n) = y_1 + 2y_2 + \cdots + ny_n.$$

不难看出,交换一个排列中相邻两项各所得排列相应的函数 f 的取值与原排列所对应的函数 f 的值的差,其绝对值即为交换两数的差的绝对值. 由 $|x_i| \leq \frac{n+1}{2}$($i = 1, 2, \cdots, n$),可知这个差的绝对值不超过 $n+1$.

不妨设 $x_1 \leq x_2 \leq \cdots \leq x_n$,根据排序不等式有 $f(x_1, x_2, \cdots, x_n) \geq f(y_1, y_2, \cdots, y_n) \geq f(x_n, x_{n-1}, \cdots, x_1)$.

假设命题不成立,即对一切 $y_1, y_2, \cdots, y_n$,有

$$|f(y_1, y_2, \cdots, y_n)| > \frac{n+1}{2}.$$

因

$$|f(x_1, x_2, \cdots, x_n) + f(x_n, x_{n-1}, \cdots, x_1)|$$
$$= (n+1)|x_1 + x_2 + \cdots + x_n| = n+1,$$

故 $f(x_1, x_2, \cdots, x_n)$ 与 $f(x_n, x_{n-1}, \cdots, x_1)$ 异号. 注意到排列 $(x_1, x_2, \cdots, x_n)$ 可以经过若干次交换相邻项变成 $(x_n, x_{n-1}, \cdots, x_1)$, 其中必有某次交换后, 相应的函数值变号. 但这次变换, 前后的两个排列所对应的函数值的绝对值都大于 $\dfrac{n+1}{2}$, 故它们的差的绝对值大于 $n+1$, 导致矛盾. 命题获证.

第 11 章　构　造　法

11.1　问　题

1. 证明任一正有理数可写成若干有理数平方的和.

2. 数集 M 由 2003 个不同的数组成,对于 M 中任何两个不同的元素 a,b,数 $a^2+b\sqrt{2}$ 都是有理数. 证明:对于 M 中任何数 a,数 $a\sqrt{2}$ 都是有理数.

3. 数集 M 由 2003 个不同的正数组成,对于 M 中任何 3 个不同的元素 a,b, c,数 a^2+bc 都是有理数. 证明:可以找到一个正整数 n,使得对于 M 中任何数 a,数 $a\sqrt{n}$ 都是有理数.

4. 是否存在这样的实数 a 和 b,使得对每个自然数 $n(\geqslant 2)$,

(1) $a+b$ 是有理数,而 a^n+b^n 是无理数;

(2) $a+b$ 是无理数,而 a^n+b^n 是有理数.

5. 能否用由数字 0 和 2 组成的不同的 3 位数把立方体的顶点标号,使得任何两个相邻顶点的号码至少在两个数位上不相同?

6. 证明:圆周上所有的点可以分成两个集合,使得在该圆的任意一个内接直角三角形的顶点中都有属于这两个集合中的点.

7. 试找出不能表示成形式为 $\dfrac{2^a-2^b}{2^c-2^d}$ 的最小正整数,其中 a,b,c,d 都是正整数.

8. 证明:存在绝对值都大于 1000000 的 4 个整数 a,b,c,d,满足

$$\frac{1}{a}+\frac{1}{b}+\frac{1}{c}+\frac{1}{d}=\frac{1}{abcd}.$$

9. "设有一个三角形的三个角和两条边与另一个三角形的三个角和两条边分别相等,则这两个三角形全等"是真命题吗?

10. (1) 证明:存在和为 1 的 5 个非负实数 a,b,c,d,e,使得将它们任意放置在一个圆周上,总有两相邻的数的乘积不小于 1/9.

(2) 证明:对于和为 1 的任意 5 个非负实数 a,b,c,d,e,总可以将它们适当

地放置在一个圆周上,并且任意相邻两数的乘积均不大于 1/9.

11. 14 张纸片如图 11-1 堆叠. 一条从纸片 *B* 出发,最后到达纸片 *F* 的路径是这样得到的:先到上层位置的纸片,再到下层位置的纸片,如此交替行进. 同一张纸片可以经过多次,且不必经过每张纸片. 请依次写出一条路径上的纸片标号.

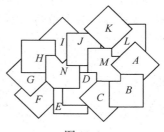

图 11-1

12. 现有 99 个筐子,每个筐中都装有苹果和李子. 证明:可以从中挑选出 50 个筐子,它们中装有不少于所有苹果的一半,也装有不少于所有李子的一半.

13. 设平面上有 1990 个相异的点,是否可以作一个正三角形,使其中 995 个点在该三角形的内部,其余 995 点在该三角形的外部.

14. 有 *N* 个互不相识的人. 证明:可以让其中一些人结识成朋友,并且任意 3 个人没有相同数目的朋友.

15. 围绕一个圆桌坐着来自 50 个国家的 100 名代表,每个国家 2 名代表. 证明:可以将他们分成两组,使得每一组都是由来自 50 个国家的 50 名代表组成,并且每一个人都至多与自己的一个邻座的人同组.

16. 找出 n 个不全在同一条直线上的点,使每两点之间的距离都是整数.

17. 能否在平面上放置 7 个点,使得在这些点的任意三点中,必存在两点,它们的距离等于 1?

18. 是否存在这样的正整数 $n>10^{1000}$,它不是 10 的倍数,且可以交换它的十进制表达式中的某两位不同的非 0 数字,使得所得到的数的素约数的集合与它的素约数的集合相同.

19. 空间中是否存在不在同一平面的有限点集 *M*,使得对 *M* 中的任意两点 *A*,*B*,我们可以在 *M* 中另取 *C*,*D* 两点,使直线 *AB* 和 *CD* 互相平行但不重合.

20. 某帝国有若干城市,其中包括 k 个都市,已知某些城市之间有公路相连,且从任一城市可到另外任一城市. 两城市间由最少条公路组成的道路成为最短道路. 证明:可将帝国分为 k 个共和国,每个共和国恰有 1 个城市作为首都,且对每个共和国的任一城市,从它到其首都的最短道路是它到所有首都的道路中最短的.

21. 有 5×5 的正方形方格棋盘,共由 25 个 1×1 的单位正方形方格组成,在每个单位正方形格子的中心处染上一个黑点,请在棋盘上找若干条不通过黑点的直线,分棋盘为若干小块(形状大小未必一样),使得每一小块中至多有一个黑点,问你最少要画几条直线？举出一种画法,并证明结论.

22. 以任意方式将圆周上 $4k$ 个点标上数 $1,2,\cdots,4k$,证明:

(1)可以用 $2k$ 条两两不相交的弦连接这 $4k$ 个点,使得每条弦的两端的标数之差不超过 $3k-1$.

(2)对任意的正整数 k,(1)中的数 $3k-1$ 不能减少.

23. 设 a,b,c,d 为整数,$a>b>c>d>0$,且
$$ac + bd = (b + d + a - c)(b + d - a + c).$$

证明:$ab+cd$ 不是素数.

24. 求证:存在一个具有下述性质的正整数的集合 A:对于任何由无穷多个素数组成的集合 P,存在正整数 $m\in A$,与 $n\notin A$ 且 m,n 都是 P 中相同个数的不同元素的乘积.

25. 求最小的实数 M,使得对所有的实数 a,b 和 c,有
$$\left| ab(a^2 - b^2) + bc(b^2 - c^2) + ca(c^2 - a^2) \right| \le M(a^2 + b^2 + c^2)^2.$$

11.2 解 答

1. $\dfrac{q}{p} = \dfrac{pq}{p^2} = \dfrac{1}{p^2} + \dfrac{1}{p^2} + \cdots + \dfrac{1}{p^2}$($pq$ 个加项).

2. 任取 $a,b,c\in M$,$a\neq b\neq c$,则 $a^2+b\sqrt{2}$,$b^2+a\sqrt{2}$,$c^2+a\sqrt{2}$,$c^2+b\sqrt{2}$ 都是有理数. 因此,

$$a^2 + b\sqrt{2} - (b^2 + a\sqrt{2}) = (a - b)(a + b - \sqrt{2})$$
$$= \frac{1}{2}(a\sqrt{2} - b\sqrt{2})(a\sqrt{2} + b\sqrt{2} - 2)\in \mathbf{Q},$$

$$c^2 + a\sqrt{2} - (c^2 + b\sqrt{2}) = (a\sqrt{2} - b\sqrt{2})\in \mathbf{Q}.$$

从而,$(a\sqrt{2}+b\sqrt{2})\in\mathbf{Q}$. 这样便知

$$a\sqrt{2} = \frac{1}{2}(a\sqrt{2} + b\sqrt{2} + a\sqrt{2} - b\sqrt{2})\in\mathbf{Q}.$$

3. 从数集 M 中取出 4 个不同的数 a,b,c,d. 由于 $d^2+ab\in\mathbf{Q}$,$d^2+bc\in\mathbf{Q}$,所以 $bc-ab\in\mathbf{Q}$. 故 $a^2+ab=a^2+bc+(ab-bc)\in\mathbf{Q}$.

同理可知 $b^2+ab\in\mathbf{Q}$. 从而,对于 M 中任何两个不同的数 a 和 b,都有 $q=\dfrac{a}{b}=\dfrac{a^2+ab}{b^2+ab}\in\mathbf{Q}$. 于是,

$$a = qb \Rightarrow a^2 + ab = b^2(q^2 + q) = l \in \mathbf{Q}, b = \sqrt{\dfrac{l}{q^2 + q}} = \sqrt{\dfrac{m}{k}}, m, k \in \mathbf{N}.$$

令 $n = mk$，得 $b\sqrt{n} = m \in \mathbf{Q}$. 故对任何 $c \in M$，有 $c\sqrt{n} = \dfrac{c}{b} \cdot b\sqrt{n} \in \mathbf{Q}$.

4.（1）取 $a = 2 + \sqrt{2}, b = -\sqrt{2}$.

（2）不存在. 若不然，设 a, b 是满足题设条件的实数 a, b，则 $a \neq 0, b \neq 0$，且有

$$a^2 b^2 = \frac{1}{2}(a^2 + b^2)^2 - \frac{1}{2}(a^4 + b^4)$$

为有理数，进一步，由

$$a^5 + b^5 = (a^3 + b^3)(a^2 + b^2) - a^2 b^2(a + b)$$

知 $a+b$ 也是有理数，导致矛盾.

5. 图 11-2 即为一种符合要求的标号方式.

6. 如果圆周上两个点是一条直径的两个端点，则这两点组成一个点对. 圆周上每个点恰属于一个点对，将每个点对中一个点归到第一个集合，另一个点归到第二个集合. 因为任意一个内接直角三角形的斜边必是圆的直径，所以三角形中两个锐角的顶点分属不同的集合.

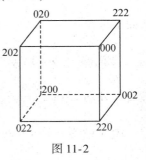

图 11-2

7. 答案：11. 由题意有

$$1 = \frac{4-2}{4-2}, \quad 3 = \frac{8-2}{4-2}, \quad 5 = \frac{16-1}{4-1} = \frac{2^5 - 2}{2^3 - 2},$$

$$7 = \frac{16-2}{4-2}, \quad 9 = 2^3 + 1 = \frac{2^6 - 1}{2^3 - 1} = \frac{2^7 - 2}{2^4 - 2},$$

$$2 = 2 \times 1 = \frac{2^3 - 2^2}{2^2 - 2}, \quad \cdots, \quad 10 = 2 \times 5 = \frac{2^6 - 2^2}{2^3 - 2}.$$

假设 $11 = \dfrac{2^a - 2^b}{2^c - 2^d}$. 不失一般性，可设 $a>b, c>d$. 记 $m = a-b, n = c-d, k = b-d$. 于是，有 $11(2^n - 1) = 2^k(2^m - 1)$.

上式左端为奇数，因此，$k = 0$.

易知 $n = 1$ 不能使该式成立. 而如果 $m>n>1$，则 $2^n - 1$ 与 $2^m - 1$ 被 4 除的余数都是 3，从而，上式左端被 4 除的余数为 1，右端却为 3. 矛盾.

8. 对正整数 n，下证：

$$-n, \quad n+1, \quad n(n+1)+1, \quad n(n+1)[n(n+1)+1]+1$$

是满足条件的解.

事实上,三次利用等式 $\frac{1}{a} - \frac{1}{a+1} = \frac{1}{a(a+1)}$,即可获证. 取 $n=10^7$ 即使 a,b,c,d 的绝对值都大于 $100000 = 10^6$.

9. 设两三角形的边分别是 $a,b,c;b,c,d$ 且

$$0 < a < b < c < d,$$

$$\frac{b}{a} = \frac{c}{b} = \frac{d}{c} = q > 0,$$

于是 $b=aq, c=aq^2$. 因 $a+b>c$,所以

$$a + aq > aq^2,$$

从而 $1 < q < \frac{1+\sqrt{5}}{2}$.

现取 $q = \frac{3}{2}, a=1$,即可构造出符合题设条件但不全等的两个三角形,它们的边长分别是 $1, \frac{3}{2}, \frac{9}{4}; \frac{3}{2}, \frac{9}{4}, \frac{27}{8}$.

10. (1) 当 $a = b = c = \frac{1}{3}, d = e = 0$ 时,此时把 a,b,c,d,e 任意放置在一个圆周上,总有两个 $\frac{1}{3}$ 是相邻的,它们的乘积不小于 $\frac{1}{9}$.

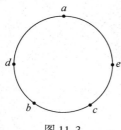

图 11-3

(2) 不妨设 $a \geqslant b \geqslant c \geqslant d \geqslant e \geqslant 0$,把 a,b,c,d,e 按如图 11-3 所示放置.

因为 $a+b+c+d+e=1$,所以 $a+3d \leqslant 1$,

$$a \cdot 3d \leqslant \left(\frac{a+3d}{2}\right)^2 \leqslant \frac{1}{4},$$

所以 $ad \leqslant \frac{1}{12}$. 又因为 $a+b+c \leqslant 1$,所以 $b+c \leqslant \frac{2}{3}$,于是

$$bc \leqslant \frac{(b+c)^2}{4} \leqslant \frac{1}{9}.$$

因为 $ce \leqslant ae \leqslant ad, bd \leqslant bc$,所以此时相邻两数的乘积均小于 $\frac{1}{9}$.

11. 构建图 11-4,箭头的方向表示从上层位置的纸片到下层位置的纸片. 从图易见,M,N 和 7 张纸片相连,D,J 和 4 张纸片相连,其余纸片都和 3 张纸片相

连. 满足要求的路径即交替的逆着箭头方向和沿着箭头方向的路.

与 A 相连的 3 条路中,从 B 出发的一条路无用,否则就又回到 A 处了. 这样的路还有 L 到 M,M 到 K,I 到 N,N 到 H,G 到 F,E 到 F,C 到 D 都是无用的. 图 11-4 中,无用的路用单箭头表示,能用的路用双箭头表示.

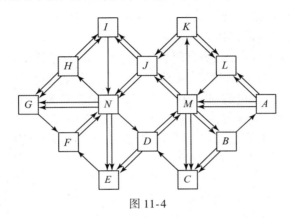

图 11-4

从 B,若先到 C,则接下去应该到 M,但从 B 可以直接先到 M. 到了 M 后,可以到 C 或者 J. 若去 C,则必须回到 B. 所以从 M 应该去 J,接着必须到 $K,L,A,$ M,D,E,N,G,H,I,J,N,F. 所以符合要求的路径是 $BMJKLAMDENGHIJNF$.

12. 以 x_i 表示第 i 个筐中的苹果数量.

不妨设 $x_1 \geqslant x_2 \geqslant \cdots \geqslant x_{99}$. 只要把第 2 号至第 99 号筐分为两组,每组 49 个筐,使得其中两组中的苹果数量之差不大于 x_1. 然后,从中选出李子数量较多的一组,并把第 1 号筐子补入其中,即可得到所需要的 50 个筐子.

下面介绍把第 2 号至第 99 号筐分为两组的办法:

将第 $2,4,\cdots,98$ 号筐分入第一组;将第 $3,5,\cdots,99$ 号筐分入第二组. 此时,第二组筐中所装的苹果总质量不多于第一组;而第一组去掉 2 号筐后所装的苹果总质量不多于第二组. 这就表明,两组中的苹果数量之差不大于 x_2,由于 $x_2 \leqslant x_1$,所以这一分法符合要求.

点评　只要存在两个筐 A,B,使得:在筐 A 中,苹果的数量为 x_A,李子的数量为 y_A;在筐 B 中,苹果的数量为 $x_B < x_A$,李子的数量为 $y_B < y_A$. 那么,就把它们重新分装,使得在筐 A' 中,苹果的数量为 x_A,李子的数量为 y_B;在筐 B' 中,苹果的数量为 x_B,李子的数量为 y_A. 不难看出,如果可以从重新分装过的 99 个筐中挑选出 50 个筐子来满足要求,也就可以从原来的 99 个筐中挑选出 50 个筐子来满足要求.

事实上,如果挑出的 50 个筐中只包括了 A',B' 之一,那么,在原来的 99 个筐中就只需取出筐 A;如果挑出的 50 个筐中包括了 A',B' 两者,那么,在原来的 99 个筐中就同时取出筐 A,B.

如果还有两个这样的筐,那么,就对它们再作类似的分装. 如此下去,每分装一次,每个筐中苹果与李子质量之积的和就至少减少了 Δ_1,Δ_2. 其中 Δ_1,Δ_2 分别是不同苹果差量的最小值与不同李子差量的最小值. 若干次之后,就得到了重新分装过的 99 个筐子,其中,任何两个筐子都具有这样的性质:如果甲筐中的苹果多于乙筐中的苹果,那么,乙筐中的李子就多于甲筐中的李子.

现在,把重新分装过的 99 个筐子按苹果质量递降的顺序编号,从中挑选出第 $1,3,\cdots,99$ 号筐,显然,它们中装有不少于所有苹果的一半(因为 1 号筐中的苹果不少于 2 号筐中的苹果,3 号筐中的苹果不少于 4 号筐中的苹果,如此等等),同时,它们中也装有不少于所有李子的一半(因为 99 号筐中的李子不少于 98 号筐中的李子,97 号筐中的李子不少于 96 号筐中的李子,如此等等).

13. 建立直角坐标系 xOy,使得 y 轴与 1990 个题设点中任两点间连线均不平行,则 1990 个已知点的横坐标均不相同. 按照横坐标自小至大依次设为 $A_i(x_i,y_i)$ $(i=1,2,\cdots,1990)$,$x_1<x_2<\cdots<x_{1990}$. 直线 $l:x=\dfrac{x_{995}+x_{996}}{2}$ 的两侧均有 995 个已知点. 再作一个一边在直线 l 上的充分大的正三角形,必能包含 l 一侧的 995 个点,而另一侧的 995 个点则位于此正三角形的外部.

14. 将 N 个人从 1 到 N 进行编号,若 $|i-j|\leqslant\left[\dfrac{N}{2}\right]$,则介绍 i 号与 j 号相识,由此可知,当 $1\leqslant k\leqslant\left[\dfrac{N}{2}\right]$ 时,第 k 号恰认识 $k+\left[\dfrac{N}{2}\right]-1$ 个人,当 $\left[\dfrac{N}{2}\right]+1\leqslant k\leqslant N$ 时,第 k 号恰认识 $N-k+\left[\dfrac{N}{2}\right]$ 个人. 故只有第 k 号与第 $N+1-k$ 号有相同数目的熟人,也就说明任三人中不含有相同数目的朋友. 命题获证.

15. 将 100 名代表分成 50 个"相邻对",将同一对中的两人称为熟人. 显然,为了证明题中断言,只需证明每一对熟人都可以被分拆到两个不同的组中. 下面给出一种具体的操作方法. 先将第 1 个国家的代表甲分在第 1 组,代表乙分在第 2 组;接着将代表乙的熟人(假设他是第 i 个国家的代表甲)分到第 1 组,将第 i 个国家的代表乙分在第 2 组;再将他的熟人分到第 1 组,如此下去. 如果到某一步发现某个代表的熟人已经被分在第 1 组,那么,该熟人一定就是那个最先被分到第 1 组的人. 到此所作的分组方式都是符合要求的.

如果此时还有人没有被分配,那么,就对他们重新进行与刚才一样的分组过程即可.

16. 在 y 轴上有点 $(0,2uv)$,在 x 轴上选点 $(u^2-v^2,0)$,这两点间的距离是 $\sqrt{(2uv)^2+(u^2-v^2)^2}=u^2+v^2$.若 u,v 是整数,两点间的距离也是整数,于是可在 y 轴上取点 $(0,m)$,$m=2p_1p_2\cdots p_n$,其中 p_i 为不同的素数,在 x 轴上取点 $x_i((p_1p_2\cdots p_i)^2-(p_{i+1}\cdots p_n)^2,0)(i=1,2,\cdots,n-1)$.上述 y 轴上的一个点,x 轴上的 $n-1$ 个点满足我们的要求.

17. 设点 A_1,A_2,A_3,A_4 是菱形的 4 个顶点.菱形的边长为 1,锐角为 60°.A_1 和 A_3 是锐角的顶点.绕点 A_1 旋转这个菱形得 $A_1A_2'A_3'A_4'$,使得 $A_3'A_3=1$(图11-5).$A_1,A_2,A_2',A_3,A_3',A_4,A_4'$ 满足题设条件.事实上在这 7 点的任意 3 点中,至少有 2 点来自于集合 $\{A_1,A_2,A_3,A_4\}$ 或 $\{A_1,A_2',A_3',A_4'\}$.我们不妨假设这 2 点是菱形 $A_1A_2A_3A_4$ 的顶点.连接这个菱形顶点的 6 条线段中,5 条的长度为 1,仅仅 A_1A_3 的长度不为 1.若在集合 $\{A_1,A_2,A_3,A_4\}$ 中 2 点不是 A_1 和 A_3,则这 2 点的距离必为 1.若这 2 点是 A_1 和 A_3,观察以 A_1A_3 为一条边的 5 个三角形:$\triangle A_1A_3A_2$,$\triangle A_1A_3A_4$,$\triangle A_1A_3A_2'$,$\triangle A_1A_3A_3'$,$\triangle A_1A_3A_4'$,这 5 个三角形都有一条边的长度为 1.故以集合 $\{A_1,A_2,A_2',A_3,A_3',A_4,A_4'\}$ 中的点为顶点的三角形中,至少有一条边的长度为 1.

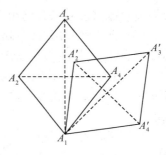

图 11-5

18. 存在.

先给出这样的正整数的例子.令 $n=13\times11\cdots1=144\cdots43$,其中 1 的个数待定.如果交换 1 和 3 的位置,则可得到 $344\cdots41=31\times11\cdots1$.于是,只要此处的 $11\cdots1$ 能被 $13\times31=403$ 整除,则交换前后的两个数的素约数的集合相同.而这样的 $11\cdots1$ 是存在的.

我们来考查 $1,10^1,10^2,\cdots,10^{403}$,其中有两个数(记为 10^m 和 10^n,$m<n$)被 403 除的余数相同,因此,$10^n-10^m=10^m(10^{n-m}-1)$ 能被 403 整除.

由于 403 与 9 互素,所以,403 整除 $\dfrac{10^{n-m}-1}{9}=11\cdots1$,其中 1 的个数为 $n-m$.此即为所求.

19. 构造例子如图11-6所示.$M=\{A,B,C,D,E,F,G,H,P,Q\}$,其中 $ABCD$-$EFGH$ 为正方体,P 为正方体的中心关于平面 $ADHE$ 的对称点,Q 为正方体的中心关于平面 $BCGF$ 的对称点,则点集 M 满足题设条件.

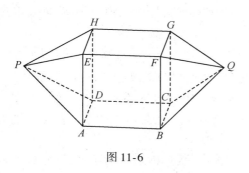

图 11-6

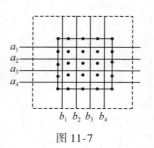

图 11-7

点评 例子不是唯一的.例如,点集 M 为一个正方体的顶点、中心、各面的中心及各条棱的中点所组成.则 M 也满足题意.

20.首先将 k 个都市都划归到不同的共和国,剩下的城市则按如下方式划归:第一次将那些与首都直接有公路相连的城市划归到相应的首都所在的共和国,以后每次都将那些未划归的且与某共和国的某个城市间直接有公路相连的城市划归到该共和国.因从任一城市可到另外任一城市,故经有限次即可将所有城市划归完毕.若两城市间最短道路由 n 条公路组成,则称该道路的长度为 n,因此,某个城市第 m 次时被划归到某共和国,此城市到该国首都最短路长为 m,而到其他首都的路长不小于 m.上述作法满足题设要求.

21.如图 11-7 所示,用 $a_1, a_2, a_3, a_4, b_1, b_2, b_3, b_4$ 等 8 条直线分棋盘成若干块后,每一小块中至多有一红点.

假设所画直线不超过 7 条可达到题设要求,把边缘的 16 个点依次用单位长的线段连成一个边长为 4 的正方形.由于所画直线不过黑点,每一条至多与上述两条单位长线段相交,那么这些直线至多与 14 条小线段相交,至少存在一个单位长线段整个落入被这些直线分划的某小区域内,它的两个端点(黑点)也包括在内,从而与题设要求相矛盾,故不可能.

因此符合题设条件的直线不得少于 8 条.

22.(1)首先我们可用数学归纳法证明:如果圆周上有两点集 A, B 各有 n 个点,那么可以用 n 条弦将这些点两两连接起来,这些弦互不相交,且每条弦的两端点分属集合 A, B.

$n=1$ 时,命题显然成立.假设 $n=k$ 时,命题成立,那么 $n=k+1$ 时,因集合 A, B 总有相邻两点,先用一条弦将它们连接起来,再由归纳法假设,知其余点可用 k 条弦依要求把它们连接起来,综上所述,命题获证.

(2)构造集合 $A = \{1, 2, \cdots, k\} \cup \{3k+1, 3k+2, \cdots, 4k\}$,$B = \{k+1, k+2, \cdots, 3k\}$,$A, B$ 各有 $2k$ 个点,根据上述结论,即可按要求把它们连接起来.

如图 11-8 所示,在圆周上依下列规划标号:上半圆交错地标出

1, 3k+1, 2, 3k+2, 3, ···, k, 4k, 共 2k 个点.

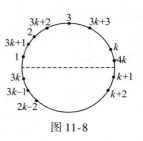

图 11-8

下半圆标号:$k+1, k+2, \cdots, 3k$. 假设可将数 $3k-1$ 减少 1,为保证每条弦的两端标数差不超过 $3k-2$,唯有上半圆的每个点与下半圆的对应点相连,否则上半圆总有两点连线的两端标号差大于等于 $3k-1$,这不可能. 但若上半圆上的点与下半圆上的点相连且一一对应,则 1 将与 $3k$ 相连,否则将出现相交弦与题设要求不符,而 1 与 $3k$ 相连,其差 $3k-1$ 与不超过 $3k-2$ 相矛盾,故数 $3k-1$ 不能再减少.

23.
$$ac + bd = (b+d+a-c)(b+d-a+c)$$
$$\Leftrightarrow a^2 - ac + c^2 = b^2 + bd + d^2. \tag{11-1}$$

构造一个四边形 $ABCD$,使得 $AB=a, BC=d, CD=b, AD=c, \angle BAD=60°, \angle BCD=120°$. 由式(11-1)知这样的四边形存在,且由余弦定理知式(11-1)两边值为 BD^2. 记 $\angle ABC=\alpha$,则 $\angle CDA=180°-\alpha$. 在 $\triangle ABC$ 和 $\triangle ACD$ 内运用余弦定理有

$$a^2 + d^2 - 2ad\cos\alpha = AC^2 = b^2 + c^2 + 2bc\cos\alpha.$$

所以 $2\cos\alpha = \dfrac{a^2+d^2-b^2-c^2}{ad+bc}$,则

$$AC^2 = a^2 + d^2 - ad \cdot \frac{a^2+d^2-b^2-c^2}{ad+bc} = \frac{(ab+cd)(ac+bd)}{ad+bc}.$$

因四边形 $ABCD$ 为圆内接四边形,由托勒密定理得

$$(AC \cdot BD)^2 = (ab+cd)^2,$$

即

$$(ac+bd)(a^2-ac+c^2) = (ab+cd)(ad+bc). \tag{11-2}$$

由 $a>b>c>d>0$ 有 $(a-d)(b-c)>0, (a-b)(c-d)>0$,从而

$$ab+cd > ac+bd > ad+bc. \tag{11-3}$$

假设 $ab+cd$ 为素数,于是 $ab+cd$ 与 $ac+bd$ 互素. 要使式(11-2)成立,只有 $ac+bd$ 整除 $ad+bc$,但这与式(11-3)矛盾. 故 $ab+cd$ 不可能为素数.

点评 存在符合条件的四元数组 (a,b,c,d) 如 $(21,18,41,1)$ 及 $(65,50,34,11)$.

24. 设 $2=p_1<p_2<\cdots<p_n<\cdots$ 是全体素数,则对于每个自然数 a,当且仅当 $a=p_{i_1}p_{i_2}\cdots p_{i_k}, i_1, i_2, \cdots, i_k(k \geqslant 2)$ 互不相同且它们除以 k 的余数全部相同时,$a \in A$. 这样确定的 A 便满足要求. 事实上,对任意无穷个素数的集合 $P=\{p_{j_1}, p_{j_2}, \cdots\}$,

取 $k>|j_2-j_1|$，则 $n=p_{j_1}p_{j_2}\cdots p_{j_k}$ 是 P 中 k 个不同元素之积，且 $j_1,j_2,\cdots,j_k$ 除以 k 余数必不全相同[因 $j_1\not\equiv j_2(\bmod k)$]，故 $n\notin A$. 由于 P 是无限集，故在 $j_1,j_2,\cdots$ 中，必有 k 个，除以 k 余数相同，取这 k 个作乘积为 m，则 $m\in A$，且 m,n 都是 P 中 k 个元素的乘积. 所以集合 A 即为所求.

25. 首先考虑 $P(t)=tb(t^2-b^2)+bc(b^2-c^2)+ct(c^2-t^2)$，易知，$P(b)=P(c)=P(-c-b)=0$，所以，我们有

$$ab(a^2-b^2)+bc(b^2-c^2)+ca(c^2-a^2)=|P(a)|$$
$$=|(b-c)(a-b)(a-c)(a+b+c)|,$$

原不等式等价于

$$|(b-c)(a-b)(a-c)(a+b+c)|\leqslant M(a^2+b^2+c^2)^2.$$

由于对称性，不妨假设 $a\leqslant b\leqslant c$. 则我们有

$$|(a-b)(b-c)|=(b-a)(c-b)$$
$$\leqslant\left(\frac{(b-a)+(c-b)}{2}\right)^2=\frac{(c-a)^2}{4},$$

且等号成立的充分必要条件 $b-a=c-b$，即 $2b=a+c$. 又

$$\left(\frac{(c-b)+(b-a)}{2}\right)^2\leqslant\frac{(c-b)^2+(b-a)^2}{2},$$

或等价于

$$3(c-a)^2\leqslant 2[(b-a)^2+(c-b)^2+(c-a)^2],$$

且等号成立充分必要条件是 $2b=a+c$. 从而，

$$|(b-c)(a-b)(a-c)(a+b+c)|$$
$$\leqslant\frac{1}{4}|(c-a)^3(a+b+c)|=\frac{1}{4}\sqrt{(c-a)^6(a+b+c)^2}$$
$$\leqslant\frac{1}{4}\sqrt{\left(\frac{2[(b-a)^2+(c-b)^2+(c-a)^2]}{3}\right)^3(a+b+c)^2}$$
$$\leqslant\frac{\sqrt{2}}{2}\left(\sqrt[4]{\left(\frac{(b-a)^2+(c-b)^2+(c-a)^2}{3}\right)^3(a+b+c)^2}\right)^2,$$

由加权 AM-GM 不等式，有

$$|(b-c)(a-b)(a-c)(a+b+c)|$$
$$\leqslant\frac{\sqrt{2}}{2}\left(\frac{(b-a)^2+(c-b)^2+(c-a)^2+(a+b+c)^2}{4}\right)^2$$
$$=\frac{9\sqrt{2}}{32}(a^2+b^2+c^2)^2.$$

于是 $M=\dfrac{9\sqrt{2}}{32}$，且等号成立的充分必要条件 $2b=a+c$，以及

$$\frac{(b-a)^2+(c-b)^2+(c-a)^2}{3}=(a+b+c)^2.$$

解得 $2b=a+c$，$(c-a)^2=18b^2$.

取 $b=1$，得到 $a=1-\dfrac{3}{2}\sqrt{2}$ 和 $c=1+\dfrac{3}{2}\sqrt{2}$，从而当 $\left(1-\dfrac{3}{2}\sqrt{2},1,1+\dfrac{3}{2}\sqrt{2}\right)$ 时，等

号成立，故 $M=\dfrac{9}{32}\sqrt{2}$.

第 12 章 极 端 原 理

12.1 问　　题

1. 证明每个凸五边形必有 3 条对角线,以它们为边可构成三角形.

2. $n(n \geqslant 3)$ 个排球队进行循环赛,每两个队之间比赛一次决出胜负. 如果比赛结束后发现没有一个队全胜,证明:一定存在 3 个队 A,B,C,使得 A 胜 B,B 胜 C,C 胜 A.

3. 某校学生中,没有一个学生读过学校图书馆的所有图书,又知道图书馆内的任何 2 本书至少被一个同学都读过,问:能不能找到两个学生甲、乙和 3 本书 A,B,C,甲读过 A,B,没读过 C;乙读过 B,C,没读过 A? 说明判断过程.

4. 平面上给定 n 个点,任三点为顶点的三角形的面积不大于 1. 证明:所有 n 个点在一面积不大于 4 的三角形内.

5. 平面上给定 $2n$ 个点,没有三点共线,n 个点代表农场 $F = \{F_1, F_2, \cdots, F_n\}$,另 n 个点代表水库 $W = \{W_1, W_2, \cdots, W_n\}$,一个农场与一个水库用直路连接. 证明存在一种分配方式,使得所有的路不相交.

6. 把 1600 颗花生分给 100 只猴子. 证明不管怎样分,至少有 4 只猴子得到一样多的花生.

7. 现有 8 个学生 8 道问题,若每道题至少被 5 人解出,求证:可以找到 2 个学生,每道题至少被 2 个学生中的一个解出.

8. $n(n \geqslant 3)$ 名乒乓球选手单打比赛若干场后,任意 2 名选手已赛过的对手恰好都不完全相同.

试证明:总可以从中去掉一名选手,而使余下的选手中,任意 2 名选手已赛过的对手仍然都不完全相同.

9. 在一个 8×8 的方格棋盘的方格中,填入从 1 到 64 这 64 个数. 问:是否一定能够找到两个相邻的方格,它们中所填数的差大于 4?

10. 魔术师和他的助手表演下面的节目:首先,助手在黑板上画一个圆,观众在圆上任意标出 2007 个互不相同的点,然后,助手擦去其中一个点. 此后,魔术师登场,观察黑板上的圆,并指出被擦去的点所在的半圆. 为确保演出成功,魔术师应当事先与助手作怎样的约定?

11. 在平面上有无穷个矩形组成的集合,其中每个矩形的顶点坐标为 $(0,0),(0,m),(n,m),(n,0)$ 此处 n 和 m 都是正整数(不同矩形对应的 n,m 值不同). 求证:从这些矩形中可选出两个来,使得一个矩形包含在另一个之中.

12. 求证:方程 $x^3+2y^3=4z^3$ 无正整数解组.

13. 证明:对于任何自然数 $n>10000$,都可以找到自然数 m,其中 m 可以表示为两个完全平方数的和,并且满足条件 $0<m-n<3\sqrt[4]{n}$.

14. 设 $f(n)$ 是定义在正整数集上且取正整数值的严格递增函数,$f(2)=2$,当 m,n 互素时,有 $f(mn)=f(m)\cdot f(n)$. 求证:对一切正整数 n,都有 $f(n)=n$.

15. 已知实数列 $\{a_k\}(k=1,2,\cdots)$ 具有下列性质:存在正整数 n,满足 $a_1+a_2+\cdots+a_n=0$ 及 $a_{n+k}=a_k(k=1,2,3,\cdots)$.

证明:存在正整数 N,使得当 $k=0,1,2,\cdots$时,均有不等式
$$a_N+a_{N+1}+\cdots+a_{N+k}\geqslant 0.$$

16. 某市有 n 所中学,第 i 所中学派出 c_i 名学生到体育馆观看球赛($0\leqslant c_i\leqslant 39,i=1,2,\cdots,n$),全部学生总数为 $c_1+c_2+\cdots+c_n=1990$. 看台的每一横排有 199 个座位,要求同一学校的学生必须坐在同一横排. 问体育馆最少要安排多少横排才能保证全部学生都能按要求入座?

17. 设 m 是平面上的有限点集. 已知过 m 中任意两点所作的直线必过 m 中另一点,求证:m 中所有点共线.

18. 在平面上给出了有限条红色直线和蓝色直线,其中任何两条不平行,并且其中任何两条同色直线的交点处都有一条与它们异色的直线经过. 证明:所有的给定直线相交于同一个点.

19. 已知 $A_1A_2\cdots A_{2n+1}$ 是平面上的一个正 $2n+1$ 边形($n\in\mathbf{N}^+$),O 是其内部任意一点.

求证:存在一个角 $\angle A_iOA_j$ 满足:$\pi\left(1-\dfrac{1}{2n+1}\right)\leqslant\angle A_iOA_j\leqslant\pi$.

20. 某国有 100 个城市,某些城市之间有道路相连. 在其中任何 4 个城市之间,都至少有两条道路相连. 已知该国没有经过各个城市恰好一次的道路. 证明:该国存在这样的两个城市,使得其余任何城市都至少与这两个城市之一有道路相连.

21. 设 $n(n\geqslant 2)$ 为正整数. 开始时,在一条直线上有 n 只跳蚤,且它们不全在同一点. 对任意给定的一个正实数 λ,可以定义如下的一种"移动":

（1）选取任意 2 只跳蚤,设它们分别位于点 A 和点 B,且 A 位于 B 的左边;

（2）令位于点 A 的跳蚤跳到该直线上位于点 B 右边的点 C,使得 $\dfrac{BC}{AB} = \lambda$.

试确定所有可能的正实数 λ,使得对于直线上任意给定的点 M 以及这 n 只跳蚤的任意初始位置,总能够经过有限多个移动以后令所有的跳蚤都位于 M 的右边.

22. 对于凸多边形 P 的任意边 b,以 b 为边,在 P 内部作一个面积最大的三角形. 证明:对 P 的每条边,按上述方法所得三角形的面积之和至少是 P 的面积的 2 倍.

12.2 解　答

1. 如图 12-1 所示,设 BE 为凸五边形 $ABCDE$ 中最长的对角线. 因 $BD+CE>CD+BE>BE$,故以 BD,CE,BE 为边可构成一三角形.

图 12-1

2. 首先考查各队中胜的次数最多的队,不妨设为 A. 依题设,没有一个队全胜,因而必有 C 胜 A,又在 A 胜过的队中必有 B 胜 C(否则 C 胜过的队数将比 A 胜过的队数多,导致矛盾),于是这 3 个队即为所求.

3. 首先从读书数最多的学生中找一人称他为甲,由题设,甲至少有一本书 C 未读过,设 B 是甲读过的书中的一本,根据题设,可找到学生乙,乙读过 B,C.

由于甲是读书最多的学生之一,乙读书数不能超过甲的读书数,而乙读过 C 书,甲未读过 C 书,所以甲一定读过一本书 A,而乙没读过 A 书,否则乙就比甲至少多读过一本书,这样一来,甲读过 A,B,未读过 C;乙读过 B,C,未读过 A.

因此可以找到满足要求的两个学生.

4. 在所有 C_n^3 个三角形中,不妨设 $\triangle ABC$ 面积最大. 过 A 作 BC 的平行线,过 B 作 AC 的平行线,过 C 作 AB 的平行线,交成 $\triangle A_1B_1C_1$(图 12-2),则 $S_{\triangle A_1B_1C_1} = 4S_{\triangle ABC} \leqslant 4$. 可以证明所有 n 个点均在 $\triangle A_1B_1C_1$ 内,假设点 P 在 $\triangle A_1B_1C_1$ 外,不妨设它与 $\triangle ABC$ 在 B_1C_1 的两侧,则有 $S_{\triangle BCP}>S_{\triangle ABC}$,矛盾.

故命题成立.

5. 分配方式共 $n!$ 种,必存在一种分配方式,使得 n 条路的总长度最短. 假设这种情况下 F_iW_m 和 F_kW_n 相交(图 12-3),去掉公路 F_iW_m 和 F_iW_n,改为 F_kW_m 和 F_iW_n. 因 $F_iW_m+F_kW_n>F_iW_n+F_kW_n$. 故路的总长度变短,矛盾. 从而此种

情况下任两条路不相交.

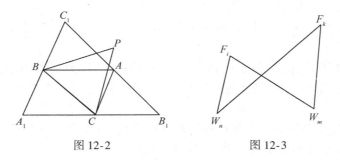

图 12-2   图 12-3

6. 假设存在一种分法使得没有 4 只猴子得到一样多的花生,那么这种分法所需花生数不会少于下列情形所需花生数:3 只猴子各得 0 颗,3 只猴子各得 1 颗,3 只猴子各得 2 颗,……,3 只猴子各得 32 颗,最后一次猴子得 33 颗. 于是出现

$$3(0 + 1 + 2 + \cdots + 32) = 1617 > 1600,$$

导致矛盾. 故不管怎样分,至少有 4 只猴子得到的花生一样多.

至于没有 5 只猴子所得的花生一样多的分法显然存在,如在上述分法中,将第 100 只猴子所分得的 33 颗花生改为 16 颗花生即可.

7. 设解出题目最多的学生为 A,易知,A 至少解出 5 道题.

如果 A 解出 8 或 7 道题,显然可以找出 2 个学生,他们 2 人解出了全部 8 道题.

如果 A 解出 6 道题,对于 A 没解出的 2 道题,因为每道题至少被另外 7 人中的 5 人解出,所以至少有 1 人同时解出了这 2 道题,这个学生与 A 解出了全部 8 道题.

如果 A 解出 5 道题,因为 8 道题中的每道题都至少被 5 人解出,即解出题的至少有 8×5=40(人次),而 A 才解出 5 道题,所以这 8 个人每人都解出 5 道题,对于没被 A 解出的 3 道题,它们共被另外 7 人解出 3×5=15(人次),15÷7=2 余 1,根据抽屉原理,至少有 1 人同时解出了这 3 道题,这个学生与 A 解出了全部 8 道题.

8. 如果去掉选手 H,能使余下的选手中,任意 2 个选手已赛过的对手仍然都不完全相同,那么我们称 H 为可去选手. 我们的问题就是要证明存在可去选手.

设 A 是已赛过对手最多的选手. 若不存在可去选手,则 A 不是可去选手,故存在选手 B 和 C,使当去掉 A 时,与 B 赛过的选手和与 C 赛过的选手相同. 从而

B 和 C 不可能赛过,并且 B 和 C 中一定有一个(不妨设为 B)与 A 赛过,而另一个(即 C)未与 A 赛过.

又因 C 不是可去选手,故存在选手 D,E,其中 D 和 C 赛过,而 E 和 C 未赛过.

显然,D 不是 A,也不是 B,因为 D 与 C 赛过,所以 D 也与 B 赛过.又因为 B 和 D 赛过,所以 B 也与 E 赛过,但 E 未与 C 赛过,因而选手 E 只能是选手 A.

于是,与 A 赛过的对手数就是与 E 赛过的对手数,他比与 D 赛过的对手数少 1,这与假设 A 是已赛过对手最多的选手矛盾.

故一定存在可去选手.

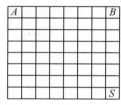

图 12-4

9. 考虑方格棋盘(图 12-4)的左上角、右上角及右下角方格内的数 A,B,S.

设存在一个填数方案,使任意相邻两格中的数的差不大于 4,考虑最大和最小的两个数 1 和 64 的填法,为了使相邻数的差不大于 4,最小数 1 和最大数的"距离"越大越好,即把它们填在对角的位置上($A=1$,$S=64$).

然后,我们沿最上行和最右行来观察:因为相邻数不大于 4,从 $A \rightarrow B \rightarrow S$ 共经过 14 格,所以 $S \leqslant 1+4 \times 14 = 57$(每次都增加最大数 4),与 $S=64$ 矛盾. 因而,1 和 64 不能填在"最远"的位置上. 显然,1 和 64 如果填在其他任意位置,那么从 1 到 64 之间的距离更近了,更要导致如上的矛盾. 因此,不存在相邻数之差都不大于 4 的情况,即不论怎样填数必有相邻两数的差大于 4.

10. 给出其中的一种约定的例子.

观察圆周上由 2007 个分点所分成的 2007 段弧. 假设弧 AB 是其中最长的一段弧(如果最长的弧不止一段,则任取其一),并设弧 AB 位于点 A 的顺时针方向(即位于点 B 的逆时针方向). 此时,助手应当擦去点 A.

接下来说明,魔术师可以指出此时被擦去的点所在的半圆周.

当魔术师登场时,他所看见的是被分为 2006 段弧的圆周. 显然,被擦去的点位于最长的一段弧上(因为擦去点 A,使得弧的长度增大,所以,这种弧是唯一的). 假设现在的最长的弧是弧 CB(它位于点 C 的顺时针方向),则弧 $AB \geqslant$ 弧 CA(图 12-5). 如果点 X 是弧 CB 的中点,则点 A 位于弧 CX 上.

因此,魔术师可以指出位于点 C 的顺时针方向的半圆

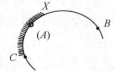

图 12-5

周(包含弧 CX 的半圆周).

11. 我们先从已知矩形中选取具有最小水平边长的矩形 R_1 ,并记它的竖直边长为 m_1 .

若其余矩形中,若存在竖直边长大于 m_1 的矩形 R_2 . 依题设知 R_1 包含在 R_2 中. 否则其余的无穷多个矩形的竖直边长都小于 m_1 ,亦即边长为 $1,2,\cdots,m-1$ 之一. 根据抽屉原则知其中一定可以选出两个矩形 R_3,R_4 ,它们具有相等的竖直长度,那么 R_3 和 R_4 中必有一个的水平边长不小于另一个,即必有一个矩形包含在另一个之中.

综上所述,命题获证.

12. 若方程有正整数解组,设 (x_0,y_0,z_0) 是所有正整数解组中 x 值最小的一组解. 由方程知 x_0 为偶数. 记 $x_0=2x_1$,于是 x_1 为整数且方程化为

$$4x_1^3 + y_0^3 - 2z_0^3 = 0.$$

由此可知 y_0 为偶数,类似地可证 z_0 也是偶数,记 $y_0=2y_1,z_0=2z_1$,便有

$$x_1^3 + 2y_1^3 - 4z_1^3 = 0,$$

即 (x_1,y_1,z_1) 也是原方程的一组正整数解组,但这时 $x_1=\dfrac{x_0}{2}<x_0$,矛盾. 这就证明了方程没有正整数解组.

13. 设 x 是其平方不超过 n 的最大整数,即 $x^2 \leq n < (x+1)^2$. 由于 n 为整数,则 $n-x^2 \leq 2x \leq 2\sqrt{n}$.

再设 y 是其平方大于 $n-x^2$ 的最小正整数,有 $(y-1)^2 \leq n-x^2 < y^2$,则

$$y = (y-1) + 1 \leq \sqrt{n-x^2} + 1 \leq \sqrt{2\sqrt{n}} + 1 = \sqrt{2}\sqrt[4]{n} + 1.$$

易知 $m=x^2+y^2>n$,即 m 可以表示为两个完全平方数的和,并且 $m-n>0$.

另外,有

$$m - n = x^2 + y^2 - n = y^2 - (n-x^2)$$
$$\leq y^2 - (y-1)^2 = 2y - 1 \leq 2\sqrt{2}\sqrt[4]{n} + 1.$$

最后只需指出,当 $n>10000$ 时,有 $2\sqrt{2}\sqrt[4]{n}+1<3\sqrt[4]{n}$.

14. 由已知有

$$f(3)f(7) = f(21) < f(22) = f(2)f(11) = 2f(11)$$
$$< 2f(14) = 2f(2)f(7) = 4f(7).$$

所以 $f(3)<4$. 又 $f(3)>f(2)=2$,故 $f(3)=3$.

假设命题不真,设使 $f(n) \neq n$ 的最小自然数为 $n_0(n_0 \geq 4)$. 因 $f(n_0)>f(n_0-1)=n_0-1$,故 $f(n_0)>n_0$. 又因 $f(n)$ 严格递增,所以 $n \geq n_0$ 时, $f(n)>n$.

当 n 为奇数时,2 与 n_0-2 互素. 故有

$$f(2(n_0 - 2)) = f(2) \cdot f(n_0 - 2) = 2f(n_0 - 2) = 2(n_0 - 2).$$

注意到 $2(n_0-2) \geqslant n_0$,导致矛盾.

当 n_0 为偶数时,2 与 n_0-1 互素,于是

$$f(2(n_0 - 1)) = f(2) \cdot f(n_0 - 1) = 2f(n_0 - 1) = 2(n_0 - 1).$$

显然 $2(n_0-1) > n_0$,导致矛盾.

综上所述,知假设不成立,故命题获证.

15. 构造和式

$$s_j = a_1 + a_2 + \cdots + a_j, \quad j = 1, 2, \cdots, n.$$

依题设知

$$s_{n+j} = s_j + a_{j+1} + a_{j+2} + \cdots + a_{j+n}$$
$$= s_j + a_{j+1} + a_{j+2} + \cdots + a_n + a_1 + \cdots + a_{j-1} + a_j = s_j.$$

这表明和数列 $\{s_j\}$ 各项的数值构成的是一有限集,其中必有一个最小数,记作 s_m,于是

$$a_{m+1} + a_{m+2} + \cdots + a_{m+l+k} = s_{m+l+k} - s_m \geqslant 0.$$

取 $N = m+1$,即得

$$a_N + a_{N+1} + \cdots + a_{N+k} \geqslant 0.$$

16. 由于 $c_i \leqslant 39$,故每一横排至少可坐 161 人,于是只要有 13 排,至少可坐 $161 \times 13 = 2093$ 人,当然能坐下全部 1990 名学生.

由于 $c_1, c_2, \cdots, c_n$ 只有有限个,故它们的不超过 199 的有限和也只有有限多个. 选取其中最接近 199 的有限和,记为 $c_{i1} + c_{i2} + \cdots + c_{ik}$,将这 k 个学校的学生安排在第一排就座. 然后再对其余的诸 c_i 进行同样的讨论并选取不超过 199 且最接近 199 的有限和,把这些学校的学生排在第二排. 以此类推,一直到第 10 排并记第 10 排的空位数为 x_{10}.

如果 $x_0 \geqslant 33$,则余下未就座的学校的学生数 c_j 全都不小于 34. 若余下的学校不超过 4 个,则只要 11 排就可以了;若余下的学校数不少于 5 个,则可任取 5 个学校的学生排在第 11 排,这时至少坐了 170 名学生,从而 $x_{11} \leqslant 29 < x_{10}$,此与 x_{10} 的最小性矛盾. 如果 $x_{10} \leqslant 32$,则前 10 排的空位总数至多为 320,亦即前 10 排已至少坐了 1670 人,故知安排的学生至多还有 320 人,每排至少可坐 161 人,只要 12 排就够了.

最后,考查只有 11 排的情形. 这时,只容许有 199 个空位. 为了安排下全部学生,每排空位平均不能达到 19 个. 设 $n = 80$,前 79 个学校各有学生 25 人,最后一个学校派 15 人,则共有 1990 人,除了一排可安排 $25 \times 7 + 15 = 190$ 人外,其

余 10 排每排至多安排 7 个学校的 175 人,故 11 排至多安排 1940 人就座,这说明只有 11 排座位是不够的.

综上所述,最少需要 12 排座位.

17. 设 $M=\{A_1,A_2,\cdots,A_n\}$,$S=\{1,2,\cdots,n\}$. 若 $A_1,A_2,\cdots,A_n$ 不全共线,则对任意 $i,j\in S$,必有 $k\in S$,使 A_i,A_j,A_k 三点不共线. 记 A_i 到直线 A_jA_k 的距离为 $d_{ijk}>0$,于是

$$D=\{d_{ijk}\mid i,j,k\in s\ 且\ A_i,A_j,A_k\ 三点不共线\}$$

是一个有限的正实数集. 不妨设 d_{123} 为 D 中最小元. 按已知条件必有 $A_4\in M$ 使 A_4 在直线 A_2A_3 上,过 A_1 作 $A_1O\perp A_2A_3$ 于 O. 不妨设在直线 A_2A_3 上,点 A_3,A_4 在点 O 同侧(图 12-6),于是 $d_{341}<d_{123}$,矛盾. 从而证明为 M 中所有点共线.

18. 用反证法. 假设不是所有直线相交于同一个点. 如图 12-7 所示,任取一条蓝色直线 l,观察 l 与红色直线的各个交点,设点 A 和点 B 是其中相距最远的两个交点,而直线 m 和 n 是经过点 A 和点 B 的红色直线. 设直线 m 和 n 相交于点 C,于是,经过点 C 还有一条蓝色直线 p. 显然,p 与 l 的交点 D 一定位于线段 AB 上,因若不然,由于经过点 D 还有一条红色直线,从而点 A 和点 B 就不是 l 上相距最远的两个与红色直线的交点.

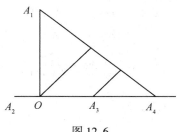

图 12-6

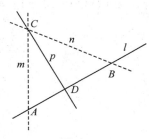

图 12-7

如图 12-8 所示,我们考查所有与直线组 l,m,n,p 相类似的四直线组 l',m',n',p',其中 l',p' 同为一种颜色,m',n' 同为另一种颜色,m',n',p' 相交于同一个点,l' 与 p' 的交点位于 l' 与 m' 的交点和 l' 与 n' 的交点之间. 观察其中由 l',m',n' 所形成的三角形具有最小面积的情形. 此时,经过点 D' 还有一条与 m' 同色的直线 q',它或者与线段 $B'C'$ 相交,或者与线段 $A'C'$ 相交,为确定起见,设它与 $B'C'$ 相交. 这

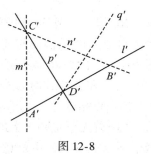

图 12-8

时与四直线组 n', l', p', q' 相对应的三角形具有更小的面积.

19. 设 A_i 是距 O 最近的正多边形的一个顶点,即 $OA_i \leqslant OA_k$($k = 1, 2, \cdots, 2n+1$).

如图 12-9 所示,连接 $A_i O$,并延长交正多边形于一点 M,有下述两种可能:

(1)M 为正多边形的某个顶点 A_j,则 $\angle A_i OA_j = \pi$;

(2)M 在某条边 $A_j A_{j+1}$ 的内部,则 $\angle A_i OA_j$, $\angle A_i OA_{j+1}$ 都小于 π.

在 $\triangle A_i OA_{j+1}$ 中,由于 $OA_i \leqslant OA_{j+1}$,所以 $\angle A_i A_{j+1} O \leqslant \angle OA_i A_{j+1}$.

同理,在 $\triangle A_i OA_j$ 中有 $\angle A_i A_j O \leqslant \angle A_j A_i O$.

由于 $A_1 A_2 \cdots A_{2n+1}$ 是一个正 $2n+1$ 边形,那么其中一个内角应为 $\dfrac{(2n-1)\pi}{2n+1}$.

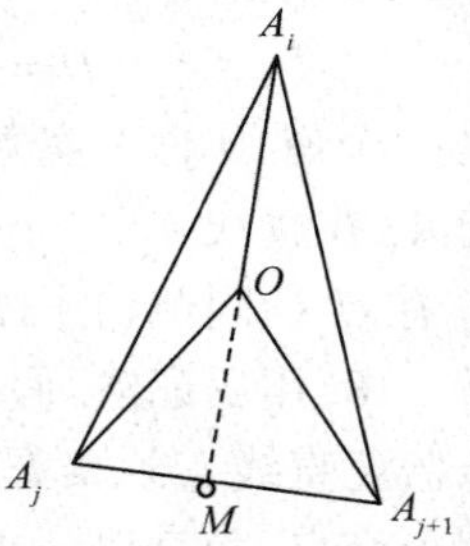

于是 $\angle A_j A_i A_{j+1} = \dfrac{1}{2n-1} \cdot \dfrac{(2n-1)\pi}{2n+1} = \dfrac{\pi}{2n+1}$.

图 12-9

利用三角形的内角和为 π,有

$$
\begin{aligned}
\angle A_i OA_j + \angle A_i OA_{j+1} &= (\pi - \angle A_j A_i O - \angle A_i A_j O) \\
&\quad + (\pi - \angle A_{j+1} A_i O - \angle A_i A_{j+1} O) \\
&\geqslant 2\pi - 2(\angle A_j A_i O + \angle A_{j+1} A_i O) \\
&= 2\pi - 2\angle A_j A_i A_{j+1} = 2\pi - \dfrac{2\pi}{2n+1} \\
&= 2\pi \left(1 - \dfrac{1}{2n+1}\right).
\end{aligned}
$$

那么,$\angle A_i OA_j$ 与 $\angle A_i OA_{j+1}$ 中至少有一个角不小于 $\pi \left(1 - \dfrac{1}{2n+1}\right)$.

20. 作一个图,以该国的各个城市为顶点,以道路为边. 在该图中取出最长的不自交的路 S,假设它的两个端点分别为 A 和 B. 由题意知,S 上的顶点数目不大于 99,且 A, B 都不可能与非 S 上的顶点相连(否则与路 S 的最长性相矛盾). 当 A 和 B 相连时,路 S 成为一个圈. 类似地,路 S 上的任何顶点都不能与非 S 上的顶点相连.

(1)首先假定路 S 上的顶点数目不大于 98. 观察端点 A 和 B 以及非 S 上的两个顶点 Y_1 和 Y_2. 由题意知,在它们之间至少连有两条边. 由于顶点 A 和 B 不可能与非 S 上的顶点相连,所以,A 和 B 之间连有一条边. 从而,路 S 成为一个圈,S 上的任何顶点都不能与非 S 上的顶点相连. 我们来观察路 S 上的任意两个顶点 X_1 和 X_2 以及非 S 上的任意两个顶点 Y_1 和 Y_2. 由于在它们之间至少连有两条边,但是此时路 S 上的任何顶点都不能与非 S 上的顶点相连,所以,这两条边只能是一条连在 X_1 和 X_2 之间,另一条连在 Y_1 和 Y_2 之间. 于是证得:路 S 上的所有顶点均两两相连,非 S 上的所有顶点亦两两相连,从而得出要证的结论.

(2)在其余的情形下,仅有一个顶点不在路 S 上,将该顶点记为 D. 如果 D 与路 S 上的任何顶点都没有边相连,考虑 D 和路 S 上的任意 3 个顶点. 由于这 4 个顶点之间至少连有 2 条边,所以,S 上的任意 3 个顶点之间都至少连有 2 条边. 因此,S 上的任何 1 个顶点,都至多有一个 S 上的顶点不与其相连. 由于 S 上的 99 个顶点不能分为两两不相连的"对子组",所以,其中必有 1 个顶点与其余所有顶点都相连. 于是这个顶点与 D 即为所求.

如果最长的路 S 的两个端点 A 和 B 有边相连,那么如开头所言,此时顶点 D 与路 S 上的任何顶点都没有边相连. 于是断言已经成立.

最后,只需考查路 S 的两个端点 A 和 B 无边相连,而顶点 D 与路 S 上的至少一个顶点有边相连的情形.

我们来观察顶点 A,B,D 和任意一个别的顶点 Z(显然它在路 S 上). 由于 A,B,D 中任意两点都不相连,因此顶点 Z 至少与 A,B,D 中的两者有边相连. 假设顶点 D 与路 S 上的顶点 X 有边相连. 由于顶点 X 至少有一个相邻顶点不是路 S 的端点,可以假定该顶点就是沿着路 S 上的边由 X 到 B 的第一个顶点 Y. 如果 Y 与 D 有边相连,那么沿着路 S 上的边由 A 走到 X,再经过 XD 与 DY,并沿着路 S 上的边由 Y 走到 B,于是到达该国每个城市刚好一次,这与题意矛盾. 如果 Y 与 D 不相连,则 YA,YB 有边相连,那么沿着路 S 上的边由 B 走到 Y,再经过 YA,并沿着路 S 上的边由 A 走到 X,最后到 D,于是到达该国每个城市刚好一次,亦与题意矛盾.

所以不存在这种情形.

至此,我们便已经考查了所有可能的情形,并且在每种可能的情形下都证明了题中的结论成立.

21. 我们首先考虑一种特定的跳法:每次将最左边的一只跳蚤跳到最右边一只跳蚤的右边,设第 $k(k \geqslant n)$ 次跳动之后,任两只跳蚤之间的距离中最大者为 d_k,最小者为 δ_k,则 $d_k \geqslant (n-1)\delta_k$,且 $\delta_k > 0$,在第 $k+1$ 次跳动之后,有 $\delta_{k+1} \geqslant \delta_k$ 或 $\delta_{k+1} = \lambda d_k$,不管哪种情况都有

$$\frac{\delta_{k+1}}{\delta_k} \geq \min\left\{1, \frac{\lambda d_k}{\delta_k}\right\} \geq \min\{1, (n-1)\lambda\}.$$

如果 $\lambda \geq \frac{1}{n-1}$，则 $\delta_{k+1} \geq \delta_k (k \geq n)$，即跳蚤间的最小距离不会减小，故 $\delta_k \geq N(k \geq n)$，其中 N 为正常数. 于是跳蚤每跳动一次，向右移动的距离不小于 N，故这 n 只跳蚤可以向右到达任意远的地方，因此 $\lambda \geq \frac{1}{n-1}$ 时，题中结论成立.

下面证明当 $\lambda < \frac{1}{n-1}$ 时，可以找到一点 M 使 n 只跳蚤无法到达它的右边，我们将 n 只跳蚤所在直线作为数轴，向右为正方向，并将跳蚤所处位置用相应的实数来表示. 设 k 次跳动后，S_k 为此时 n 只跳蚤所处位置相应的实数之和，w_k 为最右边跳蚤所处位置对应的实数，显然 $S_k \leq n w_k$.

设第 $k+1$ 次跳动，一只跳蚤由 A 跳过 B 到达 C，用 a, b, c 表示 A, B, C 三点所对应的实数，于是 $S_{k+1} = S_k + c - a$. 由于 $c - b = \lambda(b-a)$，即 $\lambda(c-a) = (1+\lambda)(c-b)$，于是

$$S_{k+1} - S_k = c - a = \frac{1+\lambda}{\lambda}(c-b).$$

如果 $c > w_k$，则 $w_{k+1} = c$，又 $b \leq w_k$，故

$$S_{k+1} - S_k = \frac{1+\lambda}{\lambda}(c-b)(w_{k+1} - w_k). \tag{12-1}$$

如果 $c \leq w_k$，则 $w_{k+1} - w_k = 0$，又 $S_{k+1} - S_k = c - a > 0$，故式 (12-1) 仍然成立.

考虑数列 $z_k = \frac{1+\lambda}{\lambda} w_k - S_k (k=0,1,2,\cdots)$，由式 (12-1) 得

$$\frac{1+\lambda}{\lambda} w_{k+1} - S_{k+1} \leq \frac{1+\lambda}{\lambda} w_k - S_k,$$

即 $z_{k+1} \leq z_k$，故 z_n 是一个不增的数列，从而对任意正整数 $k, z_k \leq z_0$，又 $\lambda < \frac{1}{n-1}$，则 $1+\lambda > n\lambda$. 于是，令 $\mu = \frac{1+\lambda}{\lambda} - n > 0$，有

$$z_k = (n+\mu)w_k - S_k = \mu w_k + (n w_k - S_k) \geq \mu w_k,$$

故 $\mu w_k \leq z_0$，有 $w_k \leq \frac{z_0}{\mu}$，即这 n 只跳蚤所能达到的最远位置所对应的实数不会超过一固定实数 (由 λ 及 n 只跳蚤初始位置决定)，从而当 M 点在上述点右边时，题中结论不能成立，故 $\lambda < \frac{1}{n-1}$ 时，不满足要求.

综上所述,所求的 λ 为不小于 $\dfrac{1}{n-1}$ 的所有实数.

22. 首先证明一个引理.

引理 对每个面积为 S 的凸 $2n$ 边形,可以找出一个由它的一条边和一个顶点连接成的三角形它的面积不小于 $\dfrac{S}{n}$.

引理的证明 $2n$ 边形的主对角线是指将 $2n$ 边形分割成两个多边形,且使它们均包含有相同数量的边的对角线. 对 $2n$ 边形的任意边 b,$\triangle_b$ 表示三角形 ABP,其中 A,B 是 b 的端点,P 是主对角线 AA',BB' 的交点. 下面将证明在所有的边上取的三角形 $\triangle_b$ 的并覆盖整个多边形.

为此,选取任意边 AB,考虑主对角线 AA' 作为有向线段. 令 X 是多边形中的任意点,且不在任意主对角线上,不妨假定 X 在射线 AA' 的左边. 考虑主对角线列 AA',BB',CC',$\cdots$,其中 $A,B,C,\cdots$ 为顺次的顶点,且位于 AA' 的右边.

在这个数列中第 n 项为对角线 $A'A$,X 在它的右边,于是在 A' 之前,数列 A,B,C,$\cdots$ 中存在两个顺次的顶点 K,L,使得 X 仍在 KK' 的左边,在 LL' 的右边,推出 X 在 $\triangle_{l'}$,$l'=K'L'$. 对位于 AA' 的右边的点 X 可以类似讨论(在主对角线上的点可以忽略不予考虑). 于是 $\triangle_b$ 的并覆盖整个多边形. 它们的面积之和不小于 S. 所以,可以找到两条相反的边,如 $b=AB$ 和 $b'=A'B'$(AA',BB' 为主对角线),使得 $[\triangle_b]+[\triangle_{b'}]\geqslant \dfrac{S}{n}$,这里 $[\cdots]$ 表示区域的面积. 设 AA' 和 BB' 相交于 P,不失一般性,假定 $PB\geqslant PB'$. 那么 $[ABA']=[ABP]+[PBA']\geqslant [ABP]+[PA'B']=[\triangle_b]+[\triangle_{b'}]\geqslant \dfrac{S}{n}$. 引理证毕.

现在,假设凸多边形 P 的面积为 S,有 m 条边 $a_1a_2\cdots a_m$. 设 S_i 为 P 中以 a_i 为一条边的面积最大的三角形的面积. 如果结论不成立,则

$$\sum_{i=1}^{m}\frac{S_i}{S}<2.$$

那么,存在有理数 $q_1,q_2,\cdots,q_m$,满足 $\displaystyle\sum_{i=1}^{m}q_i=2$,对每个 i,$q_i>\dfrac{S_i}{S}$.

令 n 是 m 个分式 $q_1,q_2,\cdots,q_m$ 的公分母. 令 $q_i=\dfrac{k_i}{n}$,于是 $\sum k_i=2n$.

将 P 的每边 a_i 分成 k_i 个相等的部分,得到一个面积为 S 的凸 $2n$ 边形(某些角具有 $180°$),对于它应用引理. 因此,存在边 b 和顶点 H 组成面积为

$[T] \geqslant \dfrac{S}{n}$ 的 $\triangle T$. 如果 b 是 P 的边 a_i 的一部分,那么具有底 a_i 以及最高顶点 H 的 $\triangle W$ 有面积 $[W] = k_i \cdot [T] \geqslant k_i \cdot \dfrac{S}{n} = q_i \cdot S > S_i$,与 S_i 的定义矛盾. 证毕.

第 13 章 局部调整法

13.1 问 题

1. 在线段 AB 上关于它的中点 M 对称地放置 $2n$ 个点. 任意将这 $2n$ 个点中的 n 个染成红点,另 n 个染成蓝点. 证明:所有红点到 A 的距离之和等于所有蓝点到 B 的距离之和.

2. 若干个正整数之和为 1985,求这些整数乘积的最大值.

3. 在 $1,2,3,\cdots,1989$ 每个数前添上"+"或"−"号,使其代数和为最小的非负数,并写出算式.

4. 在一条公路上每隔 100 千米有一个仓库(图 13-1). 共有 5 个仓库,一号仓库存有 10 吨货物,二号仓库存有 20 吨货物,五号仓库存有 40 吨货物,其余 2 个仓库是空的. 现在想把所有货物集中存放在 1 个仓库里,如果每吨货物运输 1 千米需要 0.5 元运输费,那么最少要多少运输费才行?

图 13-1

5. 有 10 个村,坐落在从县城出发的一条公路旁(如图 13-2 所示,距离单位是千米). 要安装水管,从县城送自来水供给各村,可以用粗细两种水管. 粗管足够供给所有各村用水,细管只能供一个村用水. 粗管每千米要用 8000 元,细管每千米要用 2000 元. 把粗管和细管适当搭配,互相连接,可以降低工程的总费用. 按你认为费用最省的方法,费用是多少?

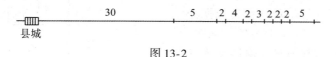

图 13-2

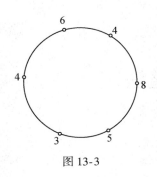

图 13-3

6. 一个车场有 6 个货站,4 辆汽车经过 6 个货站组织循环运输. 每个货站所需的装卸工人数在图 13-3 中标明. 为节省人力,装卸工人可以坐在车上到各货站去,这样就有些人固定在货站,有些人跟车,但每辆车到达任一个货站时都必须能顺利地装卸. 怎样安排能使装卸工的总人数最少?

7. 10 个人各拿着一只水桶到水龙头前打水,他们打水所花的时间分别为 1 分钟,2 分钟,3 分钟,…,10 分钟. 因为只有一个水龙头,他们得排队打水,请问怎样适当安排他们打水的顺序,使每个人排队和打水时间的总和最小?

8. 已知 $0 < a_1, a_2, \cdots, a_n < \pi$,且 $a_1 + a_2 + \cdots + a_n = A$. 求证:
$$\sin \alpha_1 + \sin \alpha_2 + \cdots + \sin \alpha_n \leqslant n \sin \frac{A}{n}.$$

9. 已知二次三项式 $f(x) = ax^2 + bx + c$ 的所有系数都是正的且 $a + b + c = 1$. 求证:对于任何满足 $x_1 x_2 \cdots x_n = 1$ 的正数组 $x_1, x_2, \cdots, x_n$ 都有
$$f(x_1) f(x_2) \cdots f(x_n) \geqslant 1.$$

10. 设 a, b, c 为三角形的三边长且 $a + b + c = 2$. 求证:
$$a^2 + b^2 + c^2 < 2(1 - abc).$$

11. 设 a, b, c, d 都是非负实数. 求证:
$$\sqrt{\frac{a^2 + b^2 + c^2 + d^2}{4}} \geqslant \sqrt[3]{\frac{abc + bcd + cda + dab}{4}}.$$

12. 设实数 $x_1, x_2, \cdots, x_n$ 的绝对值都不大于 1,试求 $S = \sum_{1 \leqslant i < j \leqslant n} x_i x_j$ 的最小值.

13. 如图 13-4 所示,有 $m \cdot n$ 个格点,求从点 $A(1,1)$ 到达点 $B(m,n)$ 的一条路径,使得它所经过的每个格点的两坐标的乘积之和为最大,并求出此最大值(注:这里所谓"路径"指的是向上、向右,即不允许逆着 x, y 轴的正向走).

14. 某电影院的座位共有 m 排,每排有 n 座,票房共售出 mn 张电影票. 由于疏忽,这一场票中有些号是重的,不过每位观众都可以照票上所标的排次号之一入座. 求证:至少可使一名观众既坐对排次,又坐对座次,而其他观众保持前述情况就座.

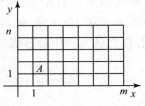

图 13-4

15. 证明:平面上任意 $n(n \geq 2)$ 个点,总可以被某些不相交的圆盖住. 这些圆的直径的和小于 $n-a+1$,且每两个圆之间的距离大于 a. 这里 $0<a<1$ 是常数.

16. $2n+1$ 个选手 $p_1,p_2,\cdots,p_{2n+1}$ 进行象棋循环赛,每个选手同其他 $2n$ 个选手各赛一局. 假定比赛结果没有平局出现,现以 W_i 记选手 p_i 胜的局数. 试求 $S = \sum_{i=1}^{2n+1} W_i^2$ 的最大值和最小值.

17. 给定两个系数为非负整数的多项式 $f(x)$ 和 $g(x)$,其中 $f(x)$ 的最大系数为 m. 现知对于某两个正整数 $a<b$,有 $f(a)=g(a)$ 和 $f(b)=g(b)$. 证明:如果 $b>m$,则多项式 f 与 g 恒等.

13.2 解 答

1. 记所有红(蓝)点到 $A(B)$ 的距离之和为 $S_红(S_蓝)$. 考查这样一种极端情形:n 个蓝点均在 M 点右边. 此时显然有 $S_红 = S_蓝$.

对于一般的情形,即 n 个红点与 n 个蓝点呈非对称分布,则 M 点左边至少有一个红点 C,M 点右边至少有一个蓝点 D,我们取 M 点左边任一红点改成蓝色,M 点右边任一蓝点改涂成红点,其余各点颜色不变,则涂染的红点到 A 的距离总和为 $S'_红 = S_红 + CD$,涂染蓝色到 B 的距离总和为 $S'_蓝 = S_蓝 + CD$,从而
$$S'_红 - S'_蓝 = S_红 - S_蓝$$
是常量. 于是,经过有限次这样的调整,可将这 $2n$ 个点调整到前面的那种极端情形. 因而结论成立.

2. 设 $x_1+x_2+\cdots+x_n=1985,x_i \in \mathbf{N}^+(i=1,2,\cdots,n)$,不妨令 $x_1 \leq x_2 \leq \cdots \leq x_n$. 考查积 $x_1 x_2 \cdots x_n$,欲使积取最大值,显然 $x_i \geq 2$.

(1)若 $x_i>4$,比较 $2(x_i-2),x_i$,因 $2(x_i-2)=2x_i-4>x_i$,故可作如下调整:把 x_i 分解成两个数 $2,x_i-2$.

若 $x_i=4$,则把 x_i 分成两个 2,其积不变.

这样经第一阶段调整,得到积 $x'_1 x'_2 \cdots x'_m$,其中 $x_j(j=1,2,\cdots,m)$ 只能是 2 或 3.

(2)进而易见 $2^3=8<9=3^2$,若 $x'_1 x'_2 \cdots x'_m$ 中的 2 的个数超过 2 个,则进行调整,将 3 个 2 调整为 2 个 3.

这样一来,所求积的最大值中至多含有两个 2 的因数,现 1985 被 3 除余 2,故所求积的最大值为 $2 \cdot 3^{661}$.

3. 先证其代数和为奇数. 考虑全添上"+"号这一初始状态,显然此时

$1+2+\cdots+1989=955\cdot1989$ 是奇数,而对一般情形,只要将其中若干个"+"号调为"–"号可得. 由于 $a+b$ 与 $a-b$ 奇偶性相同,故每次调整,其代数和的奇偶性不变,即总是奇数. 而

$$1+(2-3-4+5)+(6-7-8+9)+\cdots$$
$$+(1986-1987-1988+1989)=1,$$

所以这个最小数是1.

4. 我们假设全部货物集中到二号仓库,则增加了(一号仓库)10 吨货物的运费,减少了(二号仓库)20 吨货物同样距离的运费. 因此我们应把存放货物的地点由一号仓库调整到二号仓库. 同样,我们可以看到把货物集中到三号仓库更合理一些,因为增加的是 30 吨货物的运费,减少的是 40 吨货物在同样距离内的运费. 从而把存放货物的地点从二号仓库调整到三号仓库. 继续调整下去,最终应是将货物全部集中到五号仓库,运费最少. 所需运费是

$$(10\times400+20\times300)\times0.5=5000(元).$$

5. 先假设从每个村各用一根细管连接到县城,那么从县城到第一个村子之间要有 10 根细管,从第一个村子到第二个村子之间有 9 根细管等. 图 13-5 中的括号内注明了每一段公路上要装的细管数目.

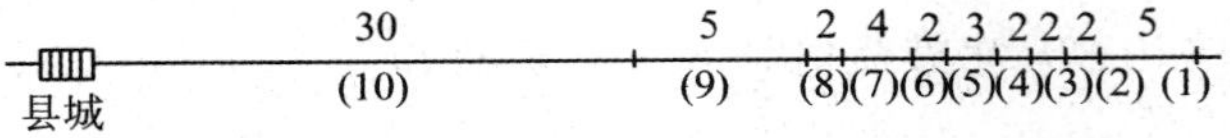

图 13-5

按这样的方案做是很不合算的. 粗管每千米的费用是细管每千米费用的 4 倍,如果在同一段公路上安装了 4 根以上的细管,就应该用一根粗管来代替它们,这样就会节省费用. 把前 6 个村子到县城的细管全部换成粗管(有 4 根细管的地方,换不换粗管都行),就成了图 13-6(﹡表示安粗管的公路段).

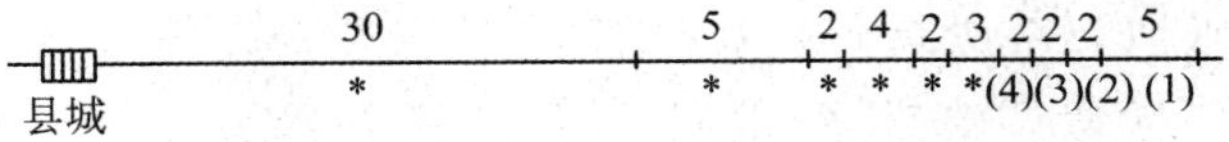

图 13-6

总费用为

$$(30+5+2+4+2+3)\times8000+(2\times4+2\times3+2\times2+5\times1)\times2000$$
$$=414000(元).$$

这时总费用最省.

6. 先假定每个装卸工都是固定在货站上的,然后让每个货站减少一名装卸工,共减少 6 名,抽其中 4 名分别乘坐在 4 辆汽车上,其余 2 名就可以不参加这项工作了. 这样总人数减少了 2 名,而货车到各货站时装卸工人的人数也是足够的. 经过这样一次调整后,各货站的人数减少 1,4 辆汽车每辆上有装卸工 1 名(如图 13-7 所示,中间小圆代表 4 辆汽车的运输线,旁边的数字表示车上装卸工的人数).

再从各站中抽出一名装卸工,把其中 4 人分配在 4 辆汽车上,这样,又减少了 2 个. 经过 3 次这样的调整,有一个车站上没有装卸工人了(图 13-8).

对有装卸工的 5 个货站继续进行类似调整,剩下 3 个货站有装卸工,这时,总人数不能再减少(图 13-9). 最少需要装卸工 4×4+2+4+1=23(名).

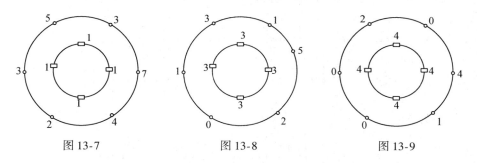

图 13-7　　　　　　　图 13-8　　　　　　　图 13-9

7. 不妨先猜一猜. 凭直觉可以想到,让注满自己水桶所需时间少的人站在前面所费的总时间要省些. 如何严格地论证这一点呢? 要是把所有情形罗列出来,就太烦琐了. 我们假设已经安排好一种打水所需时间最省的顺序. 如果第一个人打水要 x 分钟,x 大于 1,而打水需 1 分钟的人排在第 y 位(y 当然也比 1 大).

作一次调整,将这两个人位置交换,其他人不动,如图 13-10 所示. 于是第 y 位后面的人打水所费时间丝毫未受影响,前 y 个人减少的时间则是 $x-1$ 的 y 倍减去 $x-1$ 所得的差,这说明所费时间更省,从而产生矛盾. 所费总时间最省,打水的第 1 个人应是注满自己水桶仅 1 分钟的人. 同样道理,我们应逐步作出相应调整,使第二人,第三人……按注满自身水桶所需时间由少到多的顺序排队接水. 这时所花总时间为

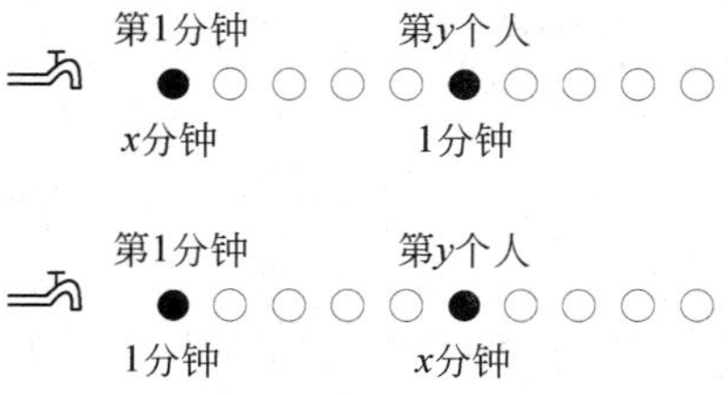

第1分钟　　　　第 y 个人

● ○ ○ ○ ○ ● ○ ○ ○ ○

x 分钟　　　　1分钟

第1分钟　　　　第 y 个人

● ○ ○ ○ ○ ● ○ ○ ○ ○

1分钟　　　　x 分钟

图 13-10

$$1 \times 10 + 2 \times 9 + 3 \times 8 + 4 \times 7 + 5 \times 6 + 6 \times 5$$
$$+ 7 \times 4 + 8 \times 3 + 9 \times 2 + 10 \times 1$$
$$= (1 \times 10 + 2 \times 9 + 3 \times 8 + 4 \times 7 + 5 \times 6) \times 2$$
$$= (10 + 18 + 24 + 28 + 30) \times 2 = 110 \times 2 = 220(分钟).$$

点评 这个问题的背景是排序原理.

设有两组数 $a_1, a_2, \cdots, a_n; b_1, b_2, \cdots, b_n;$ 且

$$a_1 \leqslant a_2 \leqslant \cdots \leqslant a_n, \quad b_1 \leqslant b_2 \leqslant \cdots \leqslant b_n,$$

则这两组数中任取两个配对相乘再求和,在这些所有可能的和中以 $a_1 b_n + a_2 b_{n-1} + \cdots + a_n b_1$ 为最小,以 $a_1 b_1 + a_2 b_2 + \cdots + a_n b_n$ 为最大.

8. 因为 $\alpha_1 + \alpha_2 + \cdots + \alpha_n = A$,所以不妨设 $\alpha_1 \leqslant \dfrac{A}{n}, \alpha_2 \geqslant \dfrac{A}{n}$,则

$$\sin\alpha_1 + \sin\alpha_2 - \left[\sin\frac{A}{n} + \sin\left(\alpha_1 + \alpha_2 - \frac{A}{n}\right) \right]$$

$$= 2\sin\frac{\alpha_1 + \alpha_2}{2}\left\{ \cos\frac{\alpha_1 - \alpha_2}{2} - \cos\frac{1}{2}\left[\frac{2A}{n} - (\alpha_1 + \alpha_2) \right] \right\}.$$

因为 $0 \leqslant \dfrac{\alpha_1 - \alpha_2}{2} < \dfrac{\pi}{2}$,

$$(\alpha_2 - \alpha_1) - \left[\frac{2A}{n} - (\alpha_1 + \alpha_2) \right] = 2\left(\alpha_2 - \frac{A}{n} \right) \geqslant 0,$$

$$(\alpha_2 - \alpha_1) - \left[(\alpha_1 + \alpha_2) - \frac{2A}{n} \right] = 2\left(\frac{A}{n} - \alpha_1 \right) \geqslant 0,$$

所以

$$\cos\frac{\alpha_1 - \alpha_2}{2} \leqslant \cos\frac{1}{2}\left[\frac{2A}{n} - (\alpha_1 + \alpha_2) \right].$$

又 $\sin\dfrac{\alpha_1 + \alpha_2}{2} > 0$,故

$$\sin\alpha_1 + \sin\alpha_2 \leqslant \sin\frac{A}{n} + \sin\left(\alpha_1 + \alpha_2 - \frac{A}{n}\right).$$

令 $\alpha_2' = \alpha_1 + \alpha_2 - \dfrac{A}{n}$,则 $0 < \alpha_2' \leqslant \alpha_2 < \pi$,且

$$\sin\alpha_1 + \sin\alpha_2 + \cdots + \sin\alpha_n \leqslant \sin\frac{A}{n} + \sin\alpha_2' + \cdots + \sin\alpha_n,$$

其中 $\alpha_2' + \alpha_3 + \cdots + \alpha_n = \dfrac{(n-1)A}{n}$.

对 $\alpha_2', \cdots, \alpha_n$ 再作如上的调整，至多调整 $n-1$ 次，可使每个 α_i 都调整成 $\dfrac{A}{n}$，从而有所要求证的不等式.

9. 显然，$f(1)=1$，若 $x_1=x_2=\cdots=x_n=1$，则不等式显然成立.

若 $x_1, x_2, \cdots, x_n$ 不全相等时，则其中必有 $x_i>1, x_j<1$，由对称性知，可设 $i=1, j=2$，则

$$
\begin{aligned}
f(x_1)f(x_2) &=(ax_1^2+bx_1+c)(ax_2^2+bx_2+c)\\
&=a^2x_1^2x_2^2+b^2x_1x_2+c^2+ab(x_1^2x_2+x_1x_2^2)\\
&\quad +ac(x_1^2+x_2^2)+bc(x_1+x_2),
\end{aligned}\tag{13-1}
$$

$$
\begin{aligned}
f(1)f(x_1x_2) &=(a+b+c)(ax_1^2x_2^2+bx_1x_2+c)\\
&=(a^2x_1^2x_2^2+c)+b^2x_1x_2+c^2+ab(x_1^2x_2+x_1x_2^2)\\
&\quad +ac(x_1^2x_2^2+1)+bc(x_1x_2+1).
\end{aligned}\tag{13-2}
$$

式(13-1)-式(13-2)即得

$$
\begin{aligned}
&f(x_1)f(x_2)-f(1)f(x_1x_2)\\
&=abx_1x_2(x_1+x_2-x_1x_2-1)\\
&\quad +ac(x_1^2+x_2^2-x_1^2x_2^2-1)\\
&\quad +bc(x_1+x_2-x_1x_2-1)\\
&=-abx_1x_2(x_1-1)(x_2-1)-ac(x_1^2-1)(x_2^2-1)\\
&\quad -bc(x_1-1)(x_2-1)\\
&>0.
\end{aligned}
$$

注意上式中每项的两个括号中的因式都是异号的，由此可见，在变换 $x_1'=1, x_2'=x_1x_2, x_k'=x_k(k=3,\cdots,n)$ 之下，有

$$
f(x_1)f(x_2)\cdots f(x_n)>f(x_1')f(x_2')\cdots f(x_n').
$$

如果 $x_1', x_2', \cdots, x_n'$ 不全相等，则又可进行类似的调整，而且每次调整都使 $x_1, x_2, \cdots, x_n$ 中等于 1 的个数至少增加一个，所以，至多进行 $n-1$ 次调整，必可化为诸 x_i 全相等的情形，从而有

$$
f(x_1)f(x_2)\cdots f(x_n)>[f(1)]^n=1.
$$

10. 由对称性知可设 $a\leqslant b\leqslant c$. 为方便计，我们容许退化的三角形出现. 显然，当 $a=0, b=c=1$ 时，所求证的不等式变为等式. 令 $a'=a, b'=b+c-1, c'=1$，于是 $b'+c'=b+c, b'c'\geqslant bc$. 因此

$$
a^2+b^2+c^2+2abc-2\leqslant a'^2+b'^2+c'^2+2a'b'c'-2,
$$

其中等号仅当 $c=1$ 时成立. 显然, 只需证明上式右端不大于零. 但这只要将 $c'=1$ 代入即得

$$a'^2 + b'^2 + c'^2 + 2a'b'c' - 2 = a'^2 + b'^2 + 1 + 2a'b' - 2 = 0.$$

11. 显然, 当 $a=b=c=d$ 时所求证的不等式中等号成立. 不妨设 $a \leqslant b \leqslant c \leqslant d$ 并记 $\sigma = \dfrac{1}{4}(a+b+c+d)$, 于是 $a \leqslant \sigma \leqslant d$. 令 $a'=\sigma, b'=b, c'=c, d'=a+d-\sigma$, 于是 $a'+d'=a+d, a'd' \geqslant ad$. 因而, 有

$$a^2 + b^2 + c^2 + d^2 \geqslant a'^2 + b'^2 + c'^2 + d'^2,$$
$$abc + bcd + cda + dab \leqslant a'b'c' + b'c'd' + c'd'a' + d'a'b'.$$

可见, 只需证明用 a', b', c', d' 替换 a, b, c, d 的不等式. 因而至多再进行两次局部调整即得所欲证得的结论.

12. 先对 x_1 作变换:令

$$x_1' = \begin{cases} -1, & (x_1+x_2+\cdots+x_n)-x_1 \geqslant 0, \\ 1, & (x_1+x_2+\cdots x_n)-x_1 < 0. \end{cases}$$

因为

$$\begin{aligned}x_1(x_2+\cdots+x_n) &= x_1[(x_1+\cdots+x_n)-x_1] \\ &\geqslant x_1'[(x_1+\cdots+x_n)-x_1] \\ &= x_1'(x_2+\cdots+x_n),\end{aligned}$$

所以

$$\begin{aligned}S = \sum_{1 \leqslant i < j \leqslant n} x_i x_j &= x_1(x_2+\cdots+x_n) + \sum_{2 \leqslant i < j \leqslant n} x_i x_j \\ &\geqslant x_1'(x_2+\cdots+x_n) + \sum_{1 \leqslant i < j \leqslant n} x_i x_j.\end{aligned}$$

在 $x_1', x_2, \cdots, x_n$ 中, 对 x_2 作类似于 x_1 的变换, $\cdots$, 经过 n 步变换后, 可知 $S \geqslant \sum_{1 \leqslant i < j \leqslant n} x_i' x_j'$, 其中所有 x_i' 都为 1 或 -1,

$$\begin{aligned}\sum_{1 \leqslant i < j \leqslant n} x_i' x_j' &= \frac{1}{2}[(x_1'+x_2'+\cdots+x_n')^2 - (x_1'^2+\cdots+x_n'^2)] \\ &= \frac{1}{2}[(x_1'+x_2'+\cdots+x_n')^2 - n].\end{aligned}$$

所以当 n 为偶数时, $\sum_{1 \leqslant i < j \leqslant n} x_i' x_j' \geqslant -\dfrac{n}{2}$, 且在 $x_1', \cdots, x_n'$ 中取 $\dfrac{n}{2}$ 个 1, $\dfrac{n}{2}$ 个 -1, 上面的不等式取等号; 当 n 为奇数时, $\sum_{1 \leqslant i < j \leqslant n} x_i' x_j' \geqslant -\dfrac{n-1}{2}$, 且在 $x_1', \cdots, x_n'$ 中取

$\dfrac{n-1}{2}$ 个 1，$\dfrac{n+1}{2}$ 个 -1（或取 $\dfrac{n-1}{2}$ 个 -1，$\dfrac{n+1}{2}$ 个 1），前述不等式取等号.

综上所述，当 n 为偶数时，S 的最小值为 $-\dfrac{n}{2}$；当 n 为奇数时，S 的最小值为 $-\dfrac{n-1}{2}$，可归并为 $-\left[\dfrac{n}{2}\right]$.

13. 因为路径的条数是有限的，故所求的最大值存在. 如果某条路径中有这样的点 (i,j). 满足 $i-j\geq 2$，且 $j<n$，那么在它所经过的格点中一定可以找到这样的转角点 $P(i_0,j_0)$，使 $i_0-j_0\geq 2$，且它的前一点是 (i_0-1,j_0)，后一点是 (i_0,j_0+1). 这时用点 $P'(i_0-1,j_0+1)$ 代替 $P(i_0,j_0)$ 得到另一条新径，由于 $(i_0-1)\cdot(j_0+1)>i_0j_0$，故新路径所经过的格点坐标乘积之和要比原来的大.

同理，如果路径中有这样的点 (i,j) 满足 $j-i\geq 2$，且 $i<m$，也可类似地替代以增大路径格点坐标乘积之和.

由此可见，具有最大值的路径所经过的格点 (i,j) 必符合 $|i-j|\leq 1$；或 $j-i\geq 2$，$i=m$；或 $i-j\geq 2$，$j=n$，于是，当 $m\geq n$ 时，所求的最大值是

$$1^2+2^2+\cdots+n^2+1\times 2+2\times 3+\cdots$$
$$+(n-1)n+n[(n+1)+(n+2)+\cdots+m]$$
$$=\dfrac{1}{6}n(n+1)(2n+1)+\dfrac{1}{3}(n-1)n(n+1)$$
$$+n\cdot\dfrac{1}{2}(m-n)(m+n+1)$$
$$=\dfrac{1}{6}n(3m^2+n^2+3m-1).$$

14. 由题设有重号，破坏了票、座之间的一一对应，必有数票对一座，也至少必有一座无票与之对应.

我们先考虑这种情形：让所有观众依据题设规则全部就座，并把这时的位置称为各人的原来位置，下面我们进行调整.

我们从 mn 位观众中任选一名观众（编号为第一号），如果他恰好同时既坐对了排号和座号（称这样的位置为持票人"自己的位置"，下同），则命题已证. 若不然，我们请第一号观众根据所持票号坐到"自己的位置"上去；同时请出了坐在该位置上的被编为"第二号"观众，……，如此下去，一直请到第 k 号观众为止，请注意，这时第一号观众的"原来位置"还空着，而第 k 号观众还未就座.

对于自然数 $k(2\leq k\leq mn)$，我们可以这样要求：或者第 k 号观众所持票号恰好与第一号观众空出来的位置的排号和座号相同，则第 k 号观众就座空位；

或者第 k 号观众所持原票号与第一号观众"原来位置"完全无关,而是前 $k-1$ 个观众中的第 $i(1\leqslant i\leqslant k-1)$ 号观众现在坐着的位置,那么我们再作如下的调整:请第 1 号至第 i 号观众依次分别退回各自的"原来位置". 再请第 k 号观众就坐在第 i 号观众刚才空出来的位置上,这时,显然第 k 号观众坐到"自己的位置"上,而且第 $i+1$ 到第 $k-1$ 号观众都坐在"自己的位置"上. 从而命题获证.

15. 先以给定的 n 点为圆心,$r=\dfrac{1}{2}+\dfrac{1}{2n}$ 为半径,构成 n 个圆,则这 n 个圆的直径和为 $2nr=n+1$.

作第一次调整:使盖住 n 个点的各圆不相交,且直径之和不增加. 方法是:对每两个相交的半径为 R_1 与 R_2 的圆,用一个半径不大于 R_1+R_2 且能包含这两圆的新圆来代替(显然这是容易办到的),在有相交圆的情况下,将一直这样做下去,直到各个圆都不相交为止. 设这时共有 $k(n\geqslant k\geqslant 1)$ 个互不相交的圆,盖住 n 个点,不管是原来的单个圆,还是因相交合并起来的圆,所有原给定点距离这个圆的边界都不小于 r.

再作第二次调整:适当减少这 k 个圆的半径,使能满足全部题设条件,因为这 k 个圆的半径均可分别减小 $b<r$,且还能盖住 n 个给定的点,这时,k 个圆的直径之和不超过:

$$n\cdot 2r-k\cdot 2b\leqslant 2nr-2b.$$

待定系数可由条件 $b<r,2nr-2b<n-a+1,2b>a$ 来确定. 取 $r=\dfrac{1}{2}+\dfrac{1}{2n}$,$b=\dfrac{a}{2}+\dfrac{1}{4n}<r$ 即可.

16. 由于没有平局出现,每次比赛有且仅有一个人胜,故 $\sum\limits_{i=1}^{2n+1}W_i$ 就等于比赛的局数,即

$$\sum_{i=1}^{2n+1}W_i=n(2n+1).$$

由柯西不等式,得

$$\left(\sum_{i=1}^{2n+1}W_i^2\right)\left(\sum_{i=1}^{2n+1}1^2\right)\geqslant\left(\sum_{i=1}^{2n+1}W_i\right)^2=n^2(2n+1)^2.$$

故

$$S=\sum_i W_i^2\geqslant n^2(2n+1).$$

当对每个 i 皆有 $W_i = n$(即每个选手皆胜 n 局),则有 $S = \sum\limits_i W_i^2 = n^2(2n+1)$,而这种情况确实是可以实现的. 例如,设想在 P_i 与 P_j 的比赛中,当 $i+j=$ 奇数时,令小号胜,当 $i+j=$ 偶数时,令大号胜,则容易证明,对每个 i,皆有 $W_i = n$,以上证明了

$$S_{\min} = n^2(2n+1).$$

为了求得 S 的最大值. 无妨设 $W_1 \geqslant W_2 \geqslant \cdots \geqslant W_{2n+1}$. 如果 $W_1 < 2n$,这表明必有某个 P_k 战胜过 P_1,假定 $W_1' = W_1 + 1$,$W_k' = W_k - 1$. 而对其他的 $i \neq 1, k$,则令 $W_i' = W_i$,则 $W_1', W_2', \cdots, W_{2n+1}'$,仍是一个(可实现的)胜局数序列. 现令

$$S = \sum_{i=1}^{2n+1} W_i'^2,$$

则

$$S' - S = W_1'^2 + W_k'^2 - W_1^2 - W_k^2 = 2 + 2(W_1 - W_k) > 0.$$

如果仍有 $W_1' < 2n$,再进行同样的调整,每次调整时只能使 S 加大,经过有限次调整后,必能使 $W_1 = 2n$,这时将得到的 $W_1, W_2, \cdots, W_{2n+1}$ 重排,仍可设为 $W_1 \geqslant W_2 \geqslant W_3 \geqslant \cdots \geqslant W_{2n+1}$. 如果 $W_2 < 2n-1$,依上同法进行调整,终可使 $W_2 = 2n-1$,而在调整中 S 总在变大,然后再调整 W_3,使 $W_3 = 2n-2$,调整 W_4,使 $W_4 = 2n-3$ 等,最终得到

$$S = \sum_{i=1}^{2n+1} W_i^2 \leqslant (2n)^2 + (2n-1)^2 + \cdots + 2^2 + 1^2$$

$$= \frac{1}{3}n(2n+1)(4n+1).$$

数列 $W_i = 2n+1-i$,即 $\{W_i\} = \{2n, 2n-1, \cdots, 2, 1, 0\}$ 也是可以实现的胜局数列. 这只要在以下的链中

$$P_1 \to P_2 \to P_3 \to \cdots \to P_{2n-1} \to P_{2n} \to P_{2n+1}$$

认为每个 P_k 都战胜所有排在他后面的人就可以了,因此得到

$$S_{\max} = \frac{1}{3}n(2n+1)(4n+1).$$

17. 设

$$f(x) = c_n x^n + c_{n-1} x^{n-1} + \cdots + c_1 x + c_0, g(x)$$
$$= d_k x^k + d_{k-1} x^{k-1} + \cdots + d_1 x + d_0.$$

由于 $0 \leqslant c_i \leqslant m < b$,故在 b 进制之下,$f(b)$ 就是 $\overline{c_n c_{n-1} \cdots c_1 c_0}$. 如果多项式 g 的各项系数也都小于 b,那么,由 $f(b) = g(b)$ 和 b 进制表达式的唯一性,知多项式 f

与 g 的各项系数对应相等,从而 f 与 g 恒等.

假设 i 是使得 $d_i \geqslant b$ 的最小下角标,则 $d_i = bq + r$,考虑多项式 g_1,它是将多项式 g 中的系数 d_i 换为 r,d_{i+1} 换为 $d_{i+1} + q$,并保持其余系数不变的多项式,即

$$g_1(x) = d_k x^k + \cdots + d_{i+2} x^{i+2} + (d_{i+1} + q) x^{i+1}$$
$$+ r x^i + d_{i-1} x^{i-1} + \cdots + d_1 x + d_0.$$

易知 $g_1(b) = g(b)$;又

$$d_i a^i + d_{i+1} a^{i+1} = (bq + r) a^i + d_{i+1} a^{i+1} > (aq + r) a^i + d_{i+1} a^{i+1}$$
$$= r a^i + (d_{i+1} + q) a^{i+1},$$

所以,$g_1(a) < g(a)$.

如此继续进行类似的操作,至多经过有限次操作,就可以得到多项式 g_j,它的各项系数都是小于 b 的非负整数(若经过至多 k 次调整以后,x^k 项的系数大于 b,则需继续调整,直至最高次项的系数小于 b,从而操作次数有可能大于 k,但必然是有限次,这样 g_j 的次数可能大于 k). 由 $g_j(b) = g(b)$ 和 b 进制表达式的唯一性,知多项式 f 与 g_j 恒等. 但这是不可能的,因为 $f(a) = g(a) > g_j(a)$,由此得到矛盾!

第 14 章　夹　　逼

14.1　问　　题

1. 已知一个整数等于 4 个不同的形如 $\dfrac{m}{m+1}$(m 是整数)的真分数之和,求这个数,并求出满足题意的 5 组不同的真分数.

2. 求下式中 S 的整数部分:
$$S = \dfrac{1}{\dfrac{1}{91} + \dfrac{1}{92} + \dfrac{1}{93} + \cdots + \dfrac{1}{100}}.$$

3. 证明:若 x,y 为正整数,则 x^2+y 及 y^2+4x 不可能同为平方数.

4. 假定 a,b,c 是 3 个不同正整数. 证明 $a+b,b+c,c+a$ 3 个数不可能都是 2 的方幂.

5. 如果一个数能分解成 k 个大于 1 的连续自然数之积,则说这个数具有特性 $p(k)$. 证明:

(1) 存在数 k,对这个数 k,有某个数同时具有特性 $p(k)$ 和 $p(k+2)$;

(2) 同时具有特性 $p(2)$ 和 $p(4)$ 的数不存在.

6. 找出使 $4^{27}+4^{1000}+4^x$ 成为完全平方数的最大整数 x.

7. 求方程
$$(x^{2k} + 1)(1 + x^2 + x^4 + \cdots + x^{2k-2}) = 2k \cdot x^{2k-1}$$
的一切实根,其中 k 是给定的正整数.

8. 若实系数多项式 $f(x)$ 使得方程 $f(x)=x$ 无实根,证明 $f^{(n)}(x)=x(n \in \mathbf{N})$ 也无实根.

9. 求所有定义在 $\mathbf{R}$ 上的实值函数 f,对一切实数 x,y,z,满足
$$\frac{1}{2}f(xy) + \frac{1}{2}f(xz) - f(x)f(yz) \geqslant \frac{1}{4}.$$

10. 设 $p=x^4+6x^3+11x^2+3x+31$ 为一整数的平方,求整数 x 的值.

11. 设 $f: \mathbf{R}^+ \to \mathbf{R}^+$ 满足条件：对任意 $x, y, u, v > 0$，有

$$f\left(\frac{x}{2u} + \frac{y}{2v}\right) \leqslant \frac{1}{2}(uf(x) + vf(y)). \tag{14-1}$$

试确定所有这样的函数 f.

12. 若 a, b, c 是实数，$(b-1)^2 < 4ac$. 证明：关于 $x_1, x_2, \cdots, x_n$ 的方程组

$$\begin{cases} ax_1^2 + bx_1 + c = x_2, \\ ax_2^2 + bx_2 + c = x_3, \\ \qquad \vdots \\ ax_n^2 + bx_n + c = x_1 \end{cases}$$

无实数解.

13. 已知函数 $f: \mathbf{N}^+ \to \mathbf{N}^+$ 满足下述条件：

$$f(x + 19) \leqslant f(x) + 19,$$
$$f(x + 94) \geqslant f(x) + 94,$$

且 $f(1) = 1$. 试求 $f(x)$.

14. 求出所有实数 a，使得存在非负实数 x_1, x_2, x_3, x_4, x_5 满足

$$\begin{cases} 1 \cdot x_1 + 2 \cdot x_2 + 3 \cdot x_3 + 4 \cdot x_4 + 5 \cdot x_5 = a, \\ 1^3 \cdot x_1 + 2^3 \cdot x_2 + 3^3 \cdot x_3 + 4^3 \cdot x_4 + 5^3 \cdot x_5 = a^2, \\ 1^5 \cdot x_1 + 2^5 \cdot x_2 + 3^5 \cdot x_3 + 4^5 \cdot x_4 + 5^5 \cdot x_5 = a^3. \end{cases}$$

15. 设 a, n 为正整数，p 为素数，$p > |a| + 1$. 证明：多项式

$$f(x) = x^n + ax + p$$

不能分解为两个次数大于 0 的整系数多项式之积.

16. 求函数 $f: \mathbf{R} \to \mathbf{R}$，满足：

$$x(f(x + 1) - f(x)) = f(x), \quad \forall x \in \mathbf{R},$$

以及

$$|f(x) - f(y)| \leqslant |x - y|, \quad \forall x, y \in \mathbf{R}.$$

17. 求所有的正整数 n，使得存在正整数 $k(k \geqslant 2)$ 及正有理数 $a_1, a_2, \cdots, a_k$，满足：

$$a_1 + a_2 + \cdots + a_k = a_1 a_2 \cdots a_k = n.$$

18. 设 k 为给定的正整数，求最小的正整数 N，使得存在一个由 $2k+1$ 个不同正整数组成的集合，其元素和大于 N，但是其任意 k 元子集的元素和至多为 $\frac{N}{2}$.

19. 求证: $\{[\sqrt{2003\,n}]\mid n=1,2,\cdots\}$ 中有无穷多个平方数.

20. 已知 a,b 为大于 1 的自然数,且对每个自然数 n, b^n-1 能整除 a^n-1. 定义多项式 $p_n(x)$ 如下:

$$p_0=-1,\quad p_{n+1}(x)=b^{n+1}(x-1),$$
$$p_n(bx)-a(b^{n+1}x-1)p_n(x),\quad n\geqslant 0.$$

证明:存在整数 C 和正整数 k,使得 $p_k(x)=Cx^k$.

21. 设 $T=a_1,a_2,\cdots$ 是满足下列条件的正整数序列:对于每一个 n, a_{a_n} 等于这个序列中不超过 n 的项的个数. 证明存在无穷多个 n,使得 $a_{a_n}=n$.

14.2 解 答

1. 因每一真分数满足 $\dfrac{1}{2}\leqslant\dfrac{m}{m+1}<1$,而所求的整数 S 是 4 个不同的真分数和,因此 $2<S<4$,推知 $S=3$. 于是可得如下 5 组不同的真分数:

$$\left\{\frac{1}{2},\frac{2}{3},\frac{6}{7},\frac{41}{42}\right\},\quad \left\{\frac{1}{2},\frac{2}{3},\frac{7}{8},\frac{23}{24}\right\},\quad \left\{\frac{1}{2},\frac{2}{3},\frac{9}{10},\frac{14}{15}\right\},$$
$$\left\{\frac{1}{2},\frac{3}{4},\frac{4}{5},\frac{19}{20}\right\},\quad \left\{\frac{1}{2},\frac{3}{4},\frac{5}{6},\frac{11}{12}\right\}.$$

2. 根据"一个分数,当分子不变而分母变大时,分数值变小;当分子不变,分母变小时,分数值变大"对 S 的分母进行放缩.

$$\frac{1}{91}+\frac{1}{92}+\cdots+\frac{1}{100}>10\times\frac{1}{100}=\frac{1}{10},$$
$$\frac{1}{91}+\frac{1}{92}+\cdots+\frac{1}{100}<10\times\frac{1}{90}=\frac{1}{9},$$

所以 $\dfrac{1}{9}<S<\dfrac{1}{10}$,即 $9<S<10$,因此, S 的整数部分是 9.

3. 假设存在 $x,y\in\mathbf{N}^+$,使 $x^2+y=a^2$, $y^2+4x=b^2$ $(a,b\in\mathbf{N}^+)$,则
$$y=a^2-x^2=(a+x)(a-x)>2x,$$
$$4x=b^2-y^2=(b+y)(b-y)>2y.$$

矛盾.

4. 设 $a>b>c>0$, $a+b=2^u$, $a+c=2^v$, $b+c=2^w$ $(u,v,w\in\mathbf{N}^+)$,则
$$2^u=a+b>a+c=2^v,$$
故 $v\leqslant u-1$. 同理 $w\leqslant u-1$,从而

$$(a + c) + (b + c) = 2^v + 2^w \leqslant 2^u,$$

得 $c \leqslant 0$,矛盾.

5.(1)$k = 3$ 满足题设要求. 事实上取 720 即可. 这是因为

$$720 = 8 \cdot 9 \cdot 10 = 2 \cdot 3 \cdot 4 \cdot 5 \cdot 6.$$

(2)若 $n(n+1) = m(m+1)(m+2)(m+3)$,则

$$n^2 < n^2 + n + 1 = (m^2 + 3m + 1)^2 < (n + 1)^2.$$

矛盾. 故命题成立.

6.

$$4^{27} + 4^{1000} + 4^x = 2^{54}(1 + 2 \cdot 2^{1945} + 2^{2x-54}). \qquad (14\text{-}2)$$

当 $2x - 54 = 2 \cdot 1954$,即 $x = 1972$ 时,式(14-2)右端为完全平方数.

当 $x > 1972$ 时,有

$$2^{2(x-27)} < 1 + 2 \cdot 2^{1945} + 2^{2x-27} < (2^{x-27} + 1)^2.$$

式(14-2)右端不可能为完全平方数.

综上所述,所求的最大整数为 1972.

7. 原方程左边恒大于 0,故方程的实根大于 0,原方程可变为

$$\left(x^{2k-1} + \frac{1}{x^{2k-1}}\right) + \left(x^{2k-3} + \frac{1}{x^{2k-3}}\right) + \cdots + \left(x + \frac{1}{x}\right) = 2k, \qquad (14\text{-}3)$$

又

$$x^i + x^{-i} \geqslant 2, \quad i = 1, 2, \cdots, 2k - 1,$$

故式(14-3)左边 $\geqslant 2k$. 欲式(14-3)成立,唯有取等号,即 $x = 1$.

8. 由 $f(x)$ 的连续性知,$f(x)$ 恒大于或恒小于 x.

若 $f(x) > x$ 恒成立,则

$$f^{(n)}(x) > f^{(n-1)}(x) > \cdots > f(x) > x;$$

若 $f(x) < x$ 恒成立,则

$$f^{(n)}(x) < f^{(n-1)}(x) < \cdots < f(x) < x.$$

综上所述,$f^{(n)}(x) = x$ 也无实根.

9. 取 $x = y = z = 0$,有

$$f(0) - f^2(0) \geqslant \frac{1}{4},$$

即

$$\left[f(0) - \frac{1}{2}\right]^2 \leqslant 0.$$

故 $f(0) = \frac{1}{2}$.

取 $x=y=z=1$. 有

$$f(1) - f^2(1) \geqslant \frac{1}{4},$$

解得 $f(1)=\frac{1}{2}$.

取 $x=1, z=0$, 利用题设及 $f(0)=f(1)=\frac{1}{2}$, 可得

$$\frac{1}{2}f(y) + \frac{1}{2} \cdot \frac{1}{2} - \frac{1}{2} \cdot \frac{1}{2} \geqslant \frac{1}{4},$$

化简得 $f(y) \geqslant \frac{1}{2}$.

取 $x=0, z=1$, 利用题设及 $f(0)=\frac{1}{2}$, 得

$$\frac{1}{2} \cdot \frac{1}{2} + \frac{1}{2} \cdot \frac{1}{2} - \frac{1}{2}f(y) \geqslant \frac{1}{4},$$

化简得 $f(y) \leqslant \frac{1}{2}$.

综上所述, $f(y)=\frac{1}{2}$. 故所求函数为 $f(x)=\frac{1}{2}$.

10. $p=(x^2+3x+1)^2-3(x-10)$.

当 $x=10$ 时, p 是完全平方数, 此时 $p=131^2$. 当 $x \neq 10$ 时, 假设 p 仍为一整数 y 的平方, 则

$$(x^2 + 3x + 1)^2 - 3(x - 10) = y^2. \tag{14-4}$$

(1) 当 $x>10$ 时, 由式 (14-4) 知

$$x^2 + 3x + 1 > |y| \geqslant 0,$$

进而, 有

$$(x^2 + 3x + 1)^2 - y^2 \geqslant 2(x^2 + 3x + 1) - 1,$$
$$3(x - 10) \geqslant 2x^2 + 6x + 1 \Leftrightarrow 2x^2 + 3x + 31 \leqslant 0. \tag{14-5}$$

但

$$2x^2 + 3x + 31 = 2\left(x + \frac{3}{4}\right)^2 + 29\frac{7}{8} > 0, \tag{14-6}$$

式 (14-5), 式 (14-6) 矛盾.

(2) 当 $x<10$ 时, 由式 (14-4) 得

$$|y| > |x^2 + 3x + 1|.$$

于是, 有

$$y^2 - (x^2 + 3x + 1)^2 \geqslant 2|y| - 1 > 2|x^2 + 3x + 1| - 1. \quad (14\text{-}7)$$

由式(14-4),式(14-7)得

$$3(10 - x) > 2|x^2 + 3x + 1| - 1, \quad (14\text{-}8)$$

由式(14-8)解得 x 的整数值为 $\pm 2, \pm 1, 0, -3, -4, -5, -6$,均不合题意.

综上所述,所求 $x = 10$.

11. 取 $u = \dfrac{x}{y}, v = 1$,由题设可得

$$yf(y) \leqslant xf(x), \quad (14\text{-}9)$$

又取 $v = \dfrac{y}{x}, u = 1$,由题设得

$$xf(x) \leqslant yf(y), \quad (14\text{-}10)$$

由式(14-9),式(14-10)知

$$xf(x) = c,$$

即

$$f(x) = \frac{c}{x}(c \text{ 是常数}).$$

经检验这样的 f 确实满足条件.

12. 将所有方程相加,得

$$a(x_1^2 + x_2^2 + \cdots + x_n^2) + (b-1)(x_1 + x_2 + \cdots + x_n) + nc = 0. \quad (14\text{-}11)$$

记 $x = x_1 + x_2 + \cdots + x_n$,根据柯西不等式,有

$$x^2 = (x_1 + x_2 + \cdots + x_n)^2 \leqslant n(x_1^2 + x_2^2 + \cdots + x_n^2).$$

记 $x_1^2 + x_2^2 + \cdots + x_n^2 = \dfrac{x^2}{n} + k(k \geqslant 0)$,代入式(14-11)得

$$ax^2 + n(b-1)x + n^2c + ank = 0.$$

由 $\Delta = n^2[(b-1)^2 - 4ac] - 4a^2nk < 0$ 知命题成立.

13. 由题设知

$$f(x + 95) \leqslant f(x + 76) + 19 \leqslant f(x + 57) + 19 \cdot 2 \leqslant \cdots$$

$$\leqslant f(x) + 19 \cdot 5 = f(x) + 95 \leqslant f(x + 94) + 1,$$

将 $x+94$ 换成 x,上式变为

$$f(x + 1) \leqslant f(x) + 1.$$

令 $g(x) = f(x+1) - f(x)$,则 $g(x) \leqslant 1$,若存在 $x \in \mathbf{R}$,使 $g(x) < 1$,因由条件 $f(x+94) \geqslant f(x) + 94$ 得

$$f(x + 94) - f(x) \geqslant 94,$$

即

$$[f(x + 94) - f(x + 93)] + [f(x + 93) - f(x + 92)] + \cdots$$
$$+ [f(x + 1) - f(x)]$$
$$= g(x + 93) + g(x + 92) + \cdots + g(x) \geqslant 94.$$

又

$$g(x + 93) + g(x + 92) + \cdots + g(x) < 94,$$

矛盾. 故对 $x \in \mathbf{R}$, 有 $g(x) = 1$, 即

$$f(x + 1) - f(x) = 1.$$

因 $f(1) = 1$, 故 $f(x) = x$.

14. 根据柯西不等式, 有

$$a^4 = (1^3 \cdot x_1 + 2^3 \cdot x_2 + 3^3 \cdot x_3 + \cdots + 5^3 \cdot x_5)^2$$
$$= \left[\left(1^{\frac{1}{2}} \sqrt{x_1}\right) \left(1^{\frac{5}{2}} \sqrt{x_1}\right) + \left(2^{\frac{1}{2}} \sqrt{x_2}\right) \left(2^{\frac{5}{2}} \sqrt{x_2}\right) \right.$$
$$\left. + \cdots + \left(5^{\frac{1}{2}} \sqrt{x_5}\right) \left(5^{\frac{5}{2}} \sqrt{x_5}\right) \right]^2$$
$$\leqslant (1 \cdot x_1 + 2 \cdot x_2 + \cdots + 5 \cdot x_5)$$
$$\cdot (1^5 \cdot x_1 + 2^5 \cdot x_2 + \cdots + 5^5 \cdot x_5)$$
$$= a^4.$$

上式必须取等号. 于是存在 $\lambda > 0$, 使得

$$k^{\frac{1}{2}} \sqrt{x_k} = \lambda k^{\frac{5}{2}} \sqrt{x_k}, \quad k = 1, 2, 3, 4, 5.$$

如果 x_1, x_2, x_3, x_4, x_5 中有两个或两个以上不为零, 上式不可能成立. 故

(1) $x_1 = x_2 = x_3 = x_4 = x_5 = 0$, 此时 $a = 0$.

(2) x_k 中有且仅有一个不为零. 设 $x_{k_0} \neq 0$, 则

$$k_0 x_{k_0} = a, \quad k_0^3 x_{k_0} = a^2, \quad k_0^5 x_{k_0} = a^3,$$

解之, 得

$$x_{k_0} = k_0, \quad k_0^2 = a, \quad k_0 = 1, 2, 3, 4, 5.$$

综上所述, 当 $a = 0, 1, 4, 9, 16, 25$ 时, 存在非负实数 x_1, x_2, x_3, x_4, x_5 满足题设要求.

15. 设 z 是该多项式的复根. 如果 $|z| \leqslant 1$, 因 $z^n + az = -p$, 有

$$p = |z^n + az| = |z| |z^{n-1} + a| \leqslant |z^{n-1}| + |a| \leqslant 1 + |a|,$$

与已知矛盾, 所以 $|z| > 1$.

假设 $f = gh$, g, h 是次数大于 0 的整系数多项式. $p = f(0) = g(0)h(0)$, 则 $|g(0)| = 1$ 或 $|h(0)| = 1$. 不失一般性, 设 $|g(0)| = 1$, 且 $z_1, z_2, \cdots, z_k$ 为 g 的

所有复根,当然,它们也是 f 的复根. 于是
$$1 = |g(0)| = |z_1 z_2 \cdots z_k| = |z_1| \, |z_2| \cdots |z_k| > 1,$$
矛盾. 故 f 不能分解为两个次数大于 0 的整系数多项式之积.

16. 取 $x=0$ 得 $f(0)=0$. $x \neq 0, -1$ 时,可改写为 $\dfrac{f(x+1)}{x+1} = \dfrac{f(x)}{x}$.

特别地,对任意 $x \neq 0, -n$,及 $n \in \mathbf{N}^+$,有 $\dfrac{f(x+n)}{x+n} = \dfrac{f(x)}{x}$,则
$$|x-y| \geqslant |f(x+n) - f(y+n)| = \left| \frac{x+n}{x} f(x) - \frac{y+n}{y} f(y) \right|$$
$$= \left| f(x) - f(y) + n\left(\frac{f(x)}{x} - \frac{f(y)}{y} \right) \right|.$$

从而 $\dfrac{|x-y|}{n} \geqslant \left| \dfrac{f(x) - f(y)}{n} + \left(\dfrac{f(x)}{x} - \dfrac{f(y)}{y} \right) \right|.$

令 $n \to +\infty$,得 $\dfrac{f(x)}{x} = \dfrac{f(y)}{y}$,$\forall x, y > 0$,即 $f(x) = kx$,$|k| \leqslant 1$.

17. 答案为 $n=4$ 或 $n \geqslant 6$.
由均值不等式知
$$n^{\frac{1}{k}} = \sqrt[k]{a_1 \cdots a_k} \leqslant \frac{a_1 + \cdots + a_k}{k} = \frac{n}{k}.$$

所以,$n \geqslant k^{\frac{k}{k-1}} = k^{1+\frac{1}{k-1}}$.

如果 $k \geqslant 3$,由下面的式子:

$k=3$ 时,$n \geqslant 3\sqrt{3} = \sqrt{27} > 5$;

$k=4$ 时,$n \geqslant 4\sqrt[3]{4} = \sqrt[3]{256} > 5$;

$k \geqslant 5$ 时,$n \geqslant 5 \times 5^{\frac{1}{k-1}} > 5$.

而 $k=2$ 时,由 $a_1 + a_2 = a_1 a_2 = n$,知
$$n^2 - 4n = (a_1 + a_2)^2 - 4a_1 a_2 = (a_1 - a_2)^2$$
是有理数的平方. 这时,对 $n \in \{1, 2, 3, 5\}$ 都不成立,所以,$n \notin \{1, 2, 3, 5\}$.

另外,对 $n=4$ 及 $n \geqslant 6$ 分别有下面的例子:

(1)当 n 为偶数时,设 $n = 2k \, (n \geqslant 4)$,取 $(a_1, a_2, \cdots, a_k) = (k, 2, 1, \cdots, 1)$,则有
$$a_1 + a_2 + \cdots + a_k = k + 2 + 1 \cdot (k-2) = 2k = n.$$

(2)当 n 为奇数时,如果 $n = 2k+3 > 9$,那么,可取
$$(a_1, a_2, \cdots, a_k) = \left(k + \frac{3}{2}, \frac{1}{2}, 4, 1, \cdots, 1 \right),$$

则有

$$a_1 + a_2 + \cdots + a_k = \left(k + \frac{3}{2}\right) + \frac{1}{2} + 4 + 1 \cdot (k - 3) = 2k + 3 = n,$$

$$a_1 \cdots a_k = \left(k + \frac{3}{2}\right) \cdot \frac{1}{2} \cdot 4 = 2k + 3 = n.$$

(3) 当 $n = 7$ 时,取 $(a_1, a_2, a_3) = \left(\frac{4}{3}, \frac{7}{6}, \frac{9}{2}\right)$ 即可.

18. 设 N 是一个满足条件的正整数,并设 $\{a_1, a_2, \cdots, a_{2k+1}\}$ 是一个满足题意的 $2k+1$ 元集合,其中 $\{a_1 < a_2 < \cdots < a_{2k+1}\}$,则 $a_{k+2} + \cdots + a_{2k+1} \leqslant \frac{N}{2}$,而

$$a_1 + a_2 + \cdots + a_{2k+1} > N.$$

注意到,$a_1, \cdots, a_{2k+1} \in \mathbf{N}^+$,故 $a_{k+1+i} \geqslant a_{k+1} + i$,$a_{k+1-i} \geqslant a_{k+1} - i$,这里 $i = 1, 2, \cdots, k$,于是

$$(a_{k+1} + 1) + (a_{k+1} + 2) + \cdots + (a_{k+1} + k) \leqslant \frac{N}{2}, \qquad (14\text{-}12)$$

$$(a_{k+1} - k) + [a_{k+1} - (k-1)] + \cdots + (a_{k+1} - 1) + a_{k+1} > \frac{N}{2}. \quad (14\text{-}13)$$

这里用到

$$a_1 + \cdots + a_{k+1} = (a_1 + \cdots + a_{2k+1}) - (a_{k+2} + \cdots + a_{2k+1}) > N - \frac{N}{2} = \frac{N}{2}.$$

由式(14-12),式(14-13)可知

$$\frac{N + k^2 + k}{2(k+1)} < a_{k+1} \leqslant \frac{N - k^2 - k}{2k}.$$

因 $a_{k+1} \in \mathbf{N}^+$,故区间 $\left[\frac{N+k^2+k}{2(k+1)}, \frac{N-k^2-k}{2k}\right]$ 中有一个正整数,如果 N 为奇数,则应有 $\frac{N-k^2-k-1}{2k} \geqslant \frac{N+k^2+k+1}{2(k+1)}$;如果 N 为偶数,则应有 $\frac{N-k^2-k}{2k} \geqslant \frac{N+k^2+k+2}{2(k+1)}$. 分别计算,可知 $N \geqslant 2k^3 + 3k^2 + 3k$.

另外,对 $N = 2k^3 + 3k^2 + 3k$,集合

$$\{k^2 + 1, k^2 + 2, \cdots, k^2 + 2k + 1\}$$

中所有数之和 $= 2k^3 + 3k^2 + 3k + 1 = N + 1$,而其中最大的 k 个数之和为

$$k^3 + (k + 2) + \cdots + (2k + 1) = k^3 + \frac{(3k + 3)k}{2} = \frac{N}{2}.$$

所以,N 的最小值为 $2k^3 + 3k^2 + 3k$.

19. 先证引理:$x^2 - 2003y^2 = -1992$ 有无穷多组正整数解.

首先有 $9 - 2003 \cdot 1 = -1992 = -2 \cdot 31^2$. 令 $x_0 = 3, y_0 = 1, p = 31$.

设 (u, v) 是 $x^2 - 2003y^2 = 1$ 的一组正整数解,则若 $x_n^2 - 2003y_n^2 = -2p^2$ ($x_n > 0$, $y_n > 0$). 令 $x_{n+1} = ux_n + 2003vy_n, y_{n+1} = vx_n + uy_n$,则 $x_{n+1}^2 - 2003y_{n+1}^2 = (u^2 - 2003v^2)x_n^2 - 2003(u^2 - 2003v^2)y_n^2 = x_n^2 - 2003y_n^2 = 2p^2$.

显然. $x_{n+1} > x_n, y_{n+1} > y_n$,故 $x^2 - 2003y^2 = -2p^2$ 有无穷多组正整数解. 引理得证.

今取足够大的 N,使得 $n \geq N$ 时,$x_n > 3p^2$,考虑 $s_n = \sqrt{2003} y_n(x_n + 2p)$,

$$s_n^2 = 2003y_n^2(x_n + 2p)^2 = (x_n + 2p^2)(x_n^2 + 2p)^2$$
$$= (x_n + p)^4 - 2p^2(x_n + p)^2 + p^4 + 2p^2(x_n + 2p)^2$$
$$= (x_n + p)^4 + 4p^3 x_n + 7p^4,$$
$$(x_n + p)^4 < s_n^2 < (x_n + p)^4 + 2(x_n + p)^2 + 1$$
$$(因为 4p^3 x_n + 7p^4 < 2x_n^2).$$

所以 $(x_n + p)^2 < s_n < (x_n + p)^2 + 1$.

因此,$[s_n] = (x_n + p)^2$ 为完全平方数. 证毕.

20. 构造数列:$f_{k+1, n} = b^{k+1} f_{k, n+1} - a f_{k, n}, f_{0, n} = \dfrac{a^n - 1}{b^n - 1}, k \geq 0, n = 1, 2, \cdots$.

$$q_{k+1} = a(1 - b^{k+1})q_k, \quad q_0 = 1, k \geq 0,$$

则对 $n \geq 1, k \geq 0$ 有

$$f_{k, n} = \frac{q_k a^n + p_k(b^n)}{(b^{n+k} - 1)(b^{n+k-1} - 1) \cdots (b^n - 1)}.$$

取 $k > 0$,使 $b^k \leq a < b^{k+1}$(实际上,$a = b^k$).

因为

$$(b^n - 1)(b^{n+1} - 1) \cdots (b^{n+k} - 1)$$
$$= b^{n(k+1)}(1 - b^{-n})(b - b^{-n}) \cdots (b^k - b^{-n})$$
$$\geq \frac{b^{n(k+1)}}{2},$$

所以

$$|f_{k, n}| = \frac{|q_k a^n + p_k(b^n)|}{(b^{n+k} - 1)(b^{n+k-1} - 1) \cdots (b^n - 1)}$$
$$\leq \frac{2|q_k a^n + p_k(b^n)|}{b^{n(k+1)}}$$

$$=2\mid q_k\mid\left(\frac{a}{b^{k+1}}\right)^n+\frac{\mid p_k(b^n)\mid}{(b^n)^{k+1}}.$$

由于 $a<b^{k+1}$，$\deg(p_k)<k+1$，则当 $n\geqslant1$ 时，$\mid f_{k,n}\mid<1$，又 $f_{k,n}$ 为整数，所以 $f_{k,n}=0$ 对 $n\geqslant1$，即 n 充分大时，$q_ka^n+p_k(b^n)=0$。

当 $a>b^k$ 时，由 $q_k\left(\dfrac{a}{b^k}\right)^n+\dfrac{\mid p_k(b^n)\mid}{(b^n)^k}=0$ 导出 $q_k=0$，从而 $p_k(b^n)=0$，即 $p_k(x)=0$ 为零多项式，取 $C=0$ 即可。

当 $a=b^k$ 时，$q_k(b^n)^k+p_k(b^n)=0$ 对充分大的 n 成立，取 $C=-q_k$，则 C 为整数，且 $p_k(x)=Cx^k$。

21. 令 $a_n=f(n)$，则 f 为 $\mathbf{Z}^+$ 到 $\mathbf{Z}^+$ 上的函数，由于 $f(f(n))$ 表示 T 中不大于 n 的元素的个数，所以当 $m>n$ 时，$f(f(m))\geqslant f(f(n))$，而且若 $m\in S$（S 为 f 的像集），则
$$f(f(m))>f(f(n)).\tag{14-14}$$
先证明一个结论：若 $a<b<c$，满足 $f(a)=f(c)=x$，则
$$f(b)=x.\tag{14-15}$$
设 $f(b)=y$，因为 $f(x)=f(f(a))=f(f(c))$，故 T 中不大于 a 的元素的个数等于 T 中不大于 c 的元素的个数．从而 $a+1,a+2,\cdots,c-1,c$ 均不属于 S，于是 $f(f(a))=f(f(b))$，所以 $f(x)=f(y)$，$f(f(x))=f(f(y))$，但 $x,y\in S$，无论 $x<y$ 或 $x>y$ 均与式 (14-14) 矛盾！所以 $x=y$，$f(b)=x$，式 (14-15) 成立．

下面分两步证明原命题．

(1) 存在 n，使 $f(f(n))=n$．对此使用反证法．设对 $\forall x\in\mathbf{Z}^+$，$f(f(x))-x\neq0$，设 $f(1)=l$，$f(l)=m(m>1)$，从而 T 中有 m 个 1．由式 (14-15) 可知，这 m 个 1 是连续出现的，设 $f(k+1)=f(k+2)=\cdots=f(k+m)=1$，若 $k+m>l$，则
$$f(f(1))-1>0,\ f(f(k+m))-(k+m)=l-(k+m)<0.$$
从而由于 $\forall x\in\mathbf{Z}^+$，$f(f(x))-x\neq0$，知存在 $1\leqslant i\leqslant k+m-1$ 使
$$f(f(i+1))-i>0,\quad f(f(i+1))-(i+1)<0,$$
所以
$$f(f(i+1))-(i+1)\geqslant f(f(i))-i-1>-1,$$
所以 $f(f(i+1))-(i+1)\geqslant0$，矛盾．

所以 $l>k+m$．当 $k+1\in S$ 时，设 $f(a)=k+1$，$a\geqslant1$，所以
$$f(f(a))=f(k+1)=1<f(f(1))=m\Rightarrow a<1,$$
矛盾．

当 $k+1\notin S$ 时，有 $f(f(k+1))=f(f(k))$．

设 $f(k)=t(t>1)$，所以 $f(t)=l,f(f(t))=f(l)=m=f(f(1))$，与式(14-14)矛盾!

故假设不成立! 即存在 n 使 $f(f(n))=n$.

(2)存在无穷多个 n，使得 $f(f(n))=n$. 设仅有有限个 n，使得 $f(f(n))=n$，最大的一个为 $n_0,f(n_0)=n_1,f(n_1)=n_0$，则 $f(f(n_1))=n_1$，于是 $n_1\leqslant n_0$. 设 $\{f(x)\mid x=1,2,\cdots,n_0\}\cap\{y\mid y\geqslant n_0+1\}=A=\{m_1,m_2,\cdots,m_k\}$，若 $\{m_1,m_2,\cdots,m_k\}\neq\varnothing$，且 $f(a_i)=m_i(a_i\in\{1,2,\cdots,n_0\},m_1<m_2<\cdots<m_k),f(f(a_i))=f(m_i)<f(f(n))=n_0$，(由式(14-14))，令 $l_i=f(m_i)$，则

$$n_0<f(f(m_1))<f(f(m_2))<\cdots<f(f(m_k))\quad(\text{由式}(14\text{-}14)),$$

即 $n_0<f(l_1)<\cdots<f(l_k)$，又因为 $f(l_1),f(l_2),\cdots,f(l_k)\in\{m_1,m_2,\cdots,m_k\}$，所以 $f(l_1)=m_1,f(l_2)=m_2,\cdots,f(l_k)=m_k$，所以 $f(f(m_i))=m_i,m_i>n_0$，矛盾!

若 $\{m_1,m_2,\cdots,m_k\}=\varnothing$，则对每个 $x\in\{1,2,\cdots,n_0\},f(x)\leqslant n_0.f(f(n_0))=n_0$，从而当 $x\geqslant n_0+1$ 时，$f(x)\geqslant n_0+1$(否则 $f(f(n_0))>n_0$).

令 $g(x)=f(x+n_0)-n_0(x=1,2,\cdots)$，则 $g(g(x))=g(f(x+n_0)-n_0)=f(f(x+n_0))-n_0$ 等于 $f(n_0+1),f(n_0+2),\cdots$ 中不大于 $x+x_0$ 的数的个数. 亦等于 $g(1),g(2),\cdots$ 中不大于 x 的个数. 用 g 代替 f，重复(1)中的讨论可知存在 n_0'，使得 $g(g(n_0'))=n_0'$，从而 $f(f(n_0+n_0'))=n_0+n_0'$，矛盾!

综上，存在无穷多个 n，使得 $f(f(n))=n$，即 $a_{a_n}=n$. 证毕.

第15章 数形结合

15.1 问   题

1. p 为何值时,方程 $|x^2 - 4x + 3| = px$ 有 4 个根?

2. 已知函数 $y = f(x)$ 满足 $f(\cos x - 1) = \cos^2 x$,分别求函数 $f(x)$ 的图像关于点 $A(0,1)$ 和直线 $l : y = x$ 对称图像的函数解析式.

3. 函数 $y = |x^2 - 4| - 3x$ 在区间 $-2 \leqslant x \leqslant 5$ 中,何时取最大值,最小值?最大值、最小值是多少?

4. 求函数

$$y = \sqrt{x^2 - 2x + 5} + \sqrt{x^2 - 4x + 13}$$

的最小值.

5. 若 $|x - 2| + |y - 2| \leqslant 1$,求 $x^2 + y^2$ 的最值.

6. 已知 a, b 是正实数,且 $x^2 + ax + 2b = 0, x^2 + 2bx + a = 0$ 都有实根,求 $a+b$ 的最小值.

7. 若 $2x^2 + 3y^2 = 1$,求 $x - y$ 的最值.

8. 若 $x^2 + y^2 + 5x \leqslant 0$,求 $3x + 4y$ 的最值.

9. 已知 $\begin{cases} x = 1 + t\cos a, \\ y = 3 + t\sin a, \end{cases}$ 当 a 为何值时,$f(x,y) = x^2 + 3y^2$ 有最小值 25?

10. 如图 15-1 所示,在直角坐标系中,在 y 轴的正半轴上给定两点 A, B,试在 x 轴的正半轴上求点 C,使得 $\angle ACB$ 取得最大值.

11. 设点集 $S = \{(x, y) \mid x > 0, y > 0\}$. 下列条件中,使直线 $ax + by = 1$ 穿过点集 S 的充分条件是(   )?

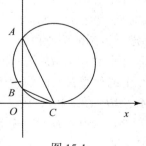

图 15-1

(A)$ab > 0$ (B)$a + b > 0$ (C)$a + b > ab$ (D)$a + b < 1$

12. 若 $-\dfrac{\pi}{2} \leqslant x_i \leqslant \dfrac{\pi}{2}, i = 1, 2, 3$, 则

$$\frac{\cos x_1 + \cos x_2 + \cos x_3}{3} \leqslant \cos \frac{x_1 + x_2 + x_3}{3}.$$

13. 已知 $0 < x_1 < x_2 < \dfrac{\pi}{2}$, 求证: $\dfrac{\sin x_1}{\sin x_2} > \dfrac{x_1}{x_2}$.

14. (1) 讨论关于 x 的方程 $|x+1| + |x+2| + |x+3| = a$ 的根的个数;

(2) 设 $a_1, a_2, \cdots, a_n$ 为等差数列, 且

$$|a_1| + |a_2| + \cdots + |a_n| = |a_1 + 1| + |a_2 + 1| + \cdots + |a_n + 1|$$
$$= |a_1 - 2| + |a_2 - 2| + \cdots + |a_n - 2| = 507.$$

求项数 n 的最大值.

15. 设 $a_1, a_2, \cdots, a_{50}, b_1, b_2, \cdots, b_{50}$ 为互不相同的数, 使得方程

$$|x - a_1| + |x - a_2| + \cdots + |x - a_{50}| = |x - b_1| + |x - b_2| + \cdots + |x - b_{50}|$$

有有限个根. 试问: 最多可能有多少个根?

16. 证明下面的不等式对任意自然数 n 成立:

$$\sum_{i=1}^{n} \left[\sqrt[3]{\frac{n}{i}} \right] < \frac{5}{4} n,$$

其中 $[x]$ 表示不超过 x 的最大整数.

17. 设正数 α, β, γ 满足 $\alpha + \beta + \gamma < \pi$, 其中 α, β, γ 中任一个小于其他两者之和.

求证: $\sin\alpha, \sin\beta, \sin\gamma$ 可以组成一个三角形, 其面积

$$S \leqslant \frac{1}{8}(\sin 2\alpha + \sin 2\beta + \sin 2\gamma).$$

18. 设 $A_1 A_2 A_3 A_4$ 为 $\odot O$ 的内接四边形, H_1, H_2, H_3, H_4 依次为 $\triangle A_2 A_3 A_4$, $\triangle A_3 A_4 A_1$, $\triangle A_4 A_1 A_2$, $\triangle A_1 A_2 A_3$ 的垂心. 求证: H_1, H_2, H_3, H_4 四点在同一圆上, 并定出该圆的圆心位置.

19. 设 $\triangle ABC$ 是一个锐角三角形, MN 是平行于 BC 的中位线, P 是 N 在 BC 上的射影, 记 A_1 是 MP 的中点, 点 B_1, C_1 也用同样的方法作出. 求证: 如果 AA_1, BB_1, CC_1 共点, 则 $\triangle ABC$ 是等腰三角形.

20. 设 $ABCD$ 是一个有内切圆的凸四边形, 它的每个内角和外角都不小于 $60°$. 证明:

$$\frac{1}{3} |AB^3 - AD^3| \leqslant |BC^3 - CD^3| \leqslant 3 |AB^3 - AD^3|.$$

并问等号何时成立?

21. 凸四边形 $ABCD$ 有内切圆 w,设 I 为 w 的圆心,且

$$(AI + DI)^2 + (BI + CI)^2 = (AB + CD)^2.$$

证明:$ABCD$ 是一个等腰梯形或正方形.

22. 设 L_1,L_2,L_3,L_4 是一个正方形桌子的 4 只脚,它们的高度都是正整数 n. 问:有多少个有序四元非负整数数组 (k_1,k_2,k_3,k_4),使得将每只脚 L_i 锯掉长为 k_i 的一段后(从地面开始锯),$i=1,2,3,4$. 桌子仍然是稳定的? 这里当且仅当可以将桌子的 4 只脚同时放在地面上时,称桌子是稳定的.

23. 求所有的实数 $k>0$,使得可以将 $1 \times k$ 的矩形分割为两个相似但不全等的多边形.

15.2 解　答

1. 分别作出 $y = |x^2 - 4x + 3|$ 及 $y = px$ 的图像.

因此,问题化为 p 为何值时,两曲线有 4 个交点. 如图 15-2 易知,直线族 $y = px$ 应落入从 x 轴正方向按逆时针方向旋转到切线 l 的区域内. 容易求得切线 l 的斜率为 $4 - 2\sqrt{3}$,所以当 $0 < p < 4 - 2\sqrt{3}$ 时,方程有 4 个不同的根.

2. 设 $t = \cos x - 1$,则 $\cos x = t + 1$. 所以 $f(t) = (t+1)^2$,即

$$f(x) = (x+1)^2, \quad x \in [-2,0].$$

作出 $f(x)$ 的图像关于 $A(0,1)$ 和 $l:y = x$ 对称的图像如图 15-3 所示.

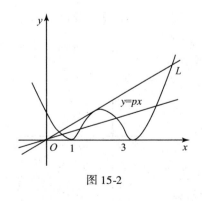

图 15-2

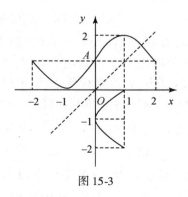

图 15-3

由图像知:

关于 $A(0,1)$ 对称的图像函数解析式为

$$f_1(x) = -(x-1)^2 + 2, \quad x \in [0,2].$$

关于 $l:y = x$ 对称的图像函数解析式为

$$f(x) = \pm\sqrt{x} - 1, \quad x \in [0,1].$$

3. 函数可以写成如下分段形式:

$$y = \begin{cases} x^2 - 3x - 4, & x \leqslant -2 \cup x > 2, \\ -x^2 - 3x + 4, & -2 < x \leqslant 2. \end{cases}$$

其图像由两段抛物线连接而成,作出图 15-4. 根据图像(如图中实线部分)和表达式不难算出,$y = -x^2 - 3x + 4$ 的顶点 A 的坐标是 $\left(-\dfrac{3}{2}, \dfrac{25}{4}\right)$,$y = x^2 - 3x - 4$ 的顶点 B 不在定义域内,分段闭区间的边界值分别是

$$f(-2) = f(5) = 6.$$

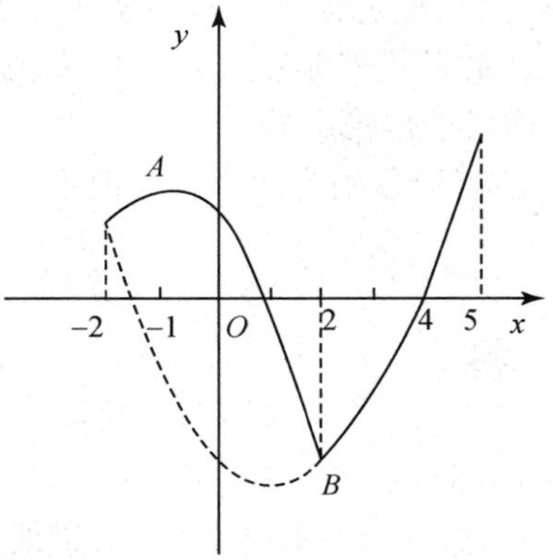

所以当 $x = -\dfrac{3}{2}$ 时,$y_{\max} = \dfrac{25}{4}$.

图 15-4

当 $x = 2$ 时,$y_{\min} = -6$.

点评　对于含绝对值符号的函数、分段函数等的最值问题,借助函数的图像,可望获得解决.

4. 因为

$$y = \sqrt{(x-1)^2 + (0-2)^2} + \sqrt{(x-2)^2 + (0-3)^2}.$$

其几何意义是表示点 $P(x,0)$ 到点 $(1,2)$ 与 $(2,3)$ 距离之和的最小值(图 15-5). 因为点 $A(1,2)$ 关于 x 轴的对称点为 $A'(1,-2)$,故 $|A'B| = |AP| + |PB|$ 为最小. 所以

$$y_{\min} = |A'B| = \sqrt{(1-2)^2 + (-2-3)^2}$$
$$= \sqrt{26}.$$

5. 不难画出,约束条件是以 $G(2,2)$ 为中心,边长为 $\sqrt{2}$ 的正方形 $ABCD$ 的内部及其边界. 这区域内(含边界)的点 $P(x,y)$ 到原点的距离

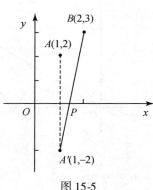

图 15-5

的平方为 $x^2 + y^2$.

如图 15-6 所示,过 O 作 $OE \perp BC$,垂足为 E,显然最小距离为 OE,最大距离为 OA,容易求得

$$(x^2 + y^2)_{\max} = |OA|$$
$$= \sqrt{2^2 + (2 + 1)^2} = 13,$$
$$(x^2 + y^2)_{\min} = |OE|^2$$
$$= \left(2\sqrt{2} - \frac{\sqrt{2}}{2}\right)^2 = \frac{9}{2}.$$

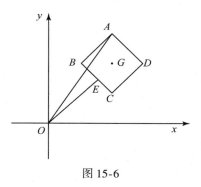

图 15-6

点评　一般由约束条件 $f(x,y) = 0$ 或 $f(x,y) \leqslant 0$,求 $u = (x + a)^2 + (y + b)^2$ 的最值,可以看作动点 $A(x,y)$ 到定点 $B(-a, -b)$ 的距离的平方的最值. 因此要求 u 的最值,只要在曲线 $f(x,y) = 0$ 或区域 $D = \{(x,y) \mid f(x,y) \leqslant 0\}$ 上确定一点,使 $|AB|$ 最大或最小即可.

6. 依题意,有

$$\begin{cases} a > 0, \\ b > 0, \\ a^2 - 8b \geqslant 0, \\ b^2 - a \geqslant 0. \end{cases}$$

以 a 为横轴,b 为纵轴建立直角坐标系,如图 15-7 所示,于是动点 $P(a,b)$ 既在抛物线 $a^2 = 8b$ 上及其下方,又在抛物线 $b^2 = a$ 上及其上方,还位于第一象限,故动点 $P(a,b)$ 在图中的阴影区域 M 内.

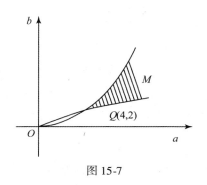

图 15-7

设 $a+b=m$,则 $b=-a+m$,$a+b$ 的最小值就是斜率为 -1 的直线的纵截距的最小值,显然过这两条抛物线的交点 $Q(4, 2)$ 的斜率为 -1 的直线的纵截距最小,这时

$$(a + b)_{\min} = (a + b) \Big|_{\substack{a=4 \\ b=2}} = 6.$$

点评　凡求 $x+y$ 的最值,可以看成是过约束条件区域 D 内任一点作斜率为 -1 的直线,求此直线在 y 轴上截距的最值.

7. $2x^2 + 3y^2 = 1$ 的图像是椭圆(图 15-8),令 $x - y = m$,即椭圆上取一点 (x, y),过它作斜率为 1 的直线,求直线在 x 轴上的截距的最大值和最小值,显然,当直线与椭圆相切时达到最值.

将 $x = y + m$ 代入 $2x^2 + 3y^2 = 1$,并令 $\Delta = 0$,即

$$5y^2 + 4my + (2m^2 - 1) = 0,$$
$$\Delta = (4m)^2 - 4 \times 5(2m^2 - 1) = 0.$$

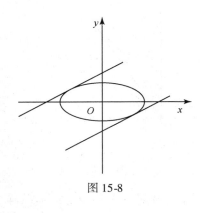

图 15-8

解得 $m = \pm \dfrac{\sqrt{30}}{6}$.

所以 $x - y$ 的最大值是 $\dfrac{\sqrt{30}}{6}$,最小值是 $-\dfrac{\sqrt{30}}{6}$.

点评 在约束条件的区域 D 内,求 $x - y$ 或 $y - x$ 的最值,可以看作过任一点 $(x, y) \in D$ 作斜率为 1 的直线,求此直线的横截距或纵截距的最值.

8. 由已知得 $\left(x + \dfrac{5}{2}\right)^2 + y^2 \leqslant \dfrac{25}{4}$,此为圆内和圆上的点的集合,设 $m = 3x + 4y$,即 $y = -\dfrac{3}{4}x + \dfrac{m}{4}$,那么求 $m = 3x + 4y$ 的最值就是求斜率为 $-\dfrac{3}{4}$ 的平行直线系中截距 $\dfrac{m}{4}$ 的最值.

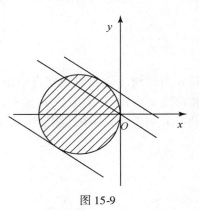

图 15-9

由图 15-9 知,当直线与圆相切时,可求得最值. 由 $y = -\dfrac{3}{4}x + \dfrac{m}{4}$ 和 $\left(x + \dfrac{5}{2}\right)^2 + y^2 = \dfrac{25}{4}$ 得 $25x^2 + (80 - 6m)x + m^2 = 0$,其判别式 $\Delta = 0$,解得 $m_1 = 5, m_2 = -20$. 所以

$$(3x + 4y)_{\max} = 5, \quad (3x + 4y)_{\min} = -20.$$

点评 一般地,由约束条件 $f(x, y) \geqslant 0$,求 $u = ax + by$ 的函数的最值,可用截距来求. 因为 $u = ax + by(b \neq 0)$ 可化为 $y = -\dfrac{a}{b}x + \dfrac{u}{b}$,它表示过动点

$A(x,y)$ 且斜率为 $-\dfrac{a}{b}$ 的直线，且 $\dfrac{u}{b}$ 是该动直线的截距．所以要求 u 的最值，只要在曲线 $f(x,y)=0$ 或 $f(x,y)>0$ 的区域内找到一点 A，过 A 点且斜率为 $-\dfrac{a}{b}$ 的直线有最大或最小的截距就可求得 u 的最值．

9. 如图 15-10 所示，从已知方程消去 t 即为直线方程 $y-3=(x-1)\tan a$，或 $x=(y-3)\cot a+1$．这时题目的几何意义可以这样理解：

椭圆族 $x^2+3y^2=f$ 与直线 $x=(y-3)\cot a+1$ 有公共点，且使椭圆的长轴 $2\sqrt{f}$ 最小，当 $f_{\min}=25$ 时，求 a．

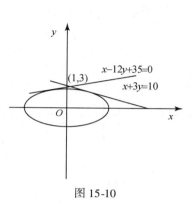

图 15-10

显然，当族中的某椭圆与直线相切时，能使 f 最小．

将 $x=(y-3)\cot a+1$ 代入 $x^2+3y^2=25$ 中，得

$$(\cot^2 a+3)y^2+2\cot a(1-3\cot a)y+(9\cot^2 a-6\cot a-24)=0.$$

设 $\cot a=m$，并令 $\Delta=0$，则

$$m^2(1-3m)^2-3(m^2+3)(3m^2-2m-8)=0.$$

解得 $m=-3$ 或 $m=12$．所以 $a=\arctan\left(-\dfrac{1}{3}\right)$ 或 $a=\arctan\dfrac{1}{12}$．

点评　目标函数或约束条件中含有形如 ax^2+by^2 的式子的最值问题，可考虑构造同中心且等离心率的椭圆族．若 $a=b$，则构造同心圆族．

由以上几题我们看到，几何方法求最值是一种颇有特色、简捷明了且很有实用价值的方法之一．

10. 命题者是通过转化为正切关系式，借助基本不等式进行求解．但若根据平面几何知识进行探求，则更具有独到之处．

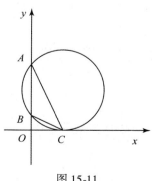

图 15-11

解　设 $|OA|=a$，$|OB|=b\,(a>b>0)$，则 $|AB|=a-b$．由平面几何知识知：到定点 A，B 张定角的 $\angle ACB$ 的顶点 C 的轨迹是以 AB 为弦的弓形弧（图 15-11）．弧半径越小，则所张锐

角 $\angle ACB$ 越大,故所求点 C 是以 AB 为弦且与 x 轴相切的圆弧的切点.此时,由切割线定理, $|OC|^2 = |OA| \cdot |OB|$,即 $|OC| = \sqrt{ab}$.所以点 C 的坐标为 $(\sqrt{ab}, 0)$,由此不难求得 $\angle ACB$ 的最大值为 $\arcsin \dfrac{a-b}{a+b}$.

11. B.

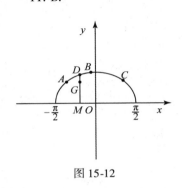

图 15-12

12. 设 $y = \cos x \left(0 \leqslant x \leqslant \dfrac{\pi}{2}\right)$ 作出其图像如图 15-12 所示.在图像上取 3 个点 $A(x_1, y_1)$, $B(x_2, y_2)$, $C(x_3, y_3)$,设 $\triangle ABC$ 的重心为 $G(x_0, y_0)$,则 $x_0 = \dfrac{1}{3}(x_1 + x_2 + x_3)$, $y_0 = \dfrac{1}{3}(\cos x_1 + \cos x_2 + \cos x_3)$.

由图可知 $MG \leqslant MD$,即 $y_0 \leqslant \cos x_0$,所以

$$\frac{\cos x_1 + \cos x_2 + \cos x_3}{3} \leqslant \cos \frac{x_1 + x_2 + x_3}{3}.$$

13. 设 $f(x) = \sin x \left(0 \leqslant x \leqslant \dfrac{\pi}{2}\right)$,作出其图像如图 15-13 所示,过点 O 作两条直线交 $y = \sin x$ 于两点 $P_1(x_1, \sin x_1)$, $P_2(x_2, \sin x_2)$, $x_1 < x_2$.因为 $\angle xOP_1 > \angle xOP_2$,所以 $k_{OP_1} > k_{OP_2}$.

故 $\dfrac{\sin x_1}{x_1} > \dfrac{\sin x_2}{x_2}$,即 $\dfrac{\sin x_1}{\sin x_2} > \dfrac{x_1}{x_2}$.

点评 此题的证明一般要应用微积分的方法,在这里我们构造了恰当的几何图形,巧妙地利用图形的性质推出不等式,解法别具一格,耐人寻味.

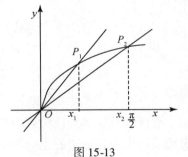

图 15-13

14. 根据函数 $y = |x+1| + |x+2| + |x+3| = a$ 的图像可知:

当 $a < 2$ 时,方程无解;

当 $a = 2$ 时,方程有一个根;

当 $a > 2$ 时,方程有两个根.

因为方程 $|x| = |x+1| = |x-2|$ 无解,故 $n \geqslant 2$ 且公差不为 0.不妨设数列的各项为 $a - kd (1 \leqslant k \leqslant n, d > 0)$.作函数

$$f(x) = \sum_{k=1}^{n} |x - kd|.$$

本题条件等价于 $f(x) = 507$ 至少有 3 个不同的根 $a, a+1, a-2$，故函数 $y = f(x)$ 的图像与水平直线 $y = 507$ 至少有 3 个不同的公共点.

由于 $y = f(x)$ 的图像是关于直线 $y = \dfrac{(n+1)d}{2}$ 左右对称的 $n+1$ 段的下凸折线，它与水平直线 L 有三个公共点当且仅当折线有一水平段在 L 上，当且仅当 $n = 2m$ 且 $a, a+1, a-2 \in [md, (m+1)d]$，$f(md) = 507$，即 $d \geqslant 3$ 且 $m^2 d = 507$.

由此得 $m^2 \leqslant 507/3$，$m \leqslant 13$.

显然，$m = 13$ 时，取 $d = 3$，$a = 4$ 满足本题条件. 因此，n 的最大值为 26.

15. 令 $f(x) = |x - a_1| + |x - a_2| + \cdots + |x - a_{50}| - |x - b_1| - |x - b_2| - \cdots - |x - b_{50}|$. 于是，原来的方程即为 $f(x) = 0$. 设 $c_1 < c_2 < \cdots < c_{100}$ 是集合 $\{a_1, a_2, \cdots, a_{50}, b_1, b_2, \cdots, b_{50}\}$ 中的所有元素按递增顺序的排列. 在 $(-\infty, c_1]$，$[c_1, c_2], \cdots, [c_{99}, c_{100}]$，$[c_{100}, +\infty)$ 这 101 个区间的每一个之中，函数 $f(x)$ 都是线性的，并且在区间 $(-\infty, c_1]$ 中，$f(x) = a_1 + a_2 + \cdots + a_{50} - b_1 - b_2 - \cdots - b_{50} = m$，在区间 $[c_{100}, +\infty)$ 中，$f(x) = -m$.

由于方程的根的个数有限，所以，$m \neq 0$. 接下来沿着数轴自左向右移动. 开始时，$f(x)$ 中的 x 的系数为 0. 每当越过一个 c_i 时，$f(x)$ 中都有一个绝对值的打开方式发生变化，使得 x 的系数变化 ± 2（增大 2 或减小 2）. 这表明，x 的系数永远为偶数，且不会在变为 0 以前改变符号. 由此可知，该系数在任何两个相邻的区间中都或者同为非负，或者同为非正. 从而，$f(x)$ 在这样的区间并集上或者同为不增，或者同为不减. 如此一来，如果 $f(x) = 0$ 只有有限个根，那么，它在区间 $[c_1, c_3], \cdots, [c_{97}, c_{99}]$，$[c_{99}, c_{100}]$ 中都分别有不多于 1 个根. 此外，由于 $f(c_1)$ 与 $f(c_{100})$ 的符号不同，而 $f(x)$ 在每个根处都发生变号，所以，$f(x) = 0$ 有奇数个根，从而，不会多于 49 个根.

另外，如果

$$\{a_1, a_2, \cdots, a_{50}\} = \{1, 4, 5, 8, 9, 12, \cdots, 89, 92, 93, 96, 98, 99\},$$

$$\{b_1, b_2, \cdots, b_{50}\} = \{2, 3, 6, 7, 10, 11, \cdots, 90, 91, 94, 95, 97, 101\},$$

则

$f(1) = -1$，$f(2) = f(3) = 1$，$f(4) = f(5) = -1$，

$f(6) = f(7) = 1$，$\cdots$，$f(92) = f(93) = -1$，$f(94) = f(95) = 1$，

$f(96) = f(97) = -1$，$f(98) = f(99) = -3$，$f(101) = 1$.

故方程 $f(x) = 0$ 恰好有 49 个根.

16. 如图 15-14 所示，由于 $s = \displaystyle\sum_{i=1}^{n} \left[\sqrt[3]{\dfrac{n}{i}}\right] = \displaystyle\sum_{i=1}^{\infty} \left[\sqrt[3]{\dfrac{n}{i}}\right]$，改记 i 为 x，易知

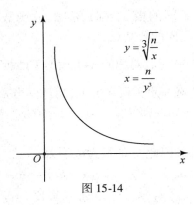

图 15-14

$s = \sum\limits_{x=1}^{\infty} \left[\sqrt[3]{\dfrac{n}{x}} \right]$ 表示由曲线 $y = \sqrt[3]{\dfrac{n}{x}}$ 与 $x > 0$,

$y > 0$ 所围区域中的整点数,即由同一条曲线

$x = \dfrac{n}{y^3}$ 与 $x > 0, y > 0$ 所围区域中的整点数,

因此

$$s = \sum_{y=1}^{\infty} \left[\frac{n}{y^3} \right] \leqslant \sum_{y=1}^{\infty} \frac{n}{y^3}$$
$$= n \left(\frac{1}{1^3} + \frac{1}{2^3} + \frac{1}{3^3} + \cdots \right) < \frac{5}{4} n$$

(由归纳法易得, $\forall n \in \mathbf{N}^+$, $\sum\limits_{k=1}^{n} \dfrac{1}{k^3} \leqslant \dfrac{5}{4} - \dfrac{1}{4n}$),由此 $s < \dfrac{5}{4} n$.

17. 构造一个三面角,3 个平面角分别为 $2\alpha, 2\beta, 2\gamma$,再在 3 条棱上各取 $\dfrac{1}{2}$ 个单位长构成一个三棱锥,其底面边长为 $\sin\alpha, \sin\beta, \sin\gamma$ 的三角形的面积不大于 3 个侧面面积的和,即 $S \leqslant \dfrac{1}{8} (\sin2\alpha + \sin2\beta + \sin2\gamma)$,得证.

18. 不失一般性,设 $A_1 A_2 A_3 A_4$ 的外接圆的圆心在坐标原点,半径为 1,并设 4 个顶点的坐标为 $A_1(\cos\alpha_1, \sin\alpha_1)$, $A_2(\cos\alpha_2, \sin\alpha_2)$, $A_3(\cos\alpha_3, \sin\alpha_3)$, $A_4(\cos\alpha_4, \sin\alpha_4)$,则 $\triangle A_2 A_3 A_4$, $\triangle A_3 A_4 A_1$, $\triangle A_4 A_1 A_2$, $\triangle A_1 A_2 A_3$ 的垂心坐标为

$H_1(\cos\alpha_2 + \cos\alpha_3 + \cos\alpha_4, \sin\alpha_2 + \sin\alpha_3 + \sin\alpha_4)$,

$H_2(\cos\alpha_3 + \cos\alpha_4 + \cos\alpha_1, \sin\alpha_3 + \sin\alpha_4 + \sin\alpha_1)$,

$H_3(\cos\alpha_4 + \cos\alpha_1 + \cos\alpha_2, \sin\alpha_4 + \sin\alpha_1 + \sin\alpha_2)$,

$H_4(\cos\alpha_1 + \cos\alpha_2 + \cos\alpha_3, \sin\alpha_1 + \sin\alpha_2 + \sin\alpha_3)$.

考虑点 $O'(\cos\alpha_1 + \cos\alpha_2 + \cos\alpha_3 + \cos\alpha_4, \sin\alpha_1 + \sin\alpha_2 + \sin\alpha_3 + \sin\alpha_4)$,容易计算 $O'H_1 = O'H_2 = O'H_3 = O'H_4 = 1$.

所以 H_1, H_2, H_3, H_4 4 点在以 O' 为圆心,以 1 为半径的圆上.

点评 上述解答应用了三角形垂心坐标公式,可推导如下:

设 $\triangle ABC$ 的外心 O 在坐标原点,外接圆的半径为 1,$A(\cos\alpha, \sin\alpha)$, $B(\cos\beta, \sin\beta)$, $C(\cos\gamma, \sin\gamma)$,则外心 O 坐标为 $(0,0)$,重心 G 坐标为 $\left(\dfrac{\cos\alpha + \cos\beta + \cos\gamma}{3}, \dfrac{\sin\alpha + \sin\beta + \sin\gamma}{3} \right)$. 由于重心 G 内分 OH 为 $1:2$,则垂心的坐标为 $H(\cos\alpha + \cos\beta + \cos\gamma, \sin\alpha + \sin\beta + \sin\gamma)$.

19. 为简单起见,用 a, b, c 分别表示 BC, CA, AB. 如图 15-15 所示,设 Q 是

M 在 BC 上的射影,则 A_1 是矩形 $MNPQ$ 的中心. 设 E,D 分别是 AA_1 和 BC,MN 的交点,$DP = x$,$QD = y$,则 $ME = x$,$EN = y$,

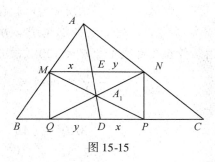

图 15-15

$MN = x + y = \dfrac{a}{2}$,

$$\frac{BD}{DC} = \frac{ME}{EN} = \frac{x}{y} = \frac{BD + x}{DC + y} = \frac{BP}{CQ}$$

$$= \frac{\dfrac{a}{2} + BQ}{\dfrac{a}{2} + CP} = \frac{a + c\cos B}{a + b\cos C}.$$

记 F 是 BB_1 和 AC 的交点,G 是 CC_1 和 AB 的交点,同上可得

$$\frac{CF}{FA} = \frac{b + a\cos C}{b + c\cos A}, \qquad \frac{AG}{GB} = \frac{c + b\cos A}{c + a\cos B}.$$

AD,BF,CG 三线共点,由塞瓦定理得

$$\frac{a + c\cos B}{a + b\cos C} \cdot \frac{b + a\cos C}{b + c\cos A} \cdot \frac{c + b\cos A}{c + a\cos B} = 1. \qquad (15\text{-}1)$$

由余弦定理得

$$a + c\cos B = a + \frac{a^2 + c^2 - b^2}{2a} = \frac{3a^2 + c^2 - b^2}{2a}$$

和其他类似的等式.

于是式(15-1)变为

$$\frac{3a^2 + c^2 - b^2}{3a^2 + b^2 - c^2} \cdot \frac{3b^2 + a^2 - c^2}{3b^2 + c^2 - a^2} \cdot \frac{3c^2 + b^2 - a^2}{3c^2 + a^2 - b^2} = 1.$$

为简单起见,记 $u = c^2 - b^2$,$v = a^2 - c^2$,$w = b^2 - a^2$,则上式可化为

$$(3a^2 + u)(3b^2 + v)(3c^2 + w) = (3a^2 - u)(3b^2 - v)(3c^2 - w).$$

展开化简,得

18. $(b^2 c^2 u + c^2 a^2 v + a^2 b^2 w) + 2uvw = 0.$

将 $u = c^2 - b^2$,$v = a^2 - c^2$,$w = b^2 - a^2$ 代入上式化简得

$$(c^2 - b^2)(a^2 - c^2)(b^2 - a^2) = 0.$$

故 $c = b$,或 $b = c$,或 $a = c$. 所以,$\triangle ABC$ 是等腰三角形.

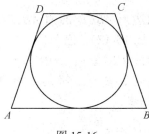

图 15-16

20. 如图 15-16 所示,利用余弦定理,知

$$BD^2 = AD^2 + AB^2 - 2AD \cdot AB\cos A$$
$$= CD^2 + BC^2 - 2CD \cdot BC\cos C.$$

由条件 $60° \leqslant \angle A, \angle C \leqslant 120°$,故

$$-\frac{1}{2} \leqslant \cos A \leqslant \frac{1}{2}, \quad -\frac{1}{2} \leqslant \cos C \leqslant \frac{1}{2},$$

于是

$$3BD^2 - (AB^2 + AD^2 + AB \cdot AD)$$
$$= 2(AB^2 + AD^2) - AB \cdot AD(1 + 6\cos A)$$
$$\geqslant 2(AB^2 + AD^2) - 4AB \cdot AD$$
$$= 2(AB - AD)^2 \geqslant 0,$$

即

$$\frac{1}{3}(AB^2 + AD^2 + AB \cdot AD)$$
$$\leqslant BD^2 = CD^2 + BC^2 - 2CD \cdot BC\cos C$$
$$\leqslant CD^2 + BC^2 + CD \cdot BC.$$

再由 $ABCD$ 为圆外切四边形,可知 $AD + BC = AB + CD$. 所以 $|AB - AD| = |CD - BC|$. 结合上式,就有

$$\frac{1}{3}|AB^3 - AD^3| \leqslant |BC^3 - CD^3|.$$

等号成立的条件为

$$\cos A = \frac{1}{2}, \quad AB = AD, \quad \cos C = -\frac{1}{2},$$

或者 $|AB - AD| = |CD - BC| = 0$. 所以,等号成立的条件是 $AB = AD$ 且 $CD = BC$.

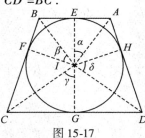

图 15-17

同理可证另一个不等式成立,等号成立的条件同上.

21. 设 ω 分别切四边形 $ABCD$ 的边 AB, BC, CD, DA 于点 E, F, G, H(图 15-17). 记

$$\angle AIE = \alpha, \angle BIF = \beta, \angle CIG = \gamma, \angle DIH = \delta.$$

圆 ω 的半径为 R,则 $\alpha, \beta, \gamma, \delta$ 都是锐角,且 $\alpha + \beta + \gamma + \delta = \pi$. 进一步,

$$AI = \frac{R}{\cos\alpha}, \quad BI = \frac{R}{\cos\beta}, \quad CI = \frac{R}{\cos\gamma}, \quad DI = \frac{R}{\cos\delta}.$$

而

$$AB + CD = AE + EB + CG + GD = R(\tan\alpha + \tan\beta + \tan\gamma + \tan\delta).$$

所以,由条件可知

$$\left(\frac{1}{\cos\alpha} + \frac{1}{\cos\delta}\right)^2 + \left(\frac{1}{\cos\beta} + \frac{1}{\cos\gamma}\right)^2 = (\tan\alpha + \tan\beta + \tan\gamma + \tan\delta)^2.$$

上式展开后整理得

$$2\tan\alpha\tan\delta + 2\tan\beta\tan\gamma + 2(\tan\alpha + \tan\delta)(\tan\beta + \tan\gamma)$$

$$- \frac{2}{\cos\alpha\cos\delta} - \frac{2}{\cos\beta\cos\gamma} = 4.$$

记 $\alpha + \delta = \theta$,则 $\beta + \gamma = \pi - \theta$,上式变形为

$$\frac{\sin\alpha\sin\delta - 1}{\cos\alpha\cos\delta} + \frac{\sin\beta\sin\gamma - 1}{\cos\beta\cos\gamma} + \frac{\sin^2\theta}{\cos\alpha\cos\beta\cos\gamma\cos\delta} = 2$$

$$\Leftrightarrow \frac{\sin^2\theta}{\cos\alpha\cos\beta\cos\gamma\cos\delta} = \frac{\cos\theta + 1}{\cos\alpha\cos\delta} + \frac{1 - \cos\theta}{\cos\beta\cos\gamma}$$

$$\Leftrightarrow \sin^2\theta = 2\sin^2\frac{\theta}{2}\cos\alpha\cos\delta + 2\cos^2\frac{\theta}{2}\cos\beta\cos\gamma$$

$$\Leftrightarrow \sin^2\theta = \sin^2\frac{\theta}{2}(\cos(\alpha - \delta) + \cos(\alpha + \delta))$$

$$+ \cos^2\frac{\theta}{2}(\cos(\beta - \gamma) + \cos(\beta + \gamma))$$

$$\Leftrightarrow \sin^2\theta = \cos\theta\left(\sin^2\frac{\theta}{2} - \cos^2\frac{\theta}{2}\right) + \sin^2\frac{\theta}{2}\cos(\alpha - \delta) + \cos^2\theta\cos(\beta - \gamma)$$

$$\Leftrightarrow \sin^2\frac{\theta}{2}\cos(\alpha - \delta) + \cos^2\frac{\theta}{2}\cos(\beta - \gamma) = 1$$

$$\Leftrightarrow \sin^2\frac{\theta}{2}(1 - \cos(\alpha - \delta)) + \cos^2\frac{\theta}{2}(1 - \cos(\beta - \gamma)) = 0.$$

注意到 $\sin^2\frac{\theta}{2} > 0$,$\cos^2\frac{\theta}{2} > 0$,所以 $\cos(\alpha - \delta) = 1$,$\cos(\beta - \gamma) = 1$,于是 $\alpha = \delta$,$\beta = \gamma$. 进而 $AB = R(\tan\alpha + \tan\beta) = R(\tan\gamma + \tan\delta) = CD$,并且 $\angle BAD = \pi - 2\alpha = \pi - 2\delta = \angle CDA$,同理 $\angle ABC = \angle BCD$,故有 $\angle BAD + \angle ABC = \pi$,即 $BC \parallel AD$.

所以,$ABCD$ 是以 BC,AD 为上、下底的等腰梯形.

22. 利用空间坐标表述,不妨设 4 只脚的坐标分别为 $(1,0,0)$,$(0,1,0)$,$(-1,0,0)$,$(0,-1,0)$. 则问题转为求非负整数组 (k_1, k_2, k_3, k_4) 的组数,使得点 $F_1(1,0,k_1)$,$F_2(0,1,k_2)$,$F_3(-1,0,k_3)$ 和 $F_4(0,-1,k_4)$ 4 点共面,

这里 $0 \leq k_i \leq n, i=1,2,3,4$. 点 F_1, F_2, F_3, F_4 共面的充要条件是直线 $F_1 F_3$ 与 $F_2 F_4$ 相交,这等价于 $F_1 F_3$ 的中点与 $F_2 F_4$ 的中点重合(事实上,F_1, F_2, F_3, F_4 共面,则 $F_1 F_2 F_3 F_4$ 为平行四边形). 即转为求满足

$$\frac{k_1+k_3}{2} = \frac{k_2+k_4}{2}$$

的非负整数组 (k_1, k_2, k_3, k_4) 的组数.

注意到,当 $m \leq n$ 时,满足 $x+y=m$ 的非负整数解 $(x, y)=(j, m-j)$, $0 \leq j \leq m$,共 $m+1$ 组;而 $n \leq m \leq 2n$ 时,解为 $(x, y)=(j, m-j)$, $m-n \leq j \leq n$,共 $2n-m+1$ 组解.

所以,满足 $\frac{1}{2}(k_1+k_3) = \frac{1}{2}(k_2+k_4)$ 非负整数解共有

$$1^2 + 2^2 + \cdots + n^2 + (n+1)^2 + n^2 + \cdots + 1^2$$
$$= 2 \times \frac{1}{6}n(n+1)(2n+1) + (n+1)^2$$
$$= \frac{1}{3}(n+1)(2n^2+4n+3).$$

综上,所求的答案为 $\frac{1}{3}(n+1)(2n^2+4n+3)$.

23. 结论是:$k>0$, $k \neq 1$.

先证明:$k=1$ 时,即 1×1 的正方形不能作出满足条件的分割.

考虑分割折线的端点,如果这两个端点分属于正方形的两条对边(包括正方形的顶点),那么所分成的两个多边形周长相等的,结合它们是相似的,可知这两个多边形必是全等的. 如果两个端点中恰有一个为正方形的顶点,则这两个多边形的边数相差1(注意,此时另一个端点在与该顶点相邻的边上);如果两个端点在正方形相邻的两条边上,则两个多边形的边数相差2. 都不可能成为相似的两个多边形. 故当 $k=1$ 时,不存在符合要求的分割.

再证:当 $k>0$, $k \neq 1$, $1 \times k$ 的矩形可作出满足条件的分割(图15-18).

只需证 $k>1$ 的情形[当 $k \in (0,1)$ 时,把 k 当作1个单位,转到 $\frac{1}{k} \times 1$ 的情形],取 $n \in \mathbf{N}^+$,使 $k > \frac{n+1}{n}$,考虑下面的两个相似的台阶形状,将它们拼为一个 $1 \times k$ 的矩形,其中 $\lambda(>1)$ 与 x 待定.

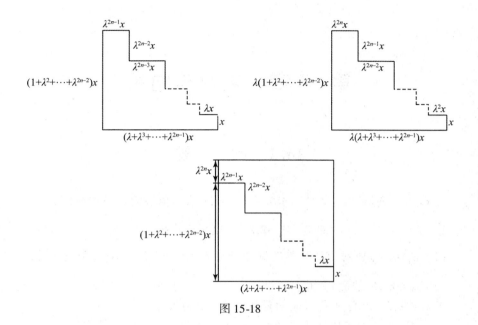

图 15-18

这样我们只需证明 λ 与 x 的存在性, 即可说明符合条件的分割存在, 事实上, 记

$$f(\lambda) = \frac{1 + \lambda^2 + \cdots + \lambda^{2n}}{\lambda + \lambda^3 + \cdots + \lambda^{2n-1}},$$

则

$$f(1) = \frac{n+1}{n} < k.$$

而当 $\lambda \to +\infty$ 时, $f(\lambda) \to +\infty$, 故存在 $\lambda > 1$, 使得 $f(\lambda) = k$, 对此 λ, 取 x, 使得 $(\lambda + \lambda^3 + \cdots + \lambda^{2n-1})x = 1$, 那么上述分割符合要求.

综上, 所求 k 为不等于 1 的正实数.

第 16 章　复数与向量

16.1　问　　题

1. 复数 z 满足 $|z| \leqslant \dfrac{1}{3}$,求复数 $3z + 2i$ 的辐角最值和模的最值 .

2. 设 O 为复平面的原点, Z_1 和 Z_2 为复平面内的两个动点,并且满足

（1） Z_1 和 Z_2 所对应的复数的辐角分别为定值 θ 和 $-\theta\left(0 < \theta < \dfrac{\pi}{2}\right)$;

（2） $\triangle OZ_1Z_2$ 的面积为定值 S .
求 $\triangle OZ_1Z_2$ 重心 Z 所对应的复数的模的最小值 .

3. 在任意 $\triangle ABC$ 的边上向外作 $\triangle BPC$, $\triangle CQA$, $\triangle ARB$,使得
$$\angle PBC = \angle CAQ = 45°,$$
$$\angle BCP = \angle QCA = 30°,$$
$$\angle ABR = \angle BAR = 15°.$$
试证: $\angle QRP = 90°$; $QR = RP$.

4. 设 D 是锐角 $\triangle ABC$ 内部一点, $\angle ADB = \angle ACB + 90°$,并且 $AC \cdot BD = AD \cdot BC$,求 $\dfrac{AB \cdot CD}{AC \cdot BD}$ 的值 .

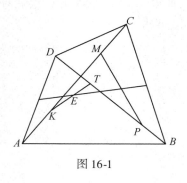

图 16-1

5. 在 $\triangle ABC$ 中, $AC \neq BC$,将 $\triangle ABC$ 绕点 C 旋转,得到 $\triangle A'B'C$, M , E , F 分别为线段 BA' , AC , $B'C$ 的中点 . 若 $EM = FM$,求 $\angle EMF$.

6. 设 P 是锐角 $\triangle ABC$ 内一点, AP , BP , CP 分别交边 BC , CA , AB 于点 D , E , F ,已知 $\triangle DEF \backsim \triangle ABC$. 求证: P 是 $\triangle ABC$ 的重心 .

7. 如图 16-1 所示,在凸四边形 $ABCD$ 的对角线 AC 上取点 K 和 M ,在对角线 BD 上取点 P 和 T ,使得

$$AK = MC = \frac{1}{4}AC, \quad BP = TD = \frac{1}{4}BD.$$

证明:过 AD 和 BC 中点的连线,通过 PM 和 KT 的中点.

8. 四边形 $ABCD$ 外切于圆,$\angle A$ 和 $\angle B$ 的外角平分线相交于点 K ,$\angle B$ 和 $\angle C$ 的外角平分线相交于点 L ,$\angle C$ 和 $\angle D$ 的外角平分线相交于点 M ,$\angle D$ 和 $\angle A$ 的外角平分线相交于点 N. 设 $\triangle ABK$,$\triangle BCL$,$\triangle CDM$,$\triangle DAN$ 的垂心分别为 K_1 ,L_1 ,M_1 ,N_1. 证明:四边形 $K_1L_1M_1N_1$ 是平行四边形.

9. 已知两同心球 S_1,S_2 ,半径分别为 $r,R(R>r)$,在球 S_2 上有一定点 A 及两个动点 B,C,S_1 上有一个动点 P ,$\angle APB = \angle BPC = \angle CPA = \frac{\pi}{2}$,以 PA,PB,PC 为棱构成平行六面体,点 Q 是此六面体的与 P 点斜对的顶点. 求 P 点在 S_1 上移动,B,C 两点在 S_2 上移动时 Q 点的轨迹.

10. 设凸多面体 P_1 有 9 个顶点 $A_1,A_2,\cdots,A_9,P_i$ 是将 P_1 通过平移 $A_1 \to A_i$ 得到的多面体($i = 2,3,\cdots,9$). 试证:$P_1,P_2,\cdots,P_9$ 中至少有两个多面体,它们至少有一个公共内点.

11. 求证:对任意 8 个实数 a,b,c,d,e,f,g,h ,式子 $ac + bd,ae + bf,ag + bh,$ $ce + df,cg + dh,eg + fh$ 中至少有一个非负.

12. 平面内 $n(n \geq 3)$ 个点组成集合 S,P 是此平面内 m 条直线组成的集合,满足 S 关于 P 中的每一条直线对称. 求证:$m \leq n$,并问等号何时成立?

13. 设 O 是 $\triangle ABC$ 内部一点. 证明:存在正整数 p,q,r ,使得

$$\left| p \cdot \overrightarrow{OA} + q \cdot \overrightarrow{OB} + r \cdot \overrightarrow{OC} \right| < \frac{1}{2007}.$$

14. 设 $x_1,x_2,\cdots,x_n$ 和 $y_1,y_2,\cdots,y_n$ 为实数,且满足 $\sum_{i=1}^{n} x_i^2 = \sum_{i=1}^{n} y_i^2 = 1$. 证明:

$$(x_1y_2 - x_2y_1)^2 \leq 2\left| 1 - \sum_{i=1}^{n} x_iy_i \right|,$$

并确定等号成立的条件.

15. 已知 n 为一个正奇数,$\alpha_1,\alpha_2,\cdots,\alpha_n$ 是区间 $[0,\pi]$ 上的数. 求证:

$$\sum_{1 \leq i < j \leq n} \cos(\alpha_i - \alpha_j) \geq \frac{1-n}{2}.$$

16. 求最大的正整数 n ,使得在三维空间中存在 n 个点 $P_1,P_2,\cdots,P_n$,其中任意三点不共线,且对任意 $1 \leq i < j < k \leq n$,$\triangle P_iP_jP_k$ 不是钝角三角形.

17. 在 49×69 的方格纸上标出所有 50×70 个小方格的顶点. 两个人玩游戏,依次轮流进行如下操作:游戏者将某两个顶点用线段连接,其中每一个点都不是已连线段的端点,所连线段可以有公共点. 这样的操作直到不能进行下去为止. 在这以后,如果第一个人可以对每个所连线段选择一个适当的方向后,使得所有这样得到的向量的和是一个零向量,那么他获胜,否则,另一个人获胜.问:谁有必胜策略?

18. 证明:不存在具有如下性质的由平面上多于 $2n(n>3)$ 个两两不平行的向量构成的有限集合 G:

(1)对于该集合中的任何 n 个向量,都能从该集合中再找出 $n-1$ 个向量,使得这 $2n-1$ 个向量的和等于 0;

(2)对于该集合中的任何 n 个向量,都能从该集合中再找出 n 个向量,使得这 $2n$ 个向量的和等于 0.

19. 如图 16-2 所示,平面上由边长为 1 的正三角形构成一个(无穷的)三角形网格. 三角形的顶点称为格点,距离为 1 的格点称为相邻格点.

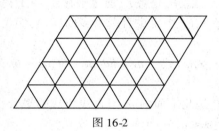

图 16-2

A,B 两只青蛙进行跳跃游戏. "一次跳跃"是指青蛙从所在的格点跳至相邻的格点. "A,B 的一轮跳跃"是指它们按下列规则进行的先 A 后 B 的跳跃:

规则(1):A 任意跳一次,则 B 沿与 A 相同的跳跃方向跳跃一次,或沿与之相反的方向跳跃两次.

规则(2):当 A,B 所在的格点相邻时,它们可执行规则(1)完成一轮跳跃,也可以由 A 连跳两次,每次跳跃均保持与 B 相邻,而 B 则留在原地不动.

若 A,B 的起始位置为两个相邻的格点,问能否经过有限轮跳跃,使 A,B 恰好位于对方的起始位置上?

20. n 是正整数,$a_j(j=1,2,\cdots,n)$ 为复数,且对集合 $\{1,2,\cdots,n\}$ 的任一非空子集 I,均有

$$\left| \prod_{j\in I}(1+a_j)-1 \right| \leqslant \frac{1}{2}.$$

证明:$\displaystyle\sum_{j=1}^{n}|a_j| \leqslant 3.$

16.2 解　答

1. 设复数 $3z, 2i$, $3z + 2i$ 所对应的复平面上的点分别为 P, A, W, 由 $\overrightarrow{OW} = \overrightarrow{OA} + \overrightarrow{OP}$ 知: $OAWP$ 为平行四边形. 从而 $|\overrightarrow{AW}| = |\overrightarrow{OP}| = |3z| \le 1$. 即 W 是以 $A(2i)$ 为圆心, 1 为半径的圆内或圆上的点. 因此, 当 W 沿圆周运动到 M 或 N 处, 使得 OM, ON 与圆 A 相切时 $3z + 2i$ 的辐角达到最小值或最大值, 如图 16-3 所示. 其值各为

$$\left[\arg(3z + 2i) \right]_{\min} = \frac{\pi}{3},$$

$$\left[\arg(3z + 2i) \right]_{\max} = \frac{2\pi}{3}.$$

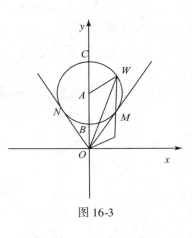

图 16-3

当 W 运动到与 y 轴的交点 B, C 处时, $(3z + 2i)$ 达到最大或最小值, 其值各为

$$|3z + 2i|_{\min} = 1, \quad |3z + 2i|_{\max} = 3.$$

点评　凡涉及复数方面的最值问题, 可考虑复数的模, 辐角, 对应向量和、差、积运算的几何意义等. 然后从几何的角度解决.

2. 根据题设条件不难求得 Z 点的轨迹是双曲线的右分支, 因此, 只要求双曲线的右分支上的点到原点的最短距离即可.

设 Z_1, Z_2, Z 所对应的复数分别为 Z_1, Z_2, Z, 其中 $Z_1 = r_1(\cos\theta + i\sin\theta)$, $Z_2 = r_2(\cos\theta - i\sin\theta)$, $Z = x + yi$. 因为 Z 是 $\triangle OZ_1Z_2$ 的重心 (图 16-4), 所以

$$\begin{cases} x = \dfrac{1}{3}(r_1 + r_2)\cos\theta, \\ y = \dfrac{1}{3}(r_1 - r_2)\sin\theta. \end{cases}$$

又 $S = \dfrac{1}{2}r_1 r_2 \sin 2\theta$, 消去参数 r_1, r_2, 得

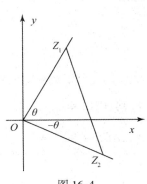

图 16-4

$$\frac{x^2}{\left(\frac{2}{3}\sqrt{S\cot\theta}\right)^2} - \frac{y^2}{\left(\frac{2}{3}\sqrt{S\tan\theta}\right)^2} = 1.$$

Z 点轨迹为双曲线右分支，求 Z 点对应的复数模的最小值，即为双曲线右顶点到原点的距离．

令 $y = 0$，得 $x = \frac{2}{3}\sqrt{S\cot\theta}$．

故所求的最小值是 $\frac{2}{3}\sqrt{S\cot\theta}$．

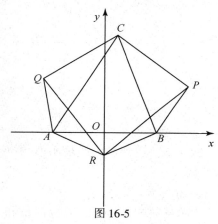

图 16-5

3. 如图 16-5 所示，建立复平面，令 $A = -1, B = 1, R, P, Q, C$ 都表示复数．

易知，$R = -\mathrm{i}\tan15°$．又

$$\frac{P - B}{C - B} = \frac{|BP|}{|BC|}(\cos45° - \mathrm{i}\sin45°),$$

$$\frac{P - 1}{C - 1} = \frac{\sin30°}{\sin75°}(\cos45° - \mathrm{i}\sin45°),$$

得

$$P = \frac{C - 1}{4\cos15°}(\sqrt{2} - \sqrt{2}\mathrm{i}) + 1.$$

同理

$$Q = \frac{C + 1}{4\cos15°}(\sqrt{2} + \sqrt{2}\mathrm{i}) - 1,$$

$$Q - \mathrm{i}P = \frac{\sqrt{2} + \sqrt{2}\mathrm{i}}{2\cos15°} - 1 - \mathrm{i} = (1 + \mathrm{i})\left(\frac{\sqrt{2}}{2\cos15°} - 1\right)$$

$$= -(1 + \mathrm{i})\tan15° = (1 - \mathrm{i})R,$$

此即 $Q - R = \mathrm{i}(P - R)$．

因此 $\triangle QRP$ 为一等腰直角三角形．

4. 以顶点 C 为原点，CA 为实轴建立复平面，设 $|CA| = r$，由复数乘除法的几何意义可知，向量 $\overrightarrow{DB}$ 可以看作 $\overrightarrow{DA}$ 经旋转和伸缩而得到，由已知

$$\overrightarrow{DB} = \overrightarrow{DA} \cdot \frac{|\overrightarrow{DB}|}{|\overrightarrow{DA}|} \cdot [\cos(\angle ACB + 90°) + \mathrm{i}\sin(\angle ACB + 90°)]$$

$$= \overrightarrow{DA} \frac{|\overrightarrow{CB}|}{|\overrightarrow{CA}|}(\cos\angle ACB + \mathrm{i}\sin\angle ACB)\mathrm{i}$$

$$= \frac{1}{r}\,\overrightarrow{DA}\cdot\overrightarrow{CB}\mathrm{i} = \frac{1}{r}(r - z_D)z_B\mathrm{i}.$$

又由 $\overrightarrow{DB} = z_B - z_D$，有 $\frac{1}{r}(r - z_D)z_B\mathrm{i} = z_B - z_D$，得 $z_D = \dfrac{rz_B(1 - \mathrm{i})}{r - z_B\mathrm{i}}$. 所以

$$\frac{AB\cdot CD}{AC\cdot BD} = \frac{|z_B - r|\,|z_D|}{|r|\,|z_D - z_B|} = |1 - \mathrm{i}| = \sqrt{2}.$$

5. 如图 16-6 所示，连接 EF，以 C 为原点建立复平面，设 $\triangle A'B'C'$ 是由 $\triangle ABC$ 绕点 C 逆时针旋转 θ 角得到，设点 A,B 对应的复数分别为 z_1, z_2，则点 A', B' 对应的复数分别为 $z_1\mathrm{e}^{\mathrm{i}\theta}$, $z_2\mathrm{e}^{\mathrm{i}\theta}$.

故点 M,E,F 对应的复数分别为 $\frac{1}{2}(z_1\mathrm{e}^{\mathrm{i}\theta} + z_2)$, $\frac{1}{2}z_1$, $\frac{1}{2}z_2\mathrm{e}^{\mathrm{i}\theta}$.

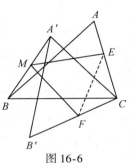

图 16-6

故

$$|ME| = \frac{1}{2}|z_1(1 - \mathrm{e}^{\mathrm{i}\theta}) - z_2|, \tag{16-1}$$

$$|MF| = \frac{1}{2}|z_1\mathrm{e}^{\mathrm{i}\theta} + z_2(1 - \mathrm{e}^{\mathrm{i}\theta})| = \frac{1}{2}|\mathrm{e}^{\mathrm{i}\theta}|\,|z_1 + z_2(\mathrm{e}^{-\mathrm{i}\theta} - 1)|$$

$$= \frac{1}{2}|z_2(1 - \mathrm{e}^{-\mathrm{i}\theta}) - z_1|, \tag{16-2}$$

$$|EF| = \frac{1}{2}|z_1 - z_2\mathrm{e}^{\mathrm{i}\theta}|. \tag{16-3}$$

由于 $|EM| = |FM|$，故 $|z_1(1 - \mathrm{e}^{\mathrm{i}\theta}) - z_2|^2 = |z_2(1 - \mathrm{e}^{-\mathrm{i}\theta}) - z_1|^2$.
故

$$[z_1(1 - \mathrm{e}^{\mathrm{i}\theta}) - z_2][\overline{z_1}(1 - \mathrm{e}^{-\mathrm{i}\theta}) - \overline{z_2}]$$
$$= [z_2(1 - \mathrm{e}^{-\mathrm{i}\theta}) - z_1][\overline{z_2}(1 - \mathrm{e}^{\mathrm{i}\theta}) - \overline{z_1}].$$

从而

$$|z_1|^2\cdot|1 - \mathrm{e}^{\mathrm{i}\theta}|^2 + |z_2|^2 - z_1\overline{z_2}(1 - \mathrm{e}^{\mathrm{i}\theta}) - \overline{z_1}z_2(1 - \mathrm{e}^{-\mathrm{i}\theta})$$
$$= |z_2|^2\cdot|1 - \mathrm{e}^{\mathrm{i}\theta}|^2 + |z_1|^2 - z_1\overline{z_2}(1 - \mathrm{e}^{\mathrm{i}\theta}) - \overline{z_1}z_2(1 - \mathrm{e}^{-\mathrm{i}\theta}).$$

从而

$$|z_1|^2\cdot|1 - \mathrm{e}^{\mathrm{i}\theta}|^2 + |z_2|^2 = |z_2|^2\cdot|1 - \mathrm{e}^{\mathrm{i}\theta}|^2 + |z_1|^2.$$

故

$$(|z_1|^2 - |z_2|^2)(|1 - e^{i\theta}|^2 - 1) = 0. \tag{16-4}$$

由于 $AC \neq BC$，故 $|z_1| \neq |z_2|$，故由式(16-4)知

$$1 = |1 - e^{i\theta}|^2 = (1 - e^{i\theta})(1 - e^{-i\theta}) = 2 - e^{i\theta} - e^{-i\theta}.$$

故 $e^{i\theta} + e^{-i\theta} = 1$，从而 $1 - e^{-i\theta} = e^{i\theta}$.

故结合式(16-2)，式(16-3)知

$$|MF| = \frac{1}{2}|z_2(1 - e^{-i\theta}) - z_1| = \frac{1}{2}|z_2 e^{i\theta} - z_1| = |EF|.$$

故 $\triangle EFM$ 是正三角形，从而 $\angle EMF = 60°$.

6. 本题的结论对 $\triangle ABC$ 为一般的三角形都成立．我们用复数方法予以证明．

设 P 为复平面上的原点，并直接用 X 表示点 X 对应的复数，则存在正实数 α, β, γ，使得 $\alpha A + \beta B + \gamma C = 0$，且 $\alpha + \beta + \gamma = 1$.

由于 D 为 AP 与 BC 的交点，可解得 $D = -\dfrac{\alpha}{1-\alpha}A$，同样的，$E = -\dfrac{\beta}{1-\beta}B$，

$F = -\dfrac{\gamma}{1-\gamma}C$. 利用 $\triangle DEF \backsim \triangle ABC$ 可知 $\dfrac{D-E}{A-B} = \dfrac{E-F}{B-C}$，于是

$$\frac{\gamma BC}{1-\gamma} + \frac{\beta AB}{1-\beta} + \frac{\alpha BC}{1-\alpha} - \frac{\alpha AB}{1-\alpha} - \frac{\beta BC}{1-\beta} - \frac{\gamma CA}{1-\gamma} = 0.$$

化简得：$(\gamma^2 - \beta^2)B(C-A) + (\alpha^2 - \gamma^2)A(C-B) = 0$. 这时，若 $\gamma^2 \neq \beta^2$，则

$\dfrac{B(C-A)}{A(C-B)} \in \mathbf{R}$，因此，$\dfrac{(C-A)/(C-B)}{(P-A)/(P-B)} \in \mathbf{R}$，这要求 P 在 $\triangle ABC$ 的外接圆

上，与 P 在 $\triangle ABC$ 内矛盾，所以 $\gamma^2 = \beta^2$，进而 $\alpha^2 = \gamma^2$，得 $\alpha = \beta = \gamma = \dfrac{1}{3}$，即 P 为

$\triangle ABC$ 的重心．命题获证．

7. 设 H, G, E 分别是 AD, BC, KT 的中点，则

$$\overrightarrow{KT} = \overrightarrow{KA} + \overrightarrow{AD} + \overrightarrow{DT} = -\frac{1}{4}\overrightarrow{AC} + \overrightarrow{AD} - \frac{1}{4}\overrightarrow{BD},$$

$$\overrightarrow{EH} = \overrightarrow{ET} + \overrightarrow{TD} + \overrightarrow{DH} = \frac{1}{2}\overrightarrow{KT} + \frac{1}{4}\overrightarrow{BD} - \frac{1}{2}\overrightarrow{AD} = -\frac{1}{8}(\overrightarrow{AC} - \overrightarrow{BD}),$$

$$\overrightarrow{GH} = \overrightarrow{GC} + \overrightarrow{CD} + \overrightarrow{DH} = \frac{1}{2}\overrightarrow{BC} + \overrightarrow{CD} - \frac{1}{2}\overrightarrow{AD}$$

$$= \frac{1}{2}(\overrightarrow{BC} + \overrightarrow{CD}) + \frac{1}{2}(\overrightarrow{CD} - \overrightarrow{AD})$$

$$= \frac{1}{2}\overrightarrow{BD} + \frac{1}{2}\overrightarrow{CA} = -\frac{1}{2}(\overrightarrow{AC} - \overrightarrow{BD}),$$

显然 $\overrightarrow{GH} = 4\overrightarrow{EH}$，所以 H, E, G 三点共线，即 HG 过点 E. 同理可证 HG 过 PM 的中点（图 16-7）.

8. 如图 16-8 所示，将四边形 $ABCD$ 的内心记作 O. 由于内角平分线与外角平分线相互垂直，所以，$OA \perp NK$，$OB \perp KL$.

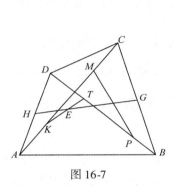

图 16-7

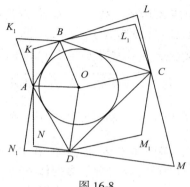

图 16-8

由于 $\triangle ABK$ 的高 AK_1 垂直于 KB，所以，$AK_1 /\!/ OB$.

同理，$BK_1 /\!/ OA$. 从而，四边形 $AOBK_1$ 是平行四边形.

于是，点 K_1 可以由点 A 平移 $\overrightarrow{AK_1} = \overrightarrow{OB}$ 得到.

同理，点 L_1 可由点 C 平移一个向量 $\overrightarrow{OB}$ 得到.

所以，$\overrightarrow{K_1L_1} = \overrightarrow{AC}$. 类似可得 $\overrightarrow{N_1M_1} = \overrightarrow{AC}$.

因此，四边形 $K_1L_1M_1N_1$ 是平行四边形.

9. 如图 16-9 所示，因为 $\overrightarrow{PA} \perp \overrightarrow{PB}$，则

$$(\overrightarrow{OA} - \overrightarrow{OP}) \cdot (\overrightarrow{OB} - \overrightarrow{OP}) = 0,$$

$$\overrightarrow{OA} \cdot \overrightarrow{OB} - \overrightarrow{OA} \cdot \overrightarrow{OP} - \overrightarrow{OB} \cdot \overrightarrow{OP} + \overrightarrow{OP}^2 = 0,$$

其中 O 为同心球的球心.

同理可得

图 16-9

$$\overrightarrow{OB} \cdot \overrightarrow{OC} - \overrightarrow{OB} \cdot \overrightarrow{OP} - \overrightarrow{OC} \cdot \overrightarrow{OP} + \overrightarrow{OP}^2 = 0,$$

$$\overrightarrow{OC} \cdot \overrightarrow{OA} - \overrightarrow{OC} \cdot \overrightarrow{OP} - \overrightarrow{OA} \cdot \overrightarrow{OP} + \overrightarrow{OP}^2 = 0.$$

又 $\overrightarrow{PQ} = \overrightarrow{PA} + \overrightarrow{PB} + \overrightarrow{PC}$，则

$$\overrightarrow{OQ} = \overrightarrow{OP} + \overrightarrow{PA} + \overrightarrow{PB} + \overrightarrow{PC} = \overrightarrow{OA} + \overrightarrow{OB} + \overrightarrow{OC} - 2\overrightarrow{OP},$$

$$OQ^2 = (\overrightarrow{OA} + \overrightarrow{OB} + \overrightarrow{OC} - 2\overrightarrow{OP})(\overrightarrow{OA} + \overrightarrow{OB} + \overrightarrow{OC} - 2\overrightarrow{OP})$$

$$= 3R^2 - 2r^2.$$

故 Q 点在以 O 为球心,半径为 $\sqrt{3R^2 - 2r^2}$ 的球 S 上.

10. 建立空间直角坐标系,以 A_1 为坐标原点,令

$$\overrightarrow{A_1B_i} = 2\overrightarrow{A_1A_i}, \quad i = 2,3,\cdots,9.$$

把多面体 $A_1B_2B_3\cdots B_9$ 记为 D,即 D 是由 P_1 放大 2 倍得到的多面体,它的体积是 P_1 的 8 倍,且 D 包含 P_1.

设 Q_i 是多面体 $P_i(i = 2,\cdots,9)$ 内的一点,它与 P_1 中对应的点为 Q_1,则

$$\overrightarrow{A_1Q_i} = \overrightarrow{A_1Q_1} + \overrightarrow{A_1A_i} = 2 \cdot \frac{1}{2}(\overrightarrow{A_1Q_1} + \overrightarrow{A_1A_i}),$$

因为 Q_1 与 A_i 均在凸多面体 P_1 内,故 $\frac{1}{2}(\overrightarrow{A_1Q_1} + \overrightarrow{A_1A_i})$ 也在凸多面体 P_1 内,从而 $\overrightarrow{A_1Q}$ 在凸多面体 D 内,即点 Q_i 在 D 内.

从上可知,D 包含了多面体 $P_2,P_3,\cdots,P_9$. 由于 D 包含了 P_1 与由 P_1 平移得到的 $P_2,P_3,\cdots,P_9$,且 D 的体积是 P_1 的 8 倍,所以,这 9 个多面体 $P_1,P_2,\cdots,P_9$ 中至少有两个,它们有公共点.

11. 考虑 4 个向量,它们分别对应平面直角坐标系上的点坐标 (a,b), (c,d),(e,f),(g,h). 不论 $a,b,\cdots,h$ 取何值,总存在 2 个向量组成的角不超过 90°. 这 2 个向量的内积非负,而且其值正是所给 6 个和之一.

12. (1) 记 S 中的 n 个点为 $A_1,A_2,\cdots,A_n$. 建立直角坐标系,设 A_i 的坐标为 (x_i,y_i),$i = 1,2,\cdots,n$. 易证 $\sum\limits_{i=1}^{n} \overrightarrow{BA_i} = \mathbf{0}$ 当且仅当 B 取作 $\left(\frac{1}{n}\sum\limits_{i=1}^{n} x_i, \frac{1}{n}\sum\limits_{i=1}^{n} y_i\right)$.

这说明,平面内存在唯一的一点 B,使 $\sum\limits_{i=1}^{n} \overrightarrow{BA_i} = \mathbf{0}$. 我们称 B 为点集 S 的"质心".

如果任取 P 中一条直线 p 为 x 轴,建立直角坐标系,则 $\sum\limits_{i=1}^{n} y_i = 0$,故 B 在 P 上,即 P 中每一条直线均过质心 B.

(2) 设 $F = \{$三元有序组 $(x,y,P) \mid x,y \in S, p \in P, x$ 与 y 关于 P 对称$\}$,

$$F_1 = \{(x,y,P) \in F \mid x \neq y\},$$
$$F_2 = \{(x,x,P) \in F \mid x \text{ 在 } P \text{ 上}\}.$$

显然

$$F = F_1 \cup F_2, \quad F_1 \cap F_2 = \varnothing. \tag{16-5}$$

考虑 P 中任一直线 p，x 为 S 中任一点，x 关于 p 的对称点 y 是唯一的．即对每一个 p，三元有序组 (x,y,P) 有 n 个，故

$$|F| = mn. \tag{16-6}$$

对于 F_1 中的三元组 (x,y,P)，因为不同的两点 x 和 y 的对称轴只有 1 条，故

$$|F_1| \leqslant |\{(x,y) \mid x,y \in S, x \neq y\}| = 2C_n^2 = n(n-1). \tag{16-7}$$

当 S 中任一点至多在 P 中的一条直线 p 上时，

$$|F_2| \leqslant |\{x \mid x \in S\}| = n. \tag{16-8}$$

由式(16-5)~式(16-8)得

$$mn \leqslant n(n-1) + n,$$

即 $m \leqslant n$．

当 S 中存在一点同时在 P 中的两条直线上时，由(1)中所证，此点即为质心 B．考虑集合 $S' = S \backslash \{B\}$，此时 S' 仍关于 P 中的每条直线对称，由(1)中所证 $m \leqslant |S'| = n - 1$．

综合(1),(2)得 $m \leqslant n$．

(3)当 $m=n$ 时，由(2)中所证，式(16-7)，式(16-8)同时取等号，即 S 中任意两点的中垂线均属于 P，S 中每点恰在 P 中的一条直线上，同时质心 B 不在 S 中．

首先指出 $BA_i (i = 1, 2, \cdots, n)$ 相等．否则，如果存在 $j, k (1 \leqslant j < k \leqslant n)$，使得 $BA_j \neq BA_k$，则线段 A_jA_k 的对称轴不过 B．与(2)中所证矛盾．因此 A_1，$A_2, \cdots, A_n$ 均在以 B 为圆心的圆上，记此圆为 $\odot B$．不妨设 $A_1, A_2, \cdots, A_n$ 按顺时针排列．

其次 $A_1, A_2, \cdots, A_n$ 是 $\odot B$ 的 n 个等分点．这是因为，如果存在 $i(i = 1, 2, \cdots, n)$，使 $A_iA_{i+1} \neq A_{i+1}A_{i+2}$（定义 $A_{n+1} = A_1, A_{n+2} = A_2$）．不妨设 $A_iA_{i+1} < A_{i+1}A_{i+2}$．如图 16-10 所示，线段 A_iA_{i+2} 的对称轴 $l \in P$，而 A_{i+1} 关于 l 的对称点在 $\overparen{A_{i+1}A_{i+2}}$（不含端点）上．这与 A_{i+1}, A_{i+2} 是相邻两点矛盾．

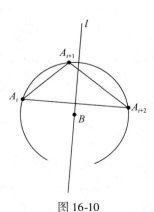

图 16-10

所以，当 $m=n$ 时，集 S 中的点是正 n 边形的 n 个顶点．

易知正 n 边形确有 n 条对称轴，故当且仅当 S 中的点组成正 n 边形 n 个顶点，P 是正 n 边形的 n 条对称轴时 $m=n$．

13. 先证一个引理.

引理 设 α,β 都是正实数,N 是任意一个大于 $\max\left\{\dfrac{1}{\alpha},\dfrac{1}{\beta}\right\}$ 的整数,则存在正整数 p_1,p_2 和 q,使得 $1\leqslant q\leqslant N^2$,且

$$|q\alpha-p_1|<\frac{1}{N},\qquad |q\beta-p_2|<\frac{1}{N}$$

同时成立.

引理的证明 考虑平面 N^2+1 个点组成的集合 $T=\{(\{i\alpha\},\{i\beta\})\mid i=0,1,\cdots,N^2\}$,这里 $[x]$ 表示不超过实数 x 的最大整数,$\{x\}=x-[x]$.

现在将正方形点集 $\{(x,y)\mid 0\leqslant x,y<1\}$ 沿平行于坐标轴的直线分割为 N^2 个小正方形(这里的每个正方形都不含右边和上边的两条边),则 T 中必有两点落在同一个小正方形内,即存在 $0\leqslant j<i\leqslant N^2$,使得 $|\{i\alpha\}-\{j\alpha\}|<\dfrac{1}{N}$,$|\{i\beta\}-\{j\beta\}|<\dfrac{1}{N}$. 令 $q=i-j,p_1=[i\alpha]-[j\alpha],p_2=[i\beta]-[j\beta]$,则 $|q\alpha-p_1|<\dfrac{1}{N}$,$|q\beta-p_2|<\dfrac{1}{N}$.

如果 $p_1\leqslant 0$,那么 $\dfrac{1}{N}>|q\alpha|\leqslant\alpha$,与 N 的选择矛盾,故 p_1 为正整数. 同理 p_2 也是正整数. 引理获证.

回到原题,由条件知存在正实数 α,β 使得 $\alpha\overrightarrow{OA}+\beta\overrightarrow{OB}+\overrightarrow{OC}=\mathbf{0}$,利用引理的结论知对任意大于 $\max\left\{\dfrac{1}{\alpha},\dfrac{1}{\beta}\right\}$ 的正整数 N,存在正整数 p_1,p_2 和 q,使得

$$|q\alpha-p_1|<\frac{1}{N},\qquad |q\beta-p_2|<\frac{1}{N}$$

同时成立,于是,由 $q\alpha\overrightarrow{OA}+q\beta\overrightarrow{OB}+q\overrightarrow{OC}=\mathbf{0}$ 可得

$$|p_1\overrightarrow{OA}+p_2\overrightarrow{OB}+q\overrightarrow{OC}|=|(p_1-q\alpha)\overrightarrow{OA}+(p_2-q\beta)\overrightarrow{OB}|$$
$$\leqslant|(p_1-q\alpha)\overrightarrow{OA}|+|(p_2-q\beta)\overrightarrow{OB}|$$
$$<\frac{1}{N}(|\overrightarrow{OA}|+|\overrightarrow{OB}|).$$

取 N 充分大即可知命题成立.

点评 由条件可知存在正实数 β,γ 使得 $\overrightarrow{OA}+\beta\overrightarrow{OB}+\gamma\overrightarrow{OC}=\mathbf{0}$,于是对任意正整数 k,都有 $k\overrightarrow{OA}+k\beta\overrightarrow{OB}+k\gamma\overrightarrow{OC}=\mathbf{0}$,记 $m(k)=[k\beta],n(k)=[k\gamma]$,这里 $[x]$ 表示不超过实数 x 的最大整数,$\{x\}=x-[x]$.

利用 β,γ 都是正实数可知 $m(kT)$ 与 $n(kT)$ 都是关于正整数 k 的严格递增数列,这里 T 是某个大于 $\max\left\{\dfrac{1}{\beta},\dfrac{1}{\gamma}\right\}$ 的正整数. 因此,

$$\left| kT\overrightarrow{OA} + m(kT)\overrightarrow{OB} + n(kT)\overrightarrow{OC} \right| = \left| -\{kT\beta\}\overrightarrow{OB} - \{kT\gamma\}\overrightarrow{OC} \right|$$
$$\leqslant \{kT\beta\}\left|\overrightarrow{OB}\right| + \{kT\gamma\}\left|\overrightarrow{OC}\right| \leqslant \left|\overrightarrow{OB}\right| + \left|\overrightarrow{OC}\right|.$$

这表明有无穷多个向量 $kT\overrightarrow{OA} + m(kT)\overrightarrow{OB} + n(kT)\overrightarrow{OC}$ 的终点落在一个以 O 为圆心, $\left|\overrightarrow{OB}\right| + \left|\overrightarrow{OC}\right|$ 为半径的圆内,因此,其中必有两个向量的终点之间的距离小于 $\dfrac{1}{2007}$,也就是说,这两个向量的差的模长小于 $\dfrac{1}{2007}$,即存在正整数 $k_1<k_2$,使得

$$\left| (k_2 T\overrightarrow{OA} + m(k_2 T)\overrightarrow{OB} + n(k_2 T)\overrightarrow{OC}) \right.$$
$$\left. - (k_1 T\overrightarrow{OA} + m(k_1 T)\overrightarrow{OB} + n(k_1 T)\overrightarrow{OC}) \right| < \dfrac{1}{2007}.$$

于是,令 $p = (k_2 - k_1)T, q = m(k_2 T) - m(k_1 T), r = n(k_2 T) - n(k_1 T)$,结合 T 与 $m(kT), n(kT)$ 的单调性可知 p,q,r 都是正整数. 命题获证.

14. 由柯西–施瓦茨不等式,有

$$1 - \sum_{i=1}^{n} x_i y_i \geqslant 1 - \sqrt{\sum_{i=1}^{n} x_i^2 \sum_{i=1}^{n} y_i^2} = 0,$$

所以

$$\left| 1 - \sum_{i=1}^{n} x_i y_i \right| = 1 - \sum_{i=1}^{n} x_i y_i.$$

从而,再次利用柯西–施瓦茨不等式(不过元素少了),有

$$2\left| 1 - \sum_{i=1}^{n} x_i y_i \right| = 2 - 2\left(x_1 y_1 + x_2 y_2 + \sum_{i=3}^{n} x_i y_i \right)$$
$$\geqslant 2 - 2\left(x_1 y_1 + x_2 y_2 + \sqrt{\sum_{i=3}^{n} x_i^2 \sum_{i=3}^{n} y_i^2} \right).$$

考虑向量

$$\boldsymbol{x} = \left(x_1, x_2, \sqrt{\sum_{i=3}^{n} x_i^2} \right) \text{ 和 } \boldsymbol{y} = \left(y_1, y_2, \sqrt{\sum_{i=3}^{n} y_i^2} \right)$$

的点乘 $\boldsymbol{x}\cdot\boldsymbol{y}$ 和叉乘 $\boldsymbol{x}\times\boldsymbol{y}$. 由条件可知 $\|\boldsymbol{x}\| = \|\boldsymbol{y}\| = 1$,结合以上不等式可得

$$2\left| 1 - \sum_{i=1}^{n} x_i y_i \right| \geqslant 2 - 2\boldsymbol{x}\cdot\boldsymbol{y}. \tag{16-9}$$

注意到 $\boldsymbol{x}\times\boldsymbol{y}$ 的第三坐标是 $x_1 y_2 - x_2 y_1$,所以

$$(x_1 y_2 - x_2 y_1)^2 \leqslant \| \boldsymbol{x} \cdot \boldsymbol{y} \|^2. \tag{16-10}$$

结合式(16-9)和式(16-10)我们看到,要想证明题目结论成立,只要证明下面不等式即可:

$$2(1 - \boldsymbol{x} \cdot \boldsymbol{y}) \geqslant \| \boldsymbol{x} \times \boldsymbol{y} \|^2. \tag{16-11}$$

令 θ 为 x 与 y 的夹角,这个不等式变成了

$$2(1 - \cos\theta) \geqslant \sin^2\theta,$$
$$2 - 2\cos\theta \geqslant 1 - \cos^2\theta,$$
$$1 - 2\cos\theta + \cos^2\theta \geqslant 0,$$
$$(1 - \cos\theta)^2 \geqslant 0.$$

最后一个不等式显然成立,从而式(16-11)确实成立.

在所要证的不等式中等号成立当且仅当 $\cos\theta = 1$,也就是 $\boldsymbol{x} = \boldsymbol{y}$.这种情况下有 $x_1 = y_1, x_2 = y_2$.并且要使所要证的不等式的等号成立,利用柯西–施瓦茨不等式时等号必须也成立.所以 $(x_3, x_4, \cdots, x_n)$ 和 $(y_3, y_4, \cdots, y_n)$ 对应项的比为一个非负数.因为 $\sum_{i=3}^n x_i^2 = \sum_{i=3}^n y_i^2$,所以我们必须有 $(x_3, x_4, \cdots, x_n) = (y_3, y_4, \cdots, y_n)$.

从而等号成立当且仅当对所有的 i 都有 $x_i = y_i$.容易验证这种情况下不等式两边都等于0.

15. 先证明一个引理 [IMO 1973 (1973 年国际数学奥林匹克),第1题]:

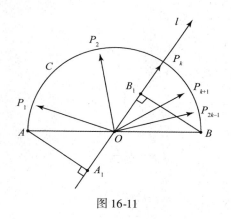

图 16-11

设 C 为一个半圆,半径为单位长度.$P_1, P_2, \cdots, P_n$ 是 C 上的点,其中 $n \geqslant 1$ 为一个奇数(图 16-11),则

$$| \overrightarrow{OP_1} + \overrightarrow{OP_2} + \cdots + \overrightarrow{OP_n} | \geqslant 1,$$

其中 O 是 C 的中心.

关键思路是证明向量和 $\overrightarrow{OP_1} + \overrightarrow{OP_2} + \cdots + \overrightarrow{OP_n}$ 到某条直线上的垂直射影的长度不小于1.令 $n = 2k - 1$,考虑到对称性,经过中间向量 $\overrightarrow{OP_k}$ 的直线 l 自然是我们首选的对象(这里我们用到 n 是奇数).

为了方便,我们以 l 为一个坐标轴,$\overrightarrow{OP_k}$ 为正方向.我们都知道,几个向量的和的射影等于这些向量的射影的和.这样我们只要证明 $\overrightarrow{OP_1}, \overrightarrow{OP_2}, \cdots, \overrightarrow{OP_{2k-1}}$

到 l 上的射影所得到的有向线段 $\overrightarrow{OP_1}, \overrightarrow{OP_2}, \cdots, \overrightarrow{OP_{2k-1}}$ 的和的长度大于或等于 1 即可. 记 C 的直径为 AB ，且 A, B 到 l 上的垂直射影分别为 A_1, B_1. 我们有 $\overrightarrow{OP_k} = 1$ ，且

$$\overrightarrow{OP_1} + \overrightarrow{OP_2} + \cdots + \overrightarrow{OP_{k-1}} \geqslant (k-1)\overrightarrow{OA_1},$$
$$\overrightarrow{OP_{k+1}} + \overrightarrow{OP_{k+2}} + \cdots + \overrightarrow{OP_{2k-1}} \geqslant (k-1)\overrightarrow{OB_1}.$$

这是因为 $\overrightarrow{OP_j} \geqslant \overrightarrow{OA_1}$ ，$j = 1, \cdots, k-1$ ，且 $\overrightarrow{OP_j} \geqslant \overrightarrow{OB_1}$ ，$j = k+1, \cdots, 2k-1$. 因为 $\overrightarrow{OA_1} + \overrightarrow{OB_1} = 0$. 证明完毕.

考虑复数

$$z_k = \cos\alpha_k + i\sin\alpha_k, \quad k = 1, 2, \cdots, n$$

且点 $P_1, P_2, \cdots, P_n$ 的坐标分别为 $z_1, z_2, \cdots, z_n$.

由引理有 $\left| \overrightarrow{OP_1} + \overrightarrow{OP_2} + \cdots + \overrightarrow{OP_n} \right| \geqslant 1$ ，从而 $|z_1 + z_2 + \cdots + z_n| \geqslant 1$ ，或者

$$\left| \sum_{k=1}^{n} \cos\alpha_k + i \sum_{k=1}^{n} \sin\alpha_k \right| \geqslant 1.$$

由此可得

$$\left(\sum_{k=1}^{n} \cos\alpha_k \right)^2 + \left(\sum_{k=1}^{n} \sin\alpha_k \right)^2 \geqslant 1$$

即

$$\sum_{k=1}^{n} \cos^2\alpha_k + \sum_{1 \leqslant i < j \leqslant n} \cos\alpha_i\cos\alpha_j + 2\sum_{k=1}^{n} \sin^2\alpha_k + 2\sum_{1 \leqslant i < j \leqslant n} \sin\alpha_i\sin\alpha_j \geqslant 1$$

由于

$$\sum_{k=1}^{n} \cos^2\alpha_k + \sum_{k=1}^{n} \sin^2\alpha_k = n$$

故

$$\sum_{1 \leqslant i < j \leqslant n} (\cos\alpha_i\cos\alpha_j + \sin\alpha_i\sin\alpha_j) \geqslant \frac{1-n}{2}$$

即

$$\sum_{1 \leqslant i < j \leqslant n} \cos(\alpha_i - \alpha_j) \geqslant \frac{1-n}{2},$$

正是所要证明的.

16. 结论是 $n = 8$.

考虑正方体的 8 个顶点,容易验证,其中任意三点构成的三角形都不是钝角三角形.

下证 $n \leqslant 8$. 设 $P_1, P_2, \cdots, P_n$ 为满足要求的点集,将它们放入空间直角坐标系,不妨设 P_1 为坐标原点 O.

若 $P_1, P_2, \cdots, P_n$ 不共面,设 Λ 为这些点的凸包,对 $2 \leqslant i \leqslant n$ ，令 $\Lambda_i = \Lambda + \overrightarrow{OP_i}$ (因此, $\Lambda = \Lambda_1$),考虑以坐标原点为中心将 Λ 扩大为原来的 2 倍,记 Γ 和 Q_i

为 Λ 和 P_i 在这个变换下的象. 易见, 所有 $\Lambda_i, 1 \leqslant i \leqslant n$ 均在 Γ 内且 Γ 的体积是 Λ 的体积的 8 倍. 我们断言:

(a) 每个 P_i 为 Λ 的顶点;

(b) $\Lambda_i, \Lambda_j (1 \leqslant i < j \leqslant n)$ 没有公共内点.

对于(a), 设 P_2 不是 Λ 的顶点, 若 P_2 在凸包 Λ 的某个面上, 则这个面上一定存在两个顶点 P_i, P_j, 使得 $\angle P_i P_2 P_j \geqslant 120° > 90°$, 矛盾! 若 P_2 在凸包 Λ 的内部, 设直线 $P_1 P_2$ 与凸包 Λ 的一个面 π 交于点 P_2', 设 P_1 在面 π 上的投影为 H, 由于 P_2' 在面 π 的内部, 所以存在面 π 上的一个顶点 P_i, 使得 $\angle P_i P_2' H \geqslant 90°$, 所以

$$P_1 P_2'^2 + P_i P_2'^2 = P_1 H^2 + H P_2'^2 + P_i P_2'^2 \leqslant P_1 H^2 + P_i H^2 = P_1 P_i^2,$$

所以

$$\angle P_1 P_2 P_i > \angle P_1 P_2' P_i \geqslant 90°,$$

矛盾! 所以(a)成立.

对于(b), 考虑过 $Q_{ij} = \overrightarrow{OP_i} + \overrightarrow{OP_j}$ 且与 $\overrightarrow{P_i P_j}$ 垂直的平面 p_{ij}, 注意到 p_{ij} 就是 $Q_i Q_j$ 的中垂面, 所以 Λ_i 的所有点均与 Q_i 在 p_{ij} 的同侧(否则就有钝角三角形了), Λ_j 的所有点也均与 Q_j 在 p_{ij} 的同侧. 所以(b)成立.

由(a),(b)成立, 知 $\bigcup\limits_{i=1}^{n} \Lambda_i$ 的体积(不大于 Γ 的体积)就是所有 $\Lambda_i (1 \leqslant i \leqslant n)$ 的体积和, 即 Λ 的体积的 n 倍, 因此 $n \leqslant 8$ 成立.

若 $P_1, P_2, \cdots, P_n$ 共面, 同上做法即知: $n \leqslant 4$ 成立.

所以 $n \leqslant 8$. 故 n 的最大值为 8.

17. 第一个人有必胜策略. 假设矩形(记为 R)的长边平行于 Ox 轴, 短边平行于 Oy 轴, 左下角为坐标原点.

引理 1 在所有操作完成后, 不管如何选择线段的方向, 和向量在两个坐标轴上的投影的长都为偶数.

引理 1 的证明 对每个向量, 依赖它的方向的选取, 在计算向量和时, 它的端点坐标或取正号, 或取负号. 所有端点的横坐标(带有相应的符号)的代数和的绝对值给出了和向量在 Ox 轴上的投影长. 这些点的横坐标有 50 个为 0, 50 个为 1, $\cdots$, 50 个为 69. 在这些数中共有偶数个奇数, 这表明它们的代数和必为偶数, 即横坐标方向上的投影长为偶数.

同理, 和向量在纵坐标方向的投影长也为偶数.

引理 2 对于 R 中任意有限个端点为整点的线段, 都可以通过对每条线段选取适当的方向, 使得得到的所有向量的和向量在 Ox 轴上的投影的长小于

140,在 Oy 轴上的投影的长小于 100.

引理 2 的证明　将所有线段分为 4 组:

与 Ox 轴平行(A 组),与 Oy 轴平行(B 组),右端点比左端点高(C 组),右端点比左端点低(D 组).

注意到,同一组中的两条线段在适当选取方向后得到的向量的和(称为辅助向量)在 Ox , Oy 轴上的投影长分别不超过 69,49.

下面进行如下操作. 每一步在同一组中任意选取两条线段,将它们用其辅助向量对应的线段(可能属于其他组)替代. 如果在这一过程中得到长度为 0 的线段,则去掉它. 通过若干步操作后,遇到下面的情形:每一组中将包含不超过一条线段. 首先注意到将 C 组和 D 组中的线段任意给定方向后得到向量的和在 Ox , Oy 轴上的投影长分别不超过 140,100. 最后,适当选取 A 组、B 组中的线段的方向得到的向量与 C 组、D 组得到的向量的和满足要求.

下面回到原题的证明.

给出第一个游戏者的策略. 他只需作出 140 条水平的、100 条垂直的单位长线段(这些线段称为好的)即可.

事实上,由引理 2,可对所有非好线段适当选取方向,使得它们的和向量在水平和垂直方向上的投影长分别不超过 140,100. 由引理 1,它们都是偶数(事实上,由引理 1,好的和非好的线段对应的向量和在两坐标轴上的投影长为偶数. 另外,好的线段对应的向量和的投影长显然为偶数,非好的线段对应的向量和的投影长为偶数). 这样,经过适当选取好的线段的方向使得它们的和向量与非好的线段对应的向量和互为反向量,即它们的和为零向量.

下面说明第一个游戏者如何连接出所需的好的线段. 考虑 R 中以点 $(2i,$ $2j)$ 为左下角的单位边长的正方形 $(i = 0,1,\cdots,34,j = 0,1,\cdots,24)$. 在每一步操作中,第一个游戏者可选择这 $25 \times 35 = 875$ 个正方形中的一条边作为好的线段,这一共需要 240 步操作. 在每一轮操作中,第二个游戏者至多"染指"两个正方形,而 $240 \times 3 = 720 < 875$,故第一个游戏者有机会联结出所需要的 140 条水平的、100 条垂直单位长线段.

18. 假设题目的结论不真.

选取 1 条直线 l,使其不与集合 G 中的任何一个向量垂直. 于是,G 中至少有 n 个向量在直线 l 上的投影指向同一方向,设它们为 $e_1,e_2,\cdots,e_n$. 在直线 l 上取定方向,使得这些向量的投影所指的方向为负. 再在集合 G 中选取 n 个向量 $f_1,f_2,\cdots,f_n$,使得它们的和在直线 l 上的投影的代数值 s 达到最大. 由题中条件(2)知 $s > 0$.

由条件(1),可以找到 $n-1$ 个向量 $a_1,a_2,\cdots,a_{n-1}$,使得 $f_1+f_2+\cdots+f_n = -(a_1+a_2+\cdots+a_{n-1})$. 显然,至少有某一个向量 e_i 不出现在上式右端,不妨设其为 e_1. 从而,$a_1+a_2+\cdots+a_{n-1}+e_1$ 的投影为负,且其绝对值大于 s. 再由条件(2)知,又可以找到 N 个向量,使得它们的和等于 $-(a_1+a_2+\cdots+a_{n-1}+e_1)$,从而,该和的投影代数值大于 s. 此与我们对 $f_1,f_2,\cdots,f_n$ 的选取相矛盾.

19. 不可能.

由已知,设这些格点由 1 和 $\omega = \dfrac{1+\sqrt{3}i}{2}$ 生成. 记 A,B 为 A,B 在复平面上的位置,不妨设开始时,$A=0,B=1$,注意到题设中的操作对 $A-B$ 的改变量为

(1) $\Delta(A-B)=0$;

(2) $\Delta(A-B)=3\omega^k, k \in \mathbf{Z}$;

(3) $\Delta(A-B)=\sqrt{3}i\omega^k, k \in \mathbf{Z}$.

若经过有限轮跳跃,可以使 A,B 恰好位于对方的起始位置上,设此时 $\Delta(A-B)=0$ 出现了 a 次,$\Delta(A-B)=3$ 出现了 b 次,$\Delta(A-B)=3\omega$ 出现了 c 次,$\Delta(A-B)=3\omega^2$ 出现了 d 次,$\Delta(A-B)=\sqrt{3}i$ 出现 e 次,$\Delta(A-B)=\sqrt{3}i\omega$ 出现了 f 次,$\Delta(A-B)=\sqrt{3}i\omega^2$ 出现了 g 次(这里 a,b,c,d,e,f,g 为非负整数),由此得到

$$\frac{3}{2}c - \frac{3}{2}d - 3b - \frac{3}{2}f - \frac{3}{2}g = 2,$$

两边乘 2 得:左边是 3 的倍数,右边不是,矛盾!

因此不可能从 $A=0,B=1$ 变成 $A=1,B=0$.

20. 设 $1+a_j = r_j e^{i\theta_j}$,$|\theta_j| \leqslant \pi, j=1,2,\cdots,n$,则题设条件变为

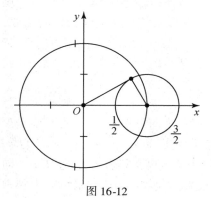

图 16-12

$$\left| \prod_{j \in I} r_j \cdot e^{i \sum\limits_{j \in I} \theta_j} - 1 \right| \leqslant \frac{1}{2}. \qquad (16\text{-}12)$$

先证如下引理:

引理 设 r,θ 为实数,$r>0$,$|\theta| \leqslant \pi$,$|re^{i\theta}-1| \leqslant \dfrac{1}{2}$,则 $\dfrac{1}{2} \leqslant r \leqslant \dfrac{3}{2}$,$|\theta| \leqslant \dfrac{\pi}{6}$,$|re^{i\theta}-1| \leqslant |r-1| + |\theta|$.

引理的证明 如图 16-12 所示,由复数的几何意义,有

$$\frac{1}{2} \leqslant r \leqslant \frac{3}{2}, \quad |\theta| \leqslant \frac{\pi}{6}.$$

又由

$$
\begin{aligned}
|re^{i\theta} - 1| &= |r(\cos\theta + i\sin\theta) - 1| \\
&= |(r-1)(\cos\theta + i\sin\theta) + [(\cos\theta - 1) + i\sin\theta]| \\
&\leqslant |r-1| + \sqrt{(\cos\theta - 1)^2 + \sin^2\theta} \\
&= |r-1| + \sqrt{2(1 - \cos\theta)} \\
&= |r-1| + 2\left|\sin\frac{\theta}{2}\right| \\
&\leqslant |r-1| + |\theta|,
\end{aligned}
$$

引理的另一部分得证.

由式(16-12)及引理,对 $|I|$ 用数学归纳法知:

$$\frac{1}{2} \leqslant \prod_{j \in I} r_j \leqslant \frac{3}{2}, \quad \left|\sum_{j \in I} \theta_j\right| \leqslant \frac{\pi}{6}, \tag{16-13}$$

由式(16-12)及引理知

$$|a_j| = |r_j e^{i\theta_j} - 1| \leqslant |r_j - 1| + |\theta_j|,$$

因此

$$
\begin{aligned}
\sum_{j=1}^{n} |a_j| &\leqslant \sum_{j=1}^{n} |r_j - 1| + \sum_{j=1}^{n} |\theta_j| \\
&= \sum_{r_j \geqslant 1} |r_j - 1| + \sum_{r_j < 1} |r_j - 1| + \sum_{\theta_j \geqslant 0} |\theta_j| + \sum_{\theta_j < 0} |\theta_j|.
\end{aligned}
$$

由式(16-13)知

$$\sum_{r_j \geqslant 1} |r_j - 1| = \sum_{r_j \geqslant 1} (r_j - 1) \leqslant \prod_{r_j \geqslant 1} (1 + r_j - 1) - 1 \leqslant \frac{3}{2} - 1 = \frac{1}{2},$$

$$\sum_{r_j < 1} |r_j - 1| = \sum_{r_j < 1} (1 - r_j) \leqslant \prod_{r_j < 1} (1 - (1 - r_j))^{-1} - 1 \leqslant 2 - 1 = 1,$$

$$\sum_{j=1}^{n} |\theta_j| = \sum_{\theta_j \geqslant 0} \theta_j - \sum_{\theta_j < 0} \theta_j \leqslant \frac{\pi}{6} - \left(-\frac{\pi}{6}\right) \leqslant \frac{\pi}{3}.$$

综上,有

$$\sum_{j=1}^{n} |a_j| \leqslant \frac{1}{2} + 1 + \frac{\pi}{3} < 3.$$

第17章　变量代换法

17.1　问　　题

1. 设 $a_i, b_i \in \mathbf{R}^+$ $(i = 1, 2, \cdots, n)$, $m \in \mathbf{N}^+$, 且满足

$$\frac{a_1}{b_1} < \frac{a_2}{b_2} < \cdots < \frac{a_n}{b_n},$$

求证: $\dfrac{a_1^m}{b_1^m} < \dfrac{a_1^m + a_2^m + \cdots + a_n^m}{b_1^m + b_2^m + \cdots + b_n^m} < \dfrac{a_n^m}{b_n^m}.$

2. 已知正整数 m, n 满足 $\sqrt{m - 174} + \sqrt{m + 34} = n$, 求 n 的最大值.

3. 求出满足不等式 $\log_x y \geqslant \log_{\frac{x}{y}}(xy)$ 的点 (x, y) 所成的区域.

4. 求方程组

$$\begin{cases} 5\left(x + \dfrac{1}{x}\right) = 12\left(y + \dfrac{1}{y}\right) = 13\left(z + \dfrac{1}{z}\right), \\ xy + yz + zx = 1 \end{cases}$$

的所有实数解.

5. 解方程组

$$\begin{cases} \sqrt{x} - \dfrac{1}{y} - 2\omega + 3z = 1, \\ x + \dfrac{1}{y^2} - 4\omega^2 - 9z^2 = 3, \\ x\sqrt{x} - \dfrac{1}{y^3} - 8\omega^3 + 27z^3 = -5, \\ x^2 + \dfrac{1}{y^4} - 16\omega^4 - 81z^4 = 15. \end{cases}$$

6. 已知 $\sin\alpha + \sin\beta = \dfrac{1}{4}$, $\cos\alpha + \cos\beta = \dfrac{1}{3}$, 求 $\tan(\alpha + \beta)$ 的值.

7. 设 α, β, γ, τ 为正数, 对一切实数 x, 都有 $\sin\alpha x + \sin\beta x = \sin\gamma x +$

$\sin\tau x$. 证明：$\alpha = \gamma$ 或 $\alpha = \tau$.

8. 解不等式

$$\left| \sqrt{x^2 - 2x + 2} - \sqrt{x^2 - 10x + 26} \right| < 2.$$

9. 设 $x>0, y>0$. 证明不等式：

$$(x^2 + y^2)^{\frac{1}{2}} > (x^3 + y^3)^{\frac{1}{3}}.$$

10. 设 a, b 是两个实数，

$$A = \{(x,y) \mid x = n, y = na + b, n \in \mathbf{Z}\},$$
$$B = \{(x,y) \mid x = m, y = 3m^2 + 15, m \in \mathbf{Z}\},$$
$$C = \{(x,y) \mid x^2 + y^2 \leq 144\}$$

是平面 xOy 的点的集合，讨论是否存在 a 和 b，使得

(1) $A \cap B \neq \varnothing$, (2) $(a,b) \in C$

同时成立.

11. 设 a, b, c 为实数，证明：

$$(ab + bc + ca - 1)^2 \leq (a^2 + 1)(b^2 + 1)(c^2 + 1).$$

12. 证明：

$$(\sin x + a\cos x)(\sin x + b\cos x) \leq 1 + \left(\frac{a + b}{2}\right)^2.$$

13. 设 $x, y, z \in \mathbf{R}$，且 $x + y + z = 0$. 求证：

$$6(x^3 + y^3 + z^3)^2 \leq (x^2 + y^2 + z^2)^3.$$

14. 解方程组

$$\begin{cases} y = 4x^3 - 3x, \\ z = 4y^3 - 3y, \\ x = 4z^3 - 3z. \end{cases}$$

15. 求证：对任意正数 a, b, c，均有

$$\frac{a + b}{b + c} + \frac{b + c}{c + a} + \frac{c + a}{a + b} \leq \frac{a}{b} + \frac{b}{c} + \frac{c}{a}.$$

16. 设 x, y, z 为正实数.

(1) 证明：如果 $x + y + z = xyz$，则

$$\frac{x}{\sqrt{1 + x^2}} + \frac{y}{\sqrt{1 + y^2}} + \frac{z}{\sqrt{1 + z^2}} \leq \frac{3\sqrt{3}}{2}.$$

(2) 证明：如果 $0 < x, y, z < 1$ 和 $xy + yz + zx = 1$，则

$$\frac{x}{1 - x^2} + \frac{y}{1 - y^2} + \frac{z}{1 - z^2} \geq \frac{3\sqrt{3}}{2}.$$

17. 设 $x_1, x_2, \cdots, x_n$ 是正数,且 $\sum\limits_{i=1}^{n} x_i = 1$. 求证:

$$\left(\sum_{i=1}^{n} \sqrt{x_i} \right) \left(\sum_{i=1}^{n} \frac{1}{\sqrt{1 + x_i}} \right) \leqslant \frac{n^2}{\sqrt{n+1}}.$$

18. 非负实数 x, y, z 满足 $x^2 + y^2 + z^2 = 1$. 求证:

$$1 \leqslant \frac{x}{1 + yz} + \frac{y}{1 + zx} + \frac{z}{1 + xy} \leqslant \sqrt{2}.$$

19. (1) 设实数 x, y, z 都不等于 1, $xyz = 1$, 求证:

$$\frac{x^2}{(x-1)^2} + \frac{y^2}{(y-1)^2} + \frac{z^2}{(z-1)^2} \geqslant 1.$$

(2) 证明:存在无穷多组三元有理数组 (x, y, z), 使得上述不等式等号成立.

20. 数 $a_1, a_2, \cdots, a_n$ 满足 $a_1 + a_2 + \cdots + a_n = 0$, 求证:

$$\max_{1 \leqslant k \leqslant n} \{a_k^2\} \leqslant \frac{n}{3} \sum_{i=1}^{n-1} (a_i - a_{i+1})^2.$$

17.2 解　答

1. 令 $\dfrac{a_1}{b_1} = k_1 > 0$, 则有 $a_1 = k_1 b_1, a_2 > k_1 b_2 > 0, \cdots, a_n > k_1 b_n > 0$, 于是

$$a_1^m + a_2^m + \cdots + a_n^m > k_1^m (b_1^m + b_2^m + \cdots + b_n^m),$$

即 $\dfrac{a_1^m}{b_1^m} < \dfrac{a_1^m + a_2^m + \cdots + a_n^m}{b_1^m + b_2^m + \cdots + b_n^m}.$

同理可证, $\dfrac{a_1^m + a_2^m + \cdots + a_n^m}{b_1^m + b_2^m + \cdots + b_n^m} < \dfrac{a_n^m}{b_n^m}.$

2. 设 $a = m - 70$, 则 $\sqrt{a - 104} + \sqrt{a + 104} = n$, 所以

$$2a + 2\sqrt{a^2 - 104^2} = n^2,$$

于是 $a^2 - 104^2$ 是完全平方数, 令 $a^2 - 104^2 = b^2$ (b 是正整数), 则

$$(a - b)(a + b) = 104^2,$$

由于 $a - b$ 和 $a + b$ 同奇偶, 即为偶数, 所以 $a + b$ 的最大值为 52×104, 故 n^2 的最大值为 $2(a + b) = 104^2$, n 的最大值为 104, 此时 $m = 2775$.

3. 令 $u = \log_x y$, 则

$$u \geqslant \frac{\log_x(xy)}{\log_x \dfrac{x}{y}} = \frac{1+u}{1-u}$$

$$\Leftrightarrow u - \frac{1+u}{1-u} = \frac{u^2+1}{u-1} > 0$$

$$\Leftrightarrow u > 1.$$

若 $x>1$，则 $y>x$；若 $x<1$，则 $y<x$.

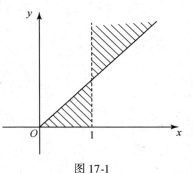

图 17-1

因此所求区域为图 17-1 中阴影部分（不包括边界）.

4.

$$\begin{cases} 5\left(x + \dfrac{1}{x}\right) = 12\left(y + \dfrac{1}{y}\right) = 13\left(z + \dfrac{1}{z}\right), & (17\text{-}1) \\ xy + yz + zx = 1. & (17\text{-}2) \end{cases}$$

$$x + \frac{1}{x} = \frac{x^2 + xy + yz + zx}{x} = \frac{(x+y)(x+z)}{x},$$

所以式 (17-1) 可变为

$$5yz(x+y)(x+z) = 12xz(y+x)(y+z) = 13xy(z+x)(z+y). \quad (17\text{-}3)$$

设

$$\begin{cases} x(y+z) = a, \\ y(z+x) = b, \\ z(x+y) = c. \end{cases}$$

$$a + b + c = 2, \quad (17\text{-}4)$$

$$5bc = 12ca = 13ab \Leftrightarrow \frac{5}{a} = \frac{12}{b} = \frac{13}{c} = k. \quad (17\text{-}5)$$

式 (17-5) 代入式 (17-4) 得 $\dfrac{5}{k} + \dfrac{12}{k} + \dfrac{13}{k} = 2$，所以 $k = 15$.

$$\begin{cases} xy + xz = \dfrac{5}{15}, \\ yz + xy = \dfrac{12}{15}, \\ zx + zy = \dfrac{13}{15} \end{cases} \Rightarrow \begin{cases} yz = \dfrac{10}{15}, \\ zx = \dfrac{3}{15}, \\ xy = \dfrac{2}{15}, \end{cases}$$

$$xyz = \pm\sqrt{\frac{10}{15} \cdot \frac{3}{15} \cdot \frac{2}{15}} = \pm\frac{2}{15},$$

故原方程组有两组解：$\left(\dfrac{1}{5},\dfrac{2}{3},1\right)$ 和 $\left(-\dfrac{1}{5},-\dfrac{2}{3},-1\right)$.

点评 设 $5\left(x+\dfrac{1}{x}\right)=12\left(y+\dfrac{1}{y}\right)=13\left(z+\dfrac{1}{z}\right)=k$，则

$$\dfrac{k}{x+\dfrac{1}{x}}=5,\qquad \dfrac{k}{y+\dfrac{1}{y}}=12,\qquad \dfrac{k}{z+\dfrac{1}{z}}=13.$$

所以

$$\dfrac{1}{\left(x+\dfrac{1}{x}\right)^2}+\dfrac{1}{\left(y+\dfrac{1}{y}\right)^2}=\dfrac{1}{\left(z+\dfrac{1}{z}\right)^2},$$

即

$$\left(\dfrac{x}{x^2+1}\right)^2+\left(\dfrac{y}{y^2+1}\right)^2=\left(\dfrac{z}{z^2+1}\right)^2.$$

又 $x^2+1=x^2+xy+yz+zx=(x+y)(x+z)$，所以式(17-1)可化为

$$\dfrac{x^2}{(x+y)^2(x+z)^2}+\dfrac{y^2}{(y+z)^2(y+x)^2}=\dfrac{z^2}{(x+z)^2(y+z)^2},$$

即

$$2x^2y^2+2x^2yz+2xy^2z=2xyz^2,$$
$$2xy(xy+yz+zx)=2xyz^2,$$
$$xy=xyz^2.$$

又 $x,y,z\neq0$，所以 $z^2=1$.

5. 令 $a=\sqrt{x}$，$b=-\dfrac{1}{y}$，$c=2\omega$，$d=-3z$，则原方程组可改写为

$$\begin{cases} a+b=c+d+1, & (17\text{-}6)\\ a^2+b^2=c^2+d^2+3, & (17\text{-}7)\\ a^3+b^3=c^3+d^3-5, & (17\text{-}8)\\ a^4+b^4=c^4+d^4+15. & (17\text{-}9)\end{cases}$$

将式(17-6)两边平方，并利用式(17-7)，得

$$ab=-1+c+d+cd. \qquad (17\text{-}10)$$

式(17-6)×式(17-7)，并利用式(17-8)，式(17-10)，式(17-6)，得

$$cd=3+c+d, \qquad (17\text{-}11)$$
$$ab=2+2c+2d. \qquad (17\text{-}10)'$$

将式(17-7)平方，并利用式(17-9)，得

$$a^2 b^2 = -3 + 3c^2 + 3d^2 + c^2 d^2. \tag{17-12}$$

将式(17-10)′平方,结合式(17-12)和式(17-11),得

$$3cd = 1 - c - d. \tag{17-13}$$

从式(17-11),式(17-13),解得

$$c = d = -1.$$

从式(17-6),式(17-10),解得

$$a = -2, b = 1 \ 或 \ a = 1, b = -2.$$

因为 $a = \sqrt{x} \geqslant 0$,所以 $a = -2$,应舍去,答案为

$$x = 1, \quad y = \frac{1}{2}, \quad \omega = -\frac{1}{2}, \quad z = \frac{1}{3}.$$

6. 令 $z_1 = \cos\alpha + i\sin\alpha, z_2 = \cos\beta + i\sin\beta$,则

$$\begin{aligned}
(z_1 + z_2)^2 &= z_1^2 + z_2^2 + 2z_1 z_2 \\
&= [\cos 2\alpha + \cos 2\beta + 2\cos(\alpha + \beta)] \\
&\quad + i[\sin 2\alpha + \sin 2\beta + 2\sin(\alpha + \beta)] \\
&= [2\cos(\alpha + \beta)\cos(\alpha - \beta) + 2\cos(\alpha + \beta)] \\
&\quad + i[2\sin(\alpha + \beta)\cos(\alpha - \beta) + 2\sin(\alpha + \beta)] \\
&= 2[1 + \cos(\alpha - \beta)][\cos(\alpha + \beta) + i\sin(\alpha + \beta)].
\end{aligned}$$

而

$$z_1 + z_2 = (\cos\alpha + \cos\beta) + i(\sin\alpha + \sin\beta) = \frac{1}{3} + \frac{1}{4}i,$$

$$(z_1 + z_2)^2 = \left(\frac{1}{3} + \frac{1}{4}i\right)^2 = \frac{1}{9} - \frac{1}{16} + \frac{1}{6}i = \frac{7}{144} + \frac{1}{6}i,$$

所以

$$2[1 + \cos(\alpha - \beta)][\cos(\alpha + \beta) + i\sin(\alpha + \beta)] = \frac{7}{144} + \frac{1}{6}i.$$

由此知 $1 + \cos(\alpha - \beta) \neq 0$,因此

$$\begin{aligned}
\tan(\alpha + \beta) &= \frac{2\sin(\alpha + \beta)[1 + \cos(\alpha - \beta)]}{2\cos(\alpha + \beta)[1 + \cos(\alpha - \beta)]} \\
&= \frac{\dfrac{1}{6}}{\dfrac{7}{144}} = \frac{24}{7}.
\end{aligned}$$

7. 不失一般性,设 $\alpha - \beta \geqslant 0, \gamma - \tau \geqslant 0$. 令

$$a = \frac{\alpha + \beta}{2}, \quad b = \frac{\alpha - \beta}{2}, \quad c = \frac{\gamma + \tau}{2}, \quad d = \frac{\gamma - \tau}{2}.$$

于是,题中的条件转化为

$$\sin ax \cdot \cos bx = \sin cx \cdot \cos dx, \tag{17-14}$$

其中, $a > b \geqslant 0, c > d \geqslant 0$.

已知 $\sin ax \cdot \cos bx = 0$ 的最小正根为 $\frac{\pi}{a}$ 或 $\frac{\pi}{2b}$; 而 $\sin cx \cdot \cos dx = 0$ 的最小正根为 $\frac{\pi}{c}$ 或 $\frac{\pi}{2d}$. 如果 $a = c$, 则 $\cos bx = \cos dx$, 这表明 $b = d$, 由此可得所证.

假定式(17-14)左端的最小正根为 $\frac{\pi}{a}$. 如果 $\frac{\pi}{a} = \frac{\pi}{2d}$, 则有 $a = 2d$. 于是,

$$2\sin dx \cdot \cos bx = \sin cx. \tag{17-15}$$

通过比较式(17-15)左右两端的最小正根,得到 $c = d$(这是不可能的)或者 $c = 2b$. 在后一种情况下,有 $\sin bx = \sin dx$, 因而 $b = d$, 有 $\sin ax = \sin cx$, 故 $a = c$. 所以,当 $\frac{\pi}{a} = \frac{\pi}{2d}$ 时,有 $a = c$, $b = d$.

同理可证,当 $\frac{\pi}{2b} = \frac{\pi}{2d}$ 时, $a = c$, $b = d$.

8.

$$\left| \sqrt{x^2 - 2x + 2} - \sqrt{x^2 - 10x + 26} \right| < 2.$$

设 $y^2 = 1$, 则原不等式变为

$$\left| \sqrt{(x-1)^2 + y^2} - \sqrt{(x-5)^2 + y^2} \right| < 2.$$

由双曲线定义知,满足上述不等式的 (x, y) 在双曲线 $(x-3)^2 - \frac{1}{3}y^2 = 1$ 的两支之间的区域内,故不等式同解于

$$\begin{cases} (x-3)^2 - \frac{1}{3}y^2 < 1, \\ y^2 = 1. \end{cases}$$

于是可求得不等式的解集为 $\left(3 - \frac{2}{3}\sqrt{3}, 3 + \frac{2}{3}\sqrt{3} \right)$.

9. 因 $x > 0, y > 0$, 令 $x = r\cos\theta, y = r\sin\theta$, 其中 $r > 0, 0 < \theta < \frac{\pi}{2}$, 于是要证明的不等式和下面的不等式等价:

$$(\cos^3\theta + \sin^3\theta)^{\frac{1}{3}} < (\cos^2\theta + \sin^2\theta)^{\frac{1}{2}} = 1, \tag{17-16}$$

或

$$\cos^3\theta + \sin^3\theta < 1,$$

因为 $0 < \cos\theta < 1, 0 < \sin\theta < 1$，所以 $\cos^3\theta < \cos^2\theta, \sin^3\theta < \sin^2\theta$，从而

$$\cos^3\theta + \sin^3\theta < \cos^2\theta + \sin^2\theta = 1.$$

即不等式(17-16)成立，因此原不等式成立.

点评 1　因为 $x > 0, y > 0$，故原不等式和下面的不等式等价：

$$\left(\frac{x^2}{y^2} + 1\right)^{\frac{1}{2}} > \left(\frac{x^3}{y^3} + 1\right)^{\frac{1}{3}}. \tag{17-17}$$

令 $\dfrac{x}{y} = \tan\theta$，其中 $0 < \theta < \dfrac{\pi}{2}$，不等式(17-17)即为

$$(\tan^2\theta + 1)^{\frac{1}{2}} < (\tan^3\theta + 1)^{\frac{1}{3}},$$

即 $\dfrac{1}{\cos\theta} > \dfrac{(\cos^3\theta + \sin^3\theta)^{\frac{1}{3}}}{\cos\theta}$ 或 $\cos^3\theta + \sin^3\theta < 1$.

以下证法同原证法.

点评 2　此题的更一般形式是

设 $x>0, y>0, 0 < \alpha < \beta$，则

$$(x^\alpha + y^\alpha)^{\frac{1}{\alpha}} > (x^\beta + y^\beta)^{\frac{1}{\beta}}.$$

10. 由 $a^2 + b^2 \le 144$ 可设 $a = 12\rho\cos\theta, b = 12\rho\sin\theta$，其中 $\rho \in [0,1]$.

若 $A \cap B \ne \varnothing$，则

$$\begin{aligned}
3x^2 + 15 = ax + b &= 12\rho x\cos\theta + 12\rho\sin\theta \\
&= 12\rho(\sin\theta + x\cos\theta) \\
&= 12\rho\sqrt{x^2 + 1}\sin(\theta + \varphi) \quad (\text{其中 } \tan\varphi = x) \\
&\le 12\sqrt{x^2 + 1}.
\end{aligned}$$

化简，得 $x^4 - 6x^2 + 9 \le 0$，即 $(x^2 - 3)^2 \le 0$. 所以 $x = \pm\sqrt{3} \notin \mathbf{Z}$，与题设相矛盾.

因此，不存在使(1),(2)同时成立的 a 和 b.

11. 令 $a = \tan x, b = \tan y, c = \tan z$，其中 $-\dfrac{\pi}{2} < x, y, z < \dfrac{\pi}{2}$，则 $a^2 + 1 = \sec^2 x$，$b^2 + 1 = \sec^2 y, c^2 + 1 = \sec^2 z$. 原不等式两边同时乘以 $\cos^2 x\cos^2 y\cos^2 z$ 得到

$$[(ab + bc + ca - 1)\cos x\cos y\cos z]^2 \le 1.$$

注意到

$$(ab + bc)\cos x\cos y\cos z = \sin x\sin y\cos z + \sin y\sin z\cos x$$
$$= \sin y\sin(x + z)$$

和

$$(ca - 1)\cos x\cos y\cos z = \sin z\sin x\cos y - \cos x\cos y\cos z$$
$$= -\cos y\cos(x + z).$$

这样我们得到

$$[(ab + bc + ca - 1)\cos x\cos y\cos z]^2$$
$$= [\sin y\sin(x + z) - \cos y\cos(x + z)]^2$$
$$= \cos^2(x + y + z) \leqslant 1.$$

这正是所要证明的.

12. 如果 $\cos x = 0$,原不等式变成 $\sin^2 x \leqslant 1 + \left(\dfrac{a + b}{2}\right)^2$,这显然成立. 我们假设 $\cos x \neq 0$,原不等式两边同时除以 $\cos^2 x$ 得到

$$(\tan x + a)(\tan x + b) \leqslant \left[1 + \left(\dfrac{a + b}{2}\right)^2\right]\sec^2 x.$$

令 $t = \tan x$,则 $\sec^2 x = 1 + t^2$. 上面不等式变成

$$t^2 + (a + b)t + ab \leqslant \left(\dfrac{a + b}{2}\right)^2 t^2 + t^2 + \left(\dfrac{a + b}{2}\right)^2 + 1.$$

或者

$$\left(\dfrac{a + b}{2}\right)^2 t^2 + 1 - (a + b)t + \left(\dfrac{a + b}{2}\right)^2 - ab \geqslant 0.$$

最后一个不等式等价于

$$\left(\dfrac{(a + b)t}{2} - 1\right)^2 + \left(\dfrac{a - b}{2}\right)^2 \geqslant 0,$$

证毕.

13. 引入三角代换 $x = r\cos\theta$,$y = r\sin\theta$,则 $z = -r(\cos\theta + \sin\theta)$. 不妨设 $r \neq 0$,则原不等式等价于

$$6[\cos^3\theta + \sin^3\theta - (\cos\theta + \sin\theta)^3]^2$$
$$\leqslant [\cos^2\theta + \sin^2\theta + (\cos\theta + \sin\theta)^2]^3$$
$$\Leftrightarrow 25\sin^3 2\theta + 15\sin^2 2\theta - 24\sin 2\theta - 16 \leqslant 0$$
$$\Leftrightarrow (\sin 2\theta - 1)(5\sin 2\theta + 4)^2 \leqslant 0$$

成立.

14. 首先证明 $|x| \leqslant 1$. 若 $|x| > 1$,则由 $y = x^3 + 3(x^3 - x)$ 推出 $|y| > |x|$,

同理 $|z| > |y|$，$|x| > |z|$．

所以 $|x| > |z| > |y| > |x|$ 矛盾．因此，我们可设 $x = \cos\theta, 0 \leqslant \theta \leqslant \pi$，则
$$y = 4\cos^3\theta - 3\cos\theta = \cos3\theta,$$
$$z = \cos9\theta,$$
$$x = \cos27\theta.$$

所以 θ 是方程 $\cos\theta - \cos27\theta = 0$，即 $\sin13\theta\sin14\theta = 0$ 的解．从而 θ 在 $[0, \pi]$ 上有 27 个解，即
$$\theta = \frac{k\pi}{13}, \quad k = 0, 1, 2, \cdots, 13.$$
$$\theta = \frac{k\pi}{14}, \quad k = 1, 2, \cdots, 13.$$

故 $(x, y, z) = (\cos\theta, \cos3\theta, \cos9\theta)$，共 27 组解．

15. 设 $a+b=x$，$b+c=y$，$c+a=z$，则 $x + y + z = 2(a + b + c)$，$a = \dfrac{x - y + z}{2}$，$b = \dfrac{x + y - z}{2}$，$c = \dfrac{y + z - x}{2}$．

原不等式 $\Leftrightarrow \dfrac{x}{y} + \dfrac{y}{z} + \dfrac{z}{x} \leqslant \dfrac{x - y + z}{x + y - z} + \dfrac{x + y - z}{y + z - x} + \dfrac{y + z - x}{x - y + z}$

$\Leftrightarrow 3 + \dfrac{x}{y} + \dfrac{y}{z} + \dfrac{z}{x} \leqslant \dfrac{2x}{x + y - z} + \dfrac{2y}{x + y - z} + \dfrac{2z}{x - y + z}$

$\Leftrightarrow 3 \leqslant \left(\dfrac{2x}{x + y - z} - \dfrac{x}{y}\right) + \left(\dfrac{2y}{y + z - x} - \dfrac{y}{z}\right) + \left(\dfrac{2z}{x - y + z} - \dfrac{z}{x}\right)$

$\Leftrightarrow 3 \leqslant \dfrac{x(y + z - x)}{(x + y - z)y} + \dfrac{y(z + x - y)}{(y + z - x)z} + \dfrac{z(x + y - z)}{x(x - y + z)}$. （17-18）

故由平均不等式知
$$\frac{x(y + z - x)}{(x + y - z)y} + \frac{y(z + x - y)}{(y + z - x)z} + \frac{z(x + y - z)}{x(x - y + z)} \geqslant 3,$$
即为式(17-18)，得证．

16. （1）已知 $\triangle ABC$ 为一个锐角三角形，则 $\tan A + \tan B + \tan C = \tan A \tan B \tan C$．利用这个结论，存在一个锐角三角形 ABC 使得 $\tan A = x$，$\tan B = y$，$\tan C = z$．注意到
$$\frac{\tan A}{\sqrt{1 + \tan^2 A}} = \frac{\tan A}{\sec A} = \sin A.$$

原不等式变成

$$\sin A + \sin B + \sin C \leqslant \frac{3\sqrt{3}}{2}.$$

这是《数学解题策略》第 17 章例 12 中的②式.

(2)从所给的条件,我们可以假设存在锐角 $\triangle ABC$ 使得

$$\tan\frac{A}{2} = x, \quad \tan\frac{B}{2} = y, \quad \tan\frac{C}{2} = z.$$

利用二倍角公式,只要证明下面不等式即可:

$$\tan A + \tan B + \tan C \geqslant 3\sqrt{3}.$$

利用算术几何平均不等式得

$$\tan A + \tan B + \tan C \geqslant 3\sqrt[3]{\tan A \tan B \tan C}.$$

在锐角 $\triangle ABC$ 中,

$$\tan A + \tan B + \tan C = \tan A \tan B \tan C.$$

我们有

$$\tan A \tan B \tan C \geqslant 3\sqrt[3]{\tan A \tan B \tan C}.$$

由此可得(2)成立.

17.

$$\left(\sum_{i=1}^{n}\sqrt{x_i}\right)\left(\sum_{i=1}^{n}\frac{1}{\sqrt{1+x_i}}\right) \leqslant \frac{n^2}{\sqrt{n+1}}. \tag{17-19}$$

令 $x_i = \tan^2\theta_i, s = \sum_{i=1}^{n}\frac{1}{\cos\theta_i}, t = \sum_{i=1}^{n}\tan\theta_i.$

式(17-19)左 $= \left(\sum_{i=1}^{n}\tan\theta_i\right)\left(\sum_{i=1}^{n}\cos\theta_i\right) = \left[\sum_{i=1}^{n}\frac{1}{\cos\theta_i} - \sum_{i=1}^{n}\frac{\tan^2\theta_i}{\dfrac{1}{\cos\theta_i}}\right]\left(\sum_{i=1}^{n}\tan\theta_i\right)$

$$\leqslant \left[\sum_{i=1}^{n}\frac{1}{\cos\theta_i} - \frac{\left(\sum_{i=1}^{n}\tan\theta_i\right)^2}{\sum_{i=1}^{n}\dfrac{1}{\cos\theta_i}}\right]\left(\sum_{i=1}^{n}\tan\theta_i\right)$$

$$= \left(s - \frac{t^2}{s}\right)t = (s^2 - t^2)\frac{t}{s}.$$

故只需证明

$$(s^2 - t^2)\frac{t}{s} \leqslant \frac{n^2}{\sqrt{n+1}}. \tag{17-20}$$

由柯西不等式得

$$(n+1)(1+\tan^2\theta_i) = (n+1)\Big(2\tan^2\theta_i + \sum_{j \neq i}\tan^2\theta_j\Big)$$

$$\geqslant \Big[\sum_{i=1}^{n}\tan\theta_i + \tan\theta_i\Big]^2.$$

$$\Rightarrow \frac{1}{\cos\theta_i} \geqslant \frac{1}{\sqrt{n+1}}\Big(\sum_{i=1}^{n}\tan\theta_i + \tan\theta_i\Big)$$

$$\Rightarrow s \geqslant \sqrt{n+1}\,t. \tag{17-21}$$

又 $(s^2 - t^2)\dfrac{t}{s} = st - \dfrac{t^3}{s}$ 是关于 s 单调递增的. 且

$$s = \sum_{i=1}^{n}\sqrt{1+\tan^2\theta_i} \leqslant \Big[\sum_{i=1}^{n}(1+\tan^2\theta_i)\Big]^{\frac{1}{2}}\sqrt{n} = \sqrt{n(n+1)}.$$

所以

$$(s^2 - t^2)\frac{t}{s} \leqslant \sqrt{n(n+1)}\,t - \frac{t^3}{\sqrt{n(n+1)}}.$$

下只需证明

$$n(n+1)t - t^3 \leqslant n^2\sqrt{n}$$

$$\Leftrightarrow (t - \sqrt{n})(t^2 + \sqrt{n}\,t - n^2) \geqslant 0. \tag{17-22}$$

而由式 (17-21) 知

$$t \leqslant \frac{s}{\sqrt{n+1}} \leqslant \sqrt{n}.$$

要证式 (17-22) 只需证

$$t^2 + \sqrt{n}\,t - n^2 \leqslant 0.$$

事实上, $t^2 + \sqrt{n}\,t \leqslant n + n = 2n \leqslant n^2$.

18. 因为

$$x^3 - 3x + 2 = (x-1)^2(x+2) \geqslant 0,$$

所以

$$x + xyz \leqslant x + \frac{1}{2}x(y^2+z^2) = x + \frac{1}{2}x(1-x^2)$$

$$= \frac{1}{2}(3x - x^3) \leqslant 1.$$

所以

$$\sum\frac{x}{1+yz} = \sum\frac{x^2}{x+xyz} \geqslant \sum x^2 = 1.$$

又由对称性,不妨设 $x \le y \le z$,则

$$\frac{x}{1+yz} + \frac{y}{1+zx} + \frac{z}{1+xy} \le \frac{x+y+z}{1+xy}.$$

于是,只需证 $\dfrac{x+y+z}{1+xy} \le \sqrt{2}$,即证 $x+y+z-\sqrt{2xy} \le \sqrt{2}$,即

$$x + y + \sqrt{1 - x^2 - y^2} - \sqrt{2xy} \le \sqrt{2}.$$

为此,令 $u = x+y$,$v = xy$,只需证

$$1 - u^2 + 2v \le (\sqrt{2} + \sqrt{2}v - u)^2$$

$$\Leftrightarrow 2u^2 - 2\sqrt{2}uv + 2v^2 + 2v - 2\sqrt{2}u + 1 \ge 0$$

$$\Leftrightarrow (\sqrt{2}u - v - 1)^2 + v^2 \ge 0.$$

最后一式显然成立,等号在 $v = 0$,$u = \dfrac{\sqrt{2}}{2}$(此时 $z = \dfrac{\sqrt{2}}{2}$)时取到. 故命题成立.

19. (1) 令 $\dfrac{x}{x-1} = a, \dfrac{y}{y-1} = b, \dfrac{z}{z-1} = c$,则

$$x = \frac{a}{a-1}, \quad y = \frac{b}{b-1}, \quad z = \frac{c}{c-1}.$$

由题设条件 $xyz = 1$ 得

$$abc = (a-1)(b-1)(c-1),$$

即

$$a + b + c - 1 = ab + bc + ca,$$

所以

$$a^2 + b^2 + c^2 = (a+b+c)^2 - 2(ab+bc+ca)$$
$$= (a+b+c)^2 - 2(a+b+c-1)$$
$$= (a+b+c-1)^2 + 1 \ge 1,$$

从而

$$\frac{x^2}{(x-1)^2} + \frac{y^2}{(y-1)^2} + \frac{z^2}{(z-1)^2} \ge 1.$$

(2) 令 $(x, y, z) = \left(-\dfrac{k}{(k-1)^2}, k - k^2, \dfrac{k-1}{k^2} \right)$,$k$ 是正整数,则 (x, y, z) 是三元有理数组,x, y, z 都不等于 1,且对于不同的正整数 k,三元有理数组 (x, y, z) 是互不相同的. 此时

$$\frac{x^2}{(x-1)^2} + \frac{y^2}{(y-1)^2} + \frac{z^2}{(z-1)^2}$$

$$= \frac{k^2}{(k^2-k+1)^2} + \frac{(k-k^2)^2}{(k^2-k+1)^2} + \frac{(k-1)^2}{(k^2-k+1)^2}$$

$$= \frac{k^4 - 2k^3 + 3k^2 - 2k + 1}{(k^2-k+1)^2} = 1,$$

从而命题得证.

20. 只需对任意 $1 \leqslant k \leqslant n$,证明不等式成立即可.

记 $d_k = a_k - a_{k+1}, k = 1, 2, \cdots, n-1$,则

$$a_k = a_k,$$

$$a_{k+1} = a_k - d_k, \quad a_{k+2} = a_k - d_k - d_{k+1}, \quad \cdots,$$

$$a_n = a_k - d_k - d_{k+1} - \cdots - d_{n-1},$$

$$a_{k-1} = a_k + d_{k-1}, \quad a_{k-2} = a_k + d_{k-1} + d_{k-2}, \quad \cdots,$$

$$a_1 = a_k + d_{k-1} + d_{k-2} + \cdots + d_1.$$

把上面这 n 个等式相加,并利用 $a_1 + a_2 + \cdots + a_n = 0$ 可得

$$na_k - (n-k)d_k - (n-k-1)d_{k+1} - \cdots - d_{n-1} + (k-1)d_{k-1}$$

$$+ (k-2)d_{k-2} + \cdots + d_1 = 0.$$

由柯西不等式可得

$$(na_k)^2 = ((n-k)d_k + (n-k-1)d_{k+1} + \cdots + d_{n-1} - (k-1)d_{k-1}$$

$$- (k-2)d_{k-2} - \cdots - d_1)^2$$

$$\leqslant \Big(\sum_{i=1}^{k-1} i^2 + \sum_{i=1}^{n-k} i^2\Big)\Big(\sum_{i=1}^{n-1} d_i^2\Big)$$

$$\leqslant \Big(\sum_{i=1}^{n-1} i^2\Big)\Big(\sum_{i=1}^{n-1} d_i^2\Big) = \frac{n(n-1)(2n-1)}{6}\Big(\sum_{i=1}^{n-1} d_i^2\Big)$$

$$\leqslant \frac{n^3}{3}\Big(\sum_{i=1}^{n-1} d_i^2\Big),$$

所以

$$a_k^2 \leqslant \frac{n}{3}\sum_{i=1}^{n-1}(a_i - a_{i+1})^2.$$

第18章 奇偶分析

18.1 问 题

1. 证明:数 $9^{8n+4} - 7^{8n+4}$ 对于任何正整数 n 都能被 20 整除.

2. 代数式 $rvz - rwy - suz + swx + tuy - tvx$ 中, $r, s, t, u, v, w, x, y, z$ 可以分别取 1 或 -1.

(1) 证明该代数式的值都是偶数;

(2) 求该代数式所能取到的最大值.

3. 设 $\dfrac{1}{3} + \dfrac{1}{5} + \dfrac{1}{7} + \dfrac{1}{9} + \cdots + \dfrac{1}{1997} + \dfrac{1}{1999} = \dfrac{n}{m}$. 其中 $\dfrac{n}{m}$ 是一既约分数. 试证明: n 必为一个奇数.

4. 把 1 到 157 的所有自然数的平方写成一列,如下: $1\Box 4\Box 9\Box 16\Box\cdots$, 在每个 $\Box$ 中适当添加"$+$""$-$"的符号,使得整个算式的结果是尽量小的非负整数,则这个非负整数是_____.

5. 已知正整数 N 的各位数字之和为 100,而 $5N$ 的各位数字之和为 50. 证明: N 是偶数.

6. 将 $1 \sim 100$ 这 100 个自然数任意地写在一个 10×10 的方格表中,每个方格写一个数. 每一次操作可以交换任何两个数的位置. 证明: 只需经过 35 次操作,就能使得写在任何两个有公共边的方格中的两个数的和都是合数.

7. 彼得在具有整数边长的矩形中先给某一个方格涂色,而萨沙接着也给其他方格涂色,但他得遵循以下规则: 该方格要与奇数个已涂色的方格相邻(这里相邻是指具有公共边). 那么在以下两种矩形中,不论彼得先涂哪一格,萨沙都能把全部方格涂满色吗?

(1) 如果是 8×9 的矩形;

(2) 如果是 8×10 的矩形.

8. 是否存在具有奇数个面,每个面都有奇数条边的多面体?

9. 小明有一些硬币,个数等于 85! 末尾连续 0 的个数. 一开始所有硬币正面朝上,小明对这些硬币进行翻动,每次翻动的个数相等,能整除 85,且要尽量多.同一次翻动必须翻动各不相同的硬币,不允许把同一个硬币翻过来翻过去.请问至少要多少次才能把所有硬币都翻成反面朝上?

10. $9 \times 9 \times 9$ 的正方体的每个侧面都由单位方格组成,用 2×1 的矩形沿方格线不重叠且无缝隙地贴满正方体的表面(肯定会有一些 2×1 的矩形"跨越"两个侧面).求证:跨越两个侧面的 2×1 矩形的个数一定是奇数.

11. 在黑板上写有 100 个分数.在它们的分子中,自然数 $1 \sim 100$ 恰好各出现一次;在它们的分母中,自然数 $1 \sim 100$ 也恰好各出现一次.如果这 100 个分数的和可以化为分母为 2 的最简分数,求证:可以交换某两个分数的分子,使所得的 100 个分数的和可以化为分母为奇数的最简分数.

12. 设 d 是异于 2,5,13 的任一整数.求证:在集合 $\{2,5,13,d\}$ 中可以找到两个不同的元素 a,b,使得 $ab-1$ 不是完全平方数.

13. 在 8×8 的棋盘的左下角放有 9 枚棋子,组成一个 3×3 的正方形(图 18-1).规定每枚棋子可以跳过另一枚棋子到一个空着的方格,即可以以另一枚棋子为中心做对称运动,可以横跳、竖跳或沿着斜线跳(如图 18-2 的 1 号棋子可以跳到 2,3,4 号位置).问:这些棋子能否跳到棋盘的右上角(另一个 3×3 的正方形)?

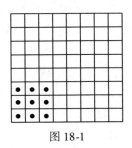

图 18-1

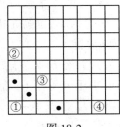

图 18-2

14. 设 $E = \{1,2,3,\cdots,200\}$,$G = \{a_1,a_2,a_3,\cdots,a_{100}\} \subset E$ 且 G 有如下性质:

(1)对任何 $1 \leqslant i < j \leqslant 100$,恒有 $a_i + a_j \neq 201$;

(2)$\sum_{i=1}^{100} a_i = 10080$.

求证:G 中奇数的个数是 4 的倍数,且 G 中所有数字的平方和为定值.

15. 设有一个平面封闭折线 $A_1A_2\cdots A_nA_1$,它的所有顶点 $A_i(i = 1,2,\cdots,n)$ 都是整点,且 $A_1A_2 = A_2A_3 = \cdots = A_{n-1}A_n = A_nA_1$,

求证：n 是偶数.

16. 求所有的整数对 (x,y)，使得
$$1 + 2^x + 2^{2x+1} = y^2.$$

17. 求所有有序素数组 (p,q,r)，满足 $p \mid q^r + 1, q \mid r^p + 1, r \mid p^q + 1$.

18. 称一个正整数为交错数，如果它的十进制记法中任何两个相邻数码的奇偶性不同. 求所有正整数 n，使 n 有一倍数为交错数.

19. 在凸多面体中，顶点 A 的度数(由一个顶点所引出的棱的条数称为该顶点的度数)是 5，其余顶点的度数都是 3. 把每条棱染成蓝色、红色或紫色. 若从任意一个 3 度顶点引出的 3 条棱都恰好被染成 3 种不同的颜色，则称这种染色方式是"好的". 如果所有不同的好的染色方式的数目不是 5 的倍数，求证：在某种好的染色方式中，一定有 3 条由顶点 A 引出的依次相邻的棱被染成相同的颜色.

18.2 解　答

1. $9^{8n+4} - 7^{8n+4} = (9^{4n+2} - 7^{4n+2})(9^{4n+2} + 7^{4n+2}) = (9^{4n+2} - 7^{4n+2})(81^{2n+1} + 49^{2n+1})$. 第一个括号中是两个奇数的差，所以它是一个偶数. 第二个括号中的第一个数以 1 为结尾，第二个数以 9 为结尾. 因为这时它的指数也是奇数，于是它们的和就会以 0 为结尾，也就是能被 10 整除. 一个偶数与一个 10 的倍数相乘后，必将能被 20 整除.

2. (1)该代数式共有 6 项，每项取值都只能是奇数(1 或 -1)，其和为偶数.

(2)该式的值小于或等于 6，若等于 6，则第 1、4、5 项的值都是 1，第 2、3、6 项的值都是 -1，则 6 项之积是 -1. 但是，这 6 项之积是 $r^2 s^2 t^2 u^2 v^2 w^2 x^2 y^2 z^2$，不可能是 -1，因此最大值不能是 6.

取 $r = s = t = 1, u = -1, v = w = 1, x = y = -1, z = 1$，该式的值为 4，所以该式的最大值是 4.

3. $\dfrac{1}{3}, \dfrac{1}{5}, \dfrac{1}{7}, \dfrac{1}{9}, \cdots, \dfrac{1}{1997}, \dfrac{1}{1999}$ 是 999 个分母为奇数的单位分数.

设 $M = 3 \times 5 \times 7 \times 9 \times 1997 \times 1999$ 是个奇数，则

$$\frac{1}{3} + \frac{1}{5} + \frac{1}{7} + \frac{1}{9} + \cdots + \frac{1}{1997} + \frac{1}{1999}$$

$$= \frac{N_3 + N_5 + N_7 + N_9 + \cdots + N_{1997} + N_{1999}}{M} = \frac{N}{M},$$

其中 N_3 是 $\dfrac{1}{3}$ 变其分母为 M 后的分子;

N_5 是 $\dfrac{1}{5}$ 变其分母为 M 后的分子;

$\vdots$

N_{1999} 是 $\dfrac{1}{1999}$ 变其分母为 M 后的分子.

由于 $N_3, N_5, \cdots, N_{1999}$ 中每一个都是 998 个奇数的乘积, 所以它们都是奇数.

而 $N = N_3 + N_5 + N_7 + N_9 + \cdots + N_{1997} + N_{1999}$ 必是奇数. (请思考这是因为什么.)

设 $(M, N) = d$ (M, N 最大公约数是 d).

因为 M, N 均为奇数, 所以 d 为奇数, $\dfrac{N}{M}$ 的分子与分母约去最大公约数 d

后应为既约分数 $\dfrac{n}{m}$.

此时, $N = d \cdot n$, 所以 n 为一个奇数.

4. 1 到 157 共有 $(157 + 1) \div 2 = 79$ 个奇数, 所以整个算式的结果一定是奇数, 也就是说至少为 1. 下面看是否能够构造出 1. 数比较多, 可以尝试分组.

经尝试, $n^2 - (n+1)^2 - (n+2)^2 + (n+3)^2 = 4$ 对任何 n 成立, 也就是说,

$$n^2 - (n+1)^2 - (n+2)^2 + (n+3)^2 - (n+4)^2 + (n+5)^2$$
$$+ (n+6)^2 - (n+7)^2 = 0$$

对任何 n 成立. $157 \div 8 = 19 \cdots\cdots 5$, 也就是说每 8 个数一组之后剩余 5 个. 剩余 1 到 5 的话不行, $1 \square 4 \square 9 \square 16 \square 25$ 无法得到 1. 所以可以试试剩余 13 个. 因为最前面的 1 已经给定了是正的, 所以需要把 2 到 13 的平方分成两组, 每一组的平方和相等.

$$\frac{2^2 + 3^2 + \cdots + 13^2}{2} = \frac{13 \times 14 \times 27 \div 6 - 1}{2} = 409,$$

也就是说两组的平方和都等于 409.

因为奇数的平方被 4 除余 1, 偶数的平方被 4 整除, 而 409 被 4 除余 1, 所以一组含有 1 个奇数, 另一组含有 5 个奇数. 经尝试:

$$2^2 + 3^2 + 5^2 + 9^2 + 11^2 + 13^2 = 4^2 + 6^2 + 7^2 + 8^2 + 10^2 + 12^2 = 409.$$

所以, 所求值为 1.

点评 首先确定答案的奇偶性, 在用一组有规律的大整数通过加减凑指定的小整数的时候, 常用分组法.

5. 用 $S(A)$ 表示正整数 A 的各位数字之和. 通过观察两个正整数 A, B 的加法竖式, 可知 $S(A+B) \leq S(A)+S(B)$, 并且等号当且仅当不发生进位时成立. 由题中条件可以推知, 在求 $5N+5N=10N$ 的过程中没有发生进位, 这是因为 $S(10N)=S(N)=100=S(5N)+S(5N)$. 另外, $5N$ 只能以 5 或 0 结尾, 分别对应于 N 为奇数和偶数. 但是, 若以 5 结尾, 在作加法 $5N+5N=10N$ 的过程中就会发生进位, 此与事实不符. 所以, $5N$ 必以 0 结尾. 故 N 是偶数.

6. 用一条竖直线 m 将方格表分成两半. 在其中一半中有不多于 25 个偶数, 不妨设为右半表. 于是, 在左半表中有着相同数目的奇数. 逐一将右半表中的偶数与左半表中的奇数交换位置, 经过不多于 25 次操作, 就可以使得右半表中全是奇数, 左半表中全是偶数. 此时, 位于同一半中的任何两个相邻的方格中的数之和都是偶数, 当然为合数.

由上, 只有同一行中位于直线 m 的两侧的方格中的数 l_j 与 r_j 的和才可能为素数.

接下来说明, 只需仅在右半表中操作, 就可以使得每一对数 (l_j, r_j) $(j=1, 2, \cdots, 10)$ 的和都是 3 的倍数. 注意到, 在右半表中写着 $1 \sim 99$ 中的所有奇数, 分别有不少于 16 个数被 3 除的余数为 0, 1 和 2, 而为了使得每个和数 l_j+r_j 都是 3 的倍数, 至多只需用到其中的 10 个数, 因此, 一定可以成功. 如此一来, 一共只需进行不多于 25+10=35 次操作.

7. 对 8×9 的矩形是可能的, 而对 8×10 的矩形则不行.

在 8×9 的矩形中, 如果先涂了一个方格, 那么接着可以再涂长度为 9 格的一行方格, 只要该行内有已涂色的方格在内就行, 如图 18-3 所示. 接着再去涂 5 列方格, 如图 18-4 所示. 这以后再涂完全部方格就不费事了. 这种涂色方法可以推广到只要矩形有一条边长是奇数的情况.

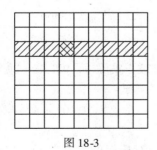

图 18-3

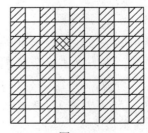

图 18-4

但如果矩形的两条边长都是偶数时, 就无法把全部方格加以涂色了. 证明

如下:

方法1 先看已涂色方格所成图形的半周长. 在只涂了一格时,该图形的半周长等于2. 接下去在每一步涂色时,半周长要么会增加1(如果只有一个邻格是已涂色的),要么半周长会减少1(如果有3个邻格是已涂色的). 这意思是说半周长不是增加1就是减少1. 由此可见,当涂色方格为偶数时,图形的半周长应是奇数. 注意到8×10的矩形半周长为18,这是个偶数,所以它是不可能被全部涂色的.

方法2 我们来证明对偶数 m 及 n 来说,$m×n$ 的矩形都无法被涂满色. 这是因为每个方格由4条线段围成,所以 $m×n$ 的矩形共有 $m(n+1)+n(m+1)=2mn+m+n$ 条线段,这是个偶数. 下面再假定我们能涂满所有方格,把已涂色方格的线段称为"已涂色线段". 如果只给一个方格涂了色,那么已涂色线段就只有4条. 接下去每再涂一次方格,已涂色线段就会再增加1条或3条,这样总共能再涂 $mn-1$ 次. 因为 mn 是偶数,所以 $mn-1$ 将是奇数. 所以如果我们在涂满全部方格时,那就会有4+奇数×奇数条已涂色线段,这还是个奇数. 不过这时矩形的全部线段应该是个偶数,出现矛盾. 说明这种矩形的方格是无法被全部涂色的.

8. 不存在. 若存在这样的多面体,设其面数为 n,各面的边数分别为 $m_1,\cdots,m_n$,这里 $n,m_1,m_2,\cdots,m_n$ 均为奇数. 因为多面体中,每两个相邻面都有一公共棱,且每一棱由两个面所形成,故 $m_1+m_2+\cdots+m_n$ 是偶数(多面体棱数的两倍). 而 $m_1+m_2+\cdots+m_n$ 是奇数个奇数之和,应该为奇数. 这导出矛盾! 所以,这样的多面体不存在.

9. 计算85! 末尾有多少个0,只需看它含有5的因子个数即可,因为2的因子总是够用的. 1到85有17个数能被5整除,这其中有3个能被25整除,所以共有20个5的因子,也就是说85! 末尾有20个0,共有20个硬币. 85的因子中不超过20的最大是17,也就是说每次翻动17个硬币.

因为总硬币数是偶数,而每次翻动的个数是奇数,所以经过奇数次翻动之后正面朝上的硬币个数是奇数,偶数次翻动之后正面朝上的硬币个数是偶数. 0是偶数,所以要想翻成所有硬币反面朝上,必须翻动偶数次.

翻动17个相当于先翻动3个再把所有的都翻过来. 所以,第1次翻动后恰好有3个硬币正面朝上,第2次翻动后至多有6个硬币反面朝上,第3次翻动后至多有9个硬币正面朝上,第4次翻动后至多有12个硬币反面朝上,第5次翻动后至多有15个硬币正面朝上,第6次翻动后至多有18个硬币反面朝上,也就是说6次翻动是不够的. 所以,至少需要8次.

另外,前 6 次把前 18 个硬币翻成反面朝上,第 7 次把除第 19 个和前两个以外的硬币翻动,第 8 次把除第 20 个和前两个以外的硬币翻动,则所有硬币都是反面朝上了. 所以,答案是 8 次.

点评 阶乘数末尾 0 的个数计算,$n!$ 的末尾 0 的个数等于 $\left[\dfrac{n}{5}\right]+\left[\dfrac{n}{5^2}\right]+\left[\dfrac{n}{5^3}\right]+\cdots$,$[x]$ 表示不大于 x 的最大整数,这个和式因为从某一项起全是 0,所以其实是有限和. 翻硬币的部分用到了奇偶数的性质,也用到了"取补"的思想,如果不小心忽视了这两点中的一点,可能错答成 7 次或者 4 次.

10. 将 2×1 的矩形称为"多米诺".

将 $9\times9\times9$ 正方体的每个侧面上的方格表都按照国际象棋棋盘的规则分别染上黑色与白色,使得各个角上的方格均为黑色. 这样一来,每个面上都有 41 个黑格和 40 个白格,并且每个跨越两个侧面的多米诺中的两个方格都是同色的,而其余多米诺中的两个方格都是异色的.

由于黑格的总数比白格的总数多 6 个,则跨越两个侧面的黑色多米诺比白色多米诺多 3 个. 因此,它们的个数的奇偶性不同. 从而,它们的和是奇数.

11. 假设一开始在参与求和的分数中有一个为 $\dfrac{a}{2}$.

接下来证明:在这些参与求和的分数中,一定可以找到一个分数 $\dfrac{b}{c}$,其中,c 为奇数,而 b 与 a 的奇偶性不同.

事实上,在这些参与求和的分数中,分母为奇数的分数刚好有 50 个,而 a 不是它们之中任何一个的分子. 因此,在这些分数的分子中,至多有 49 个与 a 的奇偶性相同.

现在交换 a 与 b 的位置. 分两步进行:先改变分母为 2 的分数的分子(此时,该分数增加了奇数 $a-b$ 个 $\dfrac{1}{2}$,即使其变为整数);再改变分母为 c 的分数的分子(此时,该分数的增加量是一个分母为奇数的分数). 因此,总和变为分母为奇数的最简分数.

12. 因为 $2\times5-1=9,2\times13-1=25,5\times13-1=64$,下证 $2d-1,5d-1,13d-1$ 中有一个不是完全平方数.

假设 $2d-1,5d-1,13d-1$ 都是完全平方数,即

$$2d-1=x^2, \tag{18-1}$$

$$5d - 1 = y^2, \tag{18-2}$$
$$13d - 1 = z^2, \tag{18-3}$$

其中 x,y,z 都是正整数. 由式(18-1)知, x 为奇数,设 $x = 2n - 1$, $2d - 1 = (2n - 1)^2$,即 $d = 2n^2 - 2n + 1$,故 d 是奇数.

由式(18-2)、式(18-3)知 y,z 是偶数. 设 $y = 2p, z = 2q$,代入后两式相减并除以 4,得

$$2d = q^2 - p^2 = (q + p)(q - p).$$

因 $2d$ 是偶数,即 $q^2 - p^2$ 是偶数,故 p,q 同奇或同偶. 从而 $q + p$ 和 $q - p$ 都是偶数,即 $2d$ 是 4 的倍数,那么 d 是偶数,与前面推出 d 是奇数相矛盾. 命题得证.

13. 自左下角起,每一个方格可以用一组数(行标、列标)来表示,(自下而上)第 i 行、(自左而右)第 j 列的方格记为 (i,j). 问题的关键是考虑 9 枚棋子(所在方格)的列标的和 S.

一方面,每跳一次, S 增加 0 或偶数,因而 S 的奇偶性不变. 另一方面,右上角 9 个方格的列标的和比左下角 9 个方格的列标之和大

$$3 \times (6+7+8) - 3 \times (1+2+3) = 45,$$

这是一个奇数.

综合以上两方面可知 9 枚棋子不能跳至右上角的那个 3×3 的正方形里.

14. 令 $G' = \{201 - a_1, 201 - a_2, \cdots, 201 - a_{100}\}$,则 $G \cup G' = E, G \cap G' = \varnothing$.

$$\sum_{i=1}^{100} a_i^2 + \sum_{i=1}^{100} (201 - a_i)^2 = \sum_{k=1}^{200} k^2,$$

即

$$2\sum_{i=1}^{100} a_i^2 - 402\sum_{i=1}^{100} a_i + 100 \times 201^2 = \frac{1}{6} \times 200 \times 201 \times 401.$$

于是 $\sum_{i=1}^{100} a_i^2 = 50 \times 67 \times 401 - 50 \times 201^2 + 201 \times 10080$ 是个常数.

所以, G 中所有数字的平方和为定值.

因为

$$\sum_{i=1}^{100} a_i^2 \equiv 2 \times 3 \times 1 - 2 \times 1^2 + 0 \pmod 4 \equiv 0 \pmod 4,$$

又因为奇数平方模 4 余 1,偶数平方模 4 余 0,故 G 中奇数的个数是 4 的倍数.

15. 设顶点 $A_i(x_i, y_i)$ (其中 $x_i, y_i \in \mathbf{Z}, i = 1,2,\cdots,n$).

由条件有

$$(x_1 - x_2)^2 + (y_1 - y_2)^2 = (x_2 - x_3)^2 + (y_2 - y_3)^2 = \cdots$$
$$= (x_{n-1} - x_n)^2 + (y_{n-1} - y_n)^2$$
$$= (x_n - x_1)^2 + (y_n - y_1)^2 = M,$$

其中 M 是固定整数. 令 $\alpha_i = x_i - x_{i+1}, \beta_i = y_i - y_{i+1}(i = 1, 2, \cdots, n)$ 约定 $x_{n+1} \equiv x_1$, $y_{n+1} \equiv y_1$, 则

$$\sum_{i=1}^{n} \alpha_i = 0, \tag{18-4}$$

$$\sum_{i=1}^{n} \beta_i = 0, \tag{18-5}$$

$$\alpha_i^2 + \beta_i^2 = M, \quad i = 1, 2, \cdots, n. \tag{18-6}$$

显然 $M \equiv 0, 1, 2 \pmod 4$.

(1) 当 $M \equiv 2 \pmod 4$ 时, 显然 α_i, β_i 均为奇数, 由 $\sum_{i=1}^{n} \alpha_i = 0$ 知 n 为偶数.

(2) 当 $M \equiv 1 \pmod 4$ 时, 显然 α_i, β_i 为一奇一偶, 即 $\alpha_i + \beta_i$ 为奇数.

由式(18-4), 式(18-5)知 $\sum_{i=1}^{n} (\alpha_i + \beta_i) = 0$, 从而 n 为偶数.

(3) 当 $M \equiv 0 \pmod 4$ 时, 显然 α_i, β_i 均为偶数. 可设 $\alpha_i = 2^m t_i, \beta_i = 2^{k_i} t'_i$ $(i = 1, \cdots, n)$, 其中 t_i, t'_i 是奇数. 设 m 是 $2n$ 个数 $m_1, \cdots, m_n, k_1, \cdots, k_n$ 中最小的数, 用 2^m 去除 α_i, β_i, 那么 $\alpha'_i = \dfrac{\alpha_i}{2^m}, \beta'_i = \dfrac{\beta_i}{2^m}$ 中至少有一个奇数. 显然 $\sum_{i=1}^{n} \alpha'_i = 0 = \sum_{i=1}^{n} \beta'_i$, 且 $\alpha'^2_i + \beta'^2_i = M'(i = 1, 2, \cdots, n)$, 其中 $M' \equiv 1, 2 \pmod 4$. 这样, 转化情况(1)或(2). 因此, n 为偶数.

综上所述, n 为偶数.

16. 如果 (x, y) 为解, 则 $x \geq 0$, 且 $(x, -y)$ 也是解. 当 $x = 0$ 时, 有解 $(0, 2), (0, -2)$.

设 (x, y) 为解, $x > 0$, 不失一般性, 设 $y > 0$.

原方程等价于

$$2^x(1 + 2^{x+1}) = (y-1)(y+1).$$

于是 $y-1$ 和 $y+1$ 为偶数, 其中恰有一个被 4 整除, 因此, $x \geq 3$, 有一个因式被 2^{x-1} 整除, 不被 2^x 整除. 于是 $y = 2^{x-1} m + \varepsilon$, m 为奇数, $\varepsilon = \pm 1$. 代入原方程, 有

$$2^x(1 + 2^{x+1}) = (2^{x-1} m + \varepsilon)^2 - 1 = 2^{2x-2} m^2 + 2^x m\varepsilon,$$

即 $1 + 2^{x+1} = 2^{x-2}m^2 + m\varepsilon$，从而，$1 - \varepsilon m = 2^{x-2}(m^2 - 8)$．

当 $\varepsilon = 1$ 时，$m^2 - 8 \leqslant 0$，即 $m = 1$，上式不成立．

当 $\varepsilon = -1$ 时，有 $1 + m = 2^{x-2}(m^2 - 8) \geqslant 2(m^2 - 8)$，推出 $2m^2 - m - 17 \leqslant 0$，因此，$m \leqslant 3$．另外，$m \neq 1$，由于 m 为奇数，得到 $m = 3$，从而 $x = 4$，$y = 23$．

故所有解为 $(0,2)$，$(0,-2)$，$(4,23)$，$(4,-23)$．

17. 答案为 $(2，5，3)$ 及其循环排列．

验证这确实是一组解：$2 \mid 126 = 5^3 + 1,5 \mid 10 = 3^3 + 1,3 \mid 33 = 2^5 + 1$．

设 $p，q，r$ 为 3 个素数，满足题目中的整除关系．

由于 q 不能整除 $q^r + 1,p \neq q$，类似地 $q \neq r,r \neq p$，故 $p，q，r$ 互不相同．

引理 设 $p，q，r$ 为互不相同的素数，且 $p \mid q^r + 1(p > 2)$，则要么 $2r \mid p-1$，要么 $p \mid q^2 - 1$．

引理的证明 由于 $p \mid q^r + 1$ 有 $q^r \equiv -1 \not\equiv 1(\bmod p)$．

由于 $p > 2$，但 $q^{2r} \equiv (-1)^2 \equiv 1(\bmod p)$．设 d 为 q 模 p 的指数，则由上面的同余式，d 能整除 $2r$ 但不能整除 r．

由于 r 是素数，只可能 $d = 2$ 或 $d = 2r$．

若 $d = 2r$，则 $2r \mid p - 1$（由于 $d \mid p - 1$）；若 $d = 2$，则 $q^2 \equiv 1(\bmod p)$，故 $p \mid q^2 - 1$．引理证毕．

先考虑 $p，q，r$ 均为奇数的情形，由于 $p \mid q^r + 1$，由引理或者 $2r \mid p - 1$，或者 $p \mid q^2 - 1$，但 $2r \mid p - 1$ 是不可能的．

因为 $2r \mid p - 1 \Rightarrow p \equiv 1(\bmod e) \Rightarrow 0 \equiv r^q + 1 \equiv 2(\bmod r)$ 及 $r > 2$，故必有 $p \mid q^2 - 1 = (q - 1)(q + 1)$．

由于 p 是一个奇素数，$q-1$，$q+1$ 均为偶数，必有 $p \mid \dfrac{q - 1}{2}$ 或 $p \mid \dfrac{q + 1}{2}$，无论何种情形，$p \leqslant \dfrac{q + 1}{2} < q$，但类似地可证 $q < r$，$r < p$，矛盾！故 $p，q，r$ 中至少有一个等于 2．由转换对称性可设 $p = 2$，则 $r \mid 2^q + 1$，故由引理知要么 $2q \mid r - 1$，要么 $r \mid 2^2 - 1$．但和前面一样，$2q \mid r - 1$ 是不可能的，因为 q 能整除 $r^2 + 1 = (r^2 - 1) + 2$ 及 $q > 2$．因此，必有 $r \mid 2^2 - 1$．故 $r = 3,q \mid r^2 + 1 = 10$．由于 $q \neq p$，必有 $q = 5$．

故 $(2，5，3)$ 及其轮换对称是所有的解．

18. 若 $20 \mid n$，则 n 的任一倍数也被 20 整除，它的个位数字为 0，十位数字为偶数，不是交错数．因此，所求的 n 不被 20 整除．

先证明两个引理：

引理 1 对每个正整数 k，存在 k 位交错数 A_k 被 5^k 整除，且 A_k 的个位数码为 5.

引理 1 的证明　对 k 归纳证明. $k=1$ 时取 $A_1=5$,设已找到符合要求的 $A_k=5^k m_k$.

令 $A_{k+1}=\overline{a_{k+1}A_k}=10^k a_{k+1}+A_k$,则

$$5^{k+1}\,|\,A_{k+1}\Leftrightarrow 10^k a_{k+1}+5^k m_k\equiv 0(\bmod\ 5^{k+1})$$

$$\Leftrightarrow 2^k\cdot a_{k+1}\equiv -m_2(\bmod\ 5).$$

由于 $(2^k,5)=1$,这个同余式在 $0\sim 9$ 中有两个解 x 和 $x+5$,其中必有一个 A_K 的首位数码奇偶性不同,取它为 a_{k+1} 即得所求的 A_{k+1}(允许首位数码为 0).

引理 2　对每个正整数 k,存在 k 位交错数 B_k 被 2^k 整除,$B_k/2^k=m_k$ 与 k 同奇偶且与 B_k 的首位数码奇偶数性不同.

引理 2 的证明　$k=1$ 时取 $B_1=6$(或 2).

设已找到符合要求的 B_K,令 $B_{k+1}=\overline{b_{k+1}B_k}=10^k\cdot b_{k+1}+2^k m_k$,则

$$2^{k+1}\,|\,B_{k+1}\Leftrightarrow 5^k b_{k+1}+m_k\equiv 0(\bmod\ 2).$$

由于 $(5^k,2)=1$,这个同余式有解且与 m_k 同奇偶,从而与 B_k 的首位数码奇偶性不同,故为 B_{k+1} 交错数.

另外,

$$m_{k+1}=\frac{1}{2}(5^k b_{k+1}+m_k)\ 与\ b_{k+1}\ 不同奇偶$$

$$\Leftrightarrow m_{k+1}\ 与\ m_k\ 不同奇偶$$

$$\Leftrightarrow \frac{1}{2}(5^k b_{k+1}+m_k)-m_k\equiv 1(\bmod\ 2)$$

$$\Leftrightarrow 5^k b_{k+1}\equiv m_k+2(\bmod\ 4).$$

在 $0\sim 9$ 中至少两个数码同时满足这两个条件.

利用引理 1 和引理 2 可以证明每个不被 20 整除的 n 都是所求. 有两种可能:

(1) $(n,5)=1$. 此时 $n=2^k m,(m,10)=1$. 由引理 2,存在偶数位的交错数 B 被 2^k 整除. 将 i 个 B 连写所得的数 $B^{(i)}=\overline{B\cdots B}$ 也是交错数且被 2^k 整除. 根据抽屉原理以及 $(m,10)=1$ 可得:存在 $1\le j\le m$ 使 $m\,|\,B^{(i)}$. 因为 $(m,2^k)=1$,故 $n=2^k m\,|\,B^{(j)}$.

(2) $5\,|\,n$ 但 $4\nmid n$. 此时 $n=5^k m$ 或 $n=10\cdot 5^k m,(m,10)=1$. 由引理 1 并与 (1)同理,可以找到偶数位的交错数 A 及 $1\le j\le m$ 使 $5^k m\,|\,A^{(j)}$,$10\cdot 5^k\cdot m\,|\,10A^{(j)}$,$A^{(j)}$ 及 $10A^{(j)}$ 都是交错数(A 的个位数码是奇数 5).

因此,满足本题条件的所有 n 是不被 20 整除的一切正整数.

19. 观察任意一种好的染色方式. 注意到,任何一种颜色的棱的端点的总数目都是偶数. 而在每一种好的染色方式之中,由于汇聚于每一个 3 度的顶点处的 3 种不同的颜色的棱的数目都是 1(因此,它们的奇偶性相同,并且都是奇数),则汇聚于 5 度顶点 A 处的 3 种不同的颜色的棱的数目的奇偶性也彼此相同,并且也都是奇数. 从而,可知其中有一种颜色的棱有 3 条,而其余 2 种颜色的棱各有 1 条.

假设题中的断言不成立,即没有一种好的染色方式,其中有 3 条由顶点 A 引出的依次相邻的棱被染成相同的颜色.

接下来证明:由顶点 A 引出 3 条蓝色棱的不同的好的染色方式的数目是 5 的倍数. 由此得出,所有不同的好的染色方式的数目是 5 的倍数,产生矛盾.

设由顶点 A 所引出的棱依次为 AB_1,AB_2,AB_3,AB_4,AB_5(接下来的又是 AB_1). 在假设之下,在任何一种好的染色方式中,由顶点 A 所引出的红色的棱与紫色的棱都必不相邻(否则,3 条蓝色棱便依次相邻了),因此,作为红色的棱与紫色的棱的端点,可能有如下 5 种情况:(B_1,B_4),(B_2,B_5),(B_3,B_1),(B_4,B_2),(B_5,B_3). 将与这 5 种情况相应的好的染色方式的数目分别记为 k_{14},k_{25},k_{31},k_{42},k_{53}.

下面证明:$k_{14} \leqslant k_{25} \leqslant k_{31} \leqslant k_{42} \leqslant k_{53} \leqslant k_{14}$. 由此即知,这 5 种好的染色方式的数目彼此相等,从而,它们的和是 5 的倍数.

仅证 $k_{25} \leqslant k_{53}$(其余情况类似可证).

假设在某种染色方式中,棱 AB_2,AB_5 都不是蓝色的(为确定起见,设 AB_2 为红色). 考查这样的图:其顶点为多面体的顶点,其中的边为蓝色和红色的棱. 此时,顶点 A 的度数是 4,其余顶点的度数都是 2. 由此知,该图由若干个圈组成,并且其中有 2 个圈在顶点 A 相交,而其余的圈则各不相交. 观察经过顶点 A 且包含棱 AB_2 的圈. 显然,它还包含着 1 条经过顶点 A 的蓝色的棱. 将该圈上的红色的棱都染为蓝色,将蓝色的棱都染为红色,得到另外一种好的染色方式.

在此,一共只可能有 3 种不同的情况(图 18-5).

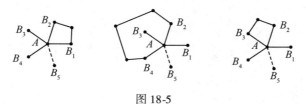

图 18-5

如果圈上包含蓝色的棱 AB_1 或 AB_4,则在改染之后,有 3 条依次相邻的棱都被染成蓝色(它们是 AB_2,AB_3,AB_4 或 AB_1,AB_2,AB_3),这在假设下是不可能的. 这表明,在圈上包含着蓝色的棱 AB_3,而在改染之后,则包含着红色的棱 AB_3 与紫色的棱 AB_5. 在这里,对于不同的染色方式,改染后所得到的染色方式也是不同的. 因此,$k_{25} \leqslant k_{53}$,此即为所证.

第 19 章 算 两 次

19.1 问 题

1. 两个七年级学生被允许参加八年级学生所组成的象棋比赛．每个选手都同其他每个选手比赛一次,胜得一分,和得半分,输得零分．两个七年级学生一共得 8 分,每个八年级学生都和他的同年级同学得到相同分数,有几个八年级的学生参加象棋比赛? 答案是唯一的吗?

2. 规格为 $n \times n$ 的方格表被网格线分成 n^2 个小方格,称其中 k 行方格与 l 列方格的交为这块方格板的一个 $k \times l$ 子式,并称该子式的半周长为 $k+l$. 已知若干半周长均不小于 n 的子式盖住了方格板的主对角线,求证它们至少盖住了方格板上的一半方格．

3. 依次拼接 1977 个相同的正方块(拼接时,一个正方块的边与另一个正方块的边相合)问:能否拼成一条封闭的链?

4. 在一张正方形的纸上画着 n 个矩形,它们的边都平行于纸边．已知任何两个矩形没有公共的内点．证明:如果挖去所有的矩形,那么纸的剩余部分的小块的数量不多于 $n+1$.

5. 在 $n \times n$(n 是奇数)的方格表里的每一个方格中,任意填上 $+1$ 或 -1,在每一列的下面写上该列所有数的乘积,在每一行的右面写上该行所有数的乘积．证明:这 $2n$ 个乘积的和不等于 0.

6. 数 x_1, x_2, $\cdots$, x_n 中每一个取值 1 或 -1,且
$$x_1 x_2 x_3 x_4 + x_2 x_3 x_4 x_5 + \cdots + x_{n-3} x_{n-2} x_{n-1} x_n$$
$$+ x_{n-2} x_{n-1} x_n x_1 + x_{n-1} x_n x_1 x_2 + x_n x_1 x_2 x_3 = 0.$$
证明:$4 \mid n$.

7. n 个元素 a_1, a_2, $\cdots$, a_n 组成 n 对 p_1, p_2, $\cdots$, p_n. 若当且仅当 $\{a_i, a_j\}$ 是其中一对时,两对 p_i 与 p_j 中恰好有一个公共元素,证明:每一个元素恰好在其中两对．

8. n 支球队要举行主客场双循环比赛(每两支球队比赛两场,各有一场主

场比赛),每支球队在一周(从周日到周六的七天)内可以进行多场客场比赛. 但如果某周内该球队有主场比赛,在这一周内不能安排该球队的客场比赛. 如果 4 周内能够完成全部比赛,求 n 的最大值.

9. n 是正偶数,证明:在矩阵(即数表)

$$\begin{pmatrix} 1 & \cdots & n \\ \vdots & & \vdots \\ n & \cdots & n-1 \end{pmatrix}$$

中找不到一组 $1,2,\cdots,n$,其中每两个都既不在同一行,也不在同一列.

10. 设 $P_1,P_2,\cdots,P_{2n+3}$ 为平面上 $2n+3$ 个点,任意四点不共圆,任意三点不共线. 通过其中 3 个点作圆,将其余 $2n$ 个点均分,使圆内圆外各有 n 个点,这种圆的个数记为 k. 证明:$k > \dfrac{1}{\pi} C_{2n+3}^2$.

11. 将凸多面体的每一条棱都染成红、黄两色之一,两边异色的面角称为奇异面角. 某顶点 A 处的奇异面角数称为该顶点的奇异度,记为 S_A. 求证:总存在两个顶点 B 和 C,使得 $S_B + S_C \leqslant 4$.

12. n 个人参加同一会议,其中每两个互不认识者恰有两个共同的熟人,每两个熟人却都没有共同的认识者. 证明:每一个与会者都有相同数目的熟人.

13. 在一个车厢中,任何 $m(m \geqslant 3)$ 个旅客都有唯一的公共朋友(当甲是乙的朋友时,乙也是甲的朋友). 问:在这车厢中,朋友最多的人有多少个朋友?

14. 在某项竞赛中,共有 a 个参赛选手与 b 个裁判,其中 $b \geqslant 3$ 且为奇数. 每个裁判对每个选手的评分只有"通过"或"不及格"两个等级. 设 k 是满足以下条件的整数:任何两个裁判至多可对 k 个选手有完全相同的评分. 证明:

$$\frac{k}{a} \geqslant \frac{b-1}{2b}.$$

15. 21 个女孩和 21 个男孩参加一次数学竞赛.
(1)每一个参赛者至多解出了 6 道题;
(2)对于每一个女孩和每一个男孩,至少有一道题被这一对孩子都解出.
证明:有一道题,至少有 3 个女孩和至少有 3 个男孩都解出.

19.2 解 答

1. 假设八年级学生有 n 人,每人得 k 分. 所有学生得分总和为 $8+kn$,比赛总盘数为 C_{n+2}^2. 因此有

$$8 + kn = C_{n+2}^2,$$

即

$$n^2 - (2k - 3)n - 14 = 0.$$

因此 14 应被 n 整除,于是 $n = 1, 2, 7$ 或 14. 但 $n = 1, 2$ 时,$k < 0$,不可能;注意到 $2k-3$ 是整数,$n = 7$ 时,$k = 4$,$n = 14$ 时,$k = 8$,均可实现. 故参赛的八年级学生有 7 人或 14 人.

2. 设第 i 行第 i 列处方格为 a_{ii},所在子式为 A_{ii},依题设,在子式 A_{ii} 中,a_{ii} 所在行盖住的方格有 x_i 个,所在列盖住的方格有 y_i 个,它们满足

$$x_i + y_i \geqslant n.$$

对 i 求和,有

$$\sum_{i=1}^{n} (x_i + y_i) \geqslant n^2.$$

又每个方格在和式 $\sum_{i=1}^{n} (x_i + y_i)$ 中至多被计算两次,故被盖住的方格数不小于 $\dfrac{1}{2} \sum_{i=1}^{n} (x_i + y_i) \geqslant \dfrac{1}{2} n^2$. 命题获证.

3. 假设 1977 个正方块能拼成一条封闭的链,两个方块拼接起来,它们的边在互相平行或者互相垂直的直线上. 我们在这些直线上取两个垂直方向为向上及向右,对应的相反方向则为向下及向左. 从任意一个方块的中心出发,向着邻近方块的中心移动,然后从它向另一邻近方块的中心移动,以此类推,直到最后回到原来的方块. 设其中有 a 步向上,b 步向下,c 步向左,d 步向右. 因为 1977 个方块拼成一条封闭的链. 故 $a+b+c+d = 1977$(步). 由于要回到原来的方块,相反方向的步数应相同,故 $a = b$,$c = d$. 因而 $1977 = a+a+c+c = 2(a+c)$. 这是不可能的,因为 1977 是奇数. 由此可见,1977 个方块不能拼成一条封闭的链.

4. 设纸的剩余部分的小块有 k 块. 显然每个小块都至少有 4 个顶点. 对每个小块我们标出它的 4 个顶点,这样共标出 $4k$ 个顶点(含重复计数). 若这 $4k$ 个点中的某两点重合,那么此点必是两个画出矩形的顶点,由于这 $4k$ 个点又都是原来正方形或画出的 n 个矩形的顶点,因此

$$4k \leqslant 4(n + 1),$$

即得小块的数量不多于 $n+1$.

5. 记 p_i，$q_i(i=1,2,\cdots,n)$ 分别是各行各列的乘积，则用两种方法计算表中各数乘积有

$$p_1 p_2 \cdots p_n = q_1 q_2 \cdots q_n.$$

这说明 p_i 和 q_i 中 -1 的个数的奇偶性相同，设 p_i 中有 a 个 -1，b 个 1，q_i 中有 c 个 -1，d 个 1，则有 $a+b=c+d=n$。且 a 与 c 同奇偶。设 $\sum\limits_{i=1}^{n} p_i + \sum\limits_{i=1}^{n} q_i = 0$，则有 $a+c=b+d$，因此可得 $b=c$，$a=d$，从而 a 与 b 同奇偶。但 n 是奇数，矛盾。

所以 $\sum\limits_{i=1}^{n} p_i + \sum\limits_{i=1}^{n} q_i \neq 0$。

6. 首先和式中各项均为 $+1$ 或 1，和为 0，说明 $+1$，-1 对半，故 $2 \mid n$。从两方面计算和式中各项的积。一方面，

$$(x_1 x_2 \cdots x_n)^4 = 1.$$

另一方面，若有 k 个 -1 项，那么

$$(x_1 x_2 \cdots x_n)^4 = (-1)^k,$$

从而 $(-1)^k = 1$，k 是偶数。所以 $n=2k$ 是 4 的倍数。

7. 设包含 a_k 的数对的数目是 $d_k(k=1,2,\cdots,n)$，则

$$\sum_{k=1}^{n} d_k = 2n. \tag{19-1}$$

在 a_k 对应 d_k 个数对中，任意两个 p_i，p_j 以 a_k 为公共元素。按已知条件，$\{a_i, a_j\}$ 是数对之一，这样的数对共有 $C_{d_k}^2$。显然

$$\sum_{k=1}^{n} C_{d_k}^2 = n. \tag{19-2}$$

式（19-1）代入式（19-2）得

$$\sum_{k=1}^{n} d_k^2 = 4n.$$

从而有

$$4n^2 = \left(\sum_{k=1}^{n} d_k \right)^2 \leqslant n \sum_{k=1}^{n} d_k^2 = 4n^2.$$

上式取等号，当且仅当 $d_k = 2(k=1,2,\cdots,n)$。

8. (1) 如图 19-1 所示：表格中有" $*$ "，表示该球队在该周有主场比赛，不能出访。容易验证，按照表中的安排，6 支球队四周可以完成该项比赛。

（2）下面证明 7 支球队不能在四周完成该项比赛. 设 $S_i(i = 1,2,3,4,5,6,7)$ 表示 i 号球队的主场比赛周次的集合. 假设 4 周内能完成该项比赛,则 S_i 是 $\{1,2,3,4\}$ 的非空真子集.

一方面,由于某周内该球队有主场比赛,在这一周内不能安排该球队的客场比赛,所以 $S_i(i = 1,2,3,4,5,6,7)$ 中,没有一个集是另一个的子集.

另一方面,设

球队	第一周	第二周	第三周	第四周
1	*	*		
2	*		*	
3	*			*
4		*	*	
5		*		*
6			*	*

图 19-1

$$A = \{\{1\},\{1,2\},\{1,2,3\}\}, \quad B = \{\{2\},\{2,3\},\{2,3,4\}\},$$
$$C = \{\{3\},\{1,3\},\{1,3,4\}\}, \quad D = \{\{4\},\{1,4\},\{1,2,4\}\},$$
$$E = \{\{2,4\}\}, \quad F = \{\{3,4\}\}.$$

由抽屉原理,一定存在 $i,j,i \neq j,i,j \in \{1,2,3,4,5\}$, S_i,S_j 属于同一集合 A 或 B 或 C 或 D 或 E 或 F,必有 $S_i \subseteq S_j$ 或 $S_j \subseteq S_i$ 发生. 所以,n 的最大值是 6.

点评　A,B 两队在 A 方场地举行的比赛,称为 A 的主场比赛,B 的客场比赛.

9. 假定有一组数 $1,2,\cdots,n$,其中每两个既不同行也不同列. 这时,这组数的行数、列数的和都是 $\sum\limits_{k=1}^{n} k$. 由于 n 是偶数,可知 $\sum\limits_{k=1}^{n} k$ 不是 n 的倍数. 另外,设这些数在第 i_1,第 i_2,$\cdots$,第 i_n 行,由矩阵特点知 1 在第 $n+2-i_1$ 列(如果此数 $>n$,再减去 n 变为 $2-i_1$),同样 $2,3,\cdots,n$ 分别在第 $n+3-i_2,n+4-i_3,\cdots,n+1-i_n$ 列(凡大于 n 的数,再减去 n). 因此这些数的列数和为

$$(n + 2 - i_1) + (n + 3 - i_2) + \cdots + (n + 1 - i_n) - n \text{ 的倍数}$$

$$= \sum_{i=1}^{n} i - \sum_{k=1}^{n} i_k + n \text{ 的倍数} = n \text{ 的倍数},$$

矛盾.

10. 首先证明对于两个固定点 P_1P_2,一定存在一点 P_j,使 $\odot P_1P_jP_2$ 的内外各有 n 个点.

不妨设直线 P_1P_2 的上方的点数 $\geq n-1$,设它们对 P_1P_2 所张的角为

$$\angle P_1P_mP_2 < \angle P_1P_{m-1}P_2 < \cdots < \angle P_1P_3P_2 \quad (m \geq n + 3),$$

则 $\odot P_1P_mP_2$ 内点数 $\geq m-3 \geq n$. 由于 $\odot P_1P_jP_2$ 内的点数 $\leq \odot P_1P_{j+1}P_2$ 内的点数,通过 P_1 和 P_2 两点的圆 $P_1P_mP_2$ 逐渐移动到圆 $P_1P_3P_2$ 处,每次最多经过一个点,即每次圆内点数的改量不超过 1. 而 $\odot P_1P_3P_2$ 内的点数 $\leq 2n+3-m \leq n$,所

以必有 $j(3 \leqslant j \leqslant 2n+3)$, 在 $\odot P_1 P_j P_2$ 内恰有 n 个点.

根据上述结论, 每对点至少确定一个满足题设要求的圆且这样的圆都被重复计算了 3 次, 故

$$3k \geqslant C_{2n+3}^2,$$

$$k \geqslant \frac{1}{3} C_{2n+3}^2 > \frac{1}{\pi} C_{2n+3}^2.$$

11. 将凸多面体的红色棱标上数 1, 黄色棱标上数 0. 定义任意一个面角的度数为该面角两边标数之和再除以 2 所得余数 0 或者 1. 于是一个面角为奇异面角的充分必要条件为其度数是 1. 任取一顶点 A, 由于在计算 A 处所有面角度数之和时, 从 A 出发的每一条棱的标数都用了两次, 从而 A 处所有面角度数之和为偶数. 于是顶点 A 的奇异度 S_A 为偶数. 同理可证任一面包含的奇异面角数也是偶数.

假设凸多面体有 k 个顶点 $A_1, A_2, \cdots, A_k, j$ 个面 $M_1, M_2, \cdots, M_j, t$ 条棱. 设面 M_i 所包含的棱数为 $t_i (i=1,2,\cdots,j)$. 显然

$$\sum_{i=1}^{j} t_i = 2t.$$

令 M_i 所含的奇异面角数为 S_{M_i}, 由于它是偶数, 从而

$$S_{M_i} \leqslant 2\left[\frac{t_i}{2}\right].$$

又 $t_i \geqslant 3$, 于是得

$$S_{M_i} \leqslant 2\left[\frac{t_i}{2}\right] \leqslant 2t_i - 4.$$

由此可得凸多面体所有奇异面角数应满足

$$\sum_{i=1}^{j} S_{M_i} \leqslant 2 \sum_{i=1}^{j} t_i - 4j = 4(t-j).$$

根据欧拉公式可得 $t-j=k-2$. 于是有

$$\sum_{i=1}^{j} S_{M_i} \leqslant 4k - 8.$$

所以

$$\sum_{i=1}^{k} S_{A_i} = \sum_{i=1}^{j} S_{M_i} \leqslant 4k - 8.$$

又 $S_{A_1}, S_{A_2}, \cdots, S_{A_k}$ 都是偶数, 从而必存在 i,j, 使得 $S_{A_i} \leqslant 2, S_{A_j} \leqslant 2$, 即 $S_{A_i} + S_{A_j} \leqslant 4$.

12. 设与会者甲有熟人 $a_1, a_2, \cdots, a_m$. 由于他们已认识甲,故彼此不认识. 否则将有两个熟识的人有了一个共同的认识者.

考虑其中每两个 (a_i, a_j) 又有除甲外的另一熟人,这些熟人不会认识甲且对于 (a_i, a_j) 不同彼此也不同. 否则,若有 (a_i, a_j) 与 (a_k, a_l) 有除甲以外的另一共同熟人乙. 显然甲、乙互不相识,这样甲、乙应恰有两个共同熟人,而这时甲、乙的共同熟人至少有 3 个,超过 2 人,矛盾. 于是与会者中不认识甲的不少于 C_m^2.

另外,每一个不相识甲的人与甲都有两个共同的熟人. 这些熟人当然在 $a_1, a_2, \cdots, a_m$ 中,且对于不同的不认识甲的人而不完全相同,于是不认识甲的人不多于 C_m^2.

于是不认识甲的人有 C_m^2 个. 从而
$$n = 1 + m + C_m^2,$$
显然 m 的值唯一.

13. 设朋友最多的人有 k 个朋友,显然 $k \geq m$,若 $k > m$,设 A 有 k 个朋友 B_1, $B_2, \cdots, B_k$,并记 $S = \{B_1, B_2, \cdots, B_k\}$,又设 $B_{i_1}, B_{i_2}, \cdots, B_{i_{m-1}}$ 是从 S 中任取的 $m-1$ 个元素,则 $A, B_{i_1}, \cdots, B_{i_{m-1}}$ 这 m 个人有一个公共朋友,记为 C_i,因 C_i 是 A 的朋友,故 $C_i \in S$,若
$$\{B_{i_1}, B_{i_2}, \cdots, B_{i_{m-1}}\} \neq \{B_{j_1}, B_{j_2}, \cdots, B_{j_{m-1}}\},$$
且 $\{A, B_{i_1}, B_{i_2}, \cdots, B_{i_{m-1}}\}$ 与 $\{A, B_{j_1}, B_{j_2}, \cdots, B_{j_{m-1}}\}$ 所对应的唯一朋友分别是 C_i, $C_j \in S$,则必有 $C_i \neq C_j$. 否则 $\{B_{i_1}, B_{i_2}, \cdots, B_{i_{m-1}}\} \cup \{B_{j_1}, B_{j_2}, \cdots, B_{j_{m-1}}\}$ 至少有 m 个元素,而它们有两个公共朋友 A, C_i,与已知矛盾. 这样一来,S 中的 $m-1$ 元子集的个数
$$C_k^{m-1} \leq k, \tag{19-3}$$
又 $m \geq 3$,$m-1 \geq 2$,所以
$$C_k^{m-1} > C_k^1 = k. \tag{19-4}$$
显然式(19-3)与式(19-4)矛盾. 可见,所求最大值为 m.

14. 如果两个裁判对某个参赛者有相同的评判,我们就称其为一个"同意". 依题设知,任意两个裁判最多对 k 个参赛者有相同的评判,即任两个裁判最多产生 k 个"同意",因此,"同意"的总数不超过 kC_b^2. 另外,对任意一个参赛者,设有 x 个裁判判他通过,而 y 个裁判判他不及格,则 $x + y = b$,且对这个参赛者来说,有关他的"同意"的个数为
$$C_x^2 + C_y^2 = \frac{x^2 + y^2 - (x+y)}{2} = \frac{(x+y)^2 + (x-y)^2 - 2(x+y)}{4}$$

$$= \frac{b^2 - 2b + (x-y)^2}{4}. \tag{19-5}$$

注意到 b 是一个奇数,故 $x-y$ 为奇数. 由式(19-5)得

$$C_x^2 + C_y^2 \geqslant \frac{b^2 - 2b + 1}{4} = \left(\frac{b-1}{2}\right)^2.$$

可见,所有"同意"的个数不少于 $a\left(\dfrac{b-1}{2}\right)^2$.

综上所述,有

$$kC_b^2 \geqslant a\left(\frac{b-1}{2}\right)^2, \text{即} \frac{k}{a} \geqslant \frac{b-1}{2b}.$$

15. 我们用以下符号来表达: G 为参加比赛的女生集合, B 为男生集合, P 为题目集合, $P(g)$ 是被 $g \in G$ 解出来的题目集合, $P(b)$ 是被 $b \in B$ 解出来的题目集合, $G(p)$ 是解出 $p \in P$ 的女生集合, $B(p)$ 是解出 p 的男生集合. 依题意,对任意 $g \in G, b \in B$,有

(1) $|P(g)| \leqslant 6, |P(b)| \leqslant 6$;

(2) $P(g) \cap P(b) \neq \varnothing$.

为了证明存在 $p \in P$ 满足 $|G(p)| \geqslant 3, |B(p)| \geqslant 3$,我们假设命题不成立,并用两种方法来计算有序三元数组 (p, g, b) 满足 $p \in P(g) \cap P(b)$ 的组数. 记 $T = \{(p, g, b) \mid p \in P(g) \cap P(b)\}$,由条件(1)知

$$|T| = \sum_{g \in G} \sum_{b \in B} |P(g) \cap P(b)| \geqslant |G| \cdot |B| = 21^2. \tag{19-6}$$

根据假设,不存在 $p \in P$ 满足 $|G(p)| \geqslant 3, |B(p)| \geqslant 3$. 注意到

$$\sum_{p \in P} |G(p)| = \sum_{g \in G} |P(g)| \leqslant 6|G|,$$

及

$$\sum_{p \in P} |B(p)| \leqslant 6|B|. \tag{19-7}$$

记

$$P_+ = \{p \in P \mid |G(p)| \geqslant 3\}, \quad P_- = \{p \in P \mid |G(p)| \leqslant 2\}.$$

下面证明

$$\sum_{p \in P_-} |G(p)| \geqslant |G|, \quad \sum_{p \in P_+} |G(p)| \leqslant 5|G|.$$

同样的,

$$\sum_{p \in P_+} |B(p)| \geqslant |B|, \quad \sum_{p \in P_-} |B(p)| \leqslant 5|B|.$$

任取 $g \in G$,由抽屉原理及条件(1),(2)知 g 解出的题中必存在 p 至少被 $\left| \dfrac{21}{6} \right| = 4$ 个男生解出,于是 $|B(p)| \geqslant 4$,说明 $p \in P_-$. 所以每个女生在 P_- 中至少解出一题. 于是

$$\sum_{p \in P_-} |G(p)| \geqslant |G|. \tag{19-8}$$

由式(19-7),式(19-8)可得到

$$\sum_{p \in P_+} |G(p)| = \sum_{p \in P} |G(p)| - \sum_{p \in P_-} |G(p)| \leqslant 5|G|.$$

同理,每个男生必解出一道至少被 4 个女生解出的题,从而每个男生至少解出一题 $p \in P$. 于是 $\sum_{p \in P_+} |B(p)| \geqslant |B|$,利用式(19-7)有 $\sum_{p \in P_-} |B(p)| \leqslant 5|B|$.

利用上述结论,我们有

$$|T| = \sum_{p \in G} |G(p)| \cdot |B(p)|$$

$$= \sum_{p \in P_+} |G(p)| \cdot |B(p)| + \sum_{p \in P_-} |G(p)| \cdot |B(p)|$$

$$\leqslant 2 \sum_{p \in P_+} |G(p)| + 2 \sum_{p \in P_-} |B(p)| \leqslant 10|G| + 10|B| = 20 \cdot 21,$$

与式(19-6)矛盾! 故命题成立.

第 20 章　对应与配对

20.1　问　　题

1. 从 8×8 的棋盘中,取出一个由 3 个小方格组成的 L 形,问有多少种不同的取法?

2. 一家工厂有 $n \geqslant 3$ 个工作,按照工资的递增次序标上 $1 \sim n$. n 个求职者,按照其能力的递增次序标上 $1 \sim n$. 当且仅当 $i \geqslant j$ 时,求职者 i 可以担任第 j 种工作.

求职者依随机的次序逐一到达,每个人依次被雇到他或她所能适应的、工作级别低于已经雇了人的工作的最高级别工作(在这规则下,工作总有人去做,而且在这任何雇佣结束).

证明:求职者 n 与 $n-1$ 被雇佣的机会相等.

3. 当 $n \geqslant 6$ 时,求由凸 n 边形的对角线构成的,其顶点位于形内的三角形的个数的最大值.

4. 把正整数 n 写成 3 个正整数之和,有多少种写法?

5. 将数集 $A = \{a_1, a_2, \cdots, a_n\}$ 中所有元素的算术平均值记为 $P(A)$, $\left(P(A) = \dfrac{a_1 + a_2 + \cdots + a_n}{n}\right)$. 若 B 是 A 的非空子集,且 $P(B) = P(A)$,则称 B 是 A 的一个"均衡子集". 试求数集 $M = \{1,2,3,4,5,6,7,8,9\}$ 的所有"均衡子集"的个数.

6. 某班有相同个数的男生和女生(总人数不少于 4 人). 他们以各种不同的顺序排成一排,看看能否将这一排分成两部分,每部分中男生和女生各占一半,假设 a 是不能这样分的排法的个数,b 是可以用唯一的方法将这一排分成男女各一半的两部分的排法的个数. 证明:$b = 2a$.

7. 将正整数 n 写成若干个 1 与若干个 2 之和,和项顺序不同认为是不同的写法. 所有写法种数记作 $\alpha(n)$. 将 n 写成若干大于 1 的整数之和,和项顺序不同认为是不同的写法. 所有写法数记作 $\beta(n)$. 求证对每个 n,都有 $\alpha(n) =$

$\beta(n+2)$.

8. 如果从 $1,2,\cdots,14$ 中,按从小到大的顺序取出 a_1,a_2,a_3,使同时满足 $a_2-a_1\geq3$,$a_3-a_2\geq3$,那么所有符合题意的不同取法有多少种?

9. 将 n 个完全一样的白球及 n 个完全一样的黑球逐一从袋中取出,直到取完. 在取球过程中,至少有一次取出的白球多于(取出的)黑球的取法有多少种?

10. 电影票每张 5 角,如果 $2n$ 个人排队购票,每人购票一张,并且其中 n 个人恰有五角钱,n 个人恰好有 1 元钱,而票房无零钱可找,那么,有多少种方法将这 $2n$ 个人排成一列,顺次购票,使购票不致因无零钱可找而耽误时间?

11. 由正号"$+$"与负号"$-$"组成的符号序列,例如:
$$++-+-+-\qquad\qquad (20\text{-}1)$$
其中由"$+$"到"$-$",或由"$-$"到"$+$",称为"一次变号",序列(20-1)中有 5 次变号. 问有多少个长 m 的序列,其中恰有 n 次变号?

12. 数学奥林匹克评委会由 9 人组成,有关试题藏在一个保险箱内,要求至少有 6 名评委在场才能把保险箱打开. 问保险箱应至少安上多少把锁,配多少把钥匙,怎样把钥匙分给评委?

13. 有一个红色卡片盒和 k 个($k>1$)蓝色卡片盒,还有一副卡片,共有 $2n$ 张,它们被分别编为 1 至 $2n$ 号. 开始时,这副卡片被按任意顺序叠置在红色卡片盒中. 从任何一个卡片盒中都可以取出最上面的一张卡片,或者把它放到空盒中,或者把它放到比它号码大 1 的卡片的上方(该卡片必须是某个盒子中最上方的一张卡片). 对于怎样的最大的 n,一定可以通过这种操作把所有卡片移到其中一个蓝色卡片盒中?

14. 设 n 为正整数,我们称集合 $\{1,2,\cdots,2n\}$ 的一个排列 $\{x_1,x_2,\cdots,x_{2n}\}$ 具有性质 P,如果在 $\{1,2,\cdots,2n-1\}$ 中至少有一个 i,使得 $|x_i-x_{i+1}|=n$. 求证对于任何 n,具有性质 P 的排列比不具有性质 P 的排列多.

15. 设 $f(x)=\dfrac{4^x}{4^x+2}$,求 $f\left(\dfrac{1}{1001}\right)+f\left(\dfrac{2}{1001}\right)+\cdots+f\left(\dfrac{1000}{1001}\right)$ 的值.

16. 已知 x,y,z 满足:
$$\begin{cases} x+[y]+\{z\}=-0.9, & (20\text{-}2)\\ [x]+\{y\}+z=0.2, & (20\text{-}3)\\ \{x\}+y+[z]=1.3, & (20\text{-}4)\end{cases}$$
其中,对于数 a,$[a]$ 表示不大于 a 的最大整数,$\{a\}=a-[a]$. 求 x,y,z 的值.

17. 将正整数中所有被 4 整除以及被 4 除余 1 的数全部删去,剩下的数依照从小到大的顺序排成一个数列 $\{a_n\}$：$2,3,6,7,10,11,\cdots$. 数列 $\{a_n\}$ 的前 n 项之和记为 S_n，其中 $n=1,2,3,\cdots$. 求 $S=[\sqrt{S_1}]+[\sqrt{S_2}]+\cdots+[\sqrt{S_{2006}}]$ 的值（其中 $[x]$ 表示不超过 x 的最大整数）.

18. 给定绝对值都不大于 10 的整数 a,b,c，三次多项式 $f(x)=x^3+ax^2+bx+c$ 满足条件

$$\left|f(2+\sqrt{3})\right|<0.0001.$$

问：$2+\sqrt{3}$ 是否一定是这个多项式的根？

19. 设 p 和 q 为自然数，已知

$$\frac{p}{q}=1-\frac{1}{2}+\frac{1}{3}-\cdots+\frac{1}{1331}-\frac{1}{1332},$$

判断 p 是否是 1999 的倍数.

20. 设 n 是正整数，集合 $M=\{1,2,\cdots,2n\}$. 求最小的正整数 k，使得对于 M 的任何一个 k 元子集，其中必有 4 个互不相同的元素之和等于 $4n+1$.

21. 设复变量多项式

$$P(z)=z^n+c_1z^{n-1}+c_2z^{n-2}+\cdots+c_n,$$

其中系数 $c_k(k=1,2,\cdots,n)$ 是实数. 假设 $|P(i)|<1$，求证：存在实数 a 和 b 使得 $P(a+bi)=0$，且 $(a^2+b^2+1)^2<4b^2+1$.

22. 设 a，b_1，$\cdots$，b_n，c_1，$\cdots$，c_n 是实数，使得

$$x^{2n}+ax^{2n-1}+ax^{2n-2}+\cdots+ax+1=(x^2+b_1x+c_1)\cdots(x^2+b_nx+c_n)$$

对任意的实数 x 成立，求 $c_1,c_2,\cdots,c_n$ 的值.

23. 证明：存在无限多个正整数 n，使得和数 $1+\frac{1}{2}+\cdots+\frac{1}{n}$ 的既约分数表达式中的分子不是素数的正整数次方幂.

20.2 解   答

1. 一个由四方格组成的 ⊞ 字形可以取出 4 个 L 字形，因此我们只需考查棋盘上可以取出多少个 ⊞ 字形. 由于每个 ⊞ 字形的中心是棋盘内横线与竖线的一个交点（不包括边界上点）. 反过来，每个位于棋盘内部的横线与竖线的交点，它四周的小方格恰好形成了一个 ⊞ 字形. 因此映射 f：⊞ 字

形 →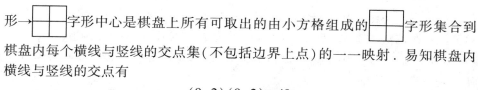字形中心是棋盘上所有可取出的由小方格组成的字形集合到棋盘内每个横线与竖线的交点集(不包括边界上点)的一一映射. 易知棋盘内横线与竖线的交点有

$$(9-2)(9-2)=49$$

个, 所以棋盘上可取出字形 49 个. 进而知取出的 L 形有

$$49 \cdot 4 = 196 (个).$$

2. 将找工作的求职者按到达的先后排成序列. 令集合

$$A = \{ 使求职者 n 被雇佣的序列 \},$$
$$B = \{ 使求职者 n-1 被雇佣的序列 \},$$
$$A_1 = A \backslash (A \cap B), \quad B_1 = B \backslash (A \cap B), \tag{20-5}$$

对于 A_1 中的任一个序列, 其中含有 n 而不含 $n-1$. 将 n 换成 $n-1$ 便产生 B_1 中的一个序列(若 n 的工作 $k < n-1$, 则 $n-1$ 也有工作 k; 否则 $n-1$ 的工作是 $n-1$. 对于他们后面的求职者的"饭碗"均无影响). 反过来, B_1 中的任一个序列, 其中含有 $n-1$ 而不含 n. 将 $n-1$ 换成 n 便产生 A_i 中的序列(若 $n-1$ 的工作为 $n-1$, 则 n 的工作为 n; 否则 n 的工作与 $n-1$ 相同). 于是

$$|A_1| = |B_1|. \tag{20-6}$$

由式(20-5), 式(20-6)即得 $|A| = |B|$, 即 n 与 $n-1$ 找到工作的机会均等.

3. 显然, 当 n 边形的对角线中没有 3 条交于同一点时, 由其对角线构成的顶点位于形内的三角形个数最多.

此时, 在 n 边形 n 个顶点中任取 6 个点, 依次为 $A_1, A_2, A_3, A_4, A_5, A_6$, 则有而且仅有 3 条对角线 A_1A_4, A_2A_5, A_3A_6, 构成一个顶点在多边形内的三角形; 反过来, 每个这样的三角形都对应 n 边形的 6 个顶点, 所以顶点位于形内的三角形的个数最大值——对应 n 边形的顶点的 6 点组的组数, 即为 $C_n^6 = \dfrac{n!}{6! \, (n-6)!}$.

4. 把 n 写成 3 个正整数之和的所有写法集合记作 A. 把 n 个 1 排成一列, 每两个相邻的 1 之间留出一个空格, 共有 $n-1$ 个空格, 从中取出两个空格, 填上"+"号, 所有填法集合记作 B. 很明显, $|B|$ 即是从 $n-1$ 个空格中取两个空格的取法种数, 即 $|B| = C_{n-1}^2$. 设 $a \in A$, 在写法 a 下, n 表成 $n = n_1 + n_2 + n_3$, 则在上面所说的 $n-1$ 个空格中, 分别在第 n_1 与 $n_1 + n_2$ 个空格中填上"+"号, 这样便确定一种填法 $b \in B$. 对于 $a \in A$, 令 $b = \psi(a)$, 这样便定义了集合 A 到 B 的映射 ψ. 对于另一种写法 $a' \in A$, 在 a' 下 n 表成 $n = n_1' + n_2' + n_3'$, 则要么 $n_1' \neq n_1$, 要么 $n_1' = n_1$, 但

$n_1'+n_2'\neq n_1+n_2$. 因此，由 a' 确定的填法 $b'=\psi(A)\neq b$. 这说明，ψ 是单射. 反之，设 $b\in B$，在填法 b 下，在第 n_1 与 n_1+n_2 个空格中填上了"+"号，则 $n=n_1+n_2+(n-n_1-n_2)$ 便是一种写法 $a\in A$，且 $b=\psi(a)$. 所以 ψ 是满射. 从而 ψ 是双射. 所求写法数为 C_{n-1}^2.

5. 由于 $P(M)=5$，令 $M'=\{x-5\mid x\in M\}=\{-4,-3,-2,-1,0,1,2,3,4\}$，则 $P(M')=0$，依照此平移关系，M 和 M' 的均衡子集可一一对应. 用 $f(k)$ 表示 M' 的 k 元均衡子集的个数，显然有 $f(9)=1$，$f(1)=1$（M' 的 9 元均衡子集只有 M'，一元均衡子集只有 $\{0\}$）.

M' 的二元均衡子集共四个，为 $B_i=\{-i,i\}$，$i=1,2,3,4$，因此 $f(2)=4$.

M' 的三元均衡子集有两种情况：

(1) 含有元素 0 的为 $B_i\cup\{0\}=\{-2,0,i\}$，$i=1,2,3,4$，共 4 个；

(2) 不含元素 0 的，由于等式 $3=1+2$，$4=1+3$ 可表示为 $-3+1+2=0$，$3-1-2=0$ 以及 $-4+1+3=0$，$4-1-3=0$ 得到 4 个均衡子集 $\{-3,1,2\}$，$\{3,-1,-2\}$，$\{-4,1,3\}$，$\{4,-1,-3\}$，因此 $f(3)=4+4=8$.

M' 的四元均衡子集有 3 种情况：

(1) 每两个二元均衡子集之并：$B_i\cup B_j$，$1\leq i<j\leq 4$，共 6 个集；

(2) 不含元素 0 的三元均衡子集与 $\{0\}$ 的并集，共 4 个集；

(3) 以上两种情况之外者，由于等式 $1+4=2+3$ 可表为 $-1-4+2+3=0$ 以及 $1+4-2-3=0$ 得 2 个均衡子集 $\{-1,-4,2,3\}$ 与 $\{1,4,-2,-3\}$，因此 $f(4)=6+4+2=12$.

又注意到，除 M' 本身外，若 B' 是 M' 的均衡子集，当且仅当其补集 $C_{M'}B'$ 也是 M' 的均衡子集，二者一一对应. 因此 $f(9-k)=f(k)$，$k=1,2,3,4$.

从而 M' 的均衡子集个数为

$$\sum_{k=1}^9 f(k)=f(9)+2\sum_{k=1}^4 f(k)=1+2(1+4+8+12)=51,$$

即 M 的均衡子集有 51 个.

6. 设男女学生各有 n 个人. 他们的任何一种排列都可以用 n 个字母 X 和 n 个字母 Y 的一个序列来表示. 我们称它为"词".

我们称某个词是 A 型的，如果它不能分成这样两部分，使得每一部分中 X 和 Y 各占一半；称某个词是 B 型的，如果有一种且仅有一种方法，使它被分成的两部分中，都是 X 和 Y 各占一半.

只考虑以 X 开头的词. 如果某词是 A 型的，那么最前面两个字母都是 X，并且无论将它从哪儿截断，第一段中字母 X 至少要比 Y 多一个. 一个词当且仅当它可以分成两个比较短的 A 型词时,这个词是 B 型的. 其中第一个 A 型词必以 X 开头,而第二个 A 型词可以是 X 开头也可能是 Y 开头,只要我们能在每一个以 X 开头的 A 型词和两个 A 型子词都以 X 开头的 B 型词之间建立起双射,那么命题得以证明.

事实上,将 B 型词的第二个 A 型子词的开头字母 X 放到整个词的最前面去,我们就得到一个 A 型词. 反之,在任何一个以 X 开头的 A 型词中必有一个字母,从开头到这个字母为止,X 比 Y 恰好多一个(如果这样的字母不止一个就取最前面的). 把第一个字母 X 移到了该字母之后这样所得到的新词是 B 型词.

按照上面的做法,我们在 A 型词和两个 A 型子词都以 X 开头的 B 型词之间建立了双射. 命题获证.

7. 将每项都是 1 或 2,各项之和为 n 的所有数列的集合记为 A_n,每项都是大于 1 的正整数,各项之和为 n 的所有数列的集合记为 B_n,则问题等价于证明 $|A_n| = |B_{n+2}|$.

设 $(a_1, a_2, \cdots, a_m) = a \in A_n$,其中 $a_{i_1} = a_{i_2} = \cdots = a_{i_k} = 2, 1 \leqslant i_1 \leqslant i_2 \leqslant \cdots \leqslant i_k \leqslant m$,其余的 a_i 均为 1 且 $a_1 + a_2 + \cdots + a_m = n$. 令

$$b_1 = a_1 + a_2 + \cdots + a_{i_1},$$
$$b_2 = a_{i_1+1} + a_{i_1+2} + \cdots + a_{i_2},$$
$$\vdots$$
$$b_k = a_{i_{k-1}+1} + a_{i_{k-1}+2} + \cdots + a_{i_k},$$
$$b_{k+1} = a_{i_k+1} + a_{i_k+2} + \cdots + a_{m+2},$$
$$b = (b_1, b_2, \cdots, b_k, b_{k+1}),$$

则 $b_j \geqslant 2, j = 1, 2, \cdots, k+1$. 从而 $b \in B_{n+2}$,上述 A_n 到 B_{n+2} 的映射为双射. 事实上,若 $a, a' \in A_n, a \neq a'$,则或者数列 a 和 a' 中 2 的个数不同,或者 2 的个数相同且位置不全相同,因此由上述各式知两者的象 $b = f(a), b' = f(a')$ 不同,即 f 为单射. 另外,对任何 $b \in B_{n+2}$,利用上述各式又可确定 $a \in A_n$,使得 $f(a) = b$. 故知 f 又为满射,从而 f 为由 A_n 到 B_{n+2} 的双射.

8. 令

$$A = \{1, 2, \cdots, 14\},$$
$$A' = \{1, 2, \cdots, 10\},$$
$$S = \{(a_1, a_2, a_3) \mid a_1, a_2, a_3 \in A. \ a_2 - a_1 \geqslant 3, a_3 - a_2 \geqslant 3\},$$
$$S' = \{(a_1', a_2', a_3') \mid a_1', a_2', a_3' \in A'. \ a_1' < a_2' < a_3'\}.$$

作映射 f:
$$(a_1, a_2, a_3) \rightarrow (a_1', a_2', a_3'),$$
这里 $(a_1, a_2, a_3) \in S$, $a_1' = a_1$, $a_2' = a_2 - 2$, $a_3' = a_3 - 4$. 映射 f 是 S 到 S' 的一一映射. 事实上,当 $(a_1, a_2, a_3) \in S$ 时,$1 \leqslant a_1 < a_2 < a_3 \leqslant 14$, $a_2 - a_1 \geqslant 3$, $a_3 - a_2 \geqslant 3$, 那么
$$a_1' = a_1 < a_1 + 1 \leqslant a_2 - 2 = a_2' < a_2 - 1 \leqslant a_3 - 4 = a_3' \leqslant 10,$$
即 $1 \leqslant a_1' < a_2' < a_3' \leqslant 10$. 另外,若 $1 \leqslant a_1' < a_2' < a_3' \leqslant 10$,则 $1 \leqslant a_1 = a_1' < a_2' = a_2 - 2 < a_3' = a_3 - 4 \leqslant 10$,即 $1 \leqslant a_1$, $a_2 - a_1 \geqslant 3$, $a_3 - a_2 \geqslant 3$, $a_3 \leqslant 14$. 于是,由对应原理知
$$|S| = |S'| = C_{10}^3 = 120,$$
即符合要求的不同取法有 120 种.

9. 如图 20-1 所示,对于任意在取球过程中至少有一次取出的白球多于黑球的取法,必有某一时刻首次出现所取白球多于黑球,未取的黑球比未取的白球多 1 的情形. 现作一变换,将未取的白球与未取的黑球颜色互换,如图 20-2 所示.

图 20-1　　　　　　　　　　图 20-2

球的总数仍为 $2n$,但白球总数变为 $n+1$,黑球总数变为 $n-1$. 此时成为把 $n+1$ 个白球,$n-1$ 个黑球排成一列的一种方式. 不同的取法,相应地把 $n+1$ 个白球,$n-1$ 个黑球排成一个列的方式也不同. 事实上,对于把 $n+1$ 个白球,$n-1$ 个黑球排成一列的任意方式,依照排列的顺序数过去,在白球个数第一次超出黑球后,将以后的黑球与白球互换颜色即产生一种符合题设要求的取球方式.

在取球过程中至少有一次取出的白球多于黑球的取法与将 $n+1$ 个白球,$n-1$ 个黑球排列的方式为双射. 后者的排列方式有 C_{2n}^{n-1} 个,根据对应原理,所求的取法有 C_{2n}^{n-1} 种.

点评　在取球的过程中,黑球数一直大于等于白球数的取法为 $C_{2n}^n - C_{2n}^{n-1} = \frac{1}{n+1}C_{2n}^n$(同时也是下题的答案),这就是著名的卡特兰数.

10. 若不考虑找钱是否发生困难,将 n 个持 1 元的与 n 个持 5 角的排成一列有 C_{2n}^n 种方法.

对于任一种找钱发生困难的情形,必有某个时刻首次出现找不出钱的问

题,即到此时为止,持 1 元的人首先多于持 5 角的人. 若将持 1 元的人变换成白球,将持 5 角的人换成黑球,那么每一种找钱发生困难的情形就变成将 n 个白球、n 个黑球从袋中逐一取出,在取球过程至少有一次取出白球多于取出的黑球的取法. 由上题知这样的取法有 C_{2n}^{n+1} 种,从而找零钱不发生问题的排列有

$$C_{2n}^n - C_{2n}^{n+1} = \frac{2n!}{n! \ n!} - \frac{2n!}{(n+1)! \ (n-1)!} = \frac{1}{n+1} C_{2n}^n (种)$$

11. 设集合

$$X = \{长为 \ m,恰有 \ n \ 次变号的符号序列\},$$
$$X_1 = \{x \mid x \in X,并且 \ x \ 的第一符号为 "+"\},$$
$$X_2 = \{x \mid x \in X,并且 \ x \ 的第一符号为 "-"\}.$$

对于符号序列 $x \in X_1$,将其中 "+" 号变为 "-","-" 号变为 "+" 号,显见这是一个从 X_1 到 X_2 的双射,所以

$$|X_1| = |X_2| = \frac{1}{2} |X|.$$

令集合 $Y = \{将 \ n \ 个黑球与 \ m-n-1 \ 个白球排成一列的方法\}$.

对任一符号序列 $x \in X_1$,在 x 的两个相邻符号之间放一球,如果两符号同号,则放入一个白球;否则,放入一个黑球,共放了 $m-1$ 个球,其中 n 个黑球,$m-n-1$ 个为白球,这样就产生了 Y 中的一个元素. 因此是从 X 到 Y 的映射 f,它显然是单射. 同时也是满射:因对任一 $y \in Y$,设已按 y 将 $m-1$ 个球排成一列(自左到右),先在第一个球左侧放一 "+" 号,如果这个球为白球,则在它与第二球之间放一 "+" 号;如果这个球为黑球,则在它与第二球之间放一个 "-" 号. 如此继续进行,对于每一个白球,在它与右邻间放一个与左侧相同的符号,对于每一个黑球,在它与右邻间放一个与左侧不同的符号,直到最后一个球的右侧放上符号. 这样得到一个符号序列 $x \in X_1$,并且 $x \to y$,所以上述映射为双射,$|X| = |Y|$.

因 $|Y| = C_{m-1}^n$,故 $|X| = 2|X_1| = 2|Y| = C_{m-1}^n$,即为所求.

12. 注意,我们考虑保险箱上尽可能少安锁. 否则,可以在保险箱上多安一把锁,并给它配 9 把钥匙,分发给每位评委. 这样,保险箱上可以配无数把锁,问题也就没有意义了.

首先,设 B 是保险箱上所安的锁的集合,A 是 9 名评委中所有 5 人小组的集合. 很明显,$|A| = C_9^5 = 126$. 对于一个 5 人小组 $a \in A$,必有唯一的一把锁 $b \in B$,使 5 人小组 a 中无人能打开锁 b. 设 b 是 a 在 A 到 B 的映射 φ 下的像,即 $b = \varphi(a)$,这样便定义了集合 A 到 B 的映射 φ. 对于另一个 5 人小组 $a^* \in A$,他们所

打不开的锁 b^* 必和 b 不同,因为如果 b^* 和 b 是同一把锁,则两个 5 人小组 a 与 a^* 都在场时,锁 b^* 和 b 仍打不开,和题设矛盾. 因此,φ 是单射. 另外,对每把锁 $b \in B$,必有 5 人小组 $a \in A$,他们不能打开锁 b,即 $\varphi(a) = b$. 由此,φ 是满射. 所以,$|B| = |A| = 126$. 即应安 126 把锁.

其次,对每把锁 $b \in B$,必有 5 人小组 $a \in A$,他们不能打开锁 b. 但 a 之外每个人都应能打开锁 b. 因此,每把锁 b 应配 4 把钥匙,分发给 5 人小组 a 之外每个人. 于是应安 126 把锁,每把锁配 4 把钥匙,共配 504 把钥匙,并把每把锁的 4 把钥匙,分发给一个 4 人小组的每个人,不同的 4 人小组对应不同的锁.

13. $n = k-1$.

首先证明对于更大的 n,不一定能够做到. 假设开始时,红盒中的卡片自上而下先放奇数号码的(按任意顺序),然后放号码为 $2n$ 的,再放其余偶数号码的(按任意顺序). 那么,前 k 步唯一确定(奇数号码的卡片相继放到空的蓝盒之中),接下来,如果 $n > k$,则已经不能再进行;如果 $n = k$,则只能把 $2n-1$ 号卡片放回红盒,于是等于没动. 所以,此时无法按照要求移动卡片.

假设 $n < k$,我们来证明一定可以按照要求移动卡片.

将卡片组合为对子 $(1,2)$,$(3,4)$,$\cdots$,$(2n-1,2n)$,将每一个对子对应一个空的蓝盒,此时至少有一个蓝盒无对子对应(称为"自由盒"). 我们依次将红盒中最上方的卡片移动到其"自己的"蓝盒之中,如果到某一步不能进行时,则必定是某一张号码为 $2i-1$ 的卡片已经先行进入"自己的"蓝盒,因而使得 $2i$ 号卡片不能进入"自己的"蓝盒. 此时就将 $2i$ 号卡片放入"自由盒"中,再把 $2i-1$ 号卡片移到其上方,而把它们原来的蓝盒改称为"自由盒". 这样一来,便可把每一对卡片移入一个蓝盒,并且是号码小的在上. 此时再借助于"自由盒",便可以把所有卡片全都移入一个蓝盒.

14. 我们把具有性质 P 和不具有性质 P 的所有排列的集合分别记作 A 和 B,命题即证 $|A| > |B|$.

记作从 B 到 A 的映射如下 f:对任意 $\{x_1, x_2, \cdots, x_{2n}\} = b \in B$,都有 $|x_1 - x_2| \neq n$. 因而存在唯一的 k,$2 < k \leqslant 2n$,使 $|x_1 - x_k| = n$. 令 $a = \{x_2, \cdots, x_{k-1}, x_1, x_k, \cdots, x_{2n}\}$,则 $a \in A$.

容易验证 f 为单射. 因为对任何 $b \in B$,有 $|x_1 - x_2| \neq n$,$|x_2 - x_3| \neq n$,所以 $a = f(b)$ 的前两个数之差的绝对值不等于 n. 由此可见,排列 $\{n+1, 1, \cdots, n, n-2, \cdots, 2n\} \in A$ 但不是 B 中任何元素的象,所以,映射 f 不是满射. 从而必有 $|A| > |B|$.

15. 500. 提示:首尾配对.

16. 首先注意到,对于任意有理数 a,有 $[a] \leqslant a$,所以 $\{a\} \geqslant 0$. 由式(20-2)+式(20-3)+式(20-4)得到

$$2x+2y+2z=0.6, \quad 即 \ x+y+z=0.3. \tag{20-7}$$

式(20-7)−式(20-2)得到 $\{y\}+[z]=1.2$,从而 $\{y\}=0.2,[z]=1$.
式(20-7)−式(20-3)得到 $\{x\}+[y]=0.1$,从而 $\{x\}=0.1,[y]=0$,
式(20-7)−式(20-4)得到 $[x]+\{z\}=-1$. 因此,$[x]=-1,\{z\}=0$.
故 $x=-0.9,y=0.2,z=1$.

点评　这是一个求解特殊联立方程的问题. 一般情况下,求解 n 个未知数至少需要 n 个方程. 本题中的方法不具有一般性,只能针对一些特殊的方程组. 本题中的符号 $[a]$ 是一个特殊符号,表示 a 的整数部分. $\{a\}$ 表示 a 的小数部分. 在求解过程中,求得 $x+y+z$ 后,减去每个等式,正好得到一个整数表示和一个小数部分的和,利用 $[a]$ 和 $\{a\}$ 的定义就可以求得结果.

17. 易知 $a_{2n-1}=4n-2,a_{2n}=4n-1,n=1,2,\cdots$,因此

$$S_{2n}=(a_1+a_2)+(a_3+a_4)+\cdots+(a_{2n-1}+a_{2n})$$
$$=5+13+21+\cdots+(8n-3)=\frac{5+8n-3}{2}n=(2n)^2+n,$$
$$S_{2n-1}=S_{2n}-a_{2n}=4n^2+n-(4n-1)=(2n-1)^2+n,$$

所以 $(2n)^2<S_{2n}<(2n+1)^2$,$(2n-1)^2<S_{2n-1}<(2n)^2$,故 $[\sqrt{S_{2n}}]=2n$,$[\sqrt{S_{2n-1}}]=2n-1$,从而 $[\sqrt{S_n}]=n$,于是

$$S=[\sqrt{S_1}]+[\sqrt{S_2}]+\cdots+[\sqrt{S_{2006}}]=1+2+\cdots+2006$$
$$=\frac{2006\times2007}{2}=2013021.$$

18. 将 $2+\sqrt{3}$ 代入得

$$f(2+\sqrt{3})=(2+\sqrt{3})^3+a(2+\sqrt{3})^2+b(2+\sqrt{3})+c$$
$$=8+12\sqrt{3}+18+3\sqrt{3}+4a+4\sqrt{3}a+3a+2b+\sqrt{3}b+c$$
$$=(26+7a+2b+c)+(15+4a+b)\sqrt{3}.$$

设 $7a+2b+c+26=m,4a+b+15=n$,则 $|m|<130$,$|n|\leqslant65$. 所以

$$|m-n\sqrt{3}|\leqslant|m|+|n\sqrt{3}|<260.$$

如果 $f(2+\sqrt{3})\neq0$,即 $m+n\sqrt{3}\neq0$,由于 $m,n\in\mathbf{Z}$,$\sqrt{3}$ 是无理数,则 $m\neq0$ 且 $n\neq0$. 由此 $m-n\sqrt{3}\neq0$,所以 $m^2-3n^2\neq0$,$|m^2-3n^2|\geqslant1$,则

$$\left| f(2+\sqrt{3}) \right| = \left| m+n\sqrt{3} \right| = \left| \frac{(m-n\sqrt{3})(m+n\sqrt{3})}{m-n\sqrt{3}} \right|$$

$$= \left| \frac{m^2-3n^2}{m-n\sqrt{3}} \right| \geqslant \left| \frac{1}{m-n\sqrt{3}} \right| > \frac{1}{260}.$$

矛盾. 所以 $2+\sqrt{3}$ 一定是上述多项式的根.

19.

$$\frac{p}{q} = \left(1+\frac{1}{2}+\frac{1}{3}+\cdots+\frac{1}{1331}+\frac{1}{1332}\right) - 2 \times \left(\frac{1}{2}+\frac{1}{4}+\cdots+\frac{1}{1332}\right)$$

$$= \left(1+\frac{1}{2}+\frac{1}{3}+\cdots+\frac{1}{1331}+\frac{1}{1332}\right) - \left(1+\frac{1}{2}+\frac{1}{3}+\cdots+\frac{1}{666}\right)$$

$$= \frac{1}{667}+\frac{1}{668}+\cdots+\frac{1}{1331}+\frac{1}{1332}$$

$$= \left(\frac{1}{667}+\frac{1}{1332}\right) + \left(\frac{1}{668}+\frac{1}{1331}\right) + \cdots + \left(\frac{1}{999}+\frac{1}{1000}\right)$$

$$= 1999 \times \left(\frac{1}{667\times1332}+\frac{1}{668\times1331}+\cdots+\frac{1}{999\times1000}\right).$$

在等式的两边同时乘以 $1332! = 1\times2\times3\times\cdots\times1332$，可得 $1332! \times \dfrac{p}{q} = 1999 \times S$，其中 S 为自然数.

由于 1999 是素数，且 $1332<1999$，故在 $1332!$ 中没有一个大于 1 的约数能整除 1999，因此 p 能被 1999 整除.

20. 考虑 M 的 $n+2$ 元子集 $P=\{n-1,n,n+1,\cdots,2n\}$. P 中任何 4 个不同元素之和不小于 $n-1+n+n+1+n+2=4n+2$，所以 $k \geqslant n+3$.

将 M 的元配为 n 对，$B_i=(i,2n+1-i)$，$1 \leqslant i \leqslant n$.

对 M 的任一 $n+3$ 元子集 A，必有三对 B_{i_1}, B_{i_2}, B_{i_3} 同属于 A（i_1,i_2,i_3 两两不同）.

又将 M 的元配为 $n-1$ 对，$C_i=(i,2n-i)$，$1 \leqslant i \leqslant n-1$. 对 M 的任一 $n+3$ 元子集 A，必有一对 C_{i_4} 同属于 A.

这一对 C_{i_4} 必与刚才三对 B_{i_1}, B_{i_2}, B_{i_3} 中至少一对无公共元，这 4 个元素互不相同，且和为 $2n+1+2n=4n+1$.

因此，所求的最小 $k=n+3$.

21. 设多项式 $P(z)$ 的根是 $r_1,r_2,\cdots,r_n$，则

$$P(z) = (z-r_1)(z-r_2)\cdots(z-r_n).$$

已知不等式变为

$$|i-r_1||i-r_2|\cdots|i-r_n|<1.$$

因为对任意实数 r 有 $|i-r|=\sqrt{1+r^2}\geqslant 1$，所以对非实数 r_j 一定有 $\prod_j|i-r_j|<1$. 又多项式是实系数的，所以虚根 r_j 与它的共轭复数 $\overline{r_j}$ 成对出现，从而对某些 $r_j=a+bi(a,b\in\mathbf{R})$ 必有 $|i-r_j||i-\overline{r_j}|<1$，故 $P(a+bi)=0$ 且

$$1>|i-(a+bi)||i-(a-bi)|=\sqrt{a^2+(1-b)^2}\cdot\sqrt{a^2+(1+b)^2}$$

$$=\sqrt{(a^2+b^2+1)-2b}\cdot\sqrt{(a^2+b^2+1)+2b}$$

$$=\sqrt{(a^2+b^2+1)^2-4b^2},$$

故 $(a^2+b^2+1)^2<4b^2+1$.

22. 令 $p(z)=z^{2n}+az^{2n-1}+\cdots+az+1$，则多项式 $p(z)$ 在上半单位圆周上至少有 $n-1$ 个复根. 事实上，若 $p(z)=0$，即

$$a=\frac{(z^{2n}+1)(z-1)}{z^{2n}-z},$$

记 $z=w^2$，则

$$a=-\frac{(w^{4n}+1)(w^2-1)}{w^{4n}-w^2}=-\frac{(w^{2n}+w^{-2n})(w-w^{-1})}{w^{2n-1}-w^{-(2n-1)}}.$$

取 $w=e^{i\theta}=\cos\theta+i\sin\theta$，则

$$w^{2n}+w^{-2n}=2\cos 2n\theta,\qquad w-w^{-1}=2i\sin\theta,$$

$$w^{2n-1}-w^{-(2n-1)}=2i\sin(2n-1)\theta,$$

因此 $a=-\dfrac{2\cos 2n\theta\sin\theta}{\sin(2n-1)\theta}=\dfrac{\sin(2n+1)\theta}{\sin(2n-1)\theta}-1$，只需说明，对每个实数 a，关于 θ 的方程

$$f(\theta)=\sin(2n+1)\theta+(a-1)\sin(2n-1)\theta=0$$

在 $\left(0,\dfrac{\pi}{2}\right)$ 中至少有 $n-1$ 个解. 这是由于，若 $a=1$，则当 $\theta_k=\dfrac{k\pi}{2n+1},k=1,2,\cdots,n$，有 $f(\theta_k)=0$.

若 $a\neq 1$，对于 $\theta_k=\dfrac{k\pi}{2n+1},k=1,2,\cdots,n$，注意 $(k-1)\pi<(2n-1)\theta_k<k\pi$，因此 $(-1)^{k-1}\sin(2n-1)\theta_k>0$，从而 $f(\theta_k)f(\theta_{k+1})<0$，即 $f(\theta)=0$ 在 (θ_k,θ_{k+1}) 上至少有一个解. 因此 $p(z)=0$ 在 $(0,\pi)$ 上至少有 $n-1$ 个根.

回到本题，设 $p(z)=0$ 在上半单位圆周上的 $n-1$ 个根为 $z_1,z_2,\cdots,z_{n-1}$，则其共轭复数 $\overline{z_1},\overline{z_2},\cdots,\overline{z_{n-1}}$ 也是它的根，因此 $x^2+b_kx+c_k=(x-z_k)(x-\overline{z_k})$，由此得

$c_k = z_k \cdot \bar{z}_k = 1$, $k = 1, 2, \cdots, n-1$, 又因 $c_1 c_2 \cdots c_n = 1$, 故 $c_n = 1$. 即有 $c_1 = c_2 = \cdots = c_n = 1$.

23. 记 $S_n = \sum\limits_{i=1}^{n} \dfrac{1}{i} = \dfrac{A_n}{B_n}$, 其中 A_n 与 B_n 互素.

应当有 $B_n > \dfrac{n}{2}$, 此因不超过 n 的最大的 2 的次幂恰好是 $1, 2, \cdots, n$ 中的一个数的约数, 因此是 S_n 的分母的约数.

假设对一切 $n \geqslant n_0$, A_n 都是素数的次幂. 设 $p > n_0 + 5$ 为素数, 则有 $p \mid A_{p-1}$. 事实上, 只要把和式 S_{p-1} 中的加项两两配对, 使得每一对数的和的分子为 p, 即知断言成立. 于是, $A_{p-1} = p^k$, $k \in \mathbf{N}$.

我们证明, 对一切 n, A_{p^n-1} 都是 p 的倍数 (因此是 p 的方幂). 对 n 作归纳.

$n = 1$ 已证. 现来作归纳过渡 $n-1 \to n$. 有

$$S_{p^n-1} = \frac{1}{p} S_{p^{n-1}-1} + S', \quad \text{其中 } S' = \sum_{d \leqslant p^n-1, p \nmid d} \frac{1}{d},$$

即对所有非 p 的倍数的 $d \leqslant p^n - 1$ 的倒数求和, 而 $\dfrac{1}{p} S_{p^{n-1}-1}$ 恰好是所有不大于 $p^n - 1$ 的 p 的倍数的倒数之和.

将 S' 表示为 $p^n - 1$ 个如下形式的和数之和:

$$\sum_{i=1}^{p-1} \frac{1}{pk+i}, \quad k = 0, 1, \cdots, p^{n-1} - 1.$$

可以如同处理 S_{p-1} 那样, 证明其中每一个和数的分子都是 p 的倍数.

于是只需再证明 $\dfrac{1}{p} S_{p^{n-1}-1}$ 的分子是 p 的倍数. 事实上, 根据归纳假设, 有

$A_{p^{n-1}-1} = p^s > p$ (注意 $B_{p^{n-1}-1} \geqslant \dfrac{1}{2} p^{n-1} \geqslant \dfrac{1}{2} p$, 而 $S_{p^{n-1}-1} \geqslant S_{n_0+4} \geqslant S_4 > 2$).

令 $H_p(n) = S_{p^n-p} - S_{p^n-1} = \sum\limits_{i=1}^{p-1} \dfrac{1}{-p^n+i}$. 如果 $n > k$, 则既约分数 $H_p(n)$ 的分子能被 p^k 整除, 但不能被 p^{k+1} 整除 [因为既约分数 $H_p(n) - S_{p-1}$ 的分子可被 p^n 整除]. 由此即知分子 A_{p^n-p} 和 A_{p^n-1} 都是 p 的方数, 但是其中之一不能被 p^{k+1} 整除, 即

$$\min\{A_{p^n-p}, A_{p^n-1}\} \leqslant p^k. \text{ 又因为 } B_{p^n-p} > \frac{p^n-p}{2}, B_{p^n-1} > \frac{p^n-1}{2}, \text{所以}$$

$$\min\{S_{p^n-p}, S_{p^n-1}\} \leqslant \frac{2p^k}{p^n-p} < 1 \ (n > k).$$

此为矛盾.

第 21 章 递 推 方 法

21.1 问 题

1. 球面上有 n 个大圆,没有 3 个大圆通过同一点. 设 a_n 表示这些大圆所形成的区域数,试求 a_n.

2. 一个质点在水平方向上运动,每秒钟它走过的距离等于它前一秒钟走过距离的 2 倍. 设质点的初始位置为 3,并设第一秒钟走了一个单位长的距离,求 r 秒钟后质点的位置.

3. 在平面上,一条抛物线把平面分成两部分,两条抛物线至多把平面分成七部分,则 10 条抛物线至多把平面分成几部分?

4. 从一楼到二楼有 12 级楼梯,如果规定每步只跨上一级或二级,问欲登上二楼,共有几种不同的走法?

5. 运动会连续开了 n 天,一共发了 m 枚奖章,第一天发一枚以及剩下 $(m-1)$ 枚的 $\frac{1}{7}$,第二天发 2 枚以及发后剩下的 $\frac{1}{7}$,以后各天均按此规律发奖章,在最后一天即第 n 天发了剩下的 n 枚奖章. 问运动会开了多少天? 一共发了多少枚奖章?

6. 将圆分成 $n(n \geqslant 2)$ 个扇形,每个扇形用红、白、蓝三种颜色中一种染色,要求相邻扇形所染的颜色不同,问:有多少种不同染色方法?

7. 用 1,2,3,4(可以重复使用)可以构成多少个含有偶数个 1 的 n 位数?

8. 将整数 $1,2,\cdots,n$ 排成一行,使其服从这样的条件:自第二个数起,每个数与它左边的某个数恰好相差 1,求有多少种不同方式?

9. 所有项都是 0 或 1 的数列称为 0,1 数列. 设 A 是一个有限的 0,1 数列,以 $f(A)$ 表示在 A 中把每个 1 都改成 0,1,每个 0 都改为 1,0 所得到的 0,1 数列,例如,

$$f(1,0,0,1)=(0,1,1,0,1,0,0,1).$$

试问:在 $f^{(n)}(1)$ 中,连续两项是 0 的数对有多少个?

10. 甲罐中装有甲种液体 4 千克,乙罐中装乙种液体 2 千克,丙罐中装丙种液体 2 千克,这些液体是可以混合的,将甲罐中的液体分别倒入乙罐和丙罐各 1 千克,然后又分别将乙罐和丙罐中混合后的液体各 1 千克倒回甲罐,这样的操作称为一次混合,经过 n 次混合后,乙罐中含有甲种液体的千克数记为 $f(n)$. 若要 $f(n) > 0.9999$,求 n 的最小值.

11. 对任何非负整数 n,证明 $[(1+\sqrt{3})^{2n+1}]$ 能被 2^{n+1} 整除($[x]$ 表示不超过 x 的最大整数).

12. 设 $[x]$ 表示不超过实数 x 的最大整数,求 $[(\sqrt{2}+\sqrt{3})^{2000}]$ 的个位数.

13. 问:正整数 n 为何值时,有
$$x^2+x+1 \mid x^{2n}+1+(x+1)^{2n}.$$

14. 已知数列 $a_1=20, a_2=30, a_{n+2}=3a_{n+1}-a_n (n \geqslant 1)$. 求所有的正整数 n,使得 $1+5a_n a_{n+1}$ 是完全平方数.

15. (1)是否存在正整数的无穷数列 $\{a_n\}$,使得对任意的正整数 n 都有 $a_{n+1}^2 \geqslant 2a_n a_{n+2}$.

(2)是否存在正无理数的无穷数列 $\{a_n\}$,使得对任意的正整数 n 都有 $a_{n+1}^2 \geqslant 2a_n a_{n+2}$.

16. 证明:
$$\frac{1}{1991}C_{1991}^0 - \frac{1}{1990}C_{1990}^1 + \frac{1}{1989}C_{1989}^2 - \cdots$$
$$+\frac{(-1)m}{1991-m}C_{1991-m}^m + \cdots - \frac{1}{996}C_{996}^{995} = \frac{1}{1991}.$$

17. 设 α 是有理数且 $0 < \alpha < 1$. 如果 $\cos 3\pi\alpha + 2\cos 2\pi\alpha = 0$. 证明:$\alpha = \frac{2}{3}$.

21.2 解 答

1. 球面上 n 个大圆将球面分成 a_n 个区域. 在球面上再加上第 $n-1$ 个大圆,它同前 n 个大圆无三圆交于一点,故有 $2n$ 个不同交点,每增加一个交点就增加一个新的面,故共增加 $2n$ 个面,所以增加了 $2n$ 个区域,有
$$a_{n+1}=a_n+2n.$$
显然 $a_1=2$,故
$$a_n = a_{n-1} + 2(n-1)$$
$$= a_{n-2} + 2(n-1) + 2(n-2)$$

$$= \cdots$$

$$= 2 \sum_{k=1}^{n-1} k + 2$$

$$= 2 \cdot \frac{n(n-1)}{2} + 2$$

$$= n^2 - n + 2.$$

即为所求.

2. 设 $f(r)$ 表示 r 秒后质点的位置,则 $f(0)=3,f(1)=4$. 依题意得

$$f(r)-f(r-1) = 2[f(r-1)-f(r-2)],$$

即得

$$f(r)-f(r-1) = 2^{r-1}[f(1)-f(0)] = 2^{r-1},$$

于是

$$\sum_{k=1}^{r} [f(k)-f(k-1)] = \sum_{k=1}^{r} 2^{k-1},$$

从而解得 $f(r)=2+2^r$.

3. 设 n 条抛物线把平面分成 a_n 部分,再增加一条抛物线,为使平面分成的区域数尽量多,则这条抛物线与已给的 n 条抛物线的每一条都有 4 个交点,因而这第 $n-1$ 条抛物线被分成 $4n+1$ 段弧,每一段弧都把原来的区域一分为二,由此得

$$a_{n+1} = a_n + 4n + 1,$$

且 $a_1 = 2$,由此可得

$$a_n = 2n^2 - n + 1.$$

特别地,$a_{10} = 191$.

4. 设到达第 n 级楼梯的走法为 a_n,则 $a_1=1,a_2=2$. 到达第 n 级楼梯的走法有两类:一类是先到达第 $n-1$ 级楼梯;一类是先到达第 $n-2$ 级楼梯再登上两级到达第 n 级,由此可得

$$a_n = a_{n-1} + a_{n-2}, \quad n \geqslant 3.$$

补充定义 $a_0 = 1$,由斐波那契数列知

$$a_n = \frac{1}{\sqrt{5}} \left[\left(\frac{1+\sqrt{5}}{2} \right)^{n+1} - \left(\frac{1-\sqrt{5}}{2} \right)^{n+1} \right],$$

其中 $a_{12} = 233$(也可直接由 $a_n = a_{n-1} + a_{n-2}$ 计算得).

5. 设运动会开了 k 天之后,还剩下 a_k 枚奖牌,则由第 k 天发出的奖牌数为

$$k+\frac{1}{7}(a_{k-1}-k)=\frac{1}{7}a_{k-1}+\frac{6}{7}k.$$

所以

$$a_k=a_{k-1}-\left(\frac{1}{7}a_{k-1}+\frac{6}{7}k\right),$$

即

$$a_{k-1}=k+\frac{7}{6}a_k. \qquad\qquad (21\text{-}1)$$

于是,由式(21-1)得

$$
\begin{aligned}
m &= 1+\frac{7}{6}a_1 \\
&= 1+\frac{7}{6}\left(2+\frac{7}{6}a_2\right) \\
&= 1+2\cdot\frac{7}{6}+\left(\frac{7}{6}\right)^2\left(3+\frac{7}{6}a_3\right) \\
&= 1+2\cdot\frac{7}{6}+3\cdot\left(\frac{7}{6}\right)^2+\left(\frac{7}{6}\right)^3\left(4+\frac{7}{6}a_4\right) \\
&\qquad\qquad\vdots \\
&= 1+2\cdot\frac{7}{6}+3\cdot\left(\frac{7}{6}\right)^2+\cdots+n\cdot\left(\frac{7}{6}\right)^{n-1}+\left(\frac{7}{6}\right)^n a_n,
\end{aligned}
$$

因此,由 a_k 的定义知 $a_n=0$,所以

$$m=1+2\cdot\frac{7}{6}+3\cdot\left(\frac{7}{6}\right)^2+\cdots+n\cdot\left(\frac{7}{6}\right)^{n-1}, \qquad\qquad (21\text{-}2)$$

于是

$$\frac{7}{6}m=\frac{7}{6}+2\cdot\left(\frac{7}{6}\right)^2+\cdots+(n-1)\cdot\left(\frac{7}{6}\right)^{n-1}+n\cdot\left(\frac{7}{6}\right)^n. \qquad (21\text{-}3)$$

式(21-2)−式(21-3)得

$$
\begin{aligned}
-\frac{1}{6}m &= 1+\frac{7}{6}+\left(\frac{7}{6}\right)^2+\cdots+\left(\frac{7}{6}\right)^{n-1}-n\cdot\left(\frac{7}{6}\right)^n \\
&= \frac{\left(\frac{7}{6}\right)^n-1}{\frac{7}{6}-1}-n\cdot\left(\frac{7}{6}\right)^n.
\end{aligned}
$$

从而

$$m=\frac{7^n(n-6)}{6^{n-1}}+36,$$

因为 $m \in \mathbf{N}$,所以

$$6^{n-1} \mid n-6.$$

显然,当 $n \in \mathbf{N}$ 时,$6^{n-1} > n-6$,因而,只有 $n-6=0$. 于是 $m=36$.

6. 设 a_n 为 n 个扇形染色方法数,$a_2 = 3 \cdot 2 = 6$. 对于 n 个扇形 $S_1, S_2, \cdots, S_n$ 分 S_n 与 S_1 颜色同与不同两类,得 $a_n + a_{n-1} = 3 \cdot 2^{n-1}$,即

$$\frac{a_n}{2^n} - 1 = -\frac{1}{2}\left(\frac{a_{n-1}}{2^{n-1}} - 1\right).$$

解得

$$a_n = 2^n + 2 \cdot (-1)^n.$$

7. 分 1 在首位与不在首位两类. 设 a_n 为满足条件的 n 位数的个数,前者有 $4^{n-1} - a_{n-1}$ 种不同情形,后者有 $3a_{n-1}$ 种不同情形. 故

$$a_n = 2a_{n-1} + 4^{n-1},$$

即

$$\frac{a_n}{4^n} - \frac{1}{2} \cdot \frac{a_n}{4^{n-1}} = \frac{1}{4}.$$

又 $a_1 = 3$,可解得 $a_n = \frac{1}{2}(4^n + 2^n)$.

8. 符合条件的排列方式 $b_1, b_2, \cdots, b_n$ 中必有 $b_n = 1$ 或 n,否则,如果 $b_n = k \in (1, n)$,令 $b_1 = l$,不妨设 $l > k$,记 $1, 2, \cdots, k-1$ 中位置在最左边的数为 j,则 j 不满足题目要求. 于是在 $b_n = n$(或 1)的左边是 $\{1, 2, \cdots, n-1\}$(或 $\{2, 3, \cdots, n\}$)的一种符合要求的一种排列方式. 故有

$$a_n = 2a_{n-1}.$$

这里记 a_n 为符合要求的排列方式数目,显然,$a_1 = 1$. 从而 $a_n = 2^{n-1}$.

9. 记 $f^{(n)}(1)$ 为 f_n,f_n 中连续两项是 $0, 0$ 的数对个数为 g_n,连续两项是 $0, 1$ 的数对的个数为 h_n,依题设,f_n 中 $0, 0$ 数对仅能是由 f_{n-1} 的中 $0, 1$ 数对经变换 f 得到. 又 f_{n-1} 中的 $0, 1$ 数对必是由 f_{n-2} 中的 1 或 $0, 0$ 数对经变换 f 而得到,现 f_{n-2} 共有 2^{n-2} 项,其中恰有一半是 1,所以

$$g_n = h_{n-1} = 2^{n-3} + g_{n-2}.$$

经迭代得

$$g_n = 2^{n-3} + 2^{n-5} + \cdots + \begin{cases} 2^0 + g_1, & 2 \nmid n, \\ 2^1 + g_2, & 2 \mid n, \end{cases}$$

其中 $g_1 = 0, g_2 = 1$. 所以

$$g_n = \frac{1}{3}[2^{n-1} + (-1)^n]$$

即为所求.

10. 设 n 次混合后,甲、乙、丙罐中含有甲种液体分别是 a_n, b_n, c_n 千克,则

$$a_n + b_n + c_n = 4.$$

根据对称性,有

$$b_n = c_n.$$

依题意,有

$$a_{n+1} = \frac{1}{2}a_n + \frac{1}{3}\left(\frac{1}{4}a_n + b_n\right) + \frac{1}{3}\left(\frac{1}{4}a_n + c_n\right)$$

$$= \frac{1}{2}a_n + \frac{1}{6}a_n + \frac{2}{3}b_n$$

$$= \frac{2}{3}a_n + \frac{1}{3}(4 - a_n) = \frac{1}{3}a_n + \frac{4}{3},$$

即

$$a_{n+1} - 2 = \frac{1}{3}(a_n - 2)$$

迭代,可得

$$a_n - 2 = \frac{1}{3}(a_{n-1} - 2) = \left(\frac{1}{3}\right)^2 (a_{n-2} - 2) = \cdots = \left(\frac{1}{3}\right)^n (a_0 - 2).$$

将 $a_0 = 4$ 代入上式,可得

$$a_n = 2\left[1 + \left(\frac{1}{3}\right)^n\right],$$

$$b_n = \frac{1}{2}(4 - a_n) = 1 - \left(\frac{1}{3}\right)^n.$$

依题意 $f(n) > 0.9999$,可得

$$1 - \left(\frac{1}{3}\right)^n > 0.9999,$$

亦即

$$3^n > 10000,$$

求得 n 的最小值是 9.

11. 设 $x_1 = 1 + \sqrt{3}, x_2 = 1 - \sqrt{3}, x_1, x_2$ 是特征方程 $x^2 = 2x + 2$ 的两根,数列 $\{a_n\}$ 满足递推关系 $a_n = 2a_{n-1} + 2a_{n-2}(n \geq 2), a_0 = 2, a_1 = 2.$ 于是 $a_n = (1 + \sqrt{3})^n + (1 - \sqrt{3})^n$ 是整数,且 $0 < -(1 - \sqrt{3})^{2n+1} < 1.$ $a_{2n+1} = (1 + \sqrt{3})^{2n+1} + (1 - \sqrt{3})^{2n+1} < (1 +$

$\sqrt{3}\,)^{2n+1}$,从而 $a_{2n+1}=[\,(\,1+\sqrt{3}\,)^{2n+1}\,]$,最后可用数学归纳法证明 $2^{n}\mid a_{2n}$ 及 $2^{n+1}\mid a_{2n+1}$.

12. 欲求 $[\,(\sqrt{2}+\sqrt{3}\,)^{2000}\,]$ 的个位数,即求 $[\,(\sqrt{2}+\sqrt{3}\,)^{2000}\,]\,(\bmod 10)$.

令

$$\alpha=(\sqrt{2}+\sqrt{3}\,)^{2}=5+2\sqrt{6}\,,\quad \beta=(\sqrt{2}-\sqrt{3}\,)^{2}=5-2\sqrt{6}\,,$$

则 α,β 是一元二次方程 $x^{2}-10x+1=0$ 的两根.

记 $X_{n}=\alpha^{n}+\beta^{n}$,则 $X_{n+2}=10X_{n+1}-X_{n}$, $X_{1}=10,X_{2}=98$.

易证 $X_{n}\in \mathbf{Z},X_{n+2}\equiv -X_{n}(\bmod 10)$. 所以

$X_{1000}\equiv -X_{998}(\bmod 10)\equiv X_{996}(\bmod 10)\equiv \cdots \equiv -X_{2}(\bmod 10)\equiv 2(\bmod 10)$.

由于 $0<\beta^{1000}<1,\alpha^{1000}+\beta^{1000}=X_{1000}\in \mathbf{Z}$,则 $[\,\alpha^{1000}\,]=X_{1000}-1\equiv 1(\bmod 10)$,

即 $[\,(\sqrt{2}+\sqrt{3}\,)^{2000}\,]$ 的个位数是 1.

点评 1 具体求出 $[\,(\sqrt{2}+\sqrt{3}\,)^{2000}\,]$,再求它的个位数. 令 $x=(\sqrt{2}+\sqrt{3}\,)^{2000}=(5+2\sqrt{6}\,)^{1000},y=(5-2\sqrt{6}\,)^{1000}$.

显然 $0<y<1$,

$$\begin{aligned}
x+y &= (5+2\sqrt{6}\,)^{1000}+(5-2\sqrt{6}\,)^{1000}\\
&= 2\sum_{k=0}^{500}5^{2k}(2\sqrt{6}\,)^{1000-2k}\\
&= 2\sum_{k=0}^{500}25^{k}\times (24)^{500-k}\\
&= 2\times 24^{500}+2\sum_{k=1}^{500}25^{k}\times (24)^{500-k}.
\end{aligned}$$

易知 $x+y\in \mathbf{Z}$,且 $x+y\equiv 2\times 24^{500}(\bmod 10)\equiv 2(\bmod 10)$.

由于 $0<y<1,x+y\in \mathbf{Z}$,故有 $[\,x\,]=x+y-1\equiv 1(\bmod 10)$,即 $[\,(\sqrt{2}+\sqrt{3}\,)^{2000}\,]$ 的个位数是 1.

点评 2 上述两种解法都采用了配对策略处理问题,原解法通过建立递推式不仅将原问题轻松解决,而且可以找出 $[\,(\sqrt{2}+\sqrt{3}\,)^{2n}\,]$ 的个位数的变化规律,点评 1 充分利用数字特征.

13. 记 $a_{n}=x^{2n}+1+(x+1)^{2n}$,数列 $\{a_{n}\}$ 对应于特征根为 $x^{2},1,(x+1)^{2}$ 的特征方程

$$(p-1)(p-x^{2})[\,p-(x+1)^{2}\,]=0,$$

即

$$p^3 - 2(x^2+x+1)p^2 - (x^2+x+1)p - x^2(x+1)^2 = 0 \qquad (21\text{-}4)$$

(这里假定 $x^2, 1, (x+1)^2$ 不等).

由式(21-4)可见数列 $\{a_n\}$ 的递推关系为

$$a_n = 2(x^2+x+1)a_{n-1} + (x^2+x+1)a_{n-2}$$
$$+ x^2(x+1)^2 a_{n-3}, \quad n \geqslant 4.$$

于是

$$a_n = a_{n-3}(\bmod (x^2+x+1)). \qquad (21\text{-}5)$$

现只需考查初始值:

$$a_1 = x^2 + 1 + (x+1)^2 = 2(x^2+x+1),$$
$$a_2 = x^4 + 1 + (x+1)^4 = 2(x^2+x+1)^2,$$

它们都能被 x^2+x+1 整除, 而

$$a_3 = x^6 + 1 + (x+1)^6$$
$$= (x^2-1)(x^2+x+1) + (x^2+x+1)^3$$
$$+ 3(x^2+x+1)x + 3(x^2+x+1) \cdot x^2 + x^3 + 2$$

不能被 x^2+x+1 整除.

再施行数学归纳法, 利用式(21-5)容易证得 $x^2+x+1 \mid a_{3n-2}, x^2+x+1 \mid a_{3n-1}$, $x^2+x+1 \mid a_{3n}$. 即当仅当 $3 \nmid n\ (n \in \mathbf{N})$ 时, $x^2+x+1 \mid x^{2n} + 1 + (x+1)^{2n}$.

14. 设 $b_n = a_n + a_{n+1}, c_n = 1 + 5a_n a_{n+1}$, 则

$$5a_{n+1} = b_{n+1} + b_n, \quad a_{n+2} - a_n = b_{n+1} - b_n.$$

所以

$$c_{n+1} - c_n = 5a_{n+1}(a_{n+2} - a_n) = b_{n+1}^2 - b_n^2.$$

从而

$$c_{n+1} - b_{n+1}^2 = c_n - b_n^2 = \cdots = c_1 - b_1^2 = 501 = 3 \times 167.$$

设存在正整数 n, m, 使得 $c_n = m^2$, 则有 $(m+b_n)(m-b_n) = 3 \times 167$.

若 $m+b_n = 167, m-b_n = 3$, 则 $m = 85, c_n = 85^2$;

若 $m+b_n = 501, m-b_n = 1$, 则 $m = 251, c_n = 251^2$.

由于数列 $\{a_n\}$ 严格递增, 故数列 $\{c_n\}$ 也严格递增.

又因为

$$c_1 = 1 + 5 \times 20 \times 30 < 85^2 < c_2 = 1 + 5 \times 30 \times 70$$
$$< c_3 = 1 + 5 \times 70 \times 180 = 251^2.$$

所以, 满足条件的 n 只有一个, 即 $n = 3$.

15. (1) 假设存在正整数数列 $\{a_n\}$ 满足条件:

因为 $a_{n+1}^2 \geqslant 2a_n a_{n+2}, a_n > 0$, 所以

$$\frac{a_n}{a_{n-1}} \leqslant \frac{1}{2} \cdot \frac{a_{n-1}}{a_{n-2}} \leqslant \frac{1}{2^2} \cdot \frac{a_{n-2}}{a_{n-3}} \leqslant \cdots \leqslant \frac{1}{2^{n-2}} \cdot \frac{a_2}{a_1}, \quad n = 3, 4, \cdots.$$

又 $\dfrac{a_2}{a_1} \leqslant \dfrac{1}{2^{2-2}} \cdot \dfrac{a_2}{a_1}$, 所以有 $\dfrac{a_n}{a_{n-1}} \leqslant \dfrac{1}{2^{n-2}} \cdot \dfrac{a_2}{a_1}$ 对 $n = 2, 3, 4, \cdots$, 成立. 所以

$$a_n \leqslant \left(\frac{1}{2^{n-2}} \cdot \frac{a_2}{a_1}\right) a_{n-1} \leqslant \frac{1}{2^{(n-2)+(n-3)}} \cdot \left(\frac{a_2}{a_1}\right)^2 \cdot a_{n-2}$$

$$\leqslant \cdots \leqslant \frac{1}{2^{(n-2)+(n-3)+\cdots+1}} \cdot \left(\frac{a_2}{a_1}\right)^{n-2} \cdot a_2,$$

所以 $a_n \leqslant \left(\dfrac{a_2^2}{2^{n-2}}\right)^{\frac{n-1}{2}} \cdot \dfrac{1}{a_1^{n-2}}.$

设 $a_2^2 \in [2^k, 2^{k+1}), k \in \mathbf{N}$, 取 $N = k+3$, 则有

$$a_N \leqslant \left(\frac{a_2^2}{2^{N-2}}\right)^{\frac{N-1}{2}} \cdot \frac{1}{a_1^{N-2}} < \left(\frac{2^{k+1}}{2^{k+1}}\right)^{\frac{k+2}{2}} \cdot \frac{1}{a_1^{k+1}} \leqslant 1,$$

这与 a_N 是正整数矛盾.

所以不存在正整数数列 $\{a_n\}$ 满足条件.

(2) $a_n = \dfrac{\pi}{2^{(n-1)(n-2)}}$ 就是满足条件的一个无理数数列. 此时有

$$a_{n+1}^2 = 4a_n a_{n+2} \geqslant 2a_n a_{n+2}.$$

16. 对于 $n = 1, 2, \cdots$, 令 $S(n) = \sum_n (-1)^m C_{n-m}^m$, 这里的和式从 $m = 0$ 起, 经过所有的非零项(当 $x > y$ 时, 定义 $C_y^x = 0$).

因为

$$S(n+1) - S(n) = \sum_n (-1)^m (C_{n+1-m}^m - C_{n-m}^m) = \sum_n (-1)^m C_{n-m}^{m-1}$$

$$= \sum_n (-1)^m C_{(n-1)-(m-1)}^{m-1}$$

$$= (-1) \sum_n (-1)^{m-1} C_{(n-1)-(m-1)}^{m-1}$$

$$= -S(n-1).$$

所以

$$S(n+1) = S(n) - S(n-1). \tag{21-6}$$

因 $S(0) = S(1) = 1$, 所以有 $S(2) = 0, S(3) = -1, S(4) = -1, S(5) = 0, S(6) =$

1,$S(7)=1$.

由递推公式(21-6)可知,若 $m\equiv n(\mod 6)$,则 $S(m)=S(n)$.

因为 $\dfrac{n}{n-m}C_{n-m}^m=C_{n-m}^m+C_{n-m-1}^{m-1}$,所以

$$1991\left[\frac{1}{1991}C_{1991}^0-\frac{1}{1990}C_{1990}^1+\frac{1}{1989}C_{1989}^2-\cdots\right.$$
$$\left.+\frac{(-1)^m}{1991-m}C_{1991-m}^m+\cdots-\frac{1}{996}C_{996}^{995}\right]$$
$$=S(1991)-S(1989)=S(5)-S(3)=0-(-1)=1.$$

故原等式成立.

17. 令 $x=\cos\pi\alpha(0<\pi\alpha<\pi)$,则原方程为 $4x^3+4x^2-3x-2=0$.

左边分解因式,得 $(2x+1)(2x^2+x-2)=0$.

如果 $2x+1=0$,则 $\cos\pi\alpha=-\dfrac{1}{2}$,所以 $\alpha=\dfrac{2}{3}$.

如果 $2x^2+x-2=0$,则 $x=\dfrac{-1\pm\sqrt{17}}{4}$,所以 $\cos\pi\alpha=\dfrac{-1\pm\sqrt{17}}{4}$.

下证此时 α 不是有理数:

事实上,对每个整数 $n\geqslant 0$,

$$\cos(2^n\pi\alpha)=\frac{a_n+b_n\sqrt{17}}{4},\tag{21-7}$$

其中 a_n,b_n 是奇整数.

当 $n=0$ 时,命题显然成立.

设对于 $n\geqslant 0$ 有 $\cos(2^n\pi\alpha)=\dfrac{a_n+b_n\sqrt{17}}{4}$,则

$$\cos(2^{n+1}\pi\alpha)=2\cos^2(2^n\pi\alpha)-1$$
$$=\frac{2(a_n^2+17b_n^2+2a_nb_n\sqrt{17})}{16}-1$$
$$=\frac{2\left[(a_n^2+17b_n^2)-8\right]+4a_nb_n\sqrt{17}}{16}.$$

由归纳假设,a_n,b_n 都是奇数,

所以 $a_n^2+17b_n^2\equiv 1+17\equiv 2(\mod 4)$,于是存在整数 t,使得 $a_n^2+17b_n^2-8=2+4t$.

从而令 $a_{n+1}=1+2t,b_{n+1}=a_nb_n$,则 $\cos(2^{n+1}\pi\alpha)=\dfrac{a_{n+1}+b_{n+1}\sqrt{17}}{4}$,其中 a_{n+1},b_{n+1}

都是奇数.

这就证明了式(21-7).

又 $a_{n+1}=\dfrac{1}{2}(a_n^2+17b_n^2-8)\geqslant\dfrac{1}{2}(a_n^2+9)>a_n.$

因 a_n 是整数,故数列 $\{a_n\}$ 是严格递增的. 由于 $\sqrt{17}$ 是无理数,因此 $\{\cos(2^n\pi\alpha)\,|\,n=0,1,2,\cdots\}$ 有无穷个不同的元素. 然而当 α 是有理数时,则有 $\{\cos(m\pi\alpha)\,|\,m\in\mathbf{Z}\}$ 只有有限个元素,所以 α 不是有理数.

综上所述, $\alpha=\dfrac{2}{3}.$

第22章 抽屉原理

22.1 问 题

1. 从 $1,2,3,\cdots,100$ 这 100 个数中任意挑出 51 个数来,证明在这 51 个数中,一定:

（1）有 2 个数互素;

（2）有 2 个数的差为 50;

（3）有 8 个数,它们的最大公约数大于 1.

2. 从 $1,2,\cdots,100$ 这 100 个数中任意选出 51 个数,证明:在这 51 个数中,一定有

（1）两个数的和为 101;

（2）一个数是另一个数的倍数;

（3）一个数或若干个数的和是 51 的倍数.

3. 求证:可以找到一个各位数字都是 4 的自然数,它是 1996 的倍数.

4. 有一个生产天平上用的铁盘的车间,由于工艺上的原因,只能控制盘的质量在指定的 20 克到 20.1 克之间. 现在需要质量相差不超过 0.005 克的两只铁盘来装配一架天平,问:最少要生产多少个盘子,才能保证一定能从中挑出符合要求的两只盘子?

5. 某个委员会开了 40 次会议,每次会议有 10 人出席. 已知任何两个委员不会同时开两次或更多的会议. 问:这个委员会的人数一定多于 60 人吗? 为什么?

6. 某市发出车牌号码均由 6 个数字(从 0 到 9)组成,但要求任两个车牌至少有 2 位不同(如车牌 038471 和 030471 不能同时使用),试求该市最多能发出多少个不同的车牌? 并证明之.

7. 圆周上有 2000 个点,在其上任意地标上 $0,1,2,\cdots,1999$(每一点只标一个数,不同的点标上不同的数). 求证:必然存在一点,与它紧相邻的两个点和这点上所标的 3 个数之和不小于 2999.

8. 一家旅馆有 90 个房间,住有 100 名旅客,如果每次都恰有 90 名旅客同时回来,那么至少要准备多少把钥匙分给这 100 名旅客,才能使得每次客人回来时,每个客人都能用自己分到的钥匙打开一个房门住进去,并且避免发生两人同时住进一个房间?

9. 一个车间有一条生产流水线,由 5 台机器组成,只有每台机器都开动时,这条流水线才能工作.总共有 8 个工人在这条流水线上工作.在每一个工作日内,这些工人中只有 5 名到场.为了保证生产,要对这 8 名工人进行培训,其中一名工人学一种机器的操作方法称为一轮.问:最少要进行多少轮培训,才能使任意 5 个工人上班而流水线总能工作?

10. 已知在区间 $(0,1)$ 上有 4 个不同的数,证明:一定能找到其中的两个 x,y,使其满足不等式

$$0<x\sqrt{1-y^2}-y\sqrt{1-x^2}<\frac{1}{2}.$$

11. 证明:在任给的 8 个不同的实数 $x_1,x_2,\cdots,x_8$ 中,至少存在两个实数 x_i 和 x_j,使

$$0<\frac{x_i-x_j}{1+x_ix_j}<\tan\frac{\pi}{7}$$

成立.

12. 将平面上每个点以红、蓝两色之一着色.证明:存在这样的两个相似三角形,它们的相似比为 1995,并且每一个三角形的 3 个顶点同色.

13. 设有 4×28 的方格棋盘,将每一格涂上红、蓝、黄 3 种颜色中的任意一种.试证明:无论怎样涂,至少存在一个四角同色的长方形.

14. 在 3×7 的方格表中,有 11 个白格,每一列均有白格证明

(1)若仅含 1 个白格的列只有 3 列,则在其余的 4 列中每列都恰有 2 个白格;

(2)只有 1 个白格的列至少有 3 列.

15. 甲、乙两人为一个正方形的 12 条棱涂红和绿 2 种颜色.首先,甲任选 3 条棱并把它们涂上红色;然后,乙任选另外 3 条棱并涂上绿色;接着甲将剩下的 6 条棱都涂上红色.问:甲是否一定能将某一面的 4 条棱全部涂上红色?

16. 在区间 $(2^{2n},2^{3n})$ 中任取 $2^{2n-1}+1$ 个奇数.证明:在所取出的数中必有两个数,其中每一个数的平方都不能被另一个数整除.

17. 证明:在任何 39 个连续正整数中存在一个正整数,它的各位数字之和能被 11 整除.

18. 在一张 101×101 的方格纸上写有正整数 $1,2,\cdots,101$,每个正整数恰好在 101 个方格内出现. 求证:存在一行或一列,其中至少包含了 11 个不同的正整数.

19. 设 $a_1,a_2,\cdots,a_6;b_1,b_2,\cdots,b_6$ 和 $c_1,c_2,\cdots,c_6$ 都是 $1,2,\cdots,6$ 的排列,求 $\sum\limits_{i=1}^{6} a_i b_i c_i$ 的最小值.

20. 给定整数 $n \geqslant 3$. 证明:集合 $X=\{1,2,3,\cdots,n^2-n\}$ 能写成两个不相交的非空子集的并,使得每一个子集均不包含 n 个元素 $a_1,a_2,\cdots,a_n,a_1<a_2<\cdots<a_n$,满足 $a_k \leqslant \dfrac{a_{k-1}+a_{k+1}}{2},k=2,\cdots,n-1$.

22. 2 解　答

1. (1)将 100 个数分成 50 组:

$\{1,2\},\{3,4\},\cdots,\{99,100\}$.

在选出的 51 个数中,必有 2 个数属于同一组,这一组中的 2 个数是两个相邻的整数,它们一定是互素的.

(2)将 100 个数分成 26 组:

$\{1,51\},\{2,52\},\cdots,\{50,100\}$.

在选出的 51 个数中,必有 2 个数属于同一组,这一组的 2 个数的差为 50.

(3)将 100 个数分成 5 组(一个数可以在不同的组内):

第一组:2 的倍数,即 $\{2,4,\cdots,100\}$;

第二组:3 的倍数,即 $\{3,6,\cdots,99\}$;

第三组:5 的倍数,即 $\{5,10,\cdots,100\}$;

第四组:7 的倍数,即 $\{7,14,\cdots,98\}$;

第五组:1 和大于 7 的素数,即 $\{1,11,13,\cdots,97\}$.

第五组中有 22 个数,故选出的 51 个数至少有 29 个数在第一组到第四组中,根据抽屉原理,总有 8 个数在第一组到第四组的某一组中,这 8 个数的最大公约数大于 1.

2. (1)将 100 个数分成 50 组:

$\{1,100\},\{2,99\},\cdots,\{50,51\}$.

在选出的 51 个数中,必有两数属于同一组,这一组的两数之和为 101.

(2)将 100 个数分成 26 组:

$\{1,2,4,8,16,32,64\}$, $\{3,6,12,24,48,96\}$, $\{5,10,20,40,80\}$,

$\{7,14,28,56\}$, $\{9,18,36,72\}$, $\{11,22,44,88\}$, $\{13,26,52\}$,

$\{15,30,60\}$, $\cdots$, $\{49,98\}$, $\{$其余数$\}$,

其中第26组中有25个数. 在选出的51个数中,第26组的25个数全部选中,还有26个数从前25组中选,必有两数属于同一组,这一组中的任意两个数,一个是另一个的倍数.

(3)将选出的51个数排成一列:

$$a_1,a_2,a_3,\cdots,a_{51}.$$

考虑下面的51个和:

$$a_1,a_1+a_2,a_1+a_2+a_3,\cdots,a_1+a_2+a_3+\cdots+a_{51}.$$

若这51个和中有一个是51的倍数,则结论显然成立;若这51个和中没有一个是51的倍数,则将它们除以51,余数只能是$1,2,\cdots,50$中的一个,故必然有两个的余数是相同的,这两个和的差是51的倍数,而这个差显然是这51个数($a_1,a_2,a_3,\cdots,a_{51}$)中的一个数或若干个数的和.

3. 因$1996 \div 4 = 499$,故只需证明可以找到一个各位数字都是1的自然数,它是499的倍数就可以了.

取500个数:$1,11,111,\cdots,\underbrace{11\cdots1}_{500个1}$. 用499去除这500个数,得到500个余数$r_1,r_2,\cdots,r_{500}$. 由于余数只能取$0,1,2,\cdots,499$这499个值,所以根据抽屉原理,必有2个余数是相同的,这2个数的差就是499的倍数,这个差的前若干位是1,后若干位是0:$11\cdots100\cdots0$,又499和10是互素的,故它的前若干位由1组成的自然数是499的倍数,将它乘以4,就得到一个各位数字都是4的自然数,它是1996的倍数.

4. 把20~20.1克之间的盘子依质量分成20组:

第1组:从20.000克到20.005克;

第2组:从20.005克到20.010克;

$\vdots$

第20组:从20.095克到20.100克.

这样,只要有21个盘子,就一定可以从中找到两个盘子属于同一组,这2个盘子就符合要求. 而20个盘子有可能满足不了要求,例如质量为20.0000,20.0051,20.0102,$\cdots$,20.0969的20个盘子.

5. 一定多于60人. 开会的"人次"有$40 \times 10 = 400$(人次). 设委员人数为N,将"人次"看作苹果,以委员人数作为抽屉.

若 $N \leqslant 60$,则由抽屉原理知至少有一个委员开了 7 次(或更多次)会.但由已知条件知没有一个人与这位委员同开过两次(或更多次)的会,故他所参加的每一次会的另外 9 个人是不相同的,从而至少有 $7 \times 9 + 1 = 63$(个)委员,这与 $N \leqslant 60$ 的假定矛盾.所以,N 应大于 60.

6. 该市最多发出 100000 个不同的车牌.

事实上,若发出了 100001 个车牌,根据抽屉原理,至少有 10001 个号码首位相同;同理,这 10001 个号码中至少有 1001 个号码第 2 位亦相同……以此类推,至少有 2 个号码前 5 位均相同,这两个车牌号码仅有 1 位不同,违反规定了车牌的发放规定.

另外,可以发出 100000 个符合规定的车牌.车牌号码的后 5 位任意填写,但没有两个完全相同的填法数是 $10^5 = 100000$ 种;首位则填为后 5 位数字之和的个位数字.若存在 2 个号码,其后 5 位数字仅有 1 位不同,则其首位也必然不同.所以这 100000 个号码符合规定.

7. 设圆周上各点的值依次是 $a_1, a_2, \cdots, a_{2000}$,则其和为

$$a_1 + a_2 + \cdots + a_{2000} = 0 + 1 + 2 + \cdots + 1999 = 1999000.$$

下面考虑一切相邻三数组之和:

$$(a_1 + a_2 + a_3) + (a_2 + a_3 + a_4) + \cdots + (a_{1998} + a_{1999} + a_{2000})$$
$$+ (a_{1999} + a_{2000} + a_1) + (a_{2000} + a_1 + a_2)$$
$$= 3(a_1 + a_2 + \cdots + a_{2000})$$
$$= 3 \times 1999000.$$

这 2000 组和中必至少有一组和大于或等于

$$\frac{3 \times 19990000}{2000} = 2998.5.$$

但因每一个和都是整数,故有一组相邻三数之和不小于 2999,亦即存在一个点,与它紧相邻的两点和这点上所标的 3 数之和不小于 2999.

8. 如果钥匙数小于 990,那么 90 个房间中至少有一个房间的钥匙数少于 $\frac{990}{90} = 11$,而当持有这房间钥匙的客人(至多 10 名)全部未回来时,这个房间就打不开,因此 90 个人就无法按题述的条件住下来.

另外,990 把钥匙已经足够了,这只要将 90 把不同的钥匙分给 90 个人,而其余的 10 名旅客,每人各 90 把钥匙(每个房间一把),那么任何 90 名旅客返回时,都能按要求住进房间.

9. 只要进行 20 轮培训就够了.对 3 名工人进行全能性培训,训练他们会

开每一台机器;而对其余 5 名工人,每人只培训一轮,让他们每人能开动一台机器.这个方案实施后,不论哪 5 名工人上班,流水线总能工作.如果培训的总轮数少于 20,那么可在每一台机器上可进行工作的 3 个工人如果某一天都没有到车间来,那么这台机器就不能开动,整个流水线就不能工作.故培训的总轮数不能少于 20.

10. 设这 4 个数分别为 a_1, a_2, a_3, a_4. 作代换 $a_k = \sin t_k$, $t_k \in \left(0, \dfrac{\pi}{2}\right)$, 问题转化为:存在两个角标 i, j, 使 $0 < \sin t_i \cos t_j - \sin t_j \cos t_i < \dfrac{1}{2}$ 成立.

因为 $\sin t_i \cos t_j - \sin t_j \cos t_i = \sin(t_i - t_j)$. 所以我们必须证明存在 i, j, 满足 $t_i > t_j$ 且 $t_i - t_j < \dfrac{\pi}{6}$. 这可由抽屉原理导出,因为 4 个数中一定有两个数在区间 $\left(0, \dfrac{\pi}{6}\right]$, $\left(\dfrac{\pi}{6}, \dfrac{\pi}{3}\right]$, $\left(\dfrac{\pi}{3}, \dfrac{\pi}{2}\right)$ 中的一个.

11. 不妨设 $x_1 < x_2 < \cdots < x_8$, 令 $x_i = \tan\theta_i$, $\theta_i \in \left(-\dfrac{\pi}{2}, \dfrac{\pi}{2}\right)$ ($i = 1, 2, \cdots, 8$), 由于 $y = \tan x$ 在 $x \in \left(-\dfrac{\pi}{2}, \dfrac{\pi}{2}\right)$ 上单调递增,所以 $\theta_1 < \theta_2 < \cdots < \theta_8$.

因为 $0 < (\theta_8 - \theta_7) + (\theta_7 - \theta_6) + \cdots + (\theta_2 - \theta_1) = \theta_8 - \theta_1 < \pi$, 由平均值原理,存在整数 i ($1 \leq i \leq 7$) 使得 $0 < \theta_{i+1} - \theta_i < \dfrac{\pi}{7}$, 故 $0 < \tan(\theta_{i+1} - \theta_i) < \tan\dfrac{\pi}{7}$, 即 $0 < \dfrac{x_{i+1} - x_i}{1 + x_{i+1} x_i} < \tan\dfrac{\pi}{7}$, 原命题成立.

12. 作两个同心圆,使得大圆半径是小圆半径的 1995 倍,过圆心 O 作 9 条射线与小圆和大圆分别相交于点 A_i 和 A_i' ($i = 1, 2, \cdots, 9$), 用红、蓝两种颜色对两点组 (A_i, A_i') 进行染色的方法只有 (红,蓝)、(红,红)、(蓝,红)、(蓝,蓝) 这四种情形,9 个两点组 (A_i, A_i') ($i = 1, 2, \cdots, 9$) 分属于 4 种情形,根据抽屉原理,至少有 3 个两点组属于同一种情形,设为 (A_i, A_i'), (A_j, A_j') 和 (A_k, A_k') ($i, j, k \in \{1, 2, \cdots, 9\}$, 且它们互不相等),由同心圆的性质易证 $\triangle A_i A_j A_k \backsim \triangle A_i' A_j' A_k'$, 且相似比为 1995, 证毕.

13. 我们先考查第一行中 28 个小方格涂色情况,用 3 种颜色涂 28 个小方格,由抽屉原理知,至少有 10 个小方格是同色的,不妨设其为红色,还可设这 10 个小方格就在第一行的前 10 列.

下面考查第二、三、四行中前面 10 个小方格可能出现的涂色情况.这有两

种可能:

(1)这 3 行中,至少有 1 行,其前面 10 个小方格中,至少有 2 个小方格是涂有红色的,那么这 2 个小方格和第一行中与其对应的 2 个小方格,便是一个长方形的 4 个角,这个长方形就是一个 4 角同是红色的长方形.

(2)这 3 行中每一行前面的 10 格中,都至多有一个红色的小方格,不妨设它们分别出现在前 3 列中,那么其余的 3×7 个小方格便只能涂上黄、蓝两种颜色了.

我们先考虑这个 3×7 的长方形的第一行.根据抽屉原理,至少有 4 个小方格是涂上同一颜色的,不妨设其为蓝色,且在第 1 至 4 列.

再考虑第二行的前 4 列,这时也有两种可能:

(1)这 4 格中,至少有 2 格被涂上蓝色,那么这 2 个涂上蓝色的小方格和第一行中与其对应的 2 个小方格便是一个长方形的 4 个角,这个长方形 4 角同是蓝色.

(2)这 4 格中,至多有 1 格被涂上蓝色,那么,至少有 3 格被涂上黄色.不妨设这 3 个小方格就在第二行的前面 3 格.

下面继续考虑第三行前面 3 格的情况.用蓝、黄两色涂 3 个小方格,由抽屉原理知,至少有 2 个方格是同色的,无论是同为蓝色或是同为黄色,都可以得到一个四角同色的长方形.总之,对于各种可能的情况,都能找到一个四角同色的长方形.

14. (1)在其余 4 列中如有一列含有 3 个白格,则剩下的 5 个白格要放入 3 列中,将 3 列表格看成 3 个抽屉,5 个白格看成 5 个苹果,根据第二抽屉原理,5(=2×3−1)个苹果放入 3 个抽屉,则必有 1 个抽屉至多只有(2−1)个苹果,即必有 1 列只含 1 个白格,也就是说除了原来 3 列只含 1 个白格外还有 1 列含 1 个白格,这与题设只有 1 个白格的列只有 3 列矛盾.所以不会有 1 列有 3 个白格,当然也不能再有 1 列只有 1 个白格.推知其余 4 列每列恰好有 2 个白格.

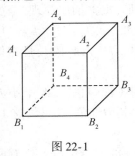

图 22-1

(2)假设只含 1 个白格的列有 2 列,那么剩下的 9 个白格要放入 5 列中,而 9 = 2×5−1,由第二抽屉原理知,必有 1 列至多只有 2−1 = 1(个)白格,与假设只有 2 列每列只有 1 个白格矛盾.所以只有 1 个白格的列至少有 3 列.

15. 不能.

如图 22-1 所示将 12 条棱分成 4 组:

第一组:{A_1B_1, B_2B_3, A_3A_4},

第二组：$\{A_2B_2,B_3B_4,A_4A_1\}$，

第三组：$\{A_3B_3,B_4B_1,A_1A_2\}$，

第四组：$\{A_4B_4,B_1B_2,A_2A_3\}$.

无论甲第一次将哪 3 条棱涂红，由抽屉原理知四组中必有一组的 3 条棱全未涂红，而乙只要将这组中的 3 条棱涂绿，甲就无法将某一面的 4 条棱全部涂红了.

16. 易知，在所选取的数中存在 a 和 b，它们被 2^{2n} 除的余数相等. 我们来证明，它们即为所求.

假设 $b\mid a^2$，于是 $b\mid(a^2-2ab+b^2)=(a-b)^2$.

设 $a=p\cdot2^{2n}+r,b=q\cdot2^{2n}+r$. 则 $b\mid(a-b)^2=(p-q)^2\cdot2^{4n}$.

由于 b 为奇数，所以 $b\mid(p-q)^2$. 由此得知

$|p-q|>2^n$ 和 $\max\{a,b\}=\max\{p,q\}\cdot2^{2n}+r>2^{3n}$.

由题意知，这是不可能的.

17. 定义 $S(x)$ 表示正整数 x 的各位数码之和，由于在连续的 39 个正整数中，必然存在 3 个数，其个位数字为 0，且较小的 2 个数中存在一个数 n，使得 n 的个位数字为 0，而十位数字小于 9. 于是 $S(n),S(n+1),\cdots,S(n+9),S(n+10)$ 是 11 个连续的正整数，且由 n 的取法知，正整数 $n,n+1,\cdots,n+9,n+10$ 在这 39 个数中，根据抽屉原理，其中必有一个是 11 的倍数，故原命题成立.

18. 设正整数 $i(1\leqslant i\leqslant101)$ 出现在 101×101 方格纸的 d 个行中，则必然有一行中至少含 $\left\lceil\dfrac{101}{d}\right\rceil$（其中 $\lceil x\rceil$ 表示不小于 x 的最小整数）个 i，即该行中的 i 至少出现在 $\left\lceil\dfrac{101}{d}\right\rceil$ 个列中，由于 $\left\lceil\dfrac{101}{d}\right\rceil+d\geqslant2\sqrt{101}>20$，故 i 至少出现在 21 个行与列中.

对于不同的正整数 $i(1\leqslant i\leqslant101)$，分别用不同的记号标记它出现过的所有行与列，则对于所有 $i(1\leqslant i\leqslant101)$，总共至少标记了 $21\times101=2121$ 个行与列，但 101×101 方格表中总共只有 $101+101=202$ 个行与列，由于 $2121>202\times10$，根据抽屉原理，必有一行或一列它被标记了至少 11 次，即它包含了至少 11 个不同的正整数.

19. 记 $S=\displaystyle\sum_{i=1}^{6}a_ib_ic_i$，由平均不等式得

$$S\geqslant6\sqrt[6]{\prod_{i=1}^{6}a_ib_ic_i}=6\sqrt[6]{(6!)^3}=6\sqrt{6!}=72\sqrt{5}>160.$$

下证 $S > 161$.

因为 $a_1b_1c_1, a_2b_2c_2, \cdots, a_6b_6c_6$ 这 6 个数的几何平均为 $12\sqrt{5}$，而 $26 < 12\sqrt{5} < 27$，所以，$a_1b_1c_1, a_2b_2c_2, \cdots, a_6b_6c_6$ 中必有一个数不小于 27，也必有一个数不大于 26，而 26 不是 $1,2,3,4,5,6$ 中某 3 个(可以重复)的积，所以，必有一个数不大于 25. 不妨设 $a_1b_1c_1 \geqslant 27$，$a_2b_2c_2 \leqslant 25$，于是

$$S = (\sqrt{a_1b_1c_1} - \sqrt{a_2b_2c_2})^2 + 2\sqrt{a_1b_1c_1a_2b_2c_2}$$
$$+ (a_3b_3c_3 + a_4b_4c_4) + (a_5b_5c_5 + a_6b_6c_6)$$
$$\geqslant (\sqrt{27} - \sqrt{25})^2 + 2\sqrt{a_1b_1c_1a_2b_2c_2} + 2\sqrt{a_3b_3c_3a_4b_4c_4} + 2\sqrt{a_5b_5c_5a_6b_6c_6}$$
$$\geqslant (3\sqrt{3} - 5)^2 + 2 \cdot 3\sqrt[6]{\prod_{i=1}^{6} a_ib_ic_i} = (3\sqrt{3} - 5)^2 + 72\sqrt{5} > 161,$$

所以，$S \geqslant 162$.

又当 $a_1, a_2, \cdots, a_6; b_1, b_2, \cdots, b_6; c_1, c_2, \cdots, c_6$ 分别为 $1,2,3,4,5,6$；$5,4,3,6,1,2$；$5,4,3,1,6,2$ 时，有

$$S = 1 \times 5 \times 5 + 2 \times 4 \times 4 + 3 \times 3 \times 3 + 4 \times 6 \times 1 + 5 \times 1 \times 6 + 6 \times 2 \times 2 = 162,$$

所以，S 的最小值为 162.

20. 定义

$$S_k = \{k^2 - k + 1, \cdots, k^2\}, \quad T_k = \{k^2 + 1, \cdots, k^2 + k\}, \quad k = 1, 2, \cdots, n-1.$$

令 $S = \bigcup_{k=1}^{n-1} S_k$，$T = \bigcup_{k=1}^{n-1} T_k$. 下面证明 S, T 即为满足题目要求的两个子集.

首先，$S \cap T = \varnothing$ 且 $S \cup T = X$.

其次，如果 S 中存在 n 个元素 $a_1, a_2, \cdots, a_n, a_1 < a_2 < \cdots < a_n$，满足

$$a_k \leqslant \frac{a_{k-1} + a_{k+1}}{2}, \quad k = 2, \cdots, n-1,$$

则

$$a_k - a_{k-1} \leqslant a_{k+1} - a_k, \quad k = 2, \cdots, n-1. \tag{22-1}$$

不妨设 $a_1 \in S_i$. 由于 $|S_{n-1}| < n$，故 $i < n-1$. $a_1, a_2, \cdots, a_n$ 这 n 个数中至少有 $n - |S_i| = n - i$ 个在 $S_{i+1} \cup \cdots \cup S_{n-1}$ 中. 根据抽屉原理，必有某个 $S_j (i < j < n)$ 中含有其中至少两个数，设最小的一个为 a_k，则 $a_k, a_{k+1} \in S_j$，而 $a_{k-1} \in S_1 \cup \cdots \cup S_{j-1}$. 于是 $a_{k+1} - a_k \leqslant |S_j| - 1 = j - 1$，$a_k - a_{k-1} \geqslant |T_{j-1}| + 1 = j$.

所以 $a_{k+1} - a_k < a_k - a_{k-1}$，与 (22-1) 矛盾.

故 S 中不存在 n 个元素满足题中假设.

同理，T 中亦不存在这样的 n 个元素. 这表明 S, T 即为满足题中要求的两个子集.

第 23 章　染色和赋值

23.1　问　　题

1. 中国象棋盘的任意位置有一只马,它跳了若干步正好回到原来的位置. 问:马所跳的步数是奇数还是偶数?

2. 图 23-1 是某展览大厅的平面图,每相邻两展览室之间都有门相通. 今有人想从进口进去,从出口出来,每间展览厅都要走到,既不能重复也不能遗漏,应如何走法?

3. 能否用图 23-2 中各种形状的纸片(不能剪开)拼成一个边长为 99 的正方形(图中每个小方格的边长为 1)?请说明理由.

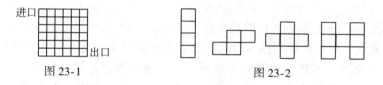

图 23-1　　　　　　　　　　　　　图 23-2

4. 如图 23-3 所示,22 个城市处于通路的交汇处,一个散步者能否一次不重复走遍这 22 座城市?

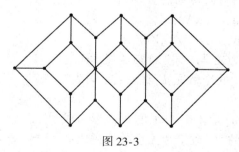

图 23-3

5. 如图 23-4 所示,把正方体分割成 27 个相等的小正方体,在中心的那个小正方体中有一只甲虫,甲虫能从每个小正方体走到与这个正方体相邻的 6 个

图 23-4

小正方体中的任何一个中去．如果要求甲虫只能走到每个小正方体一次，那么甲虫能走遍所有的正方体吗？

6. 8×8 的国际象棋棋盘能不能被剪成 7 个 2×2 的正方形和 9 个 4×1 的长方形？如果可以，请给出一种剪法；如果不行，请说明理由．

7. 用 15 个 1×4 的长方形和 1 个 2×2 的正方形，能否覆盖 8×8 的棋盘？

8. 15×15 的方格表中有一条非自交闭折线，该折线由若干条连接相邻小方格（两个有公共边的小方格称为相邻小方格）的中心的线段组成，且它关于方格表的某条对角线对称．证明：这条闭折线的长度不大于 200．

9. 在凸 100 边形的每个顶点上都写有两个不同的数．证明：可以从每个顶点上划去一个数，使得任意两个相邻的顶点上剩下的数都互不相同．

10. 有 m 只茶杯，开始时杯口朝上，把茶杯任意翻转，规定每翻转 $n(n<m)$ 只，算一次翻动，翻动的茶杯允许再翻，证明：当 n 为偶数，m 为奇数时，无论翻动多少次，都不可能使杯口全朝下．

11. 有一批规格相同的圆棒，每根划分长度相同的五节，每节用红、黄、蓝三种颜色来涂．问：可以得到多少种颜色不同的圆棒？

12. 已知△ABC 内有 n 个点，连同 A,B,C 三点一共 $n+3$ 个点．以这些点为顶点将△ABC 分成若干个互不重叠的小三角形．将 A,B,C 三点分别染成红色、蓝色和黄色．而三角形内的 n 个点，每个点任意染成红色、蓝色和黄色三色之一．问：3 个顶点颜色都不同的三角形的个数是奇数还是偶数？

13. 从 10 个英文字母 A，B，C，D，E，F，G，X，Y，Z 中任意选 5 个字母（字母允许重复）组成一个"词"，将所有可能的"词"按"字典顺序"（即英汉辞典中英语词汇排列的顺序）排列，得到一个"词表"：

AAAAA，AAAAB，…，AAAAZ，

AAABA，AAABB，…，ZZZZY，ZZZZZ.

设位于"词"CYZGB 与"词"XEFDA 之间（这两个词除外）的"词"的个数是 k，试写出"词表"中的第 k 个"词"．

14. 如图 23-5（a）是 4 个 1×1 的正方形组成"L"形，用若干这样的"L"硬纸片无重叠地拼成一个 $m×n$（长为 m 个单位，宽为 n 个单位）的矩形，如图 23-5（b），试证明：$8|\ mn$.

15. 一个教室有 25 个座位，排成一个 5 行 5

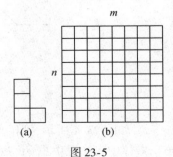

图 23-5

列的正方形,假使开始时每个座位都坐着一位学生,问是否可能改变学生的座位,使每个学生都换到紧靠他原座位的前面、后面、左面或右面的座位上去?

16. 弗明斯克城的每一条道路均连接着两个十字路口,且都限定为单向行走线. 市政当局为布列加油站网点开展一次设计竞赛,要求自每一个十字路口均不可违反行车规则地到达加油站之一,但由任何一个加油站都不可以抵达另外任何一个加油站. 证明:在所征的设计方案中,每一个都布列了相同数目的加油站.

17. 设 $A_1, A_2, \cdots, A_6$ 是平面上的 6 点,其中任 3 点不共线. 如果这些点之间任意连接了 13 条线段,证明:必存在 4 点,它们每两点之间都有线段连接.

18. 平面上有 6 个点,任何 3 个点都是一个不等边三角形的顶点. 求证:这些三角形中一个的最短边同时是另一个三角形的最长边.

19. 某国有 N 个城市. 每两个城市之间或者有公路,或者有铁路相连. 一个旅行者希望到达每个城市恰好一次,并且最终回到他所出发的城市. 证明:该旅行者可以挑选一个城市作为出发点,不但能够实现他的愿望,而且途中至多变换一次交通工具的种类.

20. 有 9 名数学家,每人至多能讲 3 种语言,每 3 人中至少有 2 人能通话. 求证:在这 9 名中至少有 3 名用同一种语言通话.

21. 在一个九人小班中,已知没有 4 个人是相互认识的. 求证:这个班能分成 4 个小组,使得每个小组中的人是互不认识的.

22. 设 $\triangle ABC$ 为正三角形,E 为线段 BC, CA, AB 上的点(包括 A, B, C 在内)所组成的点集. 将 E 分成两个子集,是否总有一个子集中含有一个直角三角形的顶点? 证明你的结论.

23. 给定边长为 10 的正三角形,用平行其边的直线将它分为若干边长为 1 的正三角形,现有 m 个如图 23-6(a) 所示的三角块,且有 $25 - m$ 个形如图23-6(b) 所示的四边形块,问:

(1) 若 $m = 10$,能否用它们拼出原三角形?

(2) 求能拼出原三角形的所有 m.

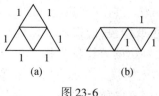

(a)　　　　(b)

图 23-6

24. 试找出最大的正整数 N，使得无论怎样将正整数 1 至 400 填入 20×20 方格表的各个格中，都能在同一行或同一列中找到两个数，它们的差不小于 N.

25. 求具有如下性质的最小正整数 n：将正 n 边形的每一个顶点任意染上红，黄，蓝三种颜色之一，那么这 n 个顶点中一定存在 4 个同色点，它们是一个等腰梯形的顶点.

26. 如图 23-7 所示，平面上由边长为 1 的正三角形构成一个(无穷的)三角形网格. 三角形的顶点称为格点，距离为 1 的格点称为相邻格点.

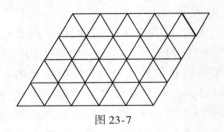

图 23-7

A，B 两只青蛙进行跳跃游戏. "一次跳跃"是指青蛙从所在的格点跳至相邻的格点. "A，B 的一轮跳跃"是指它们按下列规则进行的先 A 后 B 的跳跃：

规则(1)：A 任意跳一次，则 B 沿与 A 相同的跳跃方向跳跃一次，或沿与之相反的方向跳跃两次.

规则(2)：当 A，B 所在的格点相邻时，它们可执行规则(1)完成一轮跳跃，也可以由 A 连跳两次，每次跳跃均保持与 B 相邻，而 B 则留在原地不动.

若 A，B 的起始位置为两个相邻的格点，问能否经过有限轮跳跃，使 A，B 恰好位于对方的起始位置上？

27. 21 个女孩和 21 个男孩参加一次数学竞赛.

(1)每一个参赛者至多解出了 6 道题；

(2)对于每一个女孩和每一个男孩，至少有一道题被这一对孩子都解出.

证明：有一道题，至少有 3 个女孩和至少有 3 个男孩都解出.

28. 无限大的白色方格纸上有有限个方格被染为黑色，每个黑色方格都有偶数个(0,2 或 4 个)白色方格与它有公共边. 证明：可以将与黑色方格有公共边的每个白色方格染成红色或绿色，使得每个黑色方格的邻格中红色方格和绿色方格的个数都相等(有公共边的方格称为相邻).

29. 设 n 是一个固定的正偶数. 考虑一块 $n \times n$ 的正方板，它被分成 n^2 个单位正方格，板上两个不同的正方格如果有一条公共边，就称它们为相邻的.

将板上 N 个单位正方格作上标记,使得板上的任意正方格(作上标记的或者没有作上标记的)都与至少一个作上标记的正方格相邻.

确定 N 的最小值.

23.2　解　　答

1. 把棋盘上各点按黑白色间隔进行染色(图略). 马如从黑点出发,一步只能跳到白点,下一步再从白点跳到黑点,因此,从原始位置起相继经过:白、黑、白、黑……要想回到黑点,必须黑、白成对,即经过偶数步,回到原来的位置.

2. 不能.

用白、黑相间的方法对方格进行染色(图 23-8). 若满足题设要求的走法存在,必定从白色的展室走到黑色的展室,再从黑色的展室走到白色的展室,如此循环往复. 现共有 36 间展室,从白色展室开始,最后应该是黑色展室. 但图 23-1 中出口处的展室是白色的,矛盾. 由此可以判定符合要求的走法不存在.

图 23-8

3. 不能.

我们将 99×99 的正方形中每个单位正方形方格染上黑色或白色,使每两个相邻的方格颜色不同,由于 99×99 为奇数,两种颜色的方格数相差为 1. 而每一种纸片中,两种颜色的方格数相差数为 0 或 3,如果它们能拼成一个大正方形,那么其中两种颜色之差必为 3 的倍数. 矛盾!

4. 不可能.

如图 23-9 所示,将这 22 个城市染成黑白两种染色,其中 12 个城市染成黑色,10 个城市染成白色,当我们散步时所路过的城市黑白交替. 如果我们走遍 12 黑色的城市,那么我们走过的白色城市不少于 11 个. 然而,仅有 10 个白色城市. 所以不可能.

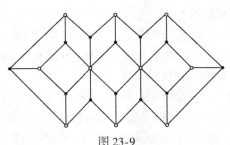

图 23-9

5. 甲虫不能走遍所有的正方体. 我们如图 23-10 将正方体分割成 27 个小正方体, 涂上黑白相间的两种颜色, 使得中心的小正方体染成白色, 再使两个相邻的小正方体染上不同的颜色. 显然, 在 27 个小正方体中, 14 个是黑的, 13 个是白的. 甲虫从中间的白色小正方体出发, 每走一步, 方格就改变一种颜色. 故它走 27 步, 应该经过 14 个白色的小正方体、13 个黑色的小正方体. 因此在 27 步中至少有一个小正方体, 甲虫进去过两次. 由此可见, 如果要求甲虫到每一个小正方体只去一次, 那么甲虫不能走遍所有的小正方体.

6. 如图 23-11 所示, 对 8×8 的棋盘染色, 则每一个 4×1 的长方形能盖住 2 白 2 黑小方格, 每一个 2×2 的正方形能盖住 1 白 3 黑或 3 白 1 黑小方格. 推知 7 个正方形盖住的黑格总数是一个奇数, 但图中的黑格数为 32, 是一个偶数, 故这种剪法是不存在的.

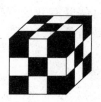

图 23-10

图 23-11

7. 不能.

如图 23-12 所示, 给 8×8 的方格棋盘涂上 4 种不同的颜色(用数字 1, 2, 3, 4 表示). 显然标有 1, 2, 3, 4 的小方格各有 16 个. 每个 1×4 的长方形恰好盖住标有 1, 2, 3, 4 的小方格各一个, 但一个 2×2 的正方形只能盖住有 3 种数字的方格, 故无法将每个方格盖住, 即不可能有题目要求的覆盖.

1	2	3	4	1	2	3	4
2	3	4	1	2	3	4	1
3	4	1	2	3	4	1	2
4	1	2	3	4	1	2	3
1	2	3	4	1	2	3	4
2	3	4	1	2	3	4	1
3	4	1	2	3	4	1	2
4	1	2	3	4	1	2	3

图 23-12

8. 显然, 折线与对角线相交. 设 A 是一个这样的交点. 我们沿着折线运动, 设 B 是第一个再次与对角线的交点. 由对称性, 如果沿着折线按另一方向运动, B 仍然是第一个与对角线的交点, 这样, 折线在 A 与 B 之间已经封闭起来. 这表明折线与该对角线有且只有 2 个交点.

现将方格表中的小方格黑白相间地染色, 使得对角线上的小方格全为黑色. 注意到沿折线运动时, 黑白格交替经过. 因此, 经过的黑白格数目相等. 表中黑格比白格多 1 个. 由于对角线上都是黑格, 折线与其中的 13 个不交, 故折线至少与 12 个白格不交. 由此, 折线的长度不超过 $15^2 - 13 - 12 = 200$.

9. 如果在各个顶点上都写着同样的一对数 a 与 b, 则只需在所有偶数编号的顶点上都留下 a, 在所有奇数编号的顶点上都留下 b, 即满足要求.

现在假设不是这种情况, 即可以找到两个相邻的顶点 A, B, 在它们上面写着的是两对不同的数. 从顶点 A 开始, 依次为各个顶点编号, 使得 A 为 1 号, B 为 100 号.

将各个顶点上的数都染为一红一蓝. 首先, 任意将第 1 号顶点上的两个数分别染为一红一蓝. 其次, 假设已经将第 k 号顶点上的两个数 a 与 b 分别染为红色与蓝色, 那么, 在将第 $k+1$ 号顶点上的两个数染色时, 便有意地使得红色的数不是 a, 蓝色的数不是 b. 依此下去. 于是, 除了 1 号顶点 A 和 100 号顶点 B 之外, 任何两个相邻顶点上的颜色相同的数都是互不相等的. 而在顶点 A, B 上, 绝不可能红色两数彼此相等, 蓝色两数也彼此相等 (否则, 与 "它们上面写着的是两对不同的数" 的事实相矛盾), 因此, 其中必有某一种颜色的两数互不相等. 不妨设它们上面的蓝色两数互不相等. 于是, 只要擦去所有红色的数即满足要求.

10. 规定杯口朝上时为 1, 杯口朝下时为 -1. 经过 k 次翻动后, 代表茶杯情况的 m 个数字乘积是 F_k. 开始时茶杯杯口全朝上, 故 $F_0 = 1$, 茶杯经 k 次翻动后, 再经第 $k+1$ 次翻动时, 改变了 n 个数字的符号, 故 $F_{k+1} = (-1)^n F_k = F_k$. 由此可见, 对所有的 k, $F_k = 1$. 但是, 杯口朝下时, 代表茶杯情况的 m 个数字的乘积是 $(-1)^m = -1$. 矛盾. 这就证明了无论经过多少次翻动, 都不能将杯口全朝下.

11. 用 1, 2, 3 这 3 个数分别代表 3 种颜色, 它们组成的一个 5 位数代表一种涂法. 每一位都可能有 3 种取法, 即 1, 2, 3. 因此, 可能有 $3 \times 3 \times 3 \times 3 \times 3 = 243$ 个不同的 5 位数.

由于棒的规格相同, 均匀, 又都是等分为五节. 因此, 将一个涂过色的棒倒转 $180°$ 来看, 它可能与另一棒的涂色完全一样, 这两个棒只能是同一种着色. 这就是说一个数与它的反序数代表同一种涂法, 即 12332 和 23321 代表同一个涂法, 但是, 有些数的反序数就是她自身, 如 11111, 12321. 这样的数只要确定前 3 位, 它就确定了. 因此, 一共有 $3 \times 3 \times 3 = 27$ 个.

从 243 个不同的 5 位数去掉这 27 个, 还有 $243 - 27 = 216$ 个. 这 216 个数中每一个数和它的反序数都代表一种着色方法, 即两个数决定一种着色方法, 所以 216 个数代表 $216 \div 2 = 108$ 种着色方法, 连同前面的 27 种, 共有 135 种不同着色的棒.

12. 先对所有的小三角形的边赋值:边的两端点同色,该线段赋值为0,边的两端点不同色,该线段赋值为1.

然后计算每个小三角形的三边赋值之和,有如下3种情况:

(1)3个顶点都不同色的三角形,赋值和为3;

(2)3个顶点中恰有2个顶点同色的三角形,赋值和为2;

(3)3个顶点同色的三角形,赋值和为0.

设所有三角形的边赋值总和为S,又设(1),(2),(3)三类小三角形的个数分别为a,b,c,于是有

$$S = 3a + 2b + 0c = 3a + 2b. \tag{23-1}$$

注意到在所有三角形的边赋值总和中,除了AB,BC,CA三条边外,都被计算了2次,故它们的赋值和是这些边赋值和的2倍,再加上$\triangle ABC$的三边赋值和3,从而S是一个奇数,由式(23-1)知a是一个奇数,即3个顶点颜色都不同的三角形的个数是一个奇数.

13. 将A,B,C,D,E,F,G,X,Y,Z分别赋值为0,1,2,3,4,5,6,7,8,9,则

CYZGB = 28961, XEFDA = 74530.

在28961与74530之间共有$74530 - 28961 - 1 = 45568$(个)数,词表中第45568个词是EFFGY.

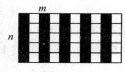

图 23-13

14. 因为$m \times n$矩形由"L"形拼成,所以$m \times n$是4的倍数,所以m,n中必有一定是偶数,不妨设为m.

现把$m \times n$矩形中的m列按一列黑、一列白间隔染色(图23-13),则不论"L"形在这个矩形中的放置位置如何,"L"形或占有三白一黑4个单位正方形(记为第一种),或占有三黑一白4个单位正方形(记为第二种).

设第一种"L"形共有p个,第二种"L"形共有q个,则$m \times n$矩形中的白格正方形数为$3p + q$,而它的黑格正方形数为$p + 3q$.

因m为偶数,所以$m \times n$矩形中黑、白列数相等,从而黑白单位正方形总数相等,故有$3p + q = p + 3q$,从而$p = q$. 所以"L"形的总数为$2p$个,$m \times n = 2p \times 4 = 8p$,即$m \times n$一定是8的倍数.

15. 将教室画成如图23-14所示的形状,每个方格表示一个座位. 现以1,0间隔地填入图中,得到如图所示情况. 可知,图中共13格数值为1,12格的数值为0,现要使每位同学都按题设要求换位,就是指所有标号为1的座位上的同学都

1	0	1	0	1
0	1	0	1	0
1	0	1	0	1
0	1	0	1	0
1	0	1	0	1

图 23-14

要换到标号为 0 的座位上去. 而标号为 1 的座位上的同学有 13 位, 不可能同时换到 12 个标号为 0 的座位上去. 故不能实现.

16. 任意取两种建设加油站的方案, 将其中一种方案中的加油站称为红色加油站, 另一种方案中的加油站称为蓝色加油站. 由题意知从任意一个红色加油站出发, 可到达某一个蓝色加油站. 若存在两个红色加油站 A 和 B, 从它们出发均可到达蓝色加油站 C. 考虑从 C 出发可到达的红色加油站 D, 由于从 A (或可以到达 A 的任一十字路口) 出发, 可到达红色加油站 A 和 D, 故 A 与 D 是同一个加油站. 同理, B 与 D 也相同, 即 A 与 B 是同一个加油站. 因此从红色加油站到蓝色加油站之间建立了一个单射. 即红色加油站的数量小于等于蓝色加油站的数量. 同理, 蓝色加油站的数量也小于等于红色加油站的数量, 故两种加油站的数量相等, 而这也是我们要证明的.

17. 将已连接的 13 条线段全染成红色, 还未连上的两条用蓝色连上 (因为所有两点相连共有 15 条线段), 这样由《数学解题策略》第 23 章例 4 知, 必有一个同色三角形. 现在的蓝色线只有两条, 所以同色三角形为红色的. 不妨设 $\triangle A_1A_2A_3$ 是红色的, 这时 A_4, A_5, A_6 三点必有一点, 它与 A_1, A_2, A_3 的连线全为红色 (因为只有两条蓝线), 设 A_4A_1, A_4A_2, A_4A_3 全为红色, 则 A_1, A_2, A_3, A_4 为所求的 4 点.

18. 设 $A_1, A_2, \cdots, A_6$ 是已知点. 在每个 $\triangle A_iA_jA_k$ 中, 把最短边染成红色, 于是每个三角形中至少有一个红边. 现只需证明: 在以已知点为顶点的三角形中有一个三角形三边均为红色, 因为这个三角形最长边为红色, 而它同时又是另一个三角形的最短边.

从每点可作 5 条线段与其余已知点相连, 由抽屉原理知, 这 5 条线段中或者至少有 3 条红边, 或者至少有 3 条未染色的边.

(1) 若经过点 A_1 的 5 条线段中至少有 3 条染成红色, 不妨设为 A_1A_2, A_1A_3, A_1A_4 为红边. 那么考虑 $\triangle A_2A_3A_4$ 中至少有一边为红色, 不妨设 A_2A_3 为红边, 那么 $\triangle A_1A_2A_3$ 三边均被染上红色.

(2) 若经过 A_1 的线段中至少有三条未染色, 不妨设 A_1A_2, A_1A_3, A_1A_4. 现考查 $\triangle A_1A_2A_3, \triangle A_1A_2A_4, \triangle A_1A_3A_4$, 它们中每个至少有一边为红色的, 但这边不经过 A_1 点, 故线段 A_2A_3, A_3A_4, A_4A_2 为红色, 从而 $\triangle A_2A_3A_4$ 三边均为红色.

19. 将原题换为图论语言表述为:

给定了一个具有 N 个顶点的完全图, 它的边被分别染成了两种不同的颜色. 证明: 从中可以找到一个经过所有顶点的圈, 该圈至多可以分为两个各自同色的部分.

用归纳法证明这一命题.

对于具有 3 个顶点的完全图,命题显然成立假设 $N=k$ 时命题成立,考虑 $N=k+1$ 的情形. 先从所考查的图中去掉一个顶点 M 及所有从它发出的边. 由归纳假设知,在剩下的具有 k 个顶点的完全图中存在一个经过所有顶点的圈,该圈至多可以分为两个各自同色的部分. 下面分两种情形讨论:

(1)该圈上的所有边全都同色. 依次将圈上的顶点记为 $A_1,A_2,\cdots,A_k$. 从中去掉边 A_1A_2,然后将顶点 M 分别与 A_1,A_2 相连,所得的圈即符合要求.

(2)该圈上的所有边不全同色. 将顶点编号,使得对某个顶点 A_m,圈上由 A_1 到 A_m 的部分 $A_1A_2\cdots A_m$ 为一种颜色（1 号色）, $A_mA_{m+1}\cdots A_kA_1$ 为另一种颜色（2 号色）. 只要观察边 MA_m 的颜色:如果该边为 1 号色,则圈 $A_1A_2\cdots A_mMA_{m+1}\cdots A_kA_1$ 为所求;如果该边为 2 号色,则圈 $A_1A_2\cdots A_{m-1}MA_m\cdots A_kA_1$ 为所求.

这就表明,对于 $N=k+1$ 命题也成立.

20. 以平面上 9 个点 $A_1,A_2,\cdots,A_9$ 表示 9 个数学家,如果两人能通话,就把表示他们的两点连线,并涂上一种颜色（不同的语言涂上不同颜色）. 此时有两种情况:

(1)9 点中任意 2 点都有连线,并涂了相应的颜色. 于是从某一点 A_1 出发,分别与 $A_2,A_3,\cdots,A_9$ 连线,又据题意,每人至多能讲 3 种语言,因此 A_1A_2, $A_1A_3,\cdots,A_1A_9$ 中至多只能涂 3 种不同的颜色,由抽屉原理知,这 8 条线段中至少有 2 条同色的线段. 不妨设 A_1A_2 与 A_1A_3 是同色线段,因此 A_1,A_2,A_3 这 3 点表示的 3 名数学家可用同一种语言通话.

(2)9 点中至少有 2 点不连线,不妨设是 A_1 与 A_2 不连线. 由于每 3 人中至少有 2 人能通话,因此从 A_1 与 A_2 出发至少有 7 条连线. 再由抽屉原理知,其中必有 4 条连线从 A_1 或 A_2 出发. 不妨设从 A_1 出发,又因 A_1 至多能讲 3 种语言,所以这 4 条连线中,至少有 2 条连线是同色的. 若 A_1A_3 与 A_1A_4 同色,则 A_1,A_3, A_4 这 3 点表示的 3 名数学家可用同一种语言通话.

21. 以 9 个点表示这 9 个人,如果某两人相识,则在相应两点间连红线,如不相识,则连蓝线,如此得九阶两色完全图 G.

引理 1 9 阶红蓝两色完全图 G 中,若不存在红色 K_4,则必存在蓝色 K_3.

引理 1 的证明 若 G 中有一点 V_1 发出的蓝线 ≥ 4 条,设为 $V_1V_i,i=2,3,4,5$,据条件, V_2,V_3,V_4,V_5 之间至少有一条蓝边,如 V_2V_3,则 $V_1V_2V_3$ 构成蓝色 K_3,

若 G 中每点发出的蓝线 ≤ 3 条,即每点发出的红线 ≥ 5 条,由于 G 中"红色"奇顶点个数为偶数,其中必有一点 V_1 发出的红线 ≥ 6 条,设 V_1V_j 为红线（ $j=2,3,4,5,6,7$ ）,而由 $V_2V_3V_4V_5V_6V_7$ 组成的两色 K_6 中,据拉姆赛定理,必有单

色 K_3，且必是蓝色的（若 $V_2V_3V_4$ 为红色 K_3，则 $V_1V_2V_3V_4$ 组成红色 K_4，不合条件）.

引理 2 六阶红蓝两色完全图 G_1 中，有 5 条蓝边，且构成蓝色 5_圈，其余的边皆为红边；G_2 为蓝色三角形，现将 G_1 的 6 点与 G_2 的 3 点间两两连线红蓝染色，如此得九阶红蓝两色完全图 G，如果 G 中不存在红色 K_4，则必可将 G 中的 9 个点分为 4 组，在每一组的点中，两两连线皆为蓝色.

引理 2 的证明 为表述方便，将红、蓝边分别用虚、实线表示，并将 G_1 的蓝色 5_圈画成正五边形 $A_1A_2A_3A_4A_5$，G_2 为蓝色 $\triangle V_1V_2V_3$，如图23-15所示.

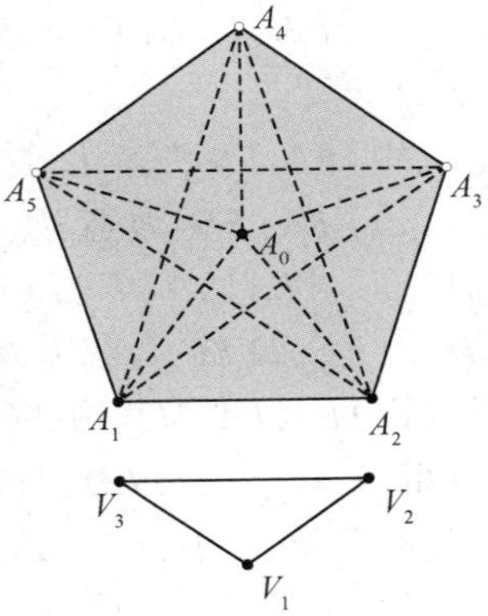

五边形的五条对角线与五边形的中心 A_0，共作成五个红色 K_3，G_2 的每个顶点 V_i，向这每个红色 K_3 顶点发出的 3 条边中，必有一条蓝边.

（1）若 G_2 的每个顶点 V_i 都与 A_0 有蓝边相邻，则分组 $\{A_0,V_1,V_2,V_3\}$，$\{A_1,A_2\}$，$\{A_3,A_4\}$，$\{A_5\}$ 合于条件；

图 23-15

（2）若 G_2 中只有两个顶点 V_1，V_2 与 A_0 有蓝边相邻，而 V_3 与 A_0 无蓝边相邻，由于上述五边形的每个顶点只能控制 2 个红色 K_3，则 V_3 至少要与 $A_1A_2A_3A_4A_5$ 中的 3 点有蓝边相邻，于是必有两个相邻顶点，例如 A_1A_2 向 V_3 发出蓝边，这时分组 $\{A_1,A_2,V_3\}$，$\{V_1,V_2,A_0\}$，$\{A_3,A_4\}$，$\{A_5\}$ 合于条件；

（3）若 G_2 中只有一个顶点 V_1 与 A_0 有蓝边相邻，而 V_2，V_3 与 A_0 无蓝边相邻，则 V_2，V_3 各至少要与 $A_1A_2A_3A_4A_5$ 中的 3 点有蓝边相邻，其中必有一点，例如 A_1 向 V_2V_3 发出蓝边，则分组 $\{A_0,V_1\}$，$\{A_1,V_2,V_3\}$，$\{A_2,A_3\}$，$\{A_4,A_5\}$ 合于条件；

（4）若 G_2 中的每一顶点都不与 A_0 蓝边相邻，则 V_1，V_2，V_3 各至少要与 $A_1A_2A_3A_4A_5$ 中的 3 点有蓝边相邻，则或者有一点，例如 A_1 向 $V_1V_2V_3$ 都发出蓝边，这时有分组 $\{A_1,V_1,V_2,V_3\}$，$\{A_2,A_3\}$，$\{A_4,A_5\}$，$\{A_0\}$；或者一点如 A_1，向 G_2 中的一边例如 V_1V_2 发出蓝边，另有两个相邻顶点，例如 A_2A_3 向 V_3 发出蓝边，这时有分组 $\{A_1,V_1,V_2\}$，$\{A_2,A_3,V_3\}$，$\{A_4,A_5\}$，$\{A_0\}$. 引理得证.

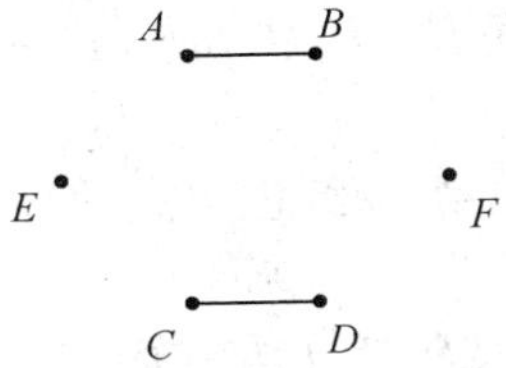

图 23-16

回到本题，据引理 1，设 $V_1V_2V_3$ 为蓝色 K_3；其余 6 点记为 A,B,C,D,E,F，在由 A,B,C,D 组成的 K_4 中，必有蓝边，设为 AB；在由 C,D,E,F 组成的 K_4 中，必有

蓝边,设为 CD;其余两点 E,F,如连有蓝边(图 23-16),则有分组 $\{V_1,V_2,V_3\}$,$\{A,B\}$,$\{C,D\}$,$\{E,F\}$;

今设 EF 为红边,考虑由 $ABCDEF$ 这 6 点组成的图 G_0:

(1)如在 G_0 中,自 E,F 发出的边都为红边,由于 4 点组 $\{ACEF\}$,$\{ADEF\}$,$\{BCEF\}$,$\{BDEF\}$ 中都有蓝边,则 AC,AD,BC,BD 都是蓝边,因 AB,CD 为蓝边,于是 $\{A,B,C,D\}$ 为蓝色 K_4,这时有分组 $\{V_1V_2V_3\}$,$\{ABCD\}$,$\{E\}$,$\{F\}$.

(2)若 E,F 都向 $\{A,B,C,D\}$ 发出蓝色边,据对称性,本质不同的情况有 3 种:

(甲)EA,FB 为蓝边,这时有分组 $\{V_1V_2V_3\}$,$\{EA\}$,$\{FB\}$,$\{CD\}$.

(乙)EA,FD 为蓝边,考虑 4 点组 $\{EBFC\}$,如 BC 为蓝边,则有分组 $\{V_1V_2V_3\}$,$\{EA\}$,$\{DF\}$,$\{BC\}$;如 BE 为蓝边,则有分组 $\{V_1V_2V_3\}$,$\{ABE\}$,$\{CD\}$,$\{F\}$;如 EC 为蓝边,化为情形(甲).

(丙)EA,FA 为蓝边,考虑 4 点组 $\{EBFC\}$,$\{EBFD\}$,当 BC,BD 为蓝边,则有分组 $\{V_1V_2V_3\}$,$\{BCD\}$,$\{FA\}$,$\{E\}$,其他蓝边情况前面均讨论过.

(3)若 E,F 中,F 不发蓝边,只有 E 发蓝边,本质不同的情况有 3 种:

(甲)E 只发一条蓝边,不妨设为 EA,考虑 4 点组 $\{EBFC\}$,$\{EBFD\}$,得 BC,BD 为蓝边,此时有分组 $\{V_1V_2V_3\}$,$\{BCD\}$,$\{AE\}$,$\{F\}$.

(乙)E 只发两条蓝边,本质不同的情况有两种:若 EA,EC 为蓝边,考虑 4 点组 $\{EBFD\}$,得 BD 为蓝边,则 $ABDCE$ 为蓝色五边形,据引理 2 及前面的讨论,知结论成立;若 EA,EB 为蓝边,则有分组 $\{V_1V_2V_3\}$,$\{ABE\}$,$\{CD\}$,$\{F\}$.

(丙)E 至少发出 3 条蓝边,则必有蓝色 $\triangle ABE$(或 $\triangle CDE$)此时有分组 $\{V_1V_2V_3\}$,$\{ABE\}$,$\{CD\}$,$\{F\}$. 综上,得结论成立.

22. 如图 23-17 所示,将 E 中的点分别染上红、蓝两种颜色之一,则问题转化为证明 E 中一定存在一个直角三角形,其 3 个顶点的颜色相同.

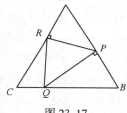

图 23-17

在边 AB,BC,CA 上分别取点 P,Q,R,使 $AP:PB=BQ:QC=CR:RA=2$,则有 $PQ\perp AB,QR\perp BC,PR\perp CA$.

对点集 E 进行红、蓝二染色,则 P,Q,R 中至少两点同色,不妨设 R,Q 为红色.

(1)如果 BC 边上,除 Q 点外还有红色点 X,则 $\triangle RQX$ 组成红色顶点的直角三角形.

(2)若 BC 边上,除 Q 点外没有红色点,现考虑 AB 边(包括 A,B 在内).

若 AB 边上除 B 点外还有蓝色点 Y,则过 Y 作 $YM\perp BC$,M 为垂足,则 $\triangle BYM$

为蓝色顶点的直角三角形,若 AB 边上除 B 外无蓝色点,则过 R 作 $RN \perp AB$ 于 N,显然 N 不与 B 重合,故 N 必为红色. 于是 $\triangle RAN$ 组成红色顶点的直角三角形.

综上所述,命题获证.

23. 按照类似国际象棋盘的染色方法把小正三角形块染上黑白两色(图 23-18). 设 m 个图 23-6(a)(见原题,下同)中,能覆盖图(23-18)中 3 个白三角块的个数为 x,则白三角形个数为

图 23-18

$$3x+(m-x)+2(25-m)=2x+50-m.$$

又图 23-18 中共有 55 个白三角形,若 m 个图 23-6(a),$25-m$ 个图23-6(b)可以盖住图 23-8,则有

$$25x+50-m=55,$$

即 $2x=5+m$,由此可知,m 为奇数.

(1)$m=10$ 为偶数,故 $m=10$ 不能拼出原三角形.

(2)显然 $m \geqslant x$,则 $2m \geqslant 2x=5+m$,即 $m \geqslant 5$,又 $25-m \geqslant 0$,所以 $m \leqslant 25$,故可知 $m \in \{n \mid 5 \leqslant n \leqslant 25,$ 且 n 为奇数$\}$. 当 $5 \leqslant n \leqslant 25$ 且 n 为奇数时可以如下构造,先用 25 个图 23-6(a)形拼成大三角形,再取出其中的 $\dfrac{25-n}{2}$ 对相邻的图 23-6(a) 型,将它们改为图 23-6 型即可.

24. 209. 首先举例说明 $N \leqslant 209$. 用正中的竖直直线将方格表分成两个20×10 的方格表. 将 1～200 逐行按递增顺序填入左表中,再在右表中按同样的原则填入 201～400. 这样一来,在每一行中所填之数的最大差都不超过 $210-1=209$;在每一列中所填之数的最大差都不超过 $191-1=190$. 所以 $N \leqslant 209$.

再证 N 不能小于 209. 我们观察子集

$M_1=\{1,2,\cdots,91\}$ 和 $M_2=\{300,301,\cdots,400\}$.

将凡是填有 M 中的数的行和列都染为红色;将凡是填有 M 中的数的行和列都染为蓝色. 只要证明红色的行和列的数目不小于 20,而蓝色的行和列的数目不小于 21. 那么,就有某一行或某一列既被染为红色,又被染为蓝色,从而其中必有两个数的差不小于 $300-91=209$. 设有 i 行和 j 列被染为红色. 于是,M_1 中的元素全都位于这些行与这些列的相交处,所以,$ij \geqslant 91$. 从而,$i+j \geqslant 2\sqrt{ij} \geqslant 2\sqrt{91} \geqslant 19$. 同理,被染为蓝色的行数与列数之和 $i'+j' \geqslant 2\sqrt{i'j'} \geqslant 2\sqrt{101} > 20$.

25. 所求 n 的最小值为 17.

首先证明 $n=17$ 时,结论成立.

反证法. 假设存在一种将正 17 边形的顶点三染色的方法,使得不存在 4 个同色顶点是某个等腰梯形的顶点.

由于 $\left[\dfrac{17-1}{3}\right]+1=6$,故必存在某 6 个顶点染同一种颜色,不妨设为黄色. 将这 6 个点两两连线,可以得到 $C_6^2=15$ 条线段. 由于这些线段的长度只有 $\left[\dfrac{17}{2}\right]=8$ 种可能,于是必出现如下的两种情况之一:

(1) 有某 3 条线段长度相同.

注意到 3 不整除 17,不可能出现这 3 条线段两两有公共顶点的情况. 所以存在两条线段,顶点互不相同. 这两条线段的 4 个顶点即满足题目要求,矛盾.

(2) 有 7 对长度相等的线段.

由假设,每对长度相等的线段必有公共的黄色顶点,否则能找到满足题目要求的 4 个黄色顶点. 再根据抽屉原理,必有两对线段的公共顶点是同一个黄色点. 这 4 条线段的另 4 个顶点必然是某个等腰梯形的顶点,矛盾.

所以,$n=17$ 时,结论成立.

再对 $n \le 16$ 构造出不满足题目要求的染色方法. 用 $A_1,A_2,\cdots,A_n$ 表示正 n 边形的顶点(按顺时针方向),M_1,M_2,M_3 分别表示 3 种颜色的顶点集.

当 $n=16$ 时,令 $M_1=\{A_5,A_8,A_{13},A_{14},A_{16}\}$,$M_2=\{A_3,A_6,A_7,A_{11},A_{15}\}$,$M_3=\{A_1,A_2,A_4,A_9,A_{10},A_{12}\}$. 对于 M_1,A_{14} 到另 4 个顶点的距离互不相同,而另 4 个点刚好是一个矩形的顶点. 类似于 M_1,可验证 M_2 中不存在 4 个顶点是某个等腰梯形的顶点. 对于 M_3,其中 6 个顶点刚好是 3 条直径的顶点,所以任意 4 个顶点要么是某个矩形的 4 个顶点,要么是某个不等边 4 边形的 4 个顶点.

当 $n=15$ 时,令 $M_1=\{A_1,A_2,A_3,A_5,A_8\}$,$M_2=\{A_6,A_9,A_{13},A_{14},A_{15}\}$,$M_3=\{A_4,A_7,A_{10},A_{11},A_{12}\}$,每个 M_i 中均无 4 点是等腰梯形的顶点.

当 $n=14$ 时,令 $M_1=\{A_1,A_3,A_8,A_{10},A_{14}\}$,$M_2=\{A_4,A_5,A_7,A_{11},A_{12}\}$,$M_3=\{A_2,A_6,A_9,A_{13}\}$,每个 M_i 中均无 4 点是等腰梯形的顶点.

当 $n=13$ 时,令 $M_1=\{A_5,A_6,A_7,A_{10}\}$,$M_2=\{A_1,A_8,A_{11},A_{12}\}$,$M_3=\{A_2,A_3,A_4,A_9,A_{13}\}$,每个 M_i 中均无 4 点是等腰梯形的顶点.

在上述情形中去掉顶点 A_{13},染色方式不变,即得到 $n=12$ 的染色方法;然后再去掉顶点 A_{12},即得到 $n=11$ 的染色方法;继续去掉顶点 A_{11},得到 $n=10$ 的染色方法.

当 $n \leqslant 9$ 时,可以使每种颜色的顶点个数小于 4,从而无 4 个同色顶点是某个等腰梯形的顶点.

上面构造的例子表明 $n \leqslant 16$ 不具备题目要求的性质.

综上所述,所求的 n 的最小值为 17.

26. 不可能.

不妨设 B 在 A 右方与之相邻的格点上. 现为每个格点赋值如下:先取 A 初始所在格点,此格点赋值为 1,以后赋值规则符合下列要求:任意一个格点赋值为它左边相邻格点处值乘以 ω,又是它斜左下方与之相邻格点处值乘以 ω^2. 开始时,$A=1$,$B=\omega$,而由规则知,任意一轮跳跃不改变 A 所在格点的值与 B 所在格点的值的比值,若最终 A,B 能交换位置,则 $1/\omega=\omega/1$,矛盾! 所以不能做到.

27. 我们用以下符号来表达:G 是参加比赛的女生集合,B 为男生集合,P 为题目集合,$P(g)$ 是被 $g \in G$ 解出来的题目集合,$P(b)$ 是被 $b \in B$ 解出来的题目集合,$G(p)$ 是解出 $p \in P$ 的女生集合,$B(p)$ 是解出 p 的男生集合.

假设对任意 $p \in P$,有 $|G(p)| \leqslant 2$ 或 $|B(p)| \leqslant 2$. 若 $|G(p)| \leqslant 2$,则将 p 染成红色,否则将其染成黑色. 考虑一个 21×21 的棋盘,每一行代表一个女生,每一列代表一个男生. 对 $g \in G$,$b \in B$,对相应的方格 (g,b) 进行染色:任选 $p \in P(g)$ $\cap P(b)$,将 p 的颜色涂在 (g,b) 内. 由条件(2)知,这样的涂法是存在的. 由抽屉原理知至少有一种颜色涂了不少于 $\left\lceil \dfrac{441}{2} \right\rceil = 221$ 个方格,存在一行至少有 $\left\lceil \dfrac{221}{21} \right\rceil = 11$ 个黑格或存在一列至少有 11 个红格.

假设 $p \in G$ 所在行至少有 11 个黑格. 对这 11 个黑格中的每一个所代表的题目,最多被 2 个男生解出. 于是至少有 $\left\lceil \dfrac{11}{2} \right\rceil = 6$ 道不同的题目被 g 解出. 由条件(1)知 g 仅解出这 6 道题. 这样最多有 12 个男生解出的题也被 g 解出,与条件(2)矛盾!

同理,若存在一列至少有 11 个红格也可推出矛盾. 因此,必存在 $p \in P$ 满足 $|G(p)| \geqslant 3$,$|B(p)| \geqslant 3$.

28. 本题的论证思路如下:用线段两两连接相邻黑色方格的中心,那么,所有所连的线段的"并"将平面分为若干个区域. 由于各个顶点的度均为偶数,所以,可以用两种颜色(黄色和蓝色)为平面染色,使得每两个以边相邻的区域均不同色. 然后,将蓝色区域中的横坐标为偶数的方格及黄色区域中的横坐标为奇数的方格均改染为绿色,其余的方格均染为红色.

下面给出严格的证明. 引入坐标系,使得各个方格的中心均为整点,并且将染方格改为染它们的中心. 暂时先将所有的白点都染为绿色和红色,使得绿点的横坐标均为偶数,红点的横坐标均为奇数. 作一个图 G,它的顶点之集 V 由所有的黑点组成,它的边集 E 由两两相邻黑点之间的连线组成. 由题意知,图 G 的各个顶点的度均为偶数.

从某个顶点开始,沿着图 G 的边运动. 由某条边进入一个顶点,可以由另一条边离开该顶点,所以,总有某一时刻到达已经到过的顶点. 事实上,图 G 中存在单圈 C. 圈 C 上的边在平面上界出了一个多边形. 将位于圈 C 内部的红绿点全都改换颜色(红改绿,绿改红). 从图 G 中去掉圈 C 上所有的边,将所得到的图称为图 G'. 图 G' 的各个顶点的度亦均为偶数,于是,又可以从中找到一个单圈,改换位于其内部的红绿点颜色,再去掉这个圈上的所有的边……一直到图 G 的边全被去光为止.

下面证明,在上述过程结束时,所得到的染色方式即可满足题中要求.

如果黑点 P 有 4 个白色邻点. 那么,这 4 个邻点在每次改换颜色时,都或者同在一圈的内部,或者同在一个圈的外部,因此,它们都被改换了相同次数的颜色. 由于开始时,这 4 个邻点 2 红 2 绿,所以,最终它们还是 2 红 2 绿.

如果黑点 P 有 2 个白色邻点 K,L,2 个黑色邻点 M,N.

如果 K,L 位于同一行或同一列中,那么,它们只有在改染包含着路 MPN 的那一个圈的内部时,才会位于平面的不同部分之中. 因此,它们被改换颜色的次数刚好相差 1 次. 由于开始时它们的颜色相同,所以,最终它们 1 红 1 绿.

如果 K,L 不同行也不同列,那么,在任何一次改换颜色时,都或者同在一个圈的内部,或者同在一个圈的外部. 因此,它们都被改换了相同次数的颜色. 由于开始时,它们 1 红 1 绿,所以,最终还是 1 红 1 绿.

29. 设 $n=2k$. 首先将正方板黑白相间地涂成像国际象棋盘那样. 设 $f(n)$ 为所求的 N 的最小值,$f_\omega(n)$ 为必须作上标记的白格子的最小数目,使得任一个黑格子都有一个作上标记的白格子与之相邻. 同样的,定义 $f_b(n)$ 为必须作上标记的黑格子的最小数目,使得任一个白格子都有一个作上标记的黑格子与之相邻. 由于 n 为偶数,"棋盘"是对称的. 故有

$$f_\omega(n)=f_b(n),\qquad\qquad (23\text{-}2)$$

$$f(n)=f_\omega(n)+f_b(n)\qquad\qquad (23\text{-}3)$$

为方便起见,将"棋盘"按照最长的黑格子对角线水平放置,则各行黑格子的数目分别为 $2,4,\cdots,2k,\cdots,4,2$.

在含有 $4i-2$ 个黑格子的那行下面,将奇数位置的白格子作上标记. 当该行在对角线上方时,共有 $2i$ 个白格子作上了标记[图 23-19(a)];而当该行在对角线下方时,共有 $2i-1$ 个白格子作上了标记[图 23-19(b)].因而作上标记的白格子共有

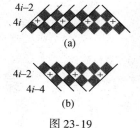

图 23-19

$$2+4+\cdots+k+\cdots+3+1=\frac{k(k+1)}{2}(个).$$

易见这时每个黑格子都与一个作上标记的白格子相邻,故得

$$f_\omega(n)\leqslant\frac{k(k+1)}{2} \qquad (23\text{-}4)$$

考虑这 $\dfrac{k(k+1)}{2}$ 个作上标记的白格子,它们中的任意两个没有相邻的公共黑格子,所以,至少还需要将 $\dfrac{k(k+1)}{2}$ 个黑格子作上标记,以保证这些白格子中的每一个都有一个作上标记的黑格子与之相邻,从而

$$f_b(n)\geqslant\frac{k(k+1)}{2}. \qquad (23\text{-}5)$$

由式(23-2),式(23-4),式(23-5)得

$$f_\omega(n)=f_b(n)=\frac{k(k+1)}{2}. \qquad (23\text{-}6)$$

由式(23-3),式(23-6)得 $f(n)=k(k+1)=\dfrac{n(n+2)}{4}$.

第 24 章　不变量原理

24.1　问　　题

1. 设有 8 行 8 列的方格纸,随便把其中 32 个方格涂上黑色,剩下的涂上白色,然后对涂色的方格纸施行"操作":把任意横行或竖行上的各个方格同时改变颜色,问最终能否得到恰有一个黑方格的方格纸?

2. 试管里有 A,B,C 三种类型的阿米巴虫. 任何两条不同类型的阿米巴虫都能连成一条第三种类型的阿米巴虫. 经过若干次这样的相连之后,试管里只剩下一条阿米巴虫. 如果开始时,A 型的有 20 条,B 型的有 21 条,C 型的有 22 条,问:最后剩的阿米巴虫是什么型的?

3. 有 20 个 1 升的容器,分别盛有 $1,2,3,\cdots,20$ 立方厘米水. 允许由容器 A 向容器 B 倒进与 B 容器内相同的水(在 A 中的水不少于 B 中水的条件下). 问:在若干次倒水以后能否使其中 11 个容器中各有 $11\mathrm{cm}^3$ 的水?

4. 在黑板上写着一个数 8^n. 算出它的各位数字之和,再算出该和数的各位数字之和,并一直如此算下去,直到最终得到一个一位数为止. 试问,如果 $n=1989$,那么最终所得的一位数是多少?

5. 给定一个三元数组. 对于其中任何二数可进行如下操作:如果这两个数是 a 与 b,那么就把它们变为 $\dfrac{a+b}{\sqrt{2}}$ 与 $\dfrac{a-b}{\sqrt{2}}$. 试问,能否通过这种操作,由三元数组 $\left(2,\sqrt{2},\dfrac{\sqrt{2}}{2}\right)$ 出发,得到三元数组 $(1,\sqrt{2},1+\sqrt{2})$?

6. 通过一系列形如 $f(x)\rightarrow x^2 f\left(\dfrac{1}{x}+1\right)$ 或 $f(x)\rightarrow(x-1)^2 f\left(\dfrac{1}{x-1}\right)$ 的变换,是否能把 $f(x)=x^2+4x+3$ 变成 $g(x)=x^2+10x+9$?

7. 10 名乒乓球运动员参加循环赛,每两名运动员之间都要进行比赛. 如果在循环赛过程中,1 号运动员获胜 x_1 次,失败 y_1 次;2 号运动员获胜 x_2 次,失败 y_2 次……求证:

$$x_1^2 + x_2^2 + \cdots + x_{10}^2 = y_1^2 + y_2^2 + \cdots + y_{10}^2.$$

8. 某班有 47 个学生,所用教室有 6 排,每排有 8 个座位,用 (i,j) 表示位于第 i 排第 j 列的座位. 新学期准备调整座位,设一个学生原来的座位为 (i,j),如果调整后的座位为 (m,n),则称该生作了移动 $[a,b]=[i-m,j-n]$,并称 $a+b$ 为该生的位置数,所有学生的位置数之和记为 S. 求 S 的最大可能值与最小可能值之差.

9. 棋子"马"能否跳遍 $4 \times N$ 棋盘中的每个方格刚好一次,并回到出发处?

10. 在黑板上有一些字母 e,a 和 b. 可以把两个 e 换成一个 e,两个 a 换成一个 b,两个 b 换成一个 a,一个 a 和一个 b 换成一个 e,一个 a 和一个 e 换成一个 a,一个 b 和一个 e 换成一个 b. 证明:最后留下的一个字母不依赖于替换的次序.

11. 一个正方体的 7 个顶点上标上数 0,另一个顶点标上数 1. 每次可以选一条棱,把这棱的两端的数都加上 1. 目的是使得(a)8 个数都相等;(b)8 个数都能被 3 整除. 能够做到吗?

12. 沿着圆周放着一些实数. 如果相连的 4 个数 a,b,c,d 满足不等式 $(a-d)(b-c)>0$,那么我们就可以交换 b 与 c 的位置. 证明:这种交换至多可进行有限次.

13. 12 名矮人住在森林里,每人将自己的房子染成红色或白色. 在每年的第 i 月,第 i 个矮人访问他所有的朋友(这 12 个矮人中的). 如果他发现大多数朋友的房子与自己颜色不同,那么他就将自己房子的颜色改变,与大多数朋友的保持一致. 证明:不久以后,这些矮人就不需要改变颜色了.

14. 如图 24-1 所示,圆形的水池被分割为 $2n(n \geq 5)$ "格子". 我们把有公共隔墙(公共边或公共弧)的"格子"称为相邻的,从而每个"格子"都有三个邻格.

水池中一共跳入了 $4n+1$ 只青蛙,青蛙难于安静共处,只要某个"格子"中有不少于 3 只青蛙,那么迟早一定会有其中 3 只分别同时跳往三个不同邻格. 证明:只要经过一段时间之后,青蛙便会在水池中大致分布均匀.

图 24-1

所谓大致分布均匀,就是任取其中一个"格子",或者它里面有青蛙,或者它的三个邻格里都有青蛙.

15. 平面内有 n 个互不相同的点和一个以 O 为圆心,r 为半径的圆,n 个点中至少有一个点在圆内,每一步可以执行下面的操作:将圆的圆心 O 移到圆内所有点的重心处. 求证:经过有限步后,点 O 的位置不再变化.

16. 设 $n \neq 0$,对任何整数数列 $A = \{a_i\}$, $0 \leq a_i \leq i$, $i = 0, 1, 2, \cdots, n$,定义另一个数列 $t(A) = \{t(a_i)\}$. 这里 $t(a_i)$ 表示数列 A 中,在 a_i 之前且不同于 a_i 的项数. 证明:从任何给定的数列 A 出发,经过少于 n 次 t 变换,就可得到一个数列 B,使得 $t(B) = B$.

17. 正六边形的 6 个顶点上写有 6 个非负整数,且和为 2003^{2003}. 允许进行如下的操作:选择一个点,把该点的数值用相邻两点数值差的绝对值代替. 证明:可以进行一系列操作,最终使得每个顶点上的数值都为 0.

24.2 解 答

1. 不能.

实际上,设被操作的横行(或竖行)上包含了 k 个黑格及 $8-k$ 个白格 $(0 \leq k \leq 8)$,操作后,变为 $8-k$ 格黑格及 k 格白格,由于 $k + (8-k) = 8$ 是偶数,从而 k 与 $8-k$ 同奇同偶. 这说明:施行一次操作后,黑格个数的奇偶性不变,但最初有偶数个黑格,要变成恰有一个黑格当然是不可能的.

2. 答案:B 型. 考查差数 $N(A) - N(B)$, $N(B) - N(C)$, $N(C) - N(A)$ 的奇偶性,其中 $N(X)$ 表示 X 型阿米巴虫的数目,这三个数的奇偶性都是不变的.

3. 不可能.

在倒水以后,含奇数立方厘米水的容器数是不会增加的. 事实上以(偶,偶)(偶,奇)(奇,奇)来表示两个分别盛有偶数及偶数,偶数及奇数,奇数及奇数立方厘米水的容器. 于是在题中条件限制下,在倒水后,(偶,偶)仍为(偶,偶);而(偶,奇)会成为(偶,奇)或(奇,偶);(奇,奇)却成为(偶,偶). 在任何情况下,盛奇数立方厘米水的容器没有多出来. 因为开始时有 10 个容器里盛有奇数立方厘米的水,所以不会出现有 11 个盛有奇数立方厘米水的容器.

4. 答案:8. 利用下述事实:正整数与它的各位数字之和模 9 同余.

5. 不能. 考查数组中 3 个数的平方和.

6. 考虑三项式 $f(x) = ax^2 + bx + c$,它有判别式 $b^2 - 4ac$. 第一个变换把 $f(x)$ 变成 $(a+b+c)x^2 + (b+2a)x + a$,判别式为 $(b+2a)^2 - 4a(a+b+c) = b^2 - 4ac$. 而用第二个变换,得到三项式 $cx^2 + (b-2c)x + (a-b+c)$,判别式还是 $b^2 - 4ac$. 因而判别式是不变的,但 $x^2 + 4x + 3$ 的判别式为 4,$x^2 + 10x + 9$ 的判别式是 64. 所以不能从第一个三项式得到第二个三项式.

7. 每个运动员共比赛 9 场,其获胜与失败总数和为 9,即 $x_i + y_i = 9$ $(1 \leq i \leq 10)$. 既然每场比赛一些运动员获胜,另一些运动员要失败,那么 $x_1 + x_2 + \cdots +$

$x_{10}=y_1+y_2+\cdots+y_{10}$，从而

$$(x_1^2+x_2^2+\cdots+x_{10}^2)-(y_1^2+y_2^2+\cdots+y_{10}^2)$$
$$=(x_1^2-y_1^2)+\cdots+(x_{10}^2-y_{10}^2),$$
$$=9\left[(x_1+x_2+\cdots+x_{10})-(y_1+y_2+\cdots+y_{10})\right]=0,$$

所以 $x_1^2+x_2^2+\cdots+x_{10}^2=y_1^2+y_2^2+\cdots+y_{10}^2$.

8. 添加一个虚拟学生 A，他在原来的空位上. 此时位置数之和记为 S'，注意交换相邻两个学生的位置，不改变 S' 的值，通过有限次交换相邻两个学生的位置，可以还原到前一天的位置，因此 $S'=0$. 因而 S 加上 A 的位置数为 0，当 A 位于右上角时，A 的位置数最大；当 A 位于左下角时，A 的位置数最小，所以，S 的最大值与最小值之差为 $5+7=12$.

9. 如图 24-2 所示，将 $4\times N$ 棋盘中的方格分别染为 4 种颜色. 假设马能够跳遍整个棋盘. 注意到图 1 中的染色具有如下规律：马从 1 号色方格一定跳入 3 号色方格，从 3 号色方格一定跳入 1 号色方格. 在 2，4 号方格之间也是这样. 既如此，马在跳动中不能改变它所进入之方格的奇偶性，因此它不可能到遍所有方格.

1	2	1	2	1	2
3	4	3	4	3	4
4	3	4	3	4	3
2	1	2	1	2	1

图 24-2

10. 用 $\circ$ 表示这一代替运算，这样我们有

$$e\circ e=e,\quad e\circ a=a,\quad e\circ b=b,\quad a\circ a=b,\quad b\circ b=a,\quad a\circ b=e.$$

运算 $\circ$ 是交换的（因为没有说到次序），容易验证它是结合的，既对所有出现的字母都有 $(p\circ q)\circ r=p\circ(q\circ r)$. 这样，所有字母的乘积不依赖于相乘的次序.

11. 取四个顶点，使得其中任何两点都没有边相连接. 设 x 是这些点上的数的和，y 是其余四个点上的数的和. 开始时 $I=x-y=\pm1$. 每作一步不改变 I，所以 (a) 和 (b) 都不能达到.

12. 考查圆周上所有相邻两数之积的和 p，对于每次交换，均有 $(a-d)(b-c)>0$，即 $ab+cd>ac+bd$.

可见若交换 b,c 后 p 值减小，因 p 不会无限减少，交换次数有限.

点评 这里我们构造了一个正整数值的函数，且每次减少的值 $(a-d)$

$(b-c)$ 不小于圆周上的实数中两两差的绝对值的最小值的平方（非零）. 它在算法的每一步都减小. 所以我们的算法总会结束. 设有严格下降的无限的正整数的数列. p 严格地说并非是不变量, 而是单调下降. 这里单调性关系是不变的.

13. 将 12 名矮人当做 12 个点, 如果两名矮人是好朋友, 就在相应的两点之间连一条线, 并且在他们的房子颜色相同时, 这条线为蓝色; 不同时, 为黑色. 考虑蓝色线的总数 S. 一方面, S 是有限数; 另一方面, 每名矮人变更颜色时, S 严格增加（至少增加 1）. 因此, 在有限次变更后, 这些矮人就不需要变更颜色了.

14. 我们把一个格子中出现一次 3 只青蛙同时分别跳向 3 个邻格的事件称为该格子发生一次"爆发". 而把一个格子或者是它里面有青蛙, 或者是它的 3 个相邻的格子里面都有青蛙, 称为该格子处于"平衡状态".

容易看出, 一个格子只要一旦有青蛙跳入, 那么它就一直处于"平衡状态". 事实上, 只要不"爆发", 那么该格子中的青蛙不会动, 它当然处于"平衡状态"; 而如果发生"爆发", 那么它的 3 个邻格中就都有青蛙, 并且只要 3 个邻格都不"爆发", 那么它就一直处于"平衡状态"; 而不论哪个邻格发生"爆发", 都会有青蛙跳到它里面, 它里面就一定有青蛙, 所以它一直处于"平衡状态".

这样一来, 为证明题中断言, 我们就只要证明: 任何一个格子都迟早会有青蛙跳入.

任取一个格子, 把它称为 A 格, 把它所在的扇形称为 1 号扇形, 把该扇形中的另一个格子称为 B 格, 我们要证明 A 格迟早会有青蛙跳入.

按顺时针方向依次将其余扇形接着编为 $2 \sim n$ 号. 首先证明 1 号扇形迟早会有青蛙跳入. 假设 1 号扇形中永无青蛙到来, 那么就不会有青蛙越过 1 号扇形与 n 号扇形之间的隔墙. 我们来考查青蛙所在的扇形编号的平方和. 由于没有青蛙进入 1 号扇形（尤其没有青蛙越过 1 号扇形与 n 号扇形之间的隔墙）, 所以只能是有 3 只青蛙由某个 $k(3 \leq k \leq n-1)$ 号扇形分别跳入 $k-1, k$ 和 $k+1$ 号扇形各一只, 因此平方和的变化量为

$$(k-1)^2 + k^2 + (k+1)^2 - 3k^2 = 2,$$

即增加 2. 一方面, 由于青蛙的跳动不会停止（因为总有一个格子里有不少于 3 只青蛙）, 所以平方和的增加趋势不会停止; 但另一方面, 青蛙所在扇形编号的平方和不可能永无止境地增加下去［不会大于 $(4n+1)n^2$］, 由此产生矛盾, 所以迟早会有青蛙越过 1 号扇形与 n 号扇形之间的隔墙, 进入 1 号扇形.

我们再来证明 1 号扇形迟早会有 3 只青蛙跳入. 如果 1 号扇形中至多有 2

只青蛙跳入, 那么它们都不会跳走, 并且自始至终上述平方和至多有 2 次变小 (只能在两只青蛙越过 1 号扇形与 n 号扇形之间的隔墙时变小), 以后便一直持续不断地上升, 从而又重蹈刚才的矛盾. 所以 1 号扇形迟早会有 3 只青蛙跳入.

如果这 3 只青蛙中有位于 A 格的, 那么 A 格中已经有青蛙跳入; 如果这 3 只青蛙全都位于 B 格, 那么 B 格迟早会发生 "爆发", 从而有青蛙跳入 A 格 (图 24-3).

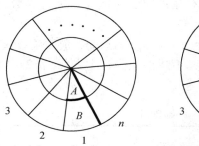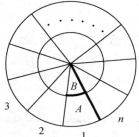

图 24-3

15. 对于每一步执行前的状态, 设 A 为在 $\odot O$ 内的点构成的集合, B 为不在 $\odot O$ 内的点构成的集合. 对此状态 S 定义函数 f 如下:

$$f(S) = \sum_{X \in A} |OX|^2 + |B|r^2. \tag{24-1}$$

在进一步操作后, 状态 S 变为状态 S', 点 O 变为 O', 则 O' 为点集 A 的重心, 则

$$\sum_{X \in A} |OX|^2 \geqslant \sum_{X \in A} |O'X|^2, \tag{24-2}$$

且式 (24-2) 等号成立当且仅当 $O = O'$. 设 n 个点中 $\odot O'$ 内的点构成集合 A', 不在 $\odot O'$ 内的点构成集合 B', 故结合式 (24-1), 式 (24-2) 得

$$\begin{aligned}
f(S) &\geqslant \sum_{X \in A} |O'X|^2 + |B|r^2 \\
&= \sum_{X \in A \cap A'} |O'X|^2 + \sum_{X \in A \cap B'} |O'X|^2 + (|B \cap A'| +)r^2 \\
&> \sum_{X \in A \cap A'} |O'X|^2 + |A \cap B'|r^2 + \sum_{X \in B \cap A'} |O'X|^2 + |B \cap B'|r^2 \\
&= \sum_{X \in A'} |O'X|^2 + |B'|r^2 = f(S'). \tag{24-3}
\end{aligned}$$

若式 (24-3) 取等号, 则式 (24-2) 取等号, 故 $O = O'$, 从而 $\odot O$ 与 $\odot O'$ 重合, 状态 S 与 S' 相同.

故式(24-3)取等号当且仅当 $S = S'$.

由于除初始状态外,点 C 必为 n 个点中若干个点的重心,故 O 只取有限多个点,而点集 A, B 也均只有有限种可能. 故由(24-1)知 $f(S)$ 只取有限多个值. 故 $f(S)$ 不可能一直严格递减,从而必有某一步操作,使操作前后的状态所对应的函数值保值不变,即使式(24-3)取等号,因而此次操作没有使点 O 的位置发生变化. 故从此时开始,点 O 的位置不再变化. 证毕.

16. 注意到变换后所得的数列 $t(A)$ 同样满足不等式 $0 \leqslant t(a_i) \leqslant i (i = 0, 1, 2, \cdots, n)$. 我们将所有满足这些不等式的数列称为指标有界数列. 下面证明 $a_i \leqslant t(a_i) (i = 0, 1, 2, \cdots, n)$.

若 $a_i = 0$,显然成立. 否则,令 $x = a_i > 0$, $y = t(a_i)$. 前面连续 x 项 $a_0, a_1, \cdots, a_{x-1}$ 中没有一项大于 $x-1$,则它们都不同于 x,且在 x 之前(表 24-1),所以,$y \geqslant x$,即 $a_i \leqslant t(a_i) (i = 0, 1, 2, \cdots, n)$.

表 24-1

指标	0	1	$\cdots$	$x-1$	$\cdots$	i
A	a_0	a_1	$\cdots$	a_{x-1}	$\cdots$	x
$r(A)$	$t(a_0)$	$t(a_1)$	$\cdots$	$t(a_{x-1})$	$\cdots$	y

这表明,数列经过有限次 t 变换后达到稳定,因为在指标有界数列中,第 i 项的值不超过 i. 接下来证明,若对某一个 i, $a_i = t(a_i) (i = 0, 1, 2, \cdots, n)$,则 t 变换也不会改变第 i 项的值. 考虑下面两种情况:

(1)若 $a_i = t(a_i) = 0$. 这表明 a_i 左侧的每一项都是 0. 则 $t(A)$ 的前 i 项也都是 0,且不断地重复.

(2)若 $a_i = t(a_i) = x > 0$. 则前面的 x 项都与 x 不同. 因为 $t(a_i) = x$,所以,a_x, $a_{x+1}, \cdots, a_{i-1}$ 都等于 x. 因此,$t(a_j) = x (j = x, x+1, \cdots, i-1)$. 再作变换 t 也不会改变第 i 项的值(表 24-2).

表 24-2

指标	0	1	$\cdots$	$x-1$	x	$x+1$	$\cdots$	i
A	a_0	a_1	$\cdots$	a_{x-1}	x	x	$\cdots$	x
$t(A)$	$t(a_0)$	$t(a_1)$	$\cdots$	$t(a_{x-1})$	x	x	$\cdots$	x

第 $i (0 \leqslant i \leqslant n)$ 项的值具有如下的性质:①值为整数;②有上界 i;③在 t 变换过程中值不减;④在 t 变换下,值一旦稳定下来,就不再改变.

这就是说,只要经过不超过 n 次 t 变换,数列就会达到在 t 变换下稳定.

最后要证明,从初始的指标有界数列 $A=\{a_i\}(i=0,1,\cdots,n)$ 出发,经过不超过 $n-1$ 次 t 变换就可得到一个稳定的数列.对 n 用数学归纳法证明.

当 $n=1$ 时,两个可能的数列为 $(a_0,a_1)=(0,0)$ 和 $(a_0,a_1)=(0,1)$.在 t 变换下,它们已经稳定.

假设任何指标有界数列 $\{a_i\}(i=0,1,2,\cdots,n)$ 经过不超过 $n-1$ 次 t 变换,就变为一个在 t 变换下稳定的数列.考虑 $A=\{a_i\}$,$i=0,1,2,\cdots,n+1$,我们证明 A 经过不超过 n 次 t 变换达到稳定.

假设需要 $n+1$ 次 t 变换.这仅当 $a_{n+1}=0$,且每次变换使第 $n+1$ 项的值恰好增加 1 才可能.在 t 变换下,第 I 项的值不受其后项的影响.根据归纳假设,子数列 $A'=\{a_i\}$,$i=0,1,2,\cdots,n$,只要不超过 $n-1$ 次 t 变换就能达到稳定.因为第 n 项在不超过 $\min\{x,n-1\}$ 次 t 变换下,稳定于 $x(x\leqslant n)$,而第 $n+1$ 项的值,基于当前的假设,正好在 x 次 t 变换变为 x.因此,可以断言,第 $n+1$ 项在不超过 $n-1$ 次 t 变换后,值等于第 n 项的值.

但是,在一个数列中如果连续两项的值相等,则它们一起保持相等和稳定.因为第 n 项的值经过不超过 $n-1$ 次 t 变换就达到稳定,所以,A 在不超过 $n-1$ 次 t 变换就稳定了.这与假设需要 $n+1$ 次 t 变换矛盾.因此,最多只需要 n 次 t 变换就可使 $n+1$ 项的指标有界数列稳定.

17.用 $A\begin{smallmatrix}B&C\\&D\\F&E\end{smallmatrix}$ 表示操作过程中的某个状态,这里 A,B,C,D,E,F 为 6 个点上所写的数字.用 $A\begin{smallmatrix}B&C\\&D\\F&E\end{smallmatrix}(\mathrm{mod}\ 2)$ 表示所写的数字模 2,s 表示某一状态时的所有数字的和,M 表示其中的最大值.我们将证明,从任何 s 为奇数的状态出发,都可以变到各顶点数字全为零的状态.构造下面两个步骤,交替操作:

(1)从一个 s 为奇数的状态变到只有一个奇数的状态;

(2)从只有一个奇数的状态变到 s 为奇数,且 M 变小或 6 个数字全为 0 的状态.

注意到任何操作都不会增加 M,而每次操作(2)都使得 M 至少减少 1,所以,上面的步骤一定会结束,且只能结束在各顶点数字全为零的状态.下面给出每一步的操作.

首先,对某个 s 为奇数的状态 $A\begin{smallmatrix}B&C\\&D\\F&E\end{smallmatrix}$,$A+C+E$ 和 $B+D+F$ 有一个是奇数.不

妨设 $A+C+E$ 是奇数. 若 A,C,E 中只有一个是奇数,比如 A,则可按下面的顺序操作:

$$\begin{matrix} & B & 0 \\ 1 & D & \\ & F & 0 \end{matrix} \xrightarrow{} \begin{matrix} & \mathbf{1} & 0 \\ 1 & & \\ & \mathbf{1} & 0 \end{matrix} \xrightarrow{} \begin{matrix} & 1 & 0 \\ \mathbf{0} & & \\ & 1 & 0 \end{matrix} \xrightarrow{} \begin{matrix} & 1 & 0 \\ 0 & & \\ & \mathbf{0} & 0 \end{matrix} \xrightarrow{} (\bmod 2).$$

注 黑体字表示在该点进行了操作. 若操作的点互不影响,为了简洁,把它们写作一步.

因此,可以变到只有一个奇数的状态.

类似地,若 A,C,E 全是奇数,则可按下面的顺序操作:

$$\begin{matrix} & B & 1 \\ 1 & D & \\ & F & 1 \end{matrix} \xrightarrow{} \begin{matrix} & \mathbf{0} & 0 \\ 1 & & \\ & \mathbf{0} & 0 \end{matrix} \xrightarrow{} \begin{matrix} & 1 & 0 \\ \mathbf{0} & & \\ & 1 & 0 \end{matrix} \xrightarrow{} (\bmod 2).$$

我们已经证明了(1)是可行的. 下面不妨考虑只有 A 是奇数,其他都是偶数的状态 $\begin{smallmatrix} & B & C \\ A & & D \\ & F & E \end{smallmatrix}$ 我们希望变到某个使 M 更小的状态. 记 M_0 为该状态的 M,根据 M_0 的奇偶性,分两种情况讨论.

(1) M_0 是偶数,即 B,C,D,E,F 中的某一个是最大值,且 $A<M_0$. 我们断言,按照 B,C,D,E,F 的顺序操作,则 s 是奇数且 $M<M_0$. 下面的顺序

$$\begin{matrix} & 0 & 0 \\ 1 & & 0 \\ & 0 & 0 \end{matrix} \xrightarrow{} \begin{matrix} & \mathbf{1} & 0 \\ 1 & & 0 \\ & 0 & 0 \end{matrix} \xrightarrow{} \begin{matrix} & 1 & \mathbf{1} \\ 1 & & 0 \\ & 0 & 0 \end{matrix} \xrightarrow{} \begin{matrix} & 1 & 1 \\ 1 & & \mathbf{1} \\ & 0 & 0 \end{matrix} \xrightarrow{} \begin{matrix} & 1 & 1 \\ 1 & & 1 \\ & \mathbf{1} & 0 \end{matrix} \xrightarrow{} \begin{matrix} & 1 & 1 \\ 1 & & 1 \\ & 0 & \mathbf{1} \end{matrix} \xrightarrow{} (\bmod 2).$$

表明数字在每次操作后奇偶性的改变. 称这个新的状态为 $\begin{smallmatrix} & B' & C' \\ A' & & D' \\ & F' & E' \end{smallmatrix}$,则 s 是奇数,且 A',B',C',D',E' 都小于 M_0(因为它们是奇数,而 M_0 是偶数),同时,$F'=|A'-E'|\leqslant \max\{A',E'\}<M_0$,所以,$M$ 变小了.

(2) M_0 是奇数,即 $M_0=A$,其余的数都小于 M_0. 若 $C>0$,则按照 B,F,A,F 的顺序操作:

$$\begin{matrix} & 0 & 0 \\ 1 & & 0 \\ & 0 & 0 \end{matrix} \xrightarrow{} \begin{matrix} & \mathbf{1} & 0 \\ 1 & & 0 \\ & 0 & 0 \end{matrix} \xrightarrow{} \begin{matrix} & 1 & 0 \\ 1 & & 0 \\ & \mathbf{1} & 0 \end{matrix} \xrightarrow{} \begin{matrix} & 1 & 0 \\ \mathbf{0} & & 0 \\ & 1 & 0 \end{matrix} \xrightarrow{} \begin{matrix} & 1 & 0 \\ 0 & & 0 \\ & \mathbf{0} & 0 \end{matrix} \xrightarrow{} (\bmod 2).$$

称这一状态为 $\begin{smallmatrix} & B' & C' \\ A' & & D' \\ & F' & E' \end{smallmatrix}$,则 s 是奇数. 而 M 只在 $B'=A$ 时才不减少;但这是

不可能的,因为 $B'=|A-C|<A$,而 $0<C<M_0=A$,这样又变到了一个 s 为奇数而 M 较小的状态.

若 $E>0$,因为 C 和 E 是对称的,可类似讨论.

若 $C=E=0$,可以按照下面的顺序操作把数字变到全是 0 的状态

$$
\begin{array}{cc} B & 0 \\ A \quad D \\ F & 0 \end{array} \longrightarrow \begin{array}{cc} A & 0 \\ A & \mathbf{0} \\ A & 0 \end{array} \longrightarrow \begin{array}{cc} A & 0 \\ \mathbf{0} & 0 \\ A & 0 \end{array} \longrightarrow \begin{array}{cc} \mathbf{0} & 0 \\ 0 & 0 \\ \mathbf{0} & 0 \end{array}.
$$

这里的 0 表示数字 0,而非偶数.

这样,我们展示了怎样操作(2),证明了所需的结论.作为一个特例,2003^{2003} 是奇数,当然满足结论.

第 25 章　Schur 不等式

25.1　问　　题

1. 若 x,y,z 为非负实数,则

(1)（第 9 届全苏联 MO）$x^3+y^3+z^3+3xyz \geqslant xy(x+y)+yz(y+z)+zx(z+x)$；

(2)（1983 瑞士）$(y+z-x)(x+z-y)(x+y-z) \leqslant xyz$；

(3) $4(x+y+z)(xy+yz+zx) \leqslant (x+y+z)^3+9xyz$；

(4) $2(xy+yz+zx)-(x^2+y^2+z^2) \leqslant \dfrac{9xyz}{x+y+z}$；

(5) $x^2+y^2+z^2+3\sqrt[3]{x^2y^2z^2} \geqslant 2(xy+yz+zx)$.

2. 证明:在 $\triangle ABC$ 中有

$$\sum a^3 - 2\sum a^2(b+c) + 9abc \leqslant 0.$$

3.（欧拉不等式）设 R,r 分别是 $\triangle ABC$ 的外接圆和内切圆的半径. 求证:$R \geqslant 2r$. 等号成立时当且仅当 ABC 是等边三角形.

4. 设 a,b,c 是三角形的三边长,证明:

$$\frac{a}{b+c-a}+\frac{b}{c+a-b}+\frac{c}{a+b-c} \geqslant 3.$$

5.（2005 全国高中数学联赛）设正数 a,b,c,x,y,z 满足 $cy+bz=a$, $az+cx=b$, $bx+ay=c$, 求函数

$$f(x,y,z) = \frac{x^2}{1+x}+\frac{y^2}{1+y}+\frac{z^2}{1+z}$$

的最小值.

6. 设 $x,y,z \geqslant 0$,又

$$S_c(t,u) = \sum_{cyc} (x-ty)(x-tz)(x-uy)(x-uz)$$

(1) 试证:当 $t \geqslant 1$, $u \geqslant 1$ 时,有 $S_c(t,u) \geqslant 0$.

(2) 试求使 $S_c(t,u) \geqslant 0$ 恒成立的实数 t,u 的取值范围.

25.2　解　　答

1. 证明

（1）$x^3+y^3+z^3+3xyz-xy(x+y)-yz(y+z)-zx(z+x)=\sum x(x-y)(x-z)$，
由舒尔不等式知，$\sum x(x-y)(x-z)\geqslant 0$.

（2）若 $y+z-x,z+x-y,x+y-z$ 中有负数，则不等式左边 $<0<$ 右边；
若 $y+z-x,z+x-y,x+y-z$ 均非负，由均值不等式得

$$(y+z-x)(z+x-y)\leqslant\left(\frac{y+z-x+z+x-y}{2}\right)^2=z^2,$$

同理可得 $(z+x-y)(x+y-z)\leqslant x^2$，$(x+y-z)(y+z-x)\leqslant y^2$，
上述三式相乘，得 $(y+z-x)^2(z+x-y)^2(x+y-z)^2\leqslant x^2y^2z^2$，两边去平方即得
$$(y+z-x)(z+x-y)(x+y-z)\leqslant xyz.$$

评注　该不等式展开、化简、整理便是 Schur 不等式.

（3）不等式右边减去左边 $=\sum x(x-y)(x-z)$，由舒尔不等式知，$\sum x(x-y)$ $(x-z)\geqslant 0$.

（4）由（3）知 $4(x+y+z)(xy+yz+zx)\leqslant(x+y+z)^3+9xyz$，不等式两边同除 $x+y+z$，得 $4(xy+yz+zx)\leqslant(x+y+z)^2+\dfrac{9xyz}{x+y+z}$，整理得

$$2(xy+yz+zx)-(x^2+y^2+z^2)\leqslant\frac{9xyz}{x+y+z}.$$

（5）作代换 $a=\sqrt[3]{x^2},b=\sqrt[3]{y^2},c=\sqrt[3]{z^2}$，则
$$x^2+y^2+z^2+3\sqrt[3]{x^2y^2z^2}\geqslant 2(xy+yz+zx)$$
等价于
$$a^3+b^3+c^3+3abc\geqslant 2\left(a^{\frac{3}{2}}b^{\frac{3}{2}}+b^{\frac{3}{2}}c^{\frac{3}{2}}+c^{\frac{3}{2}}a^{\frac{3}{2}}\right).$$

由（1）知 $a^3+b^3+c^3+3abc\geqslant ab(a+b)+bc(b+c)+ca(c+a)$，由均值不等式得
$$a+b\geqslant 2\sqrt{ab},b+c\geqslant 2\sqrt{bc},c+a\geqslant 2\sqrt{ca},$$

故 $a^3+b^3+c^3+3abc\geqslant ab(a+b)+bc(b+c)+ca(c+a)\geqslant 2\left(a^{\frac{3}{2}}b^{\frac{3}{2}}+b^{\frac{3}{2}}c^{\frac{3}{2}}+c^{\frac{3}{2}}a^{\frac{3}{2}}\right)$.

2. 证明　令 $x=\dfrac{b+c-a}{2},y=\dfrac{c+a-b}{2},x=\dfrac{a+b-c}{2}$，则由 Schur 不等式得

$$\sum\frac{b+c-a}{2}(b-a)(c-a)\geqslant 0,$$

$$\sum (a-b)(a-c)(b+c-a) \geqslant 0,$$

$$-\sum a^3 + 2\sum a^2(b+c) - 9abc \geqslant 0,$$

所以 $\sum a^3 - 2\sum a^2(b+c) + 9abc \leqslant 0.$

3. **证明** 我们回想著名的等式：

$S=\dfrac{abc}{4R}, S=rs, S^2=s(s-a)(s-b)(s-c),$ [其中 S 表示 $\triangle ABC$ 的面积，$S=\dfrac{1}{2}(a+b+c)$]，因此，不等式 $R \geqslant 2r$ 等价于

$$\frac{abc}{4S} \geqslant 2\,\frac{S}{s},$$

或

$$abc \geqslant 8(s-a)(s-b)(s-c)$$

或

$$abc \geqslant (b+c-a)(c+a-b)(a+b-c). \tag{25-1}$$
$$abc-(b+c-a)(c+a-b)(a+b-c)$$
$$= a(a-b)(a-c)+b(b-c)(b-a)+c(c-a)(c-b) \geqslant 0.$$

这时，等号成立时当且仅当 $a=b=c$.

评注 因为 a,b,c 为三角形的三边长，有正实数 x,y,z 使得 $a=y+z, b=z+x, c=x+y$. 那么不等式 (25-1) 即

$$(y+z)(z+x)(x+y) \geqslant 8xyz$$

而

$$(y+z)(z+x)(x+y)-8xyz=x(y-z)^2+y(z-x)^2+z(x-y)^2 \geqslant 0$$

所以不等式 (25-1) 成立.

事实上，不等式 (25-1) 对任意的正实数 a,b,c 都成立！不需要 a,b,c 是一个三角形的三边长这个附加的条件就能够证明这个不等式，即

当 $x,y,z>0, xyz \geqslant (y+z-x)(z+x-y)(x+y-z)$

这里，等式成立当且仅当 $x=y=z$.

因为不等式关于变量是对称的，不失一般性，不妨假设 $x \geqslant y \geqslant z$，则有 $x+y>z$ 和 $z+x>y$. 如果 $y+z>x$，则 x,y,z 是三角形的三边长. 在这种情形下，由前面的定理，我们得到结论. 现在，我们不妨假设 $y+z \leqslant x$ 则显然

$$xyz>0 \geqslant (y+z-x)(z+x-y)(x+y-z)$$

上面的不等式当 x,y,z 都是 0 时，等式成立.

现在，我们注意到，当 $x,y,z \geqslant 0$ 时，等式 $xyz=(y+z-x)(z+x-y)(x+y-z)$ 蕴

含着 $x=y=z$ 或 $x=y, z=0$ 或 $x=z, y=0$.

4. 证明 该不等式去分母化简便是 Schur 不等式.

5. 解 用 $\sum$ 表示循环和, 由条件得

$$b(az+cx)+c(bx+ay)-a(cy+bz)=b^2+c^2-a^2,$$

即 $2bcx=b^2+c^2-a^2$, 所以

$$x=\frac{b^2+c^2-a^2}{2bc}.$$

同理

$$y=\frac{c^2+a^2-b^2}{2ca}, z=\frac{a^2+b^2-c^2}{2ab}.$$

应用柯西不等式, 有

$$f(x,y,z)=\sum\frac{x^2}{1+x}$$

$$=\sum\frac{(b^2+c^2-a^2)^2}{4b^2c^2+2bc(b^2+c^2-a^2)}$$

$$\geqslant\frac{(a^2+b^2+c^2)^2}{4\sum b^2c^2+\sum 2bc(b^2+c^2-a^2)}.$$

下面证明 $\dfrac{(a^2+b^2+c^2)^2}{4\sum b^2c^2+\sum 2bc(b^2+c^2-a^2)}\geqslant\dfrac{1}{2}$, 它等价于

$$a^4+b^4+c^4\geqslant a^3b+a^3c+b^3a+b^3c+c^3a+c^3b-abc(a+b+c)\Leftrightarrow$$

$$a^2(a-b)(a-c)+b^2(b-c)(b-a)+c^2(c-a)(c-b)\geqslant 0$$

不妨设 $a\geqslant b\geqslant c$, 则

$$c^2(c-a)(c-b)\geqslant 0,$$

$$a^2(a-b)(a-c)+b^2(b-c)(b-a)+c^2(c-a)(c-b)$$

$$\geqslant a^2(a-b)(a-c)-b^2(b-c)(a-b)=(a-b)^2(a^2+ab+b^2-ac-bc)\geqslant 0,$$

当且仅当 $a=b=c$, 即 $x=y=z=\dfrac{1}{2}$ 时, 等号成立, 故当 $x=y=z=\dfrac{1}{2}$ 时, $f(x,y,z)$ 取最

小值 $\dfrac{1}{2}$.

6. 解

（1）先来看一个特殊情况, 即 $t=1$ 的情况, 我们要证明

$$(x-y)(x-z)(x-uy)(x-uz)+(y-x)(y-z)(y-ux)(y-uz)+(z-x)(z-y)(z-ux)(z-uy)$$

非负, 由对称性不妨设 $x\leqslant y\leqslant z$. 显然第一项非负, 若第三项非负, 则由

$$|y-x|=|x-y|, |y-z| \leqslant |x-z|, |y-ux| \leqslant |x-uy|, |y-uz| \leqslant |x-uz|$$

知第二项的绝对值不大于第一项,故前两项之和非负,因此左边非负. 下面假设第三项是负数,由于 $z \geqslant x, z \geqslant y, ux \leqslant uy$, 故必有 $ux < z < uy$. 若第二项非负,则

第三项的绝对值 $\leqslant (z-x)(z-y)\left(\dfrac{uy-ux}{2}\right)^2 \leqslant \dfrac{(uz-ux)(z-y)(y-x)(uy-ux)}{4} \leqslant$ 第一项,因此左边非负. 下面假设第二项也为负数,由于 $x \leqslant y \leqslant z, y \leqslant uz$, 只能 $y < ux$, 因此

$$左边 = (y-x)(z-x)(uy-x)(uz-x) - (z-y)(y-x)(ux-y)(uz-y) - (z-x)(z-y)$$
$$(uy-z)(z-ux) \geqslant (y-x)(z-x)(uy-x)(uz-x) - (z-x)(y-x)(ux-y)(uz-x) -$$
$$(z-x)(z-y)\dfrac{(uy-ux)^2}{4} = (u+1)(y-x)^2(z-x)(uz-x) - (z-x)(z-y)\dfrac{(uy-ux)^2}{4} \geqslant u$$
$$(u+1)(y-x)^2(z-x)^2 - \dfrac{u^2}{4}(z-x)(z-y)(y-x)^2 \geqslant 0.$$

故原式左边非负,结论成立.

回到原问题,设 $t+u=A, tu+1=B$, 将左边完全展开,只需要证明

$$\sum_{cyc} x^4 - A \sum_{sym} x^3 y + (B^2-1) \sum_{cyc} x^2 y^2 + [A^2 - 2A(B-1)] \sum_{cyc} x^2 yz \geqslant 0.$$

由于刚才已证明 $t=1$, 即 $B=A$ 的情况,这说明

$$\sum_{cyc} x^4 - A \sum_{sym} x^3 y + (A^2-1) \sum_{cyc} x^2 y^2 + [A^2 - 2A(A-1)] \sum_{cyc} x^2 yz \geqslant 0.$$

因此只需证明 $(B^2-A^2) \sum_{cyc} x^2 y^2 - 2A(B-A) \sum_{cyc} x^2 yz \geqslant 0$. 由 $t, u \geqslant 1$ 可知 $B \geqslant A$, 因此 $B-A \geqslant 0, B+A \geqslant 2A$, 又 $\sum_{cyc} x^2 y^2 \geqslant \sum_{cyc} x^2 yz$, 因此最后一式成立,证毕.

(2)首先来解决 $t, u \geqslant 0$ 的情况.

断言 1 若 $t=1, u \geqslant 0$, 则 $S_c(t,u) \geqslant 0$ 恒成立.

由上一问的过程知只需证明 $t=1, 0 < u < 1$ 时的情况($t=u=1$ 时显然). 不妨设 $x \geqslant y \geqslant z$, 由于 $0 < u < 1$, 故和式

$$(x-y)(x-z)(x-uy)(x-uz) + (y-x)(y-z)(y-ux)(y-uz) + (z-x)(z-y)(z-ux)(z-uy)$$

中第一项为正,且第一项绝对值不小于第二项的绝对值,因此只需讨论第三项为负的情况,此时必有 $uy < z < ux$. 若第二项非负,则

第三项的绝对值 $\leqslant (x-z)(y-z)\left(\dfrac{ux-uy}{2}\right)^2 \leqslant \dfrac{(ux-uz)(y-z)(x-y)(ux-uy)}{4} \leqslant$ 第一项,因此只需讨论后两项均为负,即 $uy < z < ux < y$ 的情况. 此时

左边 $= (x-z)(x-y)(x-uy)(x-uz)-(y-z)(x-y)(y-ux)(y-uz)-(x-z)(y-z)$
$(z-uy)(ux-z) \geqslant (x-z)(x-y)(x-uy)(x-uz)-(x-z)(x-y)(y-ux)(x-uz)-(x-z)(y-z)\frac{(ux-uy)^2}{4} = (u+1)(x-z)(x-y)^2(x-uz)-\frac{u^2}{4}(x-z)(y-z)(x-y)^2 \geqslant 0.$

至此断言 1 得证.

断言 2　若 $t,u \geqslant 0$,则 $S_c(t,u) \geqslant 0$ 恒成立当且仅当 $(t-1)(u-1) \geqslant 0$.

若 $(t-1)(u-1) \geqslant 0$,则设 $t+u=A, tu+1=B$,由断言 1 及上一问最后一部分的证明方法即可证得 $S_c(t,u) \geqslant 0$ 恒成立.

若 $(t-1)(u-1)<0$,则不妨设 $0 \leqslant u<1<t$,对 u 的取值分情况讨论.

情况 1:$\frac{1}{t}<u<1$,取 $x=y=1,z=t$,则 $S_c(t,u)=2(1-t)(1-u)(1-t^2)(1-tu)<0$;

情况 2:$u=\frac{1}{t}$,取 $x=y=1,z=t+\varepsilon$,则

$$S_c(t,u) = 2(1-t)\left(1-\frac{1}{t}\right)\left[1-t(t+\varepsilon)\right]\left(1-\frac{t+\varepsilon}{t}\right)+(t+\varepsilon-t)^2\left(t+\varepsilon-\frac{1}{t}\right)^2$$

$$= \varepsilon^2\left(t+\varepsilon-\frac{1}{t}\right)^2-\frac{2\varepsilon(t-1)^2(t(t+\varepsilon)-1)}{t^2}.$$

显然当 ε 为很小的正数时,$S_c(t,u)<0$;

情况 3:$0 \leqslant u<\frac{1}{t}$,取 $x=y=1,z=u$,则 $S_c(t,u)=2(1-t)(1-u)(1-u^2)(1-tu)<0$;

至此断言 2 得证.

以下设 $t+u=A, tu+1=B$,我们将证明本问题的最终结论.

断言 3　若 $A \leqslant \frac{1}{2}$,则 $S_c(t,u) \geqslant 0$ 恒成立; 　　　　　　(25-2)

若 $\frac{1}{2}<A \leqslant 1$,则 $S_c(t,u) \geqslant 0$ 恒成立当且仅当 $|B| \geqslant \sqrt{2A-1}$; 　　(25-3)

若 $1<A \leqslant 4$,则 $S_c(t,u) \geqslant 0$ 恒成立当且仅当 $B \geqslant A$ 或 $B \leqslant -\sqrt{2A-1}$; 　(25-4)

若 $A>4$,则 $S_c(t,u) \geqslant 0$ 恒成立当且仅当 $B \geqslant A$ 或 $B \leqslant -\frac{1}{2}\sqrt{A^2+12}$. 　(25-5)

当 $A \leqslant 1$ 时,由于

$$S_c(t,u) = \sum_{cyc} x^4 - A\sum_{sym} x^3y + (B^2-1)\sum_{cyc} x^2y^2 + [A^2-2A(B-1)]\sum_{cyc} x^2yz$$

$$= \sum_{cyc} x^2(x-y)(x-z) + (1-A)\sum_{sym} x^3y + (B^2-1)\sum_{cyc} x^2y^2$$

$$\qquad + (A^2-2AB+2A-1)\sum_{cyc} x^2yz.$$

由 Schur 不等式知上式中第一项非负,而又易知

$$\frac{1}{2}\sum_{sym} x^3 y \geqslant \sum_{cyc} x^2 y^2 \geqslant \sum_{cyc} x^2 yz \geqslant 0,$$

因此只要 $2(1-A),2(1-A)+(B^2-1),2(1-A)+(B^2-1)+(A^2-2AB+2A-1)$ 均非负,则由 Abel 求和即可知 $S_c(t,u)\geqslant 0$ 恒成立.

由 $A\leqslant 1$ 知 $2(1-A)\geqslant 0$,又 $2(1-A)+(B^2-1)+(A^2-2AB+2A-1)=(A-B)^2\geqslant 0$,故只需 $2(1-A)+(B^2-1)\geqslant 0$,即 $A\leqslant\frac{1}{2}$,或 $\frac{1}{2}<A\leqslant 1$,$|B|\geqslant\sqrt{2A-1}$. 而当 $\frac{1}{2}<A\leqslant 1$ 且 $|B|<\sqrt{2A-1}$ 时,取 $x=y=1,z=0$,则 $S_c(t,u)=2-2A+(B^2-1)=1-2A+B^2<0$,因此式(25-2)与式(25-3)成立.

当 $A>1$ 时,若 $B\geqslant 1$,则 $t+u>0,tu\geqslant 0$,故 $t,u\geqslant 0$,由断言 2 可知 $S_c(t,u)\geqslant 0$ 恒成立当且仅当 $(t-1)(u-1)\geqslant 0$,即 $B\geqslant A$,因此 $B\geqslant A$ 时 $S_c(t,u)\geqslant 0$ 恒成立,$1\leqslant B<A$ 时 $S_c(t,u)\geqslant 0$ 并非恒成立. 因此以下在式(25-4)和式(25-5)中仅需考虑 $B<1$ 的情况.

当 $1<A\leqslant 4$ 且 $-\sqrt{2A-1}<B<1$ 时,$B^2<2A-1$,取 $x=y=1,z=0$,则 $S_c(t,u)=2-2A+(B^2-1)=1-2A+B^2<0$;

当 $1<A\leqslant 4$ 且 $B\leqslant-\sqrt{2A-1}$ 时,由于 $-2AB\geqslant 0$,$B^2-1\geqslant 2A-2$,为证 $S_c(t,u)\geqslant 0$ 恒成立,只需证明 $\sum_{cyc} x^4 - A\sum_{sym} x^3 y + (2A-2)\sum_{cyc} x^2 y^2 + (A^2+2A)\sum_{cyc} x^2 yz\geqslant 0$ 恒成立.不妨设 $x\geqslant y\geqslant z$,将上式按 z 的降幂排列,由于 $(2A-2)x^2 z^2+(2A-2)y^2 z^2+z^4\geqslant 0$,$(A^2+2A)xyz^2\geqslant A(xz^3+yz^3)$,故只需证明

$$[-A(x^3+y^3)+(A^2+2A)(x^2 y+xy^2)]z+[x^4-Ax^3 y+(2A-2)x^2 y^2-Axy^3+y^4]\geqslant 0.$$

注意常数项 $=(x-y)^2[x^2-(A-2)xy+y^2]\geqslant 0$,故仅需考虑一次项系数为负的情况,此时上式左边关于 z 是减函数,故只需考虑 $z=y$ 的情况,此时

上式左边 $=x^4-2Ax^3 y+(A^2+4A-2)x^2 y^2+(A^2+A)xy^3+(1-A)y^4$

$=(x^2-Axy)^2+(4A-2)x^2 y^2+A^2 xy^3+Ay^3(x-y)+y^4\geqslant 0,$

至此式(25-4)成立.

当 $A>4$ 且 $-\frac{1}{2}\sqrt{A^2+12}<B<1$ 时,$B^2<\frac{A^2+12}{4}$,取 x,y 满足 $x^2+y^2=\frac{A}{2},xy=1$,并取 $z=0$,则

$$S_c(t,u)=\left(\frac{A^2}{4}-2\right)-2A\cdot\frac{A}{2}+(B^2-1)=B^2-\frac{A^2+12}{4}<0;$$

当 $A>4$ 且 $B\leqslant-\frac{1}{2}\sqrt{A^2+12}$ 时,由于 $-2AB\geqslant 0$,$B^2-1\geqslant\frac{A^2}{4}+2$,为证 $S_c(t,u)\geqslant 0$

恒成立,只需证明 $\sum\limits_{cyc} x^4 - A \sum\limits_{sym} x^3 y + (\dfrac{A^2}{4}+2) \sum\limits_{cyc} x^2 y^2 + (A^2+2A) \sum\limits_{cyc} x^2 yz \geqslant 0$ 恒成立.

不妨设 $x \geqslant y \geqslant z$,将上式按 z 的降幂排列,由于 $(\dfrac{A^2}{4}+2) x^2 z^2 + (\dfrac{A^2}{4}+2) y^2 z^2 + z^4 \geqslant 0$,$(A^2+2A) xyz^2 \geqslant A(xz^3+yz^3)$,故只需证明

$$\left[-A(x^3+y^3) + (A^2+2A)(x^2 y+xy^2) \right] z + \left[x^4 - Ax^3 y + (\dfrac{A^2}{4}+2) x^2 y^2 - Axy^3 + y^4 \right] \geqslant 0.$$

注意常数项 $= (x^2 - \dfrac{A}{2} xy + y^2)^2 \geqslant 0$,故仅需考虑一次项系数为负的情况,此时上式左边关于 z 是减函数,故只需考虑 $z=y$ 的情况,此时

$$上式左边 = x^4 - 2Ax^3 y + (\dfrac{5}{4} A^2 + 2A + 2) x^2 y^2 + (A^2+A) xy^3 + (1-A) y^4$$

$$= (x^2 - Axy)^2 + (\dfrac{A^2}{4} + 2A + 2) x^2 y^2 + A^2 xy^3 + Ay^3(x-y) + y^4 \geqslant 0,$$

至此式 (25-5) 成立.

综上所述,使 $S_c(t,u) \geqslant 0$ 恒成立的实数 t,u 即为断言 3 所述的 t,u.

评注 1　若考虑 $S_c(t,u) = F(x+y+z, xy+yz+zx, xyz)$,并注意到 xyz 的次数只能是 1 次,则可以在 $x+y+z$ 与 $xy+yz+zx$ 不变的情况下将 xyz 调整到最大值或最小值,所对应的 x,y,z 必有两个相等或一个为 0,这样可以适当化简证明部分.

评注 2　若要求 $t,u \geqslant 0$,则结论较为简明(见断言 2).

第 26 章 恒等式 $a^3+b^3+c^3-3abc=(a+b+c)$ $(a^2+b^2+c^2-ab-bc-ca)$

26.1 问 题

1. 求证:如果实数 x,y,z 满足 $x^3+y^3+z^3\neq0$,那么当且仅当 $x+y+z=0$ 时, $\dfrac{2xyz-(x+y+z)}{x^3+y^3+z^3}$ 的比值为 $\dfrac{2}{3}$.

2. (《美国数学月刊》数学问题 1266) 求方程组 $\begin{cases} a^3-b^3-c^3=3abc, \\ a^2=2(b+c) \end{cases}$ 的正整数解.

3. (莫斯科数学竞赛题) 若 $m,n,p\in\mathbf{Z}$,且 $6\,|\,(m+n+p)$,求证: $6\,|\,(m^3+n^3+p^3)$.

4. 求满足方程 $x^3+y^3+3xy=1$ 的点 (x,y) 的轨迹.

5. (2008 年复旦大学自主招生试题) 设 x_1,x_2,x_3 是方程 $x^3+x+2=0$ 的 3 个根. 则行列式

$$\begin{vmatrix} x_1 & x_2 & x_3 \\ x_2 & x_3 & x_1 \\ x_3 & x_1 & x_2 \end{vmatrix}=(\qquad).$$

(A) -4 (B) -1 (C) 0 (D) 2

6. 设 $x,y,z\in\mathbf{R}$,且 $x+y+z=0$. 求证: $6(x^3+y^3+z^3)^2\leqslant(x^2+y^2+z^2)^3$.

7. 求所有三元正整数组 (x,y,z),使其满足 $x^3+y^3+z^3-3xyz=2012$.

8. (2014 全国初中数学联赛) 设 n 是整数,如果存在整数 x,y,z 满足 $n=x^3+y^3+z^3-3xyz$,则称 n 具有性质 P.

(1) 试判断 $1,2,3$ 是否具有性质 P;

(2) 在 $1,2,3,\cdots,2013,2014$ 这 2014 个连续整数中,不具有性质 P 的数有多少个?

9. 设 a 和 b 为区间 $\left[0,\dfrac{\pi}{2}\right]$ 内的实数. 求证:当且仅当 $a=b$ 时,

$$\sin^6 a+3\sin^2 a\cos^2 b+\cos^6 b=1.$$

10. (IMO 美国国家队训练题)设 a 是实数. 证明:当且仅当 $5(\sin a+\cos a)+2\sin a\cos a=0.04$ 时,$5(\sin^3 a+\cos^3 a)+3\sin a\cos a=0.04$ 成立.

11. 已知 $Q(x)$ 是二次三项式,函数 $P(x)=x^2 Q(x)$ 在 $(0,\infty)$ 单调递增,实数 x,y,z 满足 $x+y+z>0,xyz>0$. 求证:$P(x)+P(y)+P(z)>0$.

12. 求证:$\sqrt[3]{\cos\dfrac{2\pi}{7}}+\sqrt[3]{\cos\dfrac{4\pi}{7}}+\sqrt[3]{\cos\dfrac{8\pi}{7}}=\sqrt[3]{\dfrac{1}{2}(5-3\sqrt[3]{7})}$.

26.2　解　答

1. **证明**　当 $x+y+z=0$ 时,$x^3+y^3+z^3=3xyz$,得到 $\dfrac{2xyz-(x+y+z)}{x^3+y^3+z^3}$ 的比值等于 $\dfrac{2}{3}$,得证.

反之,若 $\dfrac{2xyz-(x+y+z)}{x^3+y^3+z^3}=\dfrac{2}{3}$,则 $6xyz-3(x+y+z)=2(x^3+y^3+z^3)$.

所以 $2(x^3+y^3+z^3-3xyz)+3(x+y+z)=0$.

根据公式有

$$x^3+y^3+z^3-3xyz=(x+y+z)(x^2+y^2+z^2-xy-yz-xz),$$

则通过分解因式得

$$(x+y+z)[2(x^2+y^2+z^2-xy-yz-xz)+3]=0,$$

因此

$$(x+y+z)[(x-y)^2+(y-z)^2+(z-x)^2+3]=0.$$

因为 $(x-y)^2+(y-z)^2+(z-x)^2+3>0$,所以 $x+y+z=0$. 得证.

2. **解**　由方程中恒等式(1)得

$$a^3-b^3-c^3-3abc=(a-b-c)[a^2+(b-c)^2+ab+bc+ca],$$

所以原方程组中的第一个方程即 $a-b-c=0$.

由此,所求正整数解为 $(a,b,c)=(2,1,1)$.

3. **证明**　由题设知,m,n,p 不会全是奇数,所以 $2\mid mnp$.

由 2 题方程中恒等式(1)得

$$m^3+n^3+p^3=(m+n+p)(m^2+n^2+p^2-mn-np-mp)+3mnp,$$

由 $6\mid(m+n+p)$，$6\mid 3mnp$，所以 $6\mid(m^3+n^3+p^3)$.

4. **解** 所给等式可变形为

$$x^3+y^3+(-1)^3-3xy(-1)=0,$$

它可以写为

$$(x+y-1)(x^2+y^2-xy+x+y+1)=0.$$

第二个因式可进一步等于：

$$x^2+y^2-xy+x+y+1=\frac{1}{2}\big[(x-y)^2+(x+1)^2+(y+1)^2\big]$$

因此所求点的轨迹是直线 $x+y-1=0$ 和点 $(-1,-1)$.

5. **解** 由三次方程韦达定理得

$$\begin{cases} x_1+x_2+x_3=0, \\ x_1x_2+x_2x_3+x_3x_1=1, \\ x_1x_2x_3=-2. \end{cases}$$

由行列式定义知

$$\begin{aligned} D &= 3x_1x_2x_3-(x_1^3+x_2^3+x_3^3) \\ &= -(x_1+x_2+x_3)(x_1^2+x_2^2+x_3^2-x_1x_2-x_2x_3-x_3x_1)=0. \end{aligned}$$

故选 C.

6. **证法1** 由恒等式 $x^3+y^3+z^3=3xyz$（因为 $x+y+z=0$），利用均值不等式有

$$\begin{aligned} (x^2+y^2+z^2)^3 &= \big[(x^2+y^2)+x(x+y)+y(x+y)\big]^3 \\ &\geq \big[2xy+x(x+y)+y(x+y)\big]^3 \\ &\geq 54\cdot xy\cdot x(x+y)\cdot y(x+y) \\ &= 54(xyz)^2=6(x^3+y^3+z^3)^2. \end{aligned}$$

得证.

证法2 引入三角代换 $x=r\cos\theta,y=r\sin\theta$，则 $z=-r(\cos\theta+\sin\theta)$. 不妨设 $r\neq 0$. 则原不等式等价于

$$6\big[\cos^3\theta+\sin^3\theta-(\cos\theta+\sin\theta)^3\big]^2\leq\big[\cos^2\theta+\sin^2\theta+(\cos\theta+\sin\theta)^2\big]^3$$

$$\Leftrightarrow 25\sin^3 2\theta+15\sin^2 2\theta-24\sin 2\theta-16\leq 0$$

$$\Leftrightarrow(\sin 2\theta-1)(5\sin 2\theta+4)^2\leq 0.$$

成立.

7. **解** 由上式得

$$(x+y+z)\big[(x-y)^2+(y-z)^2+(z-x)^2\big]=4024.$$

又 $4024=2^3\times503$，且 $(x-y)^2+(y-z)^2+(z-x)^2\equiv 0\pmod 2$，则

$$\begin{cases} x+y+z=k, \\ (x-y)^2+(y-z)^2+(z-x)^2=\dfrac{4024}{k}, \end{cases}$$

其中，$k \in \{1,2,4,503,1006,2012\}$.

不妨设 $x \geqslant y \geqslant z(x,y,z \in \mathbf{Z}_+)$. 记 $x-y=m, y-z=n$. 则 $m \geqslant 0, n \geqslant 0, x-z=m+n$. 从而，

$$\begin{cases} m+2n+3z=k, \\ m^2+n^2+mn=\dfrac{2012}{k}. \end{cases}$$

于是 $k=m+2n+3z \geqslant 3$.

若 $k=4,1006$，此方程组无非负整数解.

若 $k=503$，得

$$\begin{cases} m+2n+3z=503, \\ m^2+n^2+mn=4 \end{cases} \Rightarrow \begin{cases} m=2 \\ n=0 \end{cases} \Rightarrow (x,y,z)=(169,167,167).$$

此时，$(x,y,z)=(169,167,167)$ 及其置换共 3 组.

若 $k=2012$，得

$$\begin{cases} m+2n+3z=2012, \\ m^2+n^2+mn=1 \end{cases} \Rightarrow \begin{cases} m=0 \\ n=1 \end{cases} \Rightarrow (x,y,z)=(671,671,670).$$

此时，$(x,y,z)=(671,671,670)$ 及其置换共 3 组.

8. **解**　取 $x=1, y=z=0$，可得 $1=1^3+0^3+0^3-3\times1\times0\times0$，所以 1 具有性质 P；

取 $x=y=1, z=0$，可得 $2=1^3+1^3+0^3-3\times1\times1\times0$，所以 2 具有性质 P；

若 3 具有性质 P，则存在整数 x,y,z 使得 $3=(x+y+z)^3-3(x+y+z)(xy+yz+zx)$，从而可得 $3 \mid (x+y+z)^3$，故 $3 \mid (x+y+z)$，于是有 $9 \mid (x+y+z)^3-3(x+y+z)(xy+yz+zx)$，即 $9 \mid 3$，这是不可能的，所以 3 不具有性质 P.

（2）记 $f(x,y,z)=x^3+y^3+z^3-3xyz$，则

$$\begin{aligned} f(x,y,z) &= (x+y)^3+z^3-3xy(x+y)-3xyz \\ &= (x+y+z)^3-3(x+y)z(x+y+z)-3xy(x+y+z) \\ &= (x+y+z)^3-3(x+y+z)(xy+yz+zx) \\ &= \frac{1}{2}(x+y+z)(x^2+y^2+z^2-xy-yz-zx) \\ &= \frac{1}{2}(x+y+z)\left[(x-y)^2+(y-z)^2+(z-x)^2\right], \end{aligned}$$

即 $f(x,y,z)=\dfrac{1}{2}(x+y+z)\left[(x-y)^2+(y-z)^2+(z-x)^2\right]$.

不妨设 $x \geq y \geq z$,

如果 $x-y=1, y-z=0, x-z=1$,即 $x=z+1, y=z$,则有 $f(x,y,z)=3z+1$;

如果 $x-y=0, y-z=1, x-z=1$,即 $x=y=z+1$,则有 $f(x,y,z)=3z+2$;

如果 $x-y=1, y-z=1, x-z=2$,即 $x=z+2, y=z+1$,则有 $f(x,y,z)=9(z+1)$;

由此可知,形如 $3k+1$ 或 $3k+2$ 或 $9k$(k 为整数)的数都具有性质 P.

又若 $3 \mid f(x,y,z)=(x+y+z)^3-3(x+y+z)(xy+yz+zx)$,则 $3 \mid (x+y+z)^3$,从而 $3 \mid (x+y+z)$,进而可知 $9 \mid f(x,y,z)=(x+y+z)^3-3(x+y+z)(xy+yz+zx)$.

综合可知:当且仅当 $n=9k+3$ 或 $n=9k+6$(k 为整数)时,整数 n 不具有性质 P.

又 $2014=9 \times 223+7$,所以,在 $1,2,3,\cdots,2013,2014$ 这 2014 个连续整数中,不具有性质 P 的数共有 $224 \times 2=448$ 个.

9. 解 首先,上述等式可以写成

$$(\sin^2 a)^3+(\cos^2 b)^3+(-1)^3-3(\sin^2 a)(\cos^2 b)(-1)=0. \tag{26-1}$$

利用恒等式

$$x^3+y^3+z^3-3xyz=\frac{1}{2}(x+y+z)[(x-y)^2+(y-z)^2+(z-x)^2].$$

设 $x=\sin^2 a, y=\cos^2 b$ 和 $z=-1$. 根据等式(26-1),有 $x^3+y^3+z^3-3xyz=0$. 因此 $x+y+z=0$ 或 $(x-y)^2+(y-z)^2+(z-x)^2=0$. 由后一个等式可得 $x=y=z$,即 $\sin^2 a=\cos^2 b=-1$,不成立. 因此 $x+y+z=0$,即 $\sin^2 a+\cos^2 b-1=0$,等价于 $\sin^2 a=1-\cos^2 b$.

由此可得 $\sin^2 a=\sin^2 b$,又因为 $0 \leq a, b \leq \frac{\pi}{2}$,所以 $a=b$.

反之,当 $a=b$ 时,

$$\sin^6 a+\cos^6 a+3\sin^2 a\cos^2 a=1.$$

实际上,左边的表达式可以写为

$$(\sin^2 a+\cos^2 a)(\sin^4 a-\sin^2 a\cos^2 a+\cos^4 a)+3\sin^2 a\cos^2 a$$
$$=(\sin^2 a+\cos^2 a)^2-3\sin^2 a\cos^2 a+3\sin^2 a\cos^2 a=1.$$

10. 证明 第二个等式可以写为

$$\sin^3 a+\cos^3 a+\left(-\frac{1}{5}\right)^3-3(\sin a)(\cos a)\left(-\frac{1}{5}\right)=0.$$

我们之前已经看到表达式 $x^3+y^3+z^3-3xyz$ 可以分解为

$$\frac{1}{2}(x+y+z)[(x-y)^2+(y-z)^2+(z-x)^2].$$

因此 $x=\sin a, y=\cos a, z=-\frac{1}{5}$. 我们可以推出 $x+y+z=0$ 或者 $x=y=z$. 第二个式子

意味着 $\sin a = \cos a = -\dfrac{1}{5}$，与 $\sin^2 a + \cos^2 a = 1$ 矛盾！因此只有第一个式子 $x+y+z=0$

成立，即 $\sin a + \cos a = \dfrac{1}{5}$，所以

$$\sin^2 a + 2\sin a\cos a + \cos^2 a = \frac{1}{25}.$$

这就推出 $1+2\sin a\cos a = 0.04$；因此
$$5(\sin a + \cos a) + 2\sin a\cos a = 0.04.$$

相反地，如果
$$5(\sin a + \cos a) + 2\sin a\cos a = 0.04$$

成立，则
$$125(\sin a + \cos a) = 1 - 50\sin a\cos a,$$

两边平方，并且设 $2\sin a\cos a = b$，得
$$125^2 + 125^2 b = 1 - 50b + 25^2 b^2,$$

即

$$(25b+24)(25b-651) = 0.$$

因此可以得到 $2\sin a\cos a = -\dfrac{24}{25}$ 或者 $2\sin a\cos a = \dfrac{651}{25}$. 第二个式子是不可能

的，因为 $\sin 2a < 1$. 因此 $2\sin a\cos a = -\dfrac{24}{25}$，

$$5(\sin a + \cos a) - \frac{24}{25} = 0.04,$$

$$5(\sin a + \cos a) = 1.$$

故

$$
\begin{aligned}
5(\sin^3 a + \cos^3 a) + 3\sin a\cos a &= 5(\sin a + \cos a)(\sin^2 a - \sin a\cos a + \cos^2 a) + 3\sin a\cos a \\
&= \sin^2 a - \sin a\cos a + \cos^2 a + 3\sin a\cos a \\
&= 1 + 2\sin a\cos a \\
&= 1 - \frac{24}{25} = 0.04.
\end{aligned}
$$

这就是我们要证明的结论.

11. 证明　$x > 0, P(x) = x^2 Q(x) > P(0) = 0 \Rightarrow Q(x) > 0\ (x > 0)$　　　　　(26-2)

由此可令 $Q(x) = x^2 - 2ax + b$，

式 (26-2) $\Rightarrow a \leqslant 0$，且 $b \geqslant 0$ 或 $a > 0$ 且 $a^2 < b$，这都使 $P(x)$ 在 $(0, +\infty)$ 单调

递增.

$$P(x)+P(y)+P(z)=(x^4+y^4+z^4)-2a(x^3+y^3+z^3)+b(x^2+y^2+z^2) \qquad (26\text{-}3)$$

$$(x^3+y^3+z^3)-3xyz=\frac{1}{2}(x+y+z)\left[(x-y)^2+(y-z)^2+(z-x)^2\right]\geqslant 0, \qquad (26\text{-}4)$$

由 $x+y+z>0$,及式(26-4),则有

(A)当 $a\leqslant 0$,且 $b\geqslant 0$ 时,由式(26-3)和式(26-4)得: $P(x)+P(y)+P(z)>0$ 成立

(B)当 $a>0$ 且 $a^2<b$ 时,由式(26-3):

$$P(x)+P(y)+P(z)>(x^4+y^4+z^4)-2a(x^3+y^3+z^3)+a^2(x^2+y^2+z^2)$$
$$=(x^4+a^2x^2)+(y^4+2a^2y^2)+(z^4+a^2z^2)-2a(x^3+y^3+z^3)$$
$$\geqslant 2ax^3+2ay^3+2az^3-2a(x^3+y^3+z^3)=0.$$

12. **解**　我们首先找出以 $\cos\dfrac{2\pi}{7},\cos\dfrac{4\pi}{7},\cos\dfrac{8\pi}{7}$ 为根的三次多项式,考虑方程 $x^7=1$,去掉 $x=1$ 这个根,其余的 6 个根为 $\cos\dfrac{2k\pi}{7}+\mathrm{i}\sin\dfrac{2k\pi}{7},k=1,2,\cdots,6$,这 6 个根是方程

$$x^6+x^5+x^4+x^3+x^2+x+1=0 \qquad (26\text{-}5)$$

的根. 我们容易看出 $2\cos\dfrac{2\pi}{7},2\cos\dfrac{4\pi}{7},2\cos\dfrac{8\pi}{7}$ 可以表示成 $x+\dfrac{1}{x}$ 的形式,其中 x 为方程式(26-5)的根.

设 $y=x+\dfrac{1}{x}$,则 $x^2+\dfrac{1}{x^2}=y^2-2,x^3+\dfrac{1}{x^3}=y^3-3y$. 在方程式(26-5)两边同时除以 x^3,然后将方程表示成 y 的形式,即

$$y^3+y^2-2y-1=0.$$

这个方程的根为 $2\cos\dfrac{2\pi}{7},2\cos\dfrac{4\pi}{7},2\cos\dfrac{8\pi}{7}$.

设 X^3,Y^3,Z^3 是方程 $y^3+y^2-2y-1=0$ 的根,由韦达定理,有 $X^3Y^3Z^3=1,XYZ=\sqrt[3]{1}=1,X^3+Y^3+Z^3=-1,X^3Y^3+X^3Z^3+Y^3Z^3=-2$. 又

$$X^3+Y^3+Z^3-3XYZ=(X+Y+Z)^3-3(X+Y+Z)(XY+YZ+ZX)$$

和

$$X^3Y^3+Y^3Z^3+Z^3X^3-3(XYZ)^2=(XY+YZ+XZ)^3$$
$$-3XYZ(X+Y+Z)(XY+YZ+ZX).$$

令 $u=X+Y+Z,v=XY+YZ+ZX$,则

$$u^3-3uv=-4$$
$$v^3-3uv=-5$$

将上述两个等式改写为 $u^3=3uv-4$，$v^3=3uv-5$，然后两式相乘，得

$$(uv)^3=9(uv)^2-27uv+20.$$

令 $m=uv$，有 $m^3-9m^2+27m-20=0$，$(m-3)^3+7=0$. 故 $m=3-\sqrt[3]{7}$. 所以 $u=\sqrt[3]{3m-4}=\sqrt[3]{5-3\sqrt[3]{7}}$. 故

$$\sqrt[3]{\cos\frac{2\pi}{7}}+\sqrt[3]{\cos\frac{4\pi}{7}}+\sqrt[3]{\cos\frac{8\pi}{7}}=\frac{1}{\sqrt[3]{2}}(X+Y+Z)=\frac{1}{\sqrt[3]{2}}u=\sqrt[3]{\frac{1}{2}(5-3\sqrt[3]{7})}.$$